U0662755

教育部高等学校航空航天类专业教学指导委员会推荐教材

“十三五”国家重点出版物出版规划项目

名校名家基础学科系列
Textbooks of Base Disciplines from Top Universities and Experts

理论力学

第 2 版

王立峰　范钦珊　主编

刘荣梅　孙　伟　王立峰　范钦珊　编著

机械工业出版社

本书是在全面调研的基础上，根据学科新的培养计划和教育部高等学校力学基础课程教学指导分委员会于2019年发布的新的《理论力学课程教学基本要求（B类）》，从一般院校的实际情况出发，删去大部分院校不需要的教学内容而编写完成的。本书在面向21世纪课程教学内容与体系改革的基础上，对于传统内容进一步加以精选，大大压缩了教材篇幅，以满足48~64学时“理论力学”或“工程力学”课程理论力学部分的教学要求。

从力学素质教育的要求出发，本书更注重基本概念，而不追求烦琐的理论推导与数学运算。与以往的同类教材相比，本书工程概念有所加强，引入了大量涉及广泛领域的工程实例以及与工程有关的例题和习题。

全书除绪论外，共11章，第1~3章为静力学，第4~6章为运动学，第7~9章为动力学，第10章为虚位移原理，第11章为刚体空间运动概述。

本书可作为高等学校工科各专业的基础力学课程教材，也可供有关工程技术人员参考。

图书在版编目（CIP）数据

理论力学/王立峰，范钦珊主编．—2版．—北京：机械工业出版社，2020.12（2025.6重印）

（名校名家基础学科系列）

教育部高等学校航空航天类专业教学指导委员会推荐教材

“十三五”国家重点出版物出版规划项目

ISBN 978-7-111-66530-4

Ⅰ.①理… Ⅱ.①王… ②范… Ⅲ.①理论力学-高等学校-教材 Ⅳ.①O31

中国版本图书馆CIP数据核字（2020）第176100号

机械工业出版社（北京市百万庄大街22号 邮政编码100037）

策划编辑：张金奎　责任编辑：张金奎

责任校对：张　薇　封面设计：鞠　杨

责任印制：张　博

北京建宏印刷有限公司印刷

2025年6月第2版第6次印刷

184mm×260mm · 16印张 · 393千字

标准书号：ISBN 978-7-111-66530-4

定价：49.00元

电话服务	网络服务
客服电话：010-88361066	机　工　官　网：www.cmpbook.com
010-88379833	机　工　官　博：weibo.com/cmp1952
010-68326294	金　　书　　网：www.golden-book.com
封底无防伪标均为盗版	机工教育服务网：www.cmpedu.com

第2版前言

本书第 1 版自 2013 年出版以来，一直作为南京航空航天大学理论力学 48 学时课程的教材使用，期间得到了任课教师与同学们的真诚关心与大力支持。与此同时，大家也提出了一些宝贵的修改意见，在此基础上，初步形成了修订的基本思路。

党的二十大报告指出，要深化教育领域综合改革，加强教材建设和管理。本书修订期间，适逢中国高等教育发生深刻变革，教育部提出：高等教育要坚持以本为本，推进四个回归；各高校要全面梳理各门课程的教学内容，打造“金课”，切实提高课程教学质量。随后，教育部高等学校力学基础课程教学指导分委员会于 2019 年发布了新的《理论力学课程教学基本要求（B 类）》。编者遵循教育部宏观课程建设标准以及对理论力学课程的具体要求，最终形成了本版编写的指导方针。

根据上述修订思路与指导方针，本版在保持第 1 版特色的基础上，着重使论述更加严谨规范、文字更加精炼流畅、层次更加分明，具体修订工作如下：

（1）第 2 章增加了力的投影、平面力矩和空间汇交力系的合成、重心等概念。

（2）删除了原第 7 章质点动力学一章。

（3）删除了原第 8 章碰撞一节，部分保留内容放在了该章小结与讨论部分。

（4）增加了第 11 章，刚体空间运动概述，主要供航空航天类专业选用，其他专业可以不讲。

（5）更换了部分例题，删减并更换了部分习题。

本版在对章节内容进行了局部调整之后，全书除绪论外共 11 章，第 1 ~ 3 章为静力学部分，第 4 ~ 6 章为运动学部分，第 7 ~ 9 章为动力学部分，第 10 章为虚位移原理，第 11 章为刚体空间运动概述。本书可供工科院校 48 ~ 64 学时的理论力学课程教学使用，也可供有关工程技术人员参考。

考虑到教材建设的可持续发展，由南京航空航天大学王立峰教授担任第一主编。王立峰教授是南京航空航天大学博士生导师，2015 年获得国家自然科学基金优秀青年科学基金项目资助，入选 2015 年度长江学者奖励计划青年学者项目，2019 年获得国家杰出青年科学基金资助，第十三、十四届全国人大代表。

本版由王立峰教授、刘荣梅副教授和孙伟副教授共同修订。

本书在修订过程中参考了大量国内外优秀教材，并得到了南京航空航天大学航空学院和许多同仁的大力支持与帮助，在此表示衷心感谢！

书中不足和错漏之处，恳请读者批评指正。

编　者

第1版前言

本书是应机械工业出版社之约而编写的，可满足一般高等学校力学课程教学改革、提高教学质量的要求。

全国普通高等学校新一轮培养计划中，课程的教学总学时数大幅度减少，基础力学课程的教学时数也要相应压缩。怎样在有限的教学时数内，使学生既能掌握基础力学的基本知识，又能了解一些基础力学的最新进展；既能培养学生的力学素质，又能加强其工程概念，这是很多力学教育工作者关心的事情。

编写本书之前，编者对我国高等学校“基础力学”的教学状况以及对“基础力学”教材的需求进行了调研，与从事基础力学第一线教学的老师以及已经学习和正在学习力学课程的同学交换了关于基础力学教材的意见。

本书是在上述调研的基础上，根据新的培养计划和教育部高等学校非力学专业力学基础课程教学指导分委员会最新制定的《理论力学课程教学基本要求（A 类）》，从一般院校的实际情况出发，删去大部分院校不需要的教学内容编写而成。在面向 21 世纪课程教学内容与体系改革的基础上，本书对传统内容进一步加以精选，大大压缩教材篇幅，以满足 60 学时左右“理论力学”或“工程力学”课程理论力学部分的教学要求。

从力学素质教育的要求出发，本书更注重基本概念，而不追求烦琐的理论推导与数学运算。

工科院校的“基础力学”教学内容与很多工程领域密切相关。基础力学教学不仅可以培养学生的力学素质，而且可以加强学生的工程概念，这对于他们向其他学科或其他工程领域扩展是很有利的。基于此，本书与以往的同类教材相比，工程概念有所加强，引入了大量涉及广泛领域的工程实例以及与工程有关的例题和习题。

全书除绪论外，共分 11 章，第 1 ~ 3 章为静力学，第 4 ~ 6 章为运动学，第 7 ~ 10 章为动力学，第 11 章为虚位移原理。

本书可作为高等学校工科各专业的基础力学课程教材，也可供有关工程技术人员参考。

本书由清华大学范钦珊教授和南京航空航天大学王立峰教授主编，南京航空航天大学刘荣梅副教授和孙伟副教授参与编写。本书于 2010 年启动，至 2012 年初形成初稿，于 2012 年 6 ~ 7 月统稿。范钦珊教授的统稿工作是在美国加州休息期间完成的，统稿期间承蒙清华大学校友吴擎虹、范心洋提供了良好的工作条件与生活环境，借本书出版之际谨对两位清华校友表示诚挚谢意。

范钦珊

2013 年 3 月

目 录

绪　论

0.1 力学与工程

力学是自然科学中最重要的基础学科之一，也是与工程技术联系最密切的学科之一。

力学来源于人类的生产生活及工程实践，并推动人类的生产生活及工程实践不断向前发展。在远古时代，人类就制造和使用了杠杆、滑轮、辘轳、风车和水车，并在制造和使用这些工具的过程中积累了大量的力学经验，逐渐形成了初步的力学知识。

18 世纪至 20 世纪初，随着西方工业革命的兴起，以及力学知识的积累、应用和完善，逐步形成和发展了蒸汽机、内燃机、铁路、桥梁、船舶、兵器等大型工业，推动了近代科学技术和社会的进步。

20 世纪以来，诸多高新技术层出不穷，如高层建筑、大型桥梁（图 0-1）、海洋石油钻井平台（图 0-2）、航空航天器（图 0-3 和图 0-4）、机器人（图 0-5）、高速列车（图 0-6）以及大型水利工程（图 0-7）等许多重要工程无不是在力学理论指导下得以实现，并不断发展完善的。

a)　　　　b)

图 0-1　高层建筑与大型桥梁

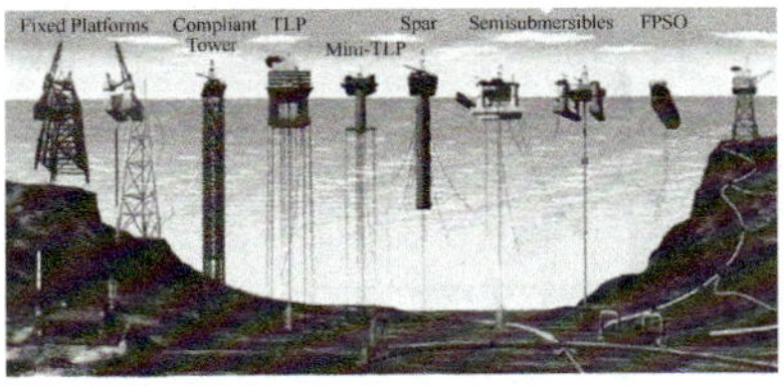

图 0-2　海洋石油钻井平台的不同形式

图 0-3　国产大飞机 C919

图0-4 新型航天器

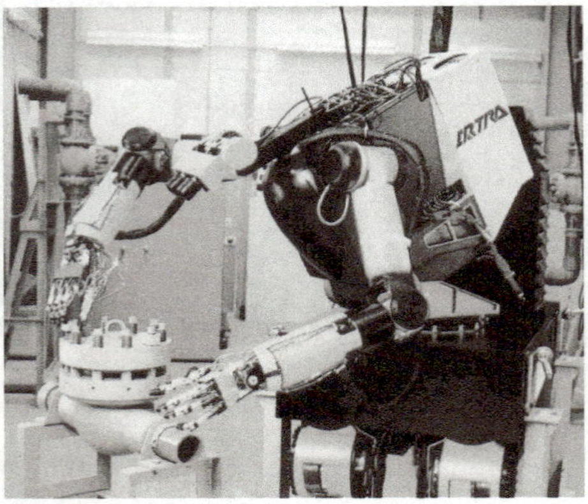

图0-5 特殊工作环境中的机器人

图0-6 中国最快高铁动车 CIT500

图0-7 我国的三峡大坝水力枢纽工程

进入21世纪，力学正面临着新的机遇与挑战，理论力学与计算机的结合已经成为相关工程设计的重要手段。

例如计算机硬盘驱动器（图0-8），若给定不变的角加速度，如何确定从启动到正常运行所需的时间以及转数；已知硬盘转台的质量及其分布，当驱动器达到正常运行所需角速度时，驱动电动机的功率如何确定，等等，都与理论力学有关。

跟踪目标的雷达（图0-9）怎样在不同的时间间隔内，通过测量目标与雷达之间的距离和雷达的方位角，才能准确地测定目标的速度和加速度。这也是理论力学中最基础的内容之一。

图0-8 计算机硬盘驱动器

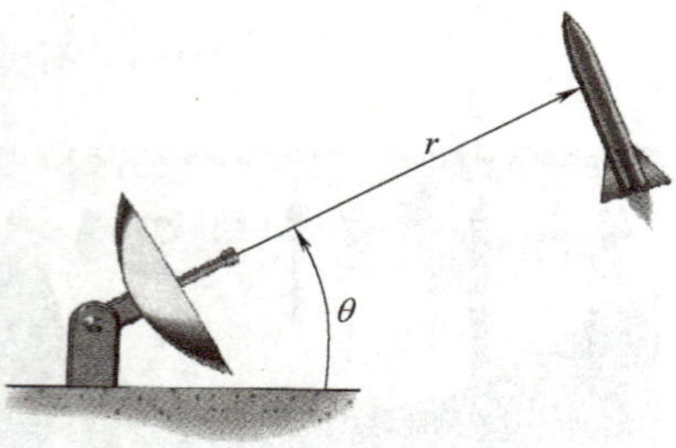

图0-9 雷达确定目标的方位

舰载飞机（图0-10）在飞机发动机和弹射器推力作用下从甲板上起飞，于是就有下列与理论力学有关的问题：若已知推力和跑道的可能长度，则需要多大的初始速度和时间间隔才能达到飞离甲板时的速度；反之，如果已知初始速度、一定时间间隔后飞离甲板时的速度，那么需要飞机发动机和弹射器施加多大的推力，或者需要多长的跑道？

图0-10　舰载飞机从甲板上起飞

需要指出的是，除了工业部门的工程外，还有一些非工业工程也都与理论力学密切相关，体育运动工程就是一例。图0-11所示的棒球运动员用球棒击球前后，棒球的速度大小和方向都发生了变化，如果已知这种变化即可确定棒球受力；反之，如果已知击球前棒球的速度，根据被击后球的速度，就可确定球棒对球所需施加的力。赛车结构（图0-12）为什么前细后粗，为什么车轮是前小后大？这些都与理论力学的基础知识有关。

图0-11　击球力与球的速度

图0-12　赛车结构

0.2　理论力学的研究对象和研究内容

力学是研究物体机械运动与变形规律的学科，理论力学研究物体机械运动的基本规律。所谓机械运动，是指物体在空间的位置随时间的变化。作为力学的一个重要分支，理论力学主要研究物体的空间位置和姿态随时间改变的一般规律，它不仅是其他各门力学学科的基础，也是各门与机械运动密切相关的工程技术学科的基础。

理论力学属于经典力学的范畴。1687年，牛顿发表了《自然哲学的数学原理》，奠定了经典力学的科学基础。近代物理学的发展指出了经典力学的局限性：经典力学仅适用于运动速度远小于光速的宏观物体的运动。当物体运动的速度接近光速时，其运动应当用相对论力学来研究；当物体的大小接近微观粒子时，其运动应当用量子力学来研究。那么，人类社会进入21世纪后，是否还需要经典力学呢？回答是肯定的。事实上，在绝大多数工程实际问题中，所处理的对象都是宏观物体，而且其速度也远低于光速，因此其力学问题仍然属于经典力学研究的范围。同时，计算机的广泛应用和计算技术的不断发展也大大促进了经典力学的发展和应用。

根据循序渐进的认知规律及科学体系，理论力学的内容通常分为静力学、运动学和动力学三个部分。

1. 静力学

研究物体受力的分析方法、力系的简化以及物体在力系作用下的平衡规律。

2. 运动学

研究物体运动的几何性质（如轨迹、速度和加速度等），而不考虑物体运动的物理原因。

3. 动力学

研究物体运动变化与其所受的力之间的关系，是理论力学最主要的组成部分。

0.3 理论力学的研究方法

理论力学的研究方法是从实践出发，经过抽象、综合、归纳，建立公理，再应用数学演绎和逻辑推理得到定理和结论，形成理论体系，然后再通过实践来证实理论的正确性。根据这样的步骤，现代理论力学的研究方法有三种，即理论分析方法、实验分析方法和计算机分析方法。

1. 理论分析方法

主要采用建立在归纳基础上的演绎法——在建立研究对象力学模型的基础上，根据物体机械运动的基本概念与基本原理，应用数学演绎的方法，确定物体的运动规律以及运动与力之间关系的定理与方程。

2. 实验分析方法

理论力学的实验分析方法大致可以分为以下两种类型：

- 基本力学量的测定实验，包括摩擦因数、位移、速度、加速度、角速度、角加速度、频率等的测定。

- 综合性与创新型实验，一方面应用理论力学的基本理论解决工程中的实际问题；另一方面，研究一些基本理论难以解决的实际问题，通过实验建立合适的简化模型，为理论分析提供必要的基础。

3. 计算机分析方法

对于大多数的工程技术问题，由于物体的几何形状较复杂或者问题的某些特征是非线性的，因此很少有理论解析解。随着计算机的广泛应用和计算技术的飞速发展，计算机分析方法不仅能完成力学问题中大量的数值计算，而且借助计算机，人们可以方便地构建和修改计算模型，数值求解非线性方程（组）和动力学微分方程（组），绘制相关曲线，深入探究工程问题的力学规律。计算机分析方法已成功解决了众多大型科学和工程计算难题，如飞机的设计（图 0-13）、汽车的碰撞分析等（图 0-14）。

图 0-13　飞机模型

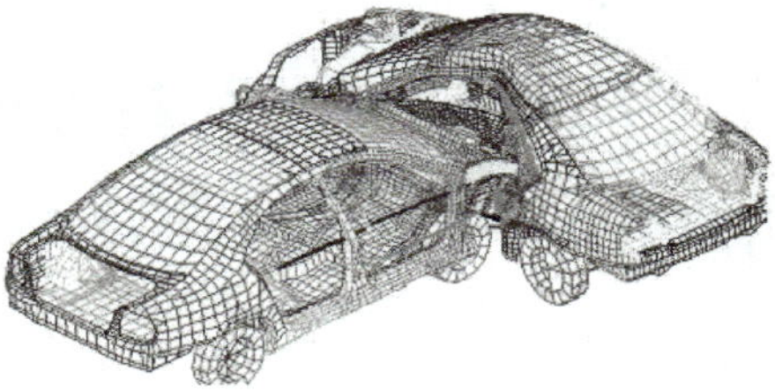

图 0-14　汽车碰撞模型

应当指出的是，计算工具的运用，不能脱离具体研究的对象，只有数字运算与力学现象的物理本质紧密地结合起来，才能得出符合实际的正确结论。

0.4 学习理论力学的目的

理论力学是航空航天、兵器、机械、车辆、土木等工程科学与技术的一门重要的基础课程。理论力学的基本概念和解决问题的方法均可以直接为解决工程对象的力学问题服务，如各种飞行器、机器人等机构和结构的设计与控制，都必须以理论力学为基础。同时，对于日常生活和工程实际中出现的许多力学现象，也需要利用理论力学的知识去认识和解释，从而加以利用或消除。因此，理论力学是工程技术人员必须掌握的一门学科。

通过本课程的学习，要求掌握物体机械运动的基本规律，初步学会应用这些规律分析和解决工程实际中的力学问题，为学习后续的有关课程，如材料力学、结构力学、流体力学、空气动力学、飞行力学、机械振动、机械设计等做好准备。

此外，理论力学课程具有内容丰富、问题灵活多变、应用领域广泛等特点，因此深入学习理论力学的基本概念、基本理论及基本方法将有助于加强学生的工程概念、激发学生的创新意识、训练学生的创新思维、培养学生的创新能力，并为学生今后从事工程技术和科学研究工作奠定必要的基础。

1

第1章 静力学概念与物体受力分析

本章主要介绍静力学的基础知识：静力学模型——物体受力的模型、物体的模型、连接与接触方式的模型；静力学基本原理；受力分析的基本方法。关于受力分析，大多数读者在物理学中都有所接触，但处理的问题比较简单，与一些复杂问题、特别是工程问题还有一定的距离。读者学习本章内容时应特别注意工程问题中物体受力分析的基本方法。

1.1 静力学模型概述

所谓模型是指对实际物体与实际问题的合理抽象与理想化。静力学模型包括三个方面：

- 受力的理想化。
- 物体的理想化。
- 接触与连接方式的理想化。

1.1.1 力的两种效应

力是物体间的相互作用。这种作用对物体产生两种效应：

- 运动效应（effect of motion）——力使物体的运动状态发生变化的效应。
- 变形效应（effect of deformation）——力使物体发生变形的效应。

物体的平衡是一种特殊的运动状态——相对于惯性参考系静止或做匀速直线平移的状态。

1.1.2 物体受力的抽象与简化

物体受到的力大都是通过物体间直接或间接接触而产生的。接触处多数情形下并不是一个点，而是具有一定面积的一个面。因此，无论是施力的物体还是受力的物体，其接触处所受的力都是作用在接触面上的分布力（distributed force），而且在很多情形下，分布的情况是比较复杂的。

当分布力作用的面积很小时，为了分析计算方便起见，可以将分布力理想化为作用于一点的合力，称为集中力（concentrated force）。

例如，静止的汽车通过轮胎作用在桥面上的力，当轮胎与桥面接触面积较小时，即可视为集中力（图1-1a）；而桥面施加在桥梁上的力则为分布力（图1-1b）。

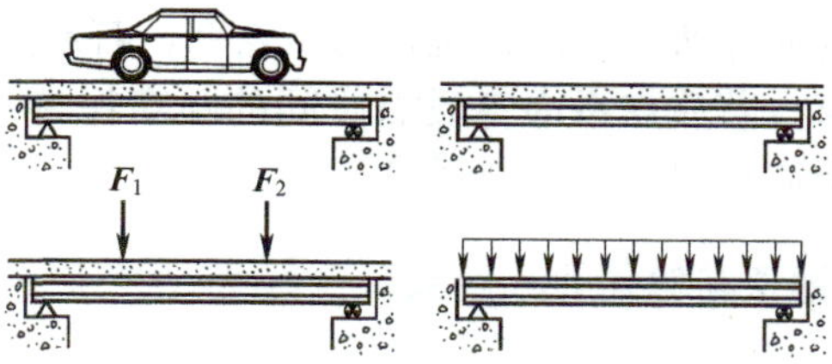

a)　b)

图 1-1　集中力与分布力

作用在物体上所有力的集合就构成一个力系。空集的力系称为零力系。若两个力系对物体的作用效果相同，则称这两个力系为等效力系。

如果一个力与一个力系等效，则称这个力为该力系的合力，而该力系中的力称为此合力的分力。

如果物体在一个力系的作用下保持平衡，则称此力系为平衡力系。

1.1.3　物体的抽象与简化

物体受力时，其内部各点间的相对位置会发生改变，从而使物体的形状发生改变，这种改变称为变形。

在研究力的运动效应时，如果物体的变形对运动和平衡的影响甚微，则变形可以忽略不计，这时的物体便可以抽象为刚体。可以说，刚体就是受力作用时不变形的物体。也可以说，刚体内任意两点之间的距离保持不变。显然，刚体是一种理想化的物体的模型。

刚体可以是抽象的物体，也可以是具体的物体；可以是单个的工程构件，也可以是工程结构整体。例如，建筑工地上常见的塔式起重机，当设计其单一部件或零件时，都不能看成刚体，而必须视为变形体，这时的零件或部件就是变形体模型（图 1-2a）。但是，当需要确定保证塔式起重机在各种工作状态下都不发生倾覆所需的配重时，整个塔式起重机又可以视为刚体（图 1-2b）。

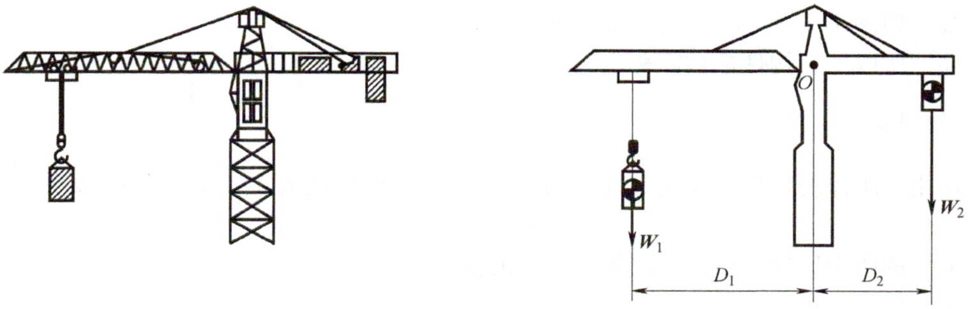

a)　b)

图 1-2　塔式起重机的两种不同模型

a）变形体模型　b）刚体模型

当物体的大小和形状在所研究的问题中可以忽略不计时，可以将其抽象为质点。质点也是一种理想模型。一个物体能否理想化为质点，取决于所研究的问题。例如，在研究地球绕太阳的公转时，可以将地球作为质点；而在研究地球的自转时，就不能将地球抽象为质点了。

由若干具有某种联系的质点所组成的系统称为质点系。若质点系内各质点之间的距离可以变化，则称为可变质点系。若质点系内各质点之间的距离保持不变，则称为不变质点系。刚体可以看作是由无穷多个质点组成的不变质点系。

1.1.4　接触与连接方式的抽象与简化——约束

物体的运动如果没有受到其他物体的直接制约，诸如飞行中的飞机、火箭、人造卫星等，则这类物体称为自由体（free body）。如果物体的运动受到其他物体的直接制约，诸如在地面上行驶的车辆受到地面的制约；桥梁受到桥墩的制约；各种机械中的轴受到轴承的制约等，则这类物体称为非自由体或受约束体（constrained body）。

对其他物体的运动起制约作用的物体称为约束（constraint）。地面是车辆的约束，桥墩是桥梁的约束，轴承是轴的约束，等等。

对于工程问题中常见的约束，将在1.3节中详细讨论。

1.2　静力学基本原理

静力学基本原理是静力学的理论基础。

1.2.1　二力平衡原理

作用于刚体上的两个力，使刚体保持平衡的充分必要条件是：二力大小相等，方向相反，并且作用在同一直线上。

这一原理给出了最简单力系的平衡条件，是研究复杂力系平衡条件的基础。

在工程问题中，有些构件可简化为只在两点处各受到一个力作用的刚体，这样的构件称为二力构件。当二力构件平衡时，这两个力必定大小相等，方向相反，作用线共线，如图1-3所示。由于工程上的二力构件大多数是杆件，所以二力构件常被简称为二力杆。

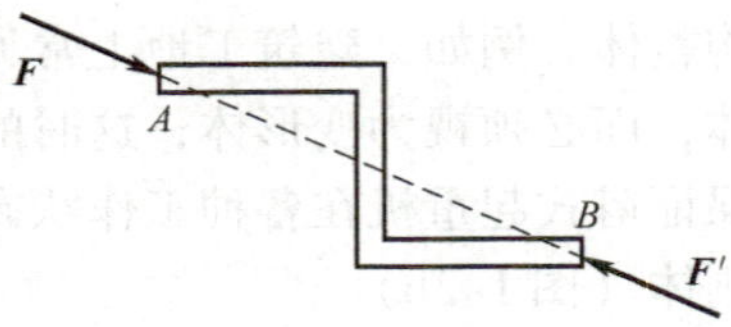

图1-3　二力构件

1.2.2　加减平衡力系原理

在作用于刚体的任何一个力系中，加上或除去一个平衡力系，不改变原力系对刚体的作用。

由上面的两个原理，可以导出如下有用的推论。

推论：力的可传性原理

作用于刚体上一点的力，可以沿其作用线移到刚体内任意一点，而不改变它对刚体的作用效应。

证明： 设 $\boldsymbol{F}$ 作用于刚体上的点 A，点 B 为 $\boldsymbol{F}$ 作用线上的任意点，且点 B 在刚体内，如图1-4a所示。由加减平衡力系原理，在点 B 加上一对平衡力 $\boldsymbol{F}_1$ 和 $\boldsymbol{F}_2$，且 $\boldsymbol{F}_1$ 和 $\boldsymbol{F}_2$ 的大小与 $\boldsymbol{F}$ 的大小相等，$\boldsymbol{F}_2$ 的方向与 $\boldsymbol{F}$ 相同。此时刚体上作用的三个力与原来的 $\boldsymbol{F}$ 等效，如图1-4b所示。而由二力平衡原理，$\boldsymbol{F}_1$ 和 $\boldsymbol{F}$ 构成一平衡力系。根据加减力系平衡原理，将平衡力系

F_1和 F 除去。这样，刚体上只剩下 F_2作用在点 B，且 $F_2=F$，如图 1-4c 所示。这就将原来作用在点 A 的 F 沿着作用线移到了刚体内的点 B 处，而没有改变原来的力对于刚体的作用效应。

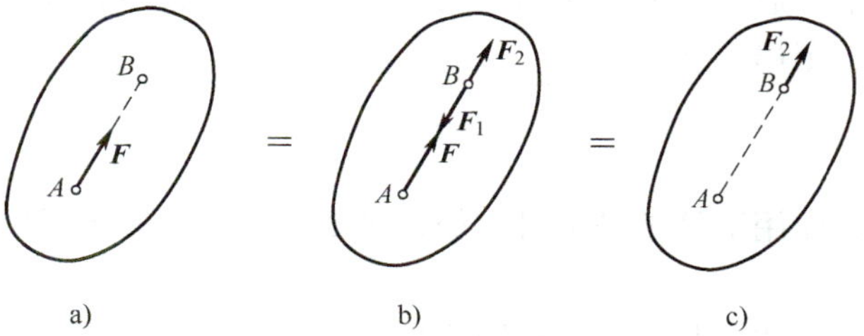

图 1-4　力的可传性

当作用于刚体上的力具有可传性后，力的三要素，即：力的大小、方向和作用点就转化为力的大小、方向和作用线。所以力是可以沿作用线移动的矢量，这种矢量称为滑移矢量。

1.2.3　力的平行四边形法则

作用于物体上同一点的两个力，可以合成为一个合力，合力的作用点仍在该点，合力的大小和方向由以这两个力为边构成的平行四边形的对角线确定，如图 1-5 所示。也就是说，合力矢量为两个力的矢量和，可用矢量式表示为

$$F_1+F_2=F_R$$

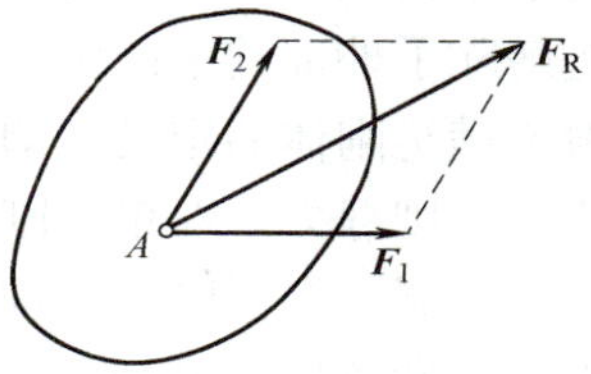

图 1-5　力的平行四边形法则

力的平行四边形法则是力系简化和合成的理论基础。

推论：三力平衡汇交定理

当刚体在三个力作用下平衡时，如果其中两个力的作用线汇交于一点，这三个力必在同一平面内，而且第三个力的作用线通过汇交点。

证明： 设刚体在 F_1、F_2和 F_3三个力的作用下平衡，其中 F_1和 F_2的作用线汇交于点 O，如图 1-6a 所示。应用力的可传性原理，将 F_1和 F_2沿各自的作用线移至汇交点 O。再根据力的平行四边形法则，将作用于同一点的 F_1和 F_2合成，得到二者的合力 F_{12}，如图 1-6b 所示。用合力 F_{12}代替 F_1和 F_2的作用后，刚体只受两个力的作用，即：作用于点 O 的 F_{12}和作用于点 A_3的 F_3。由二力平衡原理，F_{12}和 F_3的作用线必共线，由此，F_3的作用线必通过点 O。而且 F_{12}是 F_1和 F_2构成的平行四边形的对角线，所以 F_{12}与 F_1和 F_2共面，亦即：F_3与 F_1和 F_2共面。

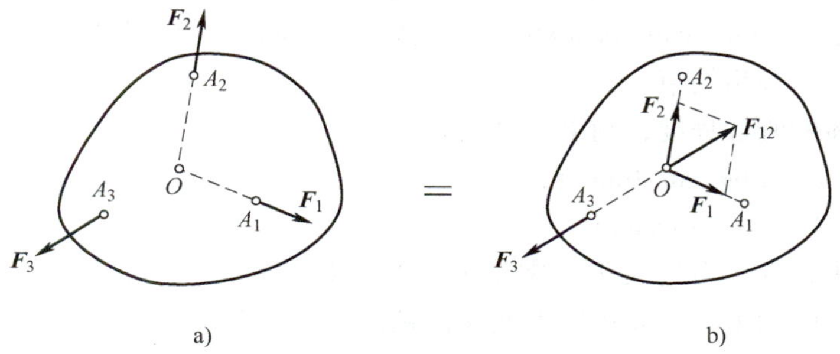

图 1-6　三力平衡汇交

1.2.4　作用和反作用定律

作用力与反作用力总是同时存在，二者大小相等，方向相反，作用线共线，分别作用在两个相互作用的物体上。通常，如果作用力用 $\boldsymbol{F}$ 表示，则它的反作用力用 $\boldsymbol{F}'$ 表示。

这也就是牛顿第三定律。

1.2.5　刚化原理

变形体在某一力系作用下处于平衡时，如果将变形后的变形体刚化为刚体，则平衡状态保持不变。

也就是说，如果变形体在某一力系作用下是平衡的，那么刚体在该力系作用下就一定也是平衡的。这表明，只要变形体是平衡的，它就必定满足刚体的平衡条件。所以，刚体的平衡条件，是变形体平衡的必要条件。

刚化原理建立了变形体平衡与刚体平衡的联系。它的重要性体现在两个方面：一方面，静力学中研究工程结构的平衡问题时，所选取的研究对象可以是单个刚体，而大多数情况下则是解除了外部约束的由若干个刚体组成的刚体系统。而这样的刚体系统作为一个整体，它一般不满足刚体的定义，即不满足系统中任意两点之间的距离保持不变的条件。如果没有刚化原理，则静力学对单个刚体推导出的力系的平衡条件，要应用于上述的刚体系统上，就没有理论依据。根据刚化原理，只要已知上述的刚体系统是平衡的，它就一定满足对刚体导出的力系平衡条件。另一方面，材料力学研究变形体，根据刚化原理，就可以将静力学中对刚体得到的力系平衡条件，应用于已知是平衡的变形体上。从这个意义上讲，刚化原理建立了理论力学与材料力学之间的联系。

1.3　工程常见约束与约束力

作用在物体上的力大致可分为两大类：主动力和约束力。

约束物与被约束物之间的相互作用力，统称为**约束力**（constraint force）。约束力是一种被动力。约束力以外的力均称为**主动力**（active force）或**载荷**（loads），重力、风力、水压力、弹簧力、电磁力等均属此类。

工程中的约束种类很多。根据约束物体与被约束物体接触面之间有无摩擦，约束可分为：

- **理想约束**（ideal constraint）——接触面绝对光滑的约束；
- **非理想约束**（non-ideal constraint）——接触面之间存在摩擦时，一般为非理想约束；

本章将主要讨论理想约束。

根据约束物体的刚性程度，约束又可以分为：

- **柔性约束**（flexible constraint）；
- **刚性约束**（rigid constraint）。

在工程问题中，约束力的大小通常是未知的，对于静力学问题需要通过平衡条件来求解。通过接触产生的约束力，其作用点就在接触位置处。下面介绍几种工程中常见的约束及其约束力的确定。

1.3.1　柔性约束

绳索、传动带、链条等都可以理想化为柔性约束，统称为柔索（cable）。这种约束所能限制的运动是被约束体沿柔索伸长方向的运动，所以柔性约束的约束力只能是拉力，不能是压力。图 1-7a 所示的是绳索对物体的约束力。

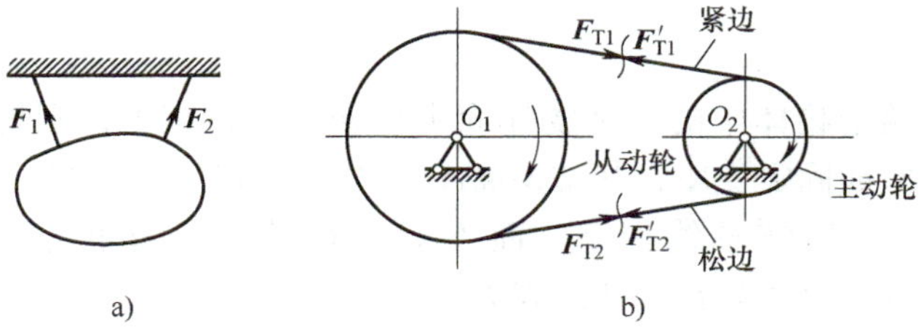

图 1-7　柔性约束

再比如，在如图 1-7b 所示的带传动机构中，传动带虽然有紧边和松边之分，但两边的传动带所产生的约束力都是拉力，只不过紧边的拉力要大于松边的拉力。

1.3.2　刚性约束

约束物与被约束物如果都是刚体，则二者之间为刚性接触。下面介绍几种常见的刚性约束。

1. 光滑接触面约束（smooth surface）

两个物体的接触面处光滑无摩擦时，约束物体只能限制被约束物体沿二者接触面公法线方向的运动，因此，其约束力沿着接触面的公法线方向，故称为法向约束力，用 $\boldsymbol{F}_N$ 表示。此外，由于光滑接触没有摩擦力，不能限制沿接触面切线方向的运动，所以没有切向约束力。图 1-8a、b 所示分别为光滑曲面对刚体球的约束力和齿轮传动机构中齿轮的约束力。

2. 光滑圆柱铰链

光滑圆柱铰链（smooth cylindrical pin）简称为铰链，由柱孔和销钉组成，其实际结构简图如图 1-9a 所示，相互连接的两个构件并不直接接触，而是通过铰链连接。

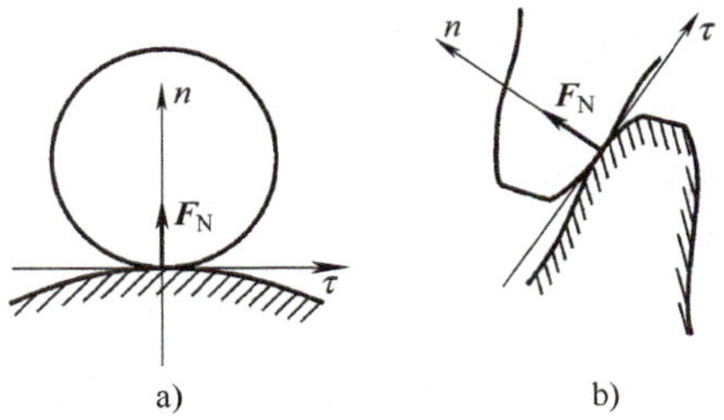

图 1-8　光滑接触面约束

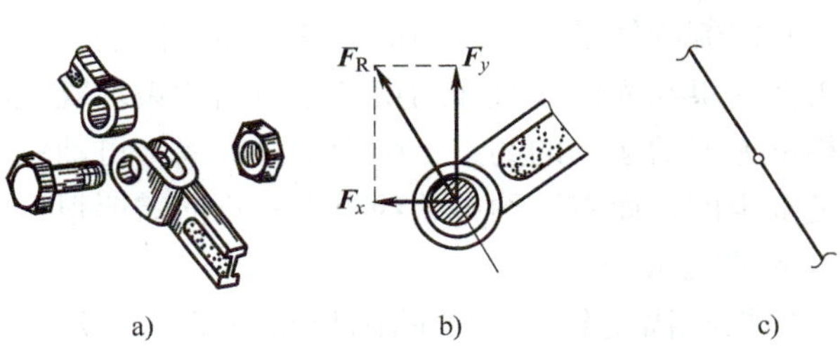

图 1-9　铰链约束

现分析铰链对其中一个构件的约束力。销钉与构件的接触如图 1-9b 所示。可以看出二者之间为线（销钉的母线）接触，在图示的平面上则为点接触。而这个接触点的位置随构件所受的外载荷的变化而改变。所以，虽然从接触的情况看，这种约束与光滑接触面约束相同，但由于接触点无法事先确定，因此它又与光滑接触面约束不同。

约束力的方向应沿着接触点处的公法线方向，而由于接触点无法事先确定，因此约束力的方向是未知的。工程上通常用分量来表示大小和方向均未知的约束力。在平面问题中这些分量分别为 $\boldsymbol{F}_x$、$\boldsymbol{F}_y$，即 $\boldsymbol{F}_R=(\boldsymbol{F}_x, \boldsymbol{F}_y)$，如图 1-9b 所示。铰链约束的力学符号如图 1-9c 所示。

- 固定铰链支座

若将铰链连接的两个物体中的一个物体固定在地面或机架上，则构成固定铰链支座约束，简称为固定铰支座或固定支座，其结构简图如图 1-10a 所示。这种连接方式的特点是限制了被约束物体只能绕铰链轴线转动，而不能有移动。其约束力的表示与铰链相同。图 1-10b 所示为固定铰支座力学符号和约束力。

- 可动铰链支座

为了解决桥梁、屋架结构等工程结构由于温度变化而使得其跨度伸长或缩短的问题，在固定铰链支座中，解除其对某一方向运动的限制，这就构成了**可动铰链支座**（roller support），简称为**可动铰支座**或**可动支座**，又称为**辊轴**，其结构简图如图 1-11a 所示。

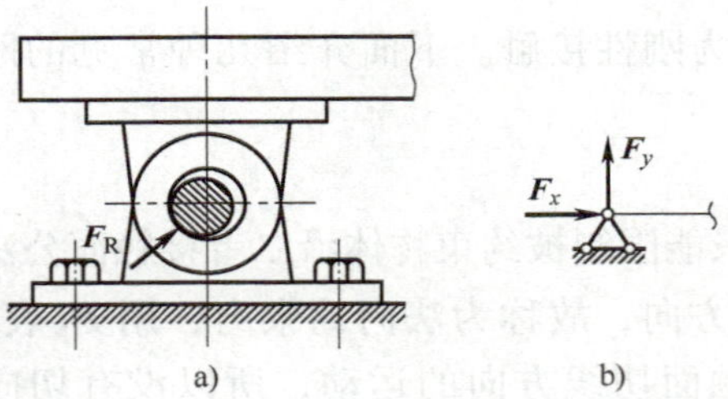

图 1-10　固定铰链支座

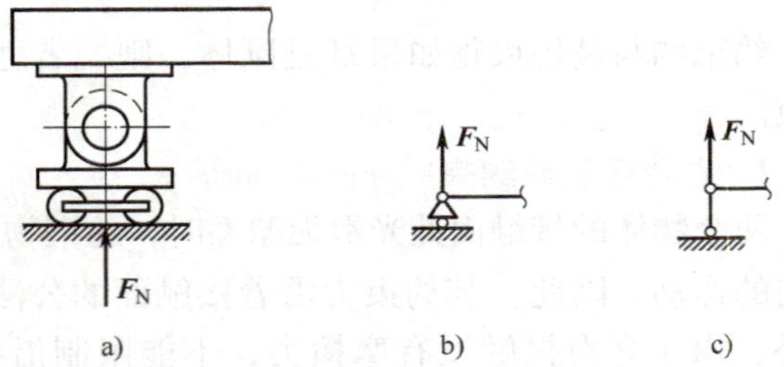

图 1-11　可动铰链支座

这样在固定铰支座的两个约束力分量中，对于可动支座就只剩下一个分量，即与可移动方向垂直的分量 $\boldsymbol{F}_N$。图 1-11b 或 c 所示为它的力学符号和约束力。

需要指出的是，某些工程结构中的可动铰支座，既限制被约束物体向下运动，也限制向上运动。因此，约束力 $\boldsymbol{F}_N$ 垂直于接触面，可能指向上，也可能指向下。

只限制物体沿某一方向的运动，而不限制沿其相反方向的运动的约束，称为**单面约束**。如柔性约束和光滑接触面约束都是单面约束。既能限制物体沿某一方向的运动，又能限制沿其相反方向的运动的约束，称为**双面约束**。可动铰支座为双面约束。单面约束的约束力的指向是确定的，而双面约束的约束力的指向需要根据平衡条件来确定。

- 向心轴承

如果将固定铰支座中的圆柱铰链的长度延长，使它成为一根轴，则固定铰支座就限制该轴只能绕其轴线转动。这样固定铰支座对于被约束体轴来说，就构成了向心轴承约束。实际的向心轴承的简图如图 1-12a 所示。其对轴的约束力与固定铰支座相同，即在与轴线垂直的平面内，用两个正交分量表示。图 1-12b 所示为它的力学符号和约束力。

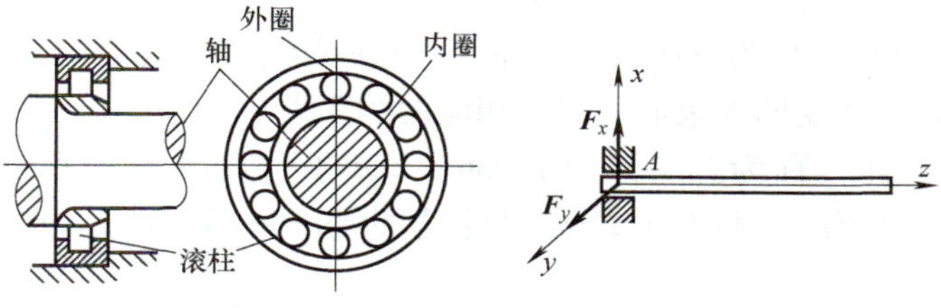

图 1-12　向心轴承

- **向心推力轴承**

如果在向心轴承上再增加对沿轴线方向运动的限制，则成为向心推力轴承，简称**推力轴承**。其结构简图如图 1-13a 所示。它的约束力就是在向心轴承的两个约束力分量基础上增加一个沿轴线方向的分量 $\boldsymbol{F}_z$，如图 1-13b 所示。图 1-13c 所示为它的力学符号。

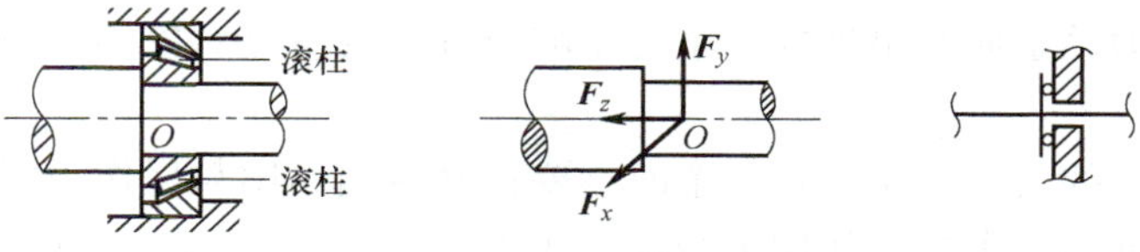

图 1-13　向心推力轴承

- **球形铰链**

球形铰链（ball-socket joint）简称**球铰**。其结构简图如图 1-14a 所示，被约束物体上的球头与约束物体上的球窝连接。

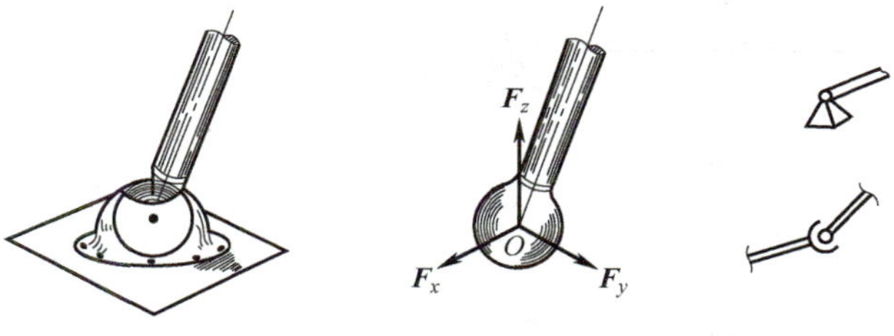

图 1-14　球形铰链

这种约束的特点是被约束物体只绕球心做空间转动，而不能有空间任意方向的移动。因此，球铰的约束力为空间力，一般用三个分量表示（图 1-14b）：$\boldsymbol{F}_R = (F_x, F_y, F_z)$，如图 1-14b 所示。其力学符号如图 1-14c 所示。

1.4　受力分析初步

所谓受力分析，主要是确定所要研究的物体上受有哪些力，分清哪些力是已知的，哪些力是未知的。

进行受力分析，必须首先根据问题的性质、已知量和所要求的未知量，选择某一物体（或几个物体组成的系统）作为分析研究对象，并将所研究的物体从与之接触或连接的物体中分离出来，即解除其所受的约束而代之以相应的约束力。

解除约束后的物体，称为分离体（isolated body）或隔离体。分析作用在分离体上的全部主动力和约束力，画出分离体的受力简图——受力图。受力分析具体步骤如下：

（1）选定合适的研究对象，取出分离体。

（2）画出所有作用在分离体上的主动力（一般皆为已知力）。

（3）在分离体的所有约束处，根据约束的性质画出相应的约束力。

当选择若干个物体组成的系统作为研究对象时，作用于系统上的力可分为两类：系统外物体作用于系统内物体上的力，称为外力（external force）；系统内物体间的相互作用力称为内力（internal force）。

应该指出，内力和外力的区分不是绝对的，内力和外力只有相对于某一确定的研究对象才有意义。由于内力总是成对出现的，不会影响所选择的研究对象的平衡状态，因此，不必在受力图中画出。

此外，当所选择的研究对象不止一个时，要正确应用作用与反作用定律，确定相互联系的物体在同一约束处的约束力，作用力与反作用力应该大小相等、方向相反（参见例题1-2和例题1-3）。

［例题1-1］ 水平梁 AB 的约束和所承受的载荷如图1-15a所示。如果不计梁的自重，试画出梁 AB 的受力图。

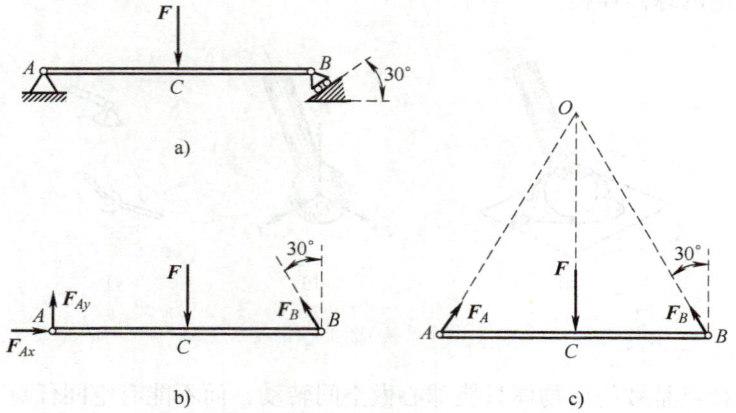

图1-15 例题1-1图

解：1. 确定研究对象

以梁 AB 为研究对象，取分离体如图1-15b所示。

2. 确定主动力和约束力，画出受力图

作用在梁上的集中力 $\boldsymbol{F}$ 为主动力。

A 处为固定铰支座，其约束力可用两个正交的分量表示，即 $\boldsymbol{F}_{Ax}$ 和 $\boldsymbol{F}_{Ay}$。B 处为可动铰支座，其约束力 $\boldsymbol{F}_B$ 应垂直于支承面，即垂直于倾角为 30° 的斜面。于是梁 AB 的受力图如图 1-15b 所示。图中 $\boldsymbol{F}_{Ax}$、$\boldsymbol{F}_{Ay}$ 和 $\boldsymbol{F}_B$ 三者的指向都是假设的，这是因为在较复杂的情形下，无法判断约束力的实际指向。以后由平衡条件就很容易确定了。

对于本例，应用三力平衡汇交定理还可以将受力图画得更简洁些。实际上 A 处只有一个方向未知的约束力。于是，梁 AB 受到三个力的作用而平衡。其中主动力 $\boldsymbol{F}$ 和 B 处约束力 $\boldsymbol{F}_B$ 的作用线为已知，二者的作用线交于点 O。根据三力平衡汇交定理，A 处的约束力的作用线也必交于点 O。据此，可以画出 A 处的约束力 $\boldsymbol{F}_A$，受力如图 1-15c 所示。

［例题 1-2］　简易起重机如图 1-16a 所示。A、C 处为固定铰链支座，B 处为铰链约束。起吊重量为 W，各构件自重不计。试分别画出拉杆 BC、水平梁 AB 和整体的受力图。

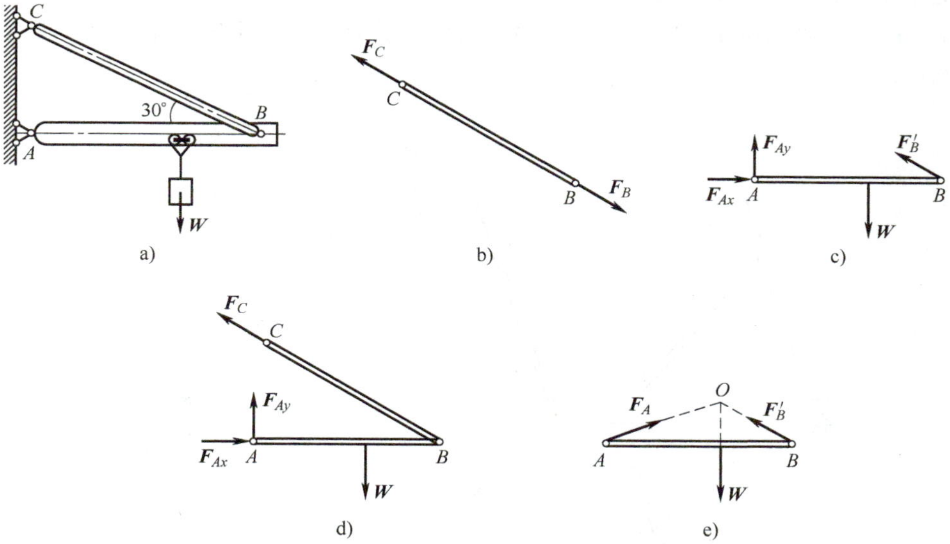

图 1-16　例题 1-2 图

解：1. 拉杆 BC 的受力图

以拉杆 BC 为研究对象，不计自重，杆 BC 只在 B、C 两端受力而平衡，故为二力杆。可以确定 $\boldsymbol{F}_B$ 和 $\boldsymbol{F}_C$ 必沿 BC 连线的方向，先假设为拉力。于是，杆 BC 受力图如图 1-16b 所示。

2. 梁 AB 的受力图

以梁 AB（包括被起吊的重物）为研究对象，重物的重力 $\boldsymbol{W}$ 为作用在梁 AB 上的主动力；B 处为铰链约束，受到的约束力与杆 BC 在 B 处的受力互为作用力与反作用力，杆 BC 在 B 处受力的作用线与指向已经假设，因此可以确定梁 AB 在 B 处的约束力 $\boldsymbol{F}'_B$ 的作用线和指向；A 处为固定铰链支座，约束力用两个正交的分量 $\boldsymbol{F}_{Ax}$ 和 $\boldsymbol{F}_{Ay}$ 表示。于是梁 AB 的受力如图 1-16c 所示。

3. 起重机整体的受力图

以整体为研究对象，$\boldsymbol{W}$ 为作用在梁 AB 上的主动力。解除 A、C 两处的约束，如图 1-16d

所示。A 处的约束力与梁 AB 在 A 处的约束力相同；C 处的约束力与杆 BC 在 C 处的约束力相同。B 处的约束力对所取的研究对象是内力，所以不必画出。于是起重机整体的受力如图 1-16d 所示。

梁 AB 的受力图还可以运用三力平衡汇交定理进一步简化，如图 1-16e 所示。

需要注意的是，在不同构件的受力图中，同一点处的受力的表示应一致。例如，在梁 AB 的受力图中点 A 处的受力的表示，应与整体受力图中点 A 处的受力一致。此时，对点 A 处受力的表示，可以根据约束的性质，对其约束力的指向做出假设。而在画整体的受力图时，对点 A 处受力的表示，就不能再做出不同的假设，必须与前面的假设一致。类似地，在拉杆 BC 和梁 AB 的两个受力图中，在先画拉杆 BC 受力图时，点 B 处受力的指向可以假设（作用线根据二力杆确定）。而在画梁 AB 的受力图时，点 B 处受力的指向必须按作用力与反作用力关系确定，不能再做假设。

［例题 1-3］ 画出图 1-17a 所示结构中各构件的受力图。不计各构件重力，所有约束均为光滑约束。

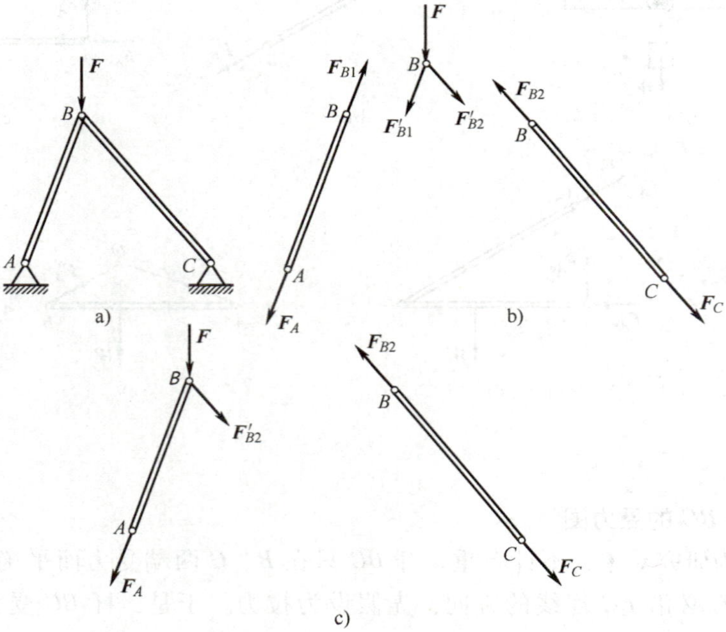

图 1-17 例题 1-3

解：当结构有中间铰时，受力图有两种画法。

1. 第一种画法——将中间铰中的销钉取出

以中间铰中的销钉为研究对象单独取出。这时将结构分为三部分：杆 AB、铰（销钉）B、杆 BC，其中杆 AB、BC 都是二力杆，所以杆两端的约束力 $\boldsymbol{F}_A$ 和 $\boldsymbol{F}_{B1}$、$\boldsymbol{F}_C$ 和 $\boldsymbol{F}_{B2}$ 均沿杆端的连线；铰 B 处除受主动力 $\boldsymbol{F}$ 作用外，还受有杆 AB、BC 在 B 处对其的作用力 $\boldsymbol{F}'_{B1}$ 和 $\boldsymbol{F}'_{B2}$，二者分别与 $\boldsymbol{F}_{B1}$ 和 $\boldsymbol{F}_{B2}$ 大小相等、方向相反，如图 1-17b 所示。

2. 第二种画法——将销钉置于任意一杆上

例如将中间铰（销钉）*B* 固连在杆 *AB* 上，结构分为杆 *AB*（含销钉 *B*）、杆 *BC* 两部分，受力分析结果如图 1-17c 所示。

3. 本例讨论

分析杆 *AB*（含销钉 *B*），销钉 *B* 固连在杆 *AB* 上，销钉 *B* 与杆 *AB* 组成一个子系统，销钉 *B* 与杆 *AB* 的相互作用力 $\boldsymbol{F}_{B1}$、$\boldsymbol{F}'_{B1}$ 成为系统内力，不用画出。需要画出作用在点 *B* 的主动力 $\boldsymbol{F}$ 和杆 *BC* 对销钉 *B* 的约束力 $\boldsymbol{F}'_{B2}$（即系统外力）。若中间铰 *B* 固连在杆 *BC* 上，请读者自行分析其受力。

对于铰链处受到集中力作用的情形，可以认为这个集中力是作用在销钉上的，仍然采用本例的方法分析受力。

如果铰链连接的构件有三个或更多，则铰链处的受力更复杂，但分析的方法与过程都与本例相同。

1.5 本章小结与讨论

1.5.1 本章小结

本章主要内容有：

（1）理论力学的一些基本概念：刚体、质点、质点系、平衡、力、集中力、分布力、力系、等效力系、合力以及约束等。

（2）静力学基本原理：二力平衡原理、加减平衡力系原理、力的平行四边形法则、作用和反作用定律以及刚化原理。

（3）推论：力的可传性原理，三力平衡汇交定理。

（4）约束类型与约束力：柔性约束、光滑接触面约束、光滑铰链约束、固定铰链支座约束、可动铰链支座约束、向心轴承、向心推力轴承和球形铰链等。

（5）受力分析和受力图。

1.5.2 整体平衡与局部平衡

整体平衡，则组成整体的每一个局部也必然平衡。所谓整体可以是由若干刚体组成的系统（例如结构），也可以是单个刚体。所谓局部，就是组成系统的每一个刚体，或者由其中的部分刚体组成的子系统。

例如，在例题 1-2 中，所考察的对象可以是整体，也可以是拉杆 *BC* 或梁 *AB*。只要整体是平衡的，则拉杆 *BC* 和梁 *AB* 也一定是平衡的。

1.5.3 关于二力构件

实际结构中，若不计构件的自重，则只要构件的两端都是铰链约束，两端之间无其他外力作用，则这一构件必为二力构件。对于图 1-18 所示各种结构中，请读者判断哪些是二力构件，哪些则不是二力构件。

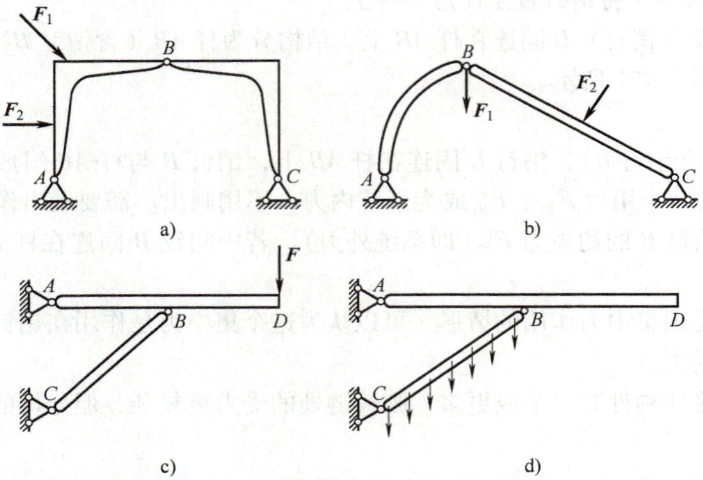

图 1-18 二力构件的判别

1.5.4 静力学基本原理的适用性

静力学的某些原理，例如力的可传性、二力平衡原理，对于柔性体是不成立的，而对于弹性体则在一定的前提下是成立的。

图 1-19a 中所示的绳索平衡时 $\boldsymbol{F}_1 = -\boldsymbol{F}_2$；但 $\boldsymbol{F}_1 = -\boldsymbol{F}_2$ 时，绳索不一定能平衡（图 1-19b）。

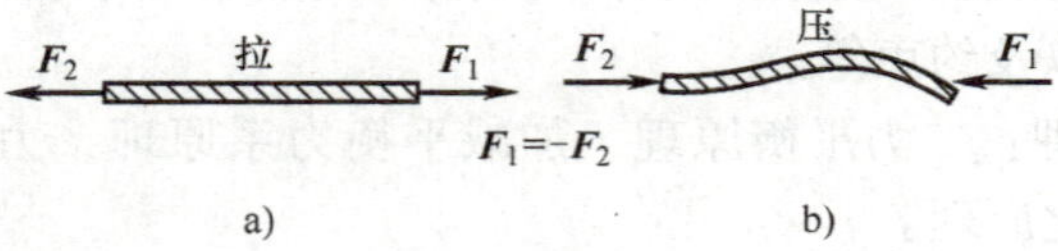

图 1-19 平衡原理对于柔性体的限制性

如果将图 1-19 中的绳索改为弹性杆件，请读者思考二力平衡原理是否成立？

结合图 1-20a、b 所示刚性圆环与弹性圆环，读者可自行分析：力的可传性应用于弹性体时又会遇到什么问题？

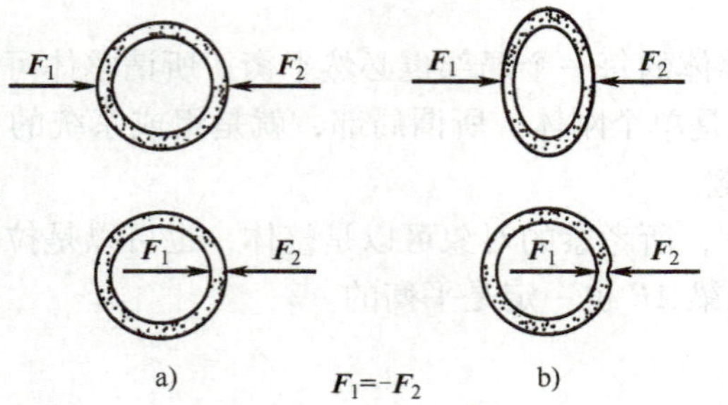

图 1-20 平衡原理对于柔性体的限制性

a）刚性圆环 b）弹性圆环

1.5.5　关于约束

根据约束性质分析约束力，是受力分析的重要内容。本章只介绍了几种常见的工程约束模型。工程中还有一些约束，其约束力为复杂的分布力系，对于这些约束需要将复杂的分布力系加以简化，得到简单的约束力。这类问题将在下一章详细讨论。

习　题

选择填空题

1-1　在下述原理、法则、定律及原理中，只适用于刚体的有（　　）。

① 二力平衡原理　② 力的平行四边形法则　③ 加减平衡力系原理

④ 力的可传性原理　⑤ 作用和反作用定律

1-2　作用在一个刚体上的两个力 $\boldsymbol{F}_A$、$\boldsymbol{F}_B$，如果满足 $\boldsymbol{F}_A=-\boldsymbol{F}_B$ 的条件，则该二力可能是（　　）。

① 作用力和反作用力或一对平衡力　② 一对平衡力或一个力偶

③ 一对平衡力或一个力和一个力偶　④ 作用力和反作用力或一个力偶

1-3　如习题 1-3 图所示的系统受主动力 $\boldsymbol{F}$ 作用而平衡，欲使支座 A 约束力的作用线与 AB 成 30°角，则倾斜面的倾角 α 应为（　　）。

① 0°　② 30°

③ 45°　④ 60°

1-4　如习题 1-4 图所示的楔形块 A、B，自重不计，$\boldsymbol{F}=-\boldsymbol{F}'$，接触处光滑，则（　　）。

① A 平衡，B 不平衡　② A 不平衡，B 平衡

③ A、B 均不平衡　④ A、B 均平衡

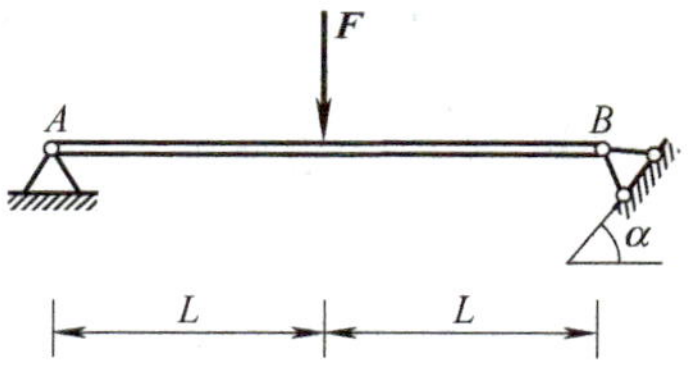

习题 1-3 图

习题 1-4 图

1-5　考虑力对物体作用的外效应和内效应，力是（　　）。

① 滑动矢量　② 自由矢量　③ 定位矢量

1-6　在习题 1-6 图示的三种情况中，当力 $\boldsymbol{F}$ 沿其作用线移到点 D 时，并不改变 B 处受力的情况是（　　）。

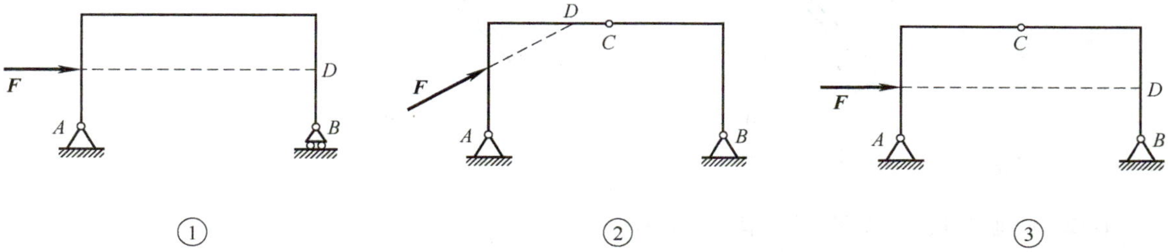

习题 1-6 图

1-7 一刚体受两个作用在同一直线上，指向相反的力 $\boldsymbol{F}_1$ 和 $\boldsymbol{F}_2$ 作用，如习题 1-7 图所示，它们的大小之间的关系为 $F_1=2F_2$，则该力的合力矢 $\boldsymbol{F}_R$ 可表示为（ ）。

① $\boldsymbol{F}_R=\boldsymbol{F}_1-\boldsymbol{F}_2$ ② $\boldsymbol{F}_R=\boldsymbol{F}_2-\boldsymbol{F}_1$

③ $\boldsymbol{F}_R=\boldsymbol{F}_1+\boldsymbol{F}_2$ ④ $\boldsymbol{F}_R=\boldsymbol{F}_2$

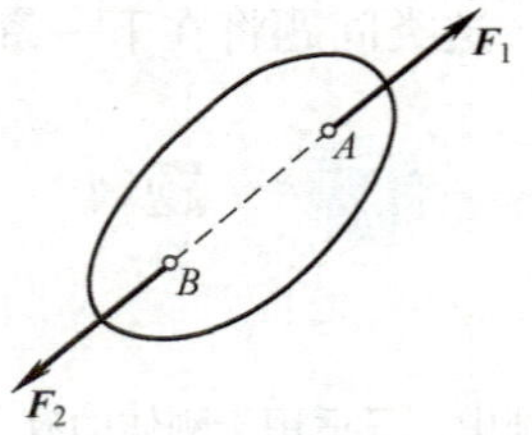

习题 1-7 图

1-8 刚体受三力作用而处于平衡状态，则此三力的作用线（ ）。

① 必汇交于一点 ② 必互相平行

③ 必皆为零 ④ 必位于同一平面内

1-9 作用在刚体上的力可沿其作用线任意移动，而不改变力对刚体的作用效果。所以，在静力学中，力是（ ）矢量。

分析计算题

1-10 如习题 1-10 图 a、b 所示，Ox_1y_1 与 Ox_2y_2 分别为正交与斜交坐标系。试将同一力 $\boldsymbol{F}$ 分别沿两坐标系进行分解和投影，并比较分力与力的投影。

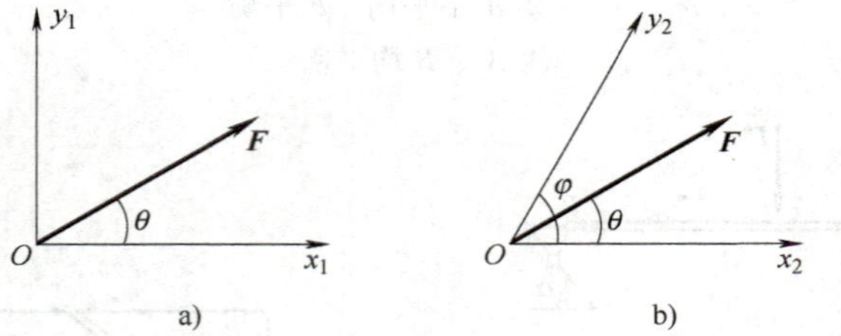

习题 1-10 图

1-11 试画出习题 1-11 图 a、b 所示两种情形下各物体的受力图，并进行比较。

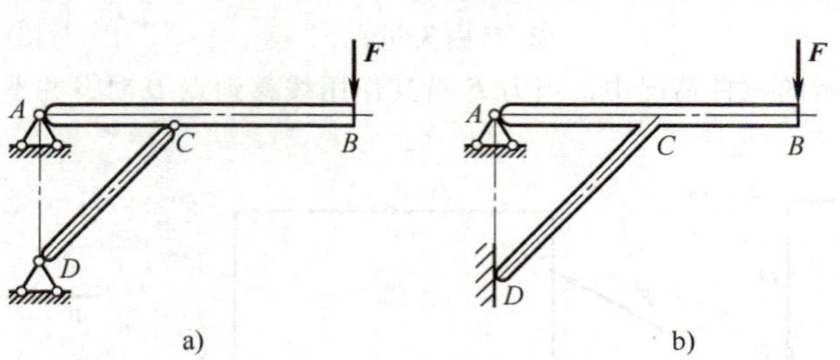

习题 1-11 图

1-12 试画出习题 1-12 图示各物体的受力图。

1-13 习题 1-13 图 a 所示为三角架结构。荷载 $\boldsymbol{F}_1$ 作用在铰 B 上。杆 AB 不计自重，杆 BD 自重为 W。试画出习题 1-13 图 b、c、d 所示的隔离体的受力图，并加以讨论。

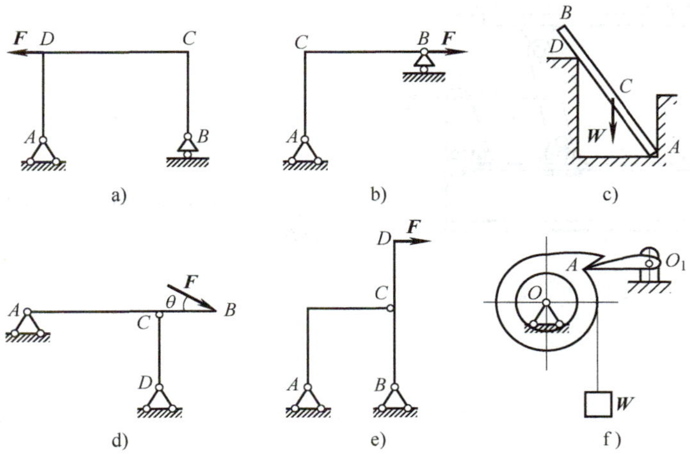

习题 1-12 图

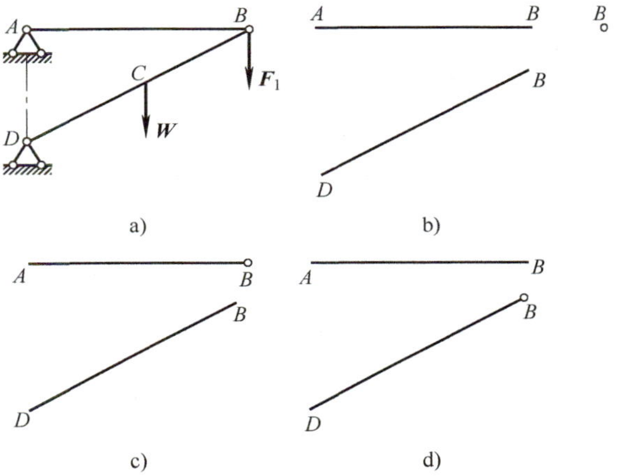

习题 1-13 图

1-14　试画出习题 1-14 图示结构中各杆的受力图。

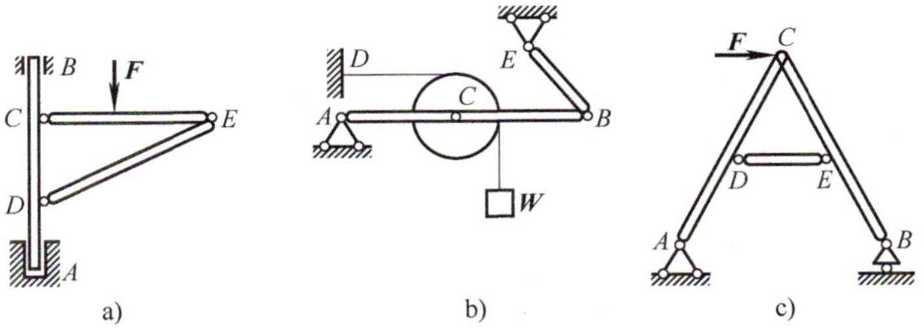

习题 1-14 图

1-15　习题 1-15 图示刚性构件 *ABC* 由销钉 *A* 和拉杆 *D* 支撑，在构件的 *C* 点作用有一水平力 $\boldsymbol{F}$。试问如果将力 $\boldsymbol{F}$ 沿其作用线移至 *D* 或 *E*（见图），是否会改变销钉 *A* 的受力状况。

1-16　试画出习题 1-16 图示连续梁中的梁 *AC* 和 *CD* 的受力图。

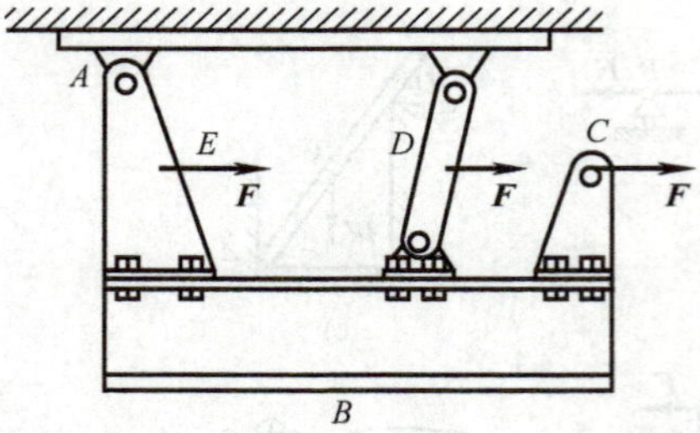

习题 1-15 图

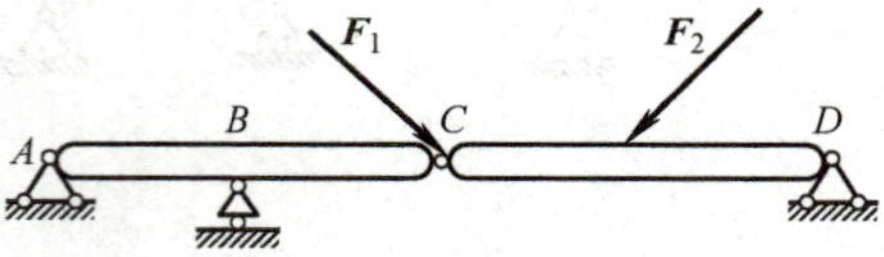

习题 1-16 图

第2章 力系的等效与简化

某些力系，形式上（比如组成力系的力的个数、大小和方向）不完全相同，但其所产生的运动效应却可能是相同的，这些力系称为等效力系。

为了判断力系是否等效，必须首先确定表示力系基本特征的最简单、最本质的量——力系基本特征量。这需要通过力系的简化方能实现。

本章首先引入力的投影的概念，并对汇交力系进行简化，然后在物理学的基础上，对力矩的概念加以扩展和延伸，进而引出力系基本特征量；然后应用力向一点平移定理对力系加以简化，进而导出等效力系定理。

2.1 力的投影和汇交力系的简化

2.1.1 力的投影的计算

若已知力 $\boldsymbol{F}$ 与直角坐标系 $Oxyz$ 三轴间的夹角分别为 α、β、γ，如图 2-1a 所示，则力在三个轴上的投影分别等于力 $\boldsymbol{F}$ 的大小乘以与各轴夹角的余弦，即

$$F_x = F\cos\alpha,\ F_y = F\cos\beta,\ F_z = F\cos\gamma \tag{2-1}$$

这种投影方法称为直接投影法。

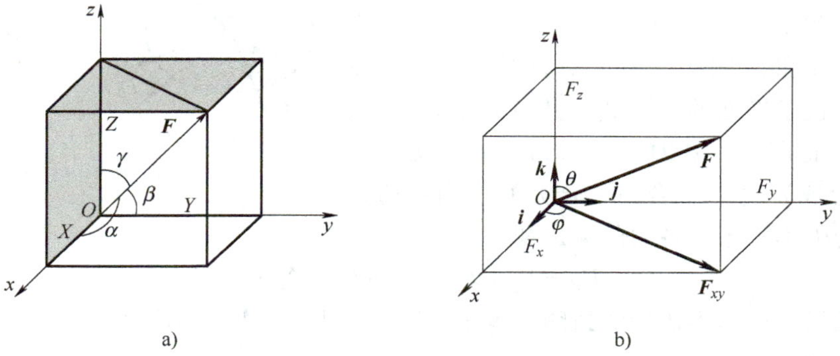

图 2-1 力的投影

当力 $\boldsymbol{F}$ 与坐标轴 Ox、Oy 间的夹角不易确定时，可把力 $\boldsymbol{F}$ 先投影到坐标平面 Oxy 上，得到力 $\boldsymbol{F}_{xy}$，然后再把这个力分别投影到 x 轴与 y 轴上。在图 2-1b 中，已知角 θ 与 φ，则力 $\boldsymbol{F}$

在三个坐标轴上的投影分别为

$$F_x = F\sin\theta\cos\varphi,\ F_y = F\sin\theta\sin\varphi,\ F_z = F\cos\theta \tag{2-2}$$

这种投影方法称为二次投影法或间接投影法。力在一个轴上的投影是代数量。若以 $\boldsymbol{F}_x$、$\boldsymbol{F}_y$、$\boldsymbol{F}_z$ 表示力 $\boldsymbol{F}$ 沿直角坐标轴 x、y、z 的正交分量，以 $\boldsymbol{i}$、$\boldsymbol{j}$、$\boldsymbol{k}$ 分别表示沿 x、y、z 坐标轴方向的单位矢量，则

$$\boldsymbol{F} = \boldsymbol{F}_x + \boldsymbol{F}_y + \boldsymbol{F}_z = F_x\boldsymbol{i} + F_y\boldsymbol{j} + F_z\boldsymbol{k} \tag{2-3}$$

据此可求出力 $\boldsymbol{F}$ 的大小

$$F = \sqrt{F_x^2 + F_y^2 + F_z^2} \tag{2-4}$$

$\boldsymbol{F}$ 与 x、y、z 轴的夹角的余弦分别为

$$\cos(\boldsymbol{F},\boldsymbol{i}) = \frac{F_x}{F},\cos(\boldsymbol{F},\boldsymbol{j}) = \frac{F_y}{F},\cos(\boldsymbol{F},\boldsymbol{k}) = \frac{F_z}{F} \tag{2-5}$$

对于平面情况：若力 $\boldsymbol{F}$ 与 x 轴的夹角为 θ，则力 $\boldsymbol{F}$ 在直角坐标轴 x、y 轴上的投影分别为

$$F_x = F\cos\theta,\ F_y = F\sin\theta \tag{2-6}$$

由此可求出力 $\boldsymbol{F}$ 的大小

$$F = \sqrt{F_x^2 + F_y^2} \tag{2-7}$$

$\boldsymbol{F}$ 与 x 轴和 y 轴的夹角的余弦分别为

$$\cos(\boldsymbol{F},\boldsymbol{i}) = \frac{F_x}{F},\ \cos(\boldsymbol{F},\boldsymbol{j}) = \frac{F_y}{F} \tag{2-8}$$

2.1.2　汇交力系的简化

如果力系中所有力的作用线均汇交于同一点，则称该力系为**汇交力系**。当刚体受汇交力系作用时，根据力的可传性原理，力系中的每一个力可以沿其作用线移至汇交点，便得到一个和原汇交力系等价的共点力系。

图2-2是由四个力构成的汇交力系，依次采用平行四边形法则两两合成，最终四个力依次首尾相接，与其合力组成了一个空间的**力多边形**，而合力则是这个多边形的封闭边。当汇交力系是平面力系时，力多边形也是平面的。因此，共点力系有合力，所以，对刚体而言，**汇交力系有合力**。即汇交力系可以简化（合成）为一个合力，合力的作用线通过汇交点，合力矢为力系中各力的矢量和：

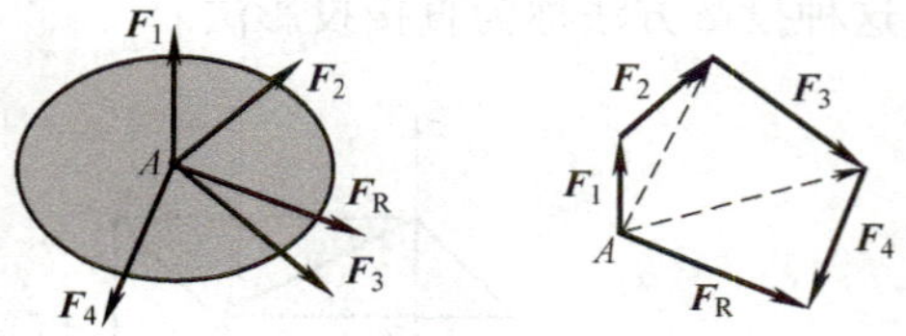

图2-2　汇交力系的合成

$$\boldsymbol{F}_R = \boldsymbol{F}_1 + \boldsymbol{F}_2 + \cdots + \boldsymbol{F}_n = \sum \boldsymbol{F}_i \tag{2-9}$$

合力在几何上由力多边形的封闭边表示。这种用力多边形表示汇交力系合成的方法称为求汇交力系合力的**力多边形法**。

一般地，求汇交力系的合力常用解析法。

在直角坐标系下，合力矢量可表示为（这里省略了脚标 i）：

$$\boldsymbol{F}_R = \sum(F_x\boldsymbol{i} + F_y\boldsymbol{j} + F_z\boldsymbol{k}) = \sum F_x\boldsymbol{i} + \sum F_y\boldsymbol{j} + \sum F_z\boldsymbol{k} \tag{2-10}$$

其三个投影分量分别为

$$F_{Rx}=\sum F_x,\quad F_{Ry}=\sum F_y,\quad F_{Rz}=\sum F_z \tag{2-11}$$

合力的大小为

$$F_R=\sqrt{F_{Rx}^2+F_{Ry}^2+F_{Rz}^2} \tag{2-12}$$

合力 $\boldsymbol{F}_R$ 与 x、y、z 轴的夹角分别为

$$\cos(\boldsymbol{F}_R,\boldsymbol{i})=\frac{F_{Rx}}{F_R} \tag{2-13a}$$

$$\cos(\boldsymbol{F}_R,\boldsymbol{j})=\frac{F_{Ry}}{F_R} \tag{2-13b}$$

$$\cos(\boldsymbol{F}_R,\boldsymbol{k})=\frac{F_{Rz}}{F_R} \tag{2-13c}$$

2.2　力矩的概念和计算

人们用工具拧紧螺母、螺帽时，实际上应用了力矩；人们在推门或拉门时，也应用了力矩。

2.2.1　力对点之矩

读者大都知道，力矩是力使物体绕某一点转动效应的量度。因为是对一点而言，故又称为力对点之矩（moment of a force about a point），这一点称为力矩中心（center of moment）。

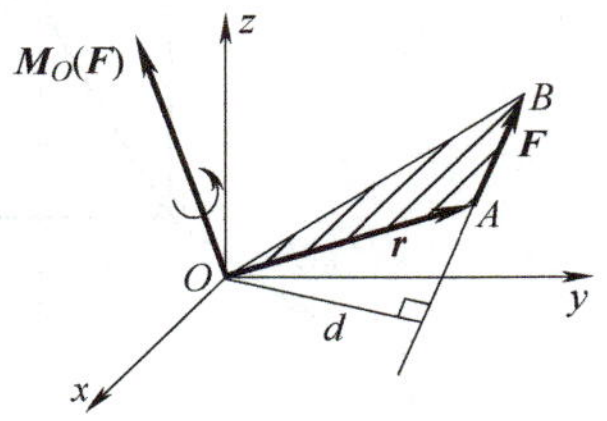

图 2-3　力对点之矩

考察空间任意力 $\boldsymbol{F}$ 对点 O 之矩，如图 2-3 所示。设力 $\boldsymbol{F}=(F_x,F_y,F_z)$；$O$ 点到力 $\boldsymbol{F}$ 作用点的矢量称为矢径（position vector），在三维坐标系中，矢径 $\boldsymbol{r}=(x,y,z)$。定义：力对 O 点之矩等于矢径 $\boldsymbol{r}$ 与力 $\boldsymbol{F}$ 的叉积，即

$$\boldsymbol{M}_O(\boldsymbol{F})=\boldsymbol{r}\times\boldsymbol{F}=\begin{vmatrix}\boldsymbol{i} & \boldsymbol{j} & \boldsymbol{k}\\ x & y & z\\ F_x & F_y & F_z\end{vmatrix}$$

$$=(yF_z-zF_y)\boldsymbol{i}+(zF_x-xF_z)\boldsymbol{j}+(xF_y-yF_x)\boldsymbol{k} \tag{2-14}$$

上述定义表明，力对点之矩为一矢量，其中：

- 矢量的模即为力对点之矩的大小

$$|\boldsymbol{M}_O(\boldsymbol{F})|=Fd=2A_{\triangle AOB} \tag{2-15}$$

式中，d 为力臂；$A_{\triangle AOB}$ 为 $\boldsymbol{r}$ 和 $\boldsymbol{F}$ 组成的三角形面积。

- 矢量的方向由叉积 $\boldsymbol{r}\times\boldsymbol{F}$ 确定，即按右手定则：四指与矢径方向一致，握拳方向与力绕力矩中心的转向一致，拇指指向即为力矩矢量的正方向。
- 力矩矢量作用在力矩中心。这表明，力矩矢量为定位矢量。

2.2.2　力对轴之矩

设力对点之矩矢量 $\boldsymbol{M}_O(\boldsymbol{F})$ 在 $Oxyz$ 坐标系中的投影或分量分别为 $M_{Ox}(\boldsymbol{F})$、$M_{Oy}(\boldsymbol{F})$、

$M_{Oz}(\boldsymbol{F})$，则

$$\boldsymbol{M}_O(\boldsymbol{F})=(M_{Ox}(\boldsymbol{F}),M_{Oy}(\boldsymbol{F}),M_{Oz}(\boldsymbol{F})) \tag{2-16}$$

式中，$M_{Ox}(\boldsymbol{F})$、$M_{Oy}(\boldsymbol{F})$、$M_{Oz}(\boldsymbol{F})$ 称为力对轴之矩（moment of a force about an axis）。

力对轴之矩是力使物体绕某一轴转动效应的量度（图2-4）。

力对轴之矩为代数量，其正负号由右手定则确定：四指握拳方向与力使物体绕轴转动的方向一致，若拇指指向坐标轴正方向，则力对轴之矩为正；反之为负。图2-5中 $M_{Ox}(\boldsymbol{F})$、$M_{Oy}(\boldsymbol{F})$、$M_{Oz}(\boldsymbol{F})$ 均为正。

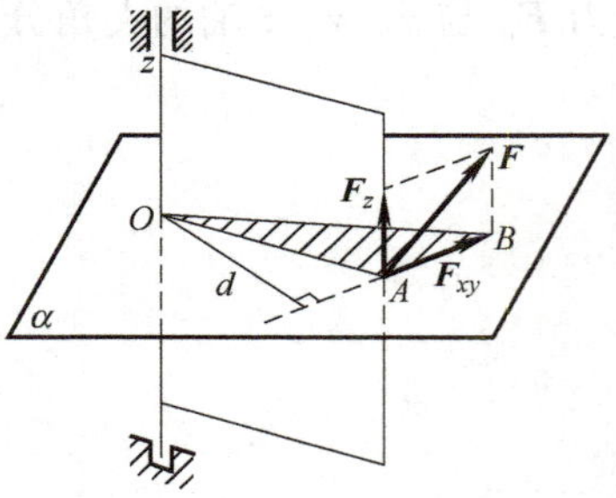

图2-4 力使物体绕轴的转动效应

根据上述定义，当力的作用线与轴相交或平行时，力对该轴之矩为零。

需要注意的是，力对轴之矩可以通过力对点之矩在坐标轴的投影求得（图2-3），也可以先将空间力向直角坐标系的各坐标轴投影，将这些投影视为分力，分别确定这些分力对同一坐标轴之矩，然后取其代数和，如图2-6所示。读者若将式（2-14）的展开式与式（2-16）比较，不难发现上述结论的正确性，即

$$M_{Ox}(\boldsymbol{F})=yF_z-zF_y,\quad M_{Oy}(\boldsymbol{F})=zF_x-xF_z,\quad M_{Oz}(\boldsymbol{F})=xF_y-yF_x \tag{2-17}$$

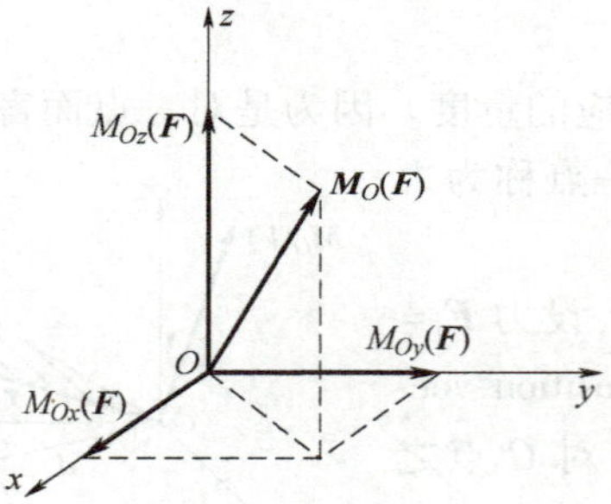

图2-5 力对轴之矩

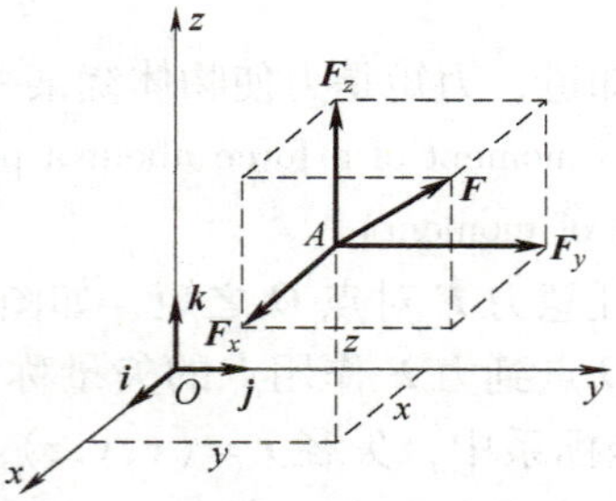

图2-6 确定力对轴之矩的方法之一

2.2.3 合力之矩定理

如果力系存在合力，则合力对于某一点之矩，等于力系中所有力对同一点之矩的矢量和，此即合力之矩定理（theorem of the moment of a resultant）：

$$\boldsymbol{M}_O(\boldsymbol{F}_R)=\sum_{i=1}^{n}\boldsymbol{M}_O(\boldsymbol{F}_i)=\sum\boldsymbol{M}_O(\boldsymbol{F}_i)^{\ominus} \tag{2-18}$$

式中，$\boldsymbol{F}_R=\sum\boldsymbol{F}_i$ 为力系的合力。对于汇交力系，上述定理不难证明，建议读者自行完成。对于非汇交力系，读者也可以应用将要介绍的力系简化理论加以证明。此处不再赘述。

需要指出的是，对于力对轴之矩，合力之矩定理则为：合力对某一轴之矩，等于力系中所有力对同一轴之矩的代数和，即

⊖ 今后在不致混淆时均省略求和的上下标。

$$\begin{cases} M_{Ox}(\boldsymbol{F}_R) = \sum M_{Ox}(\boldsymbol{F}_i) \\ M_{Oy}(\boldsymbol{F}_R) = \sum M_{Oy}(\boldsymbol{F}_i) \\ M_{Oz}(\boldsymbol{F}_R) = \sum M_{Oz}(\boldsymbol{F}_i) \end{cases} \tag{2-19}$$

［例题 2-1］ 如图 2-7 所示支架受力 $\boldsymbol{F}$ 作用，图中 l_1、l_2、l_3 与 α 角均为已知。求 $\boldsymbol{M}_O(\boldsymbol{F})$。

解：本例若直接由力 $\boldsymbol{F}$ 对 O 点取矩，即 $|\boldsymbol{M}_O(\boldsymbol{F})| = Fd$，其中 d 为力臂，如图 2-7 所示。显然，在图示情形下，确定 d 的过程比较麻烦。

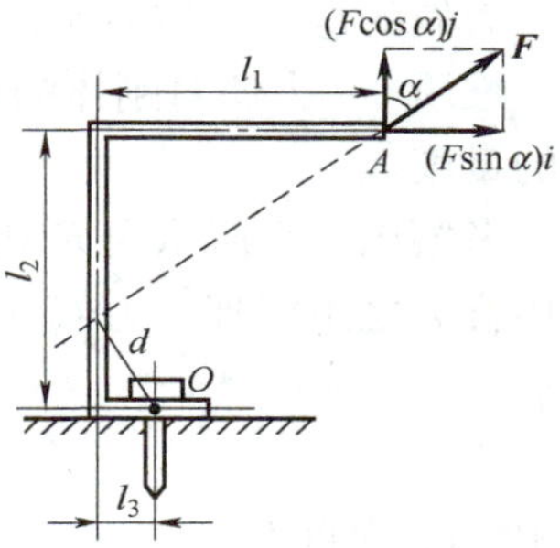

图 2-7 例题 2-1 图

若先将力 $\boldsymbol{F}$ 分解为两个分力 $\boldsymbol{F}_x = (F\sin\alpha)\boldsymbol{i}$ 和 $\boldsymbol{F}_y = (F\cos\alpha)\boldsymbol{j}$，再应用合力之矩定理，则较为方便。于是，有

$$\begin{aligned} \boldsymbol{M}_O(\boldsymbol{F}) &= \boldsymbol{M}_O(\boldsymbol{F}_x) + \boldsymbol{M}_O(\boldsymbol{F}_y) \\ &= -(F\sin\alpha)l_2\boldsymbol{k} + (F\cos\alpha)(l_1 - l_3)\boldsymbol{k} \\ &= F[(l_1 - l_3)\cos\alpha - l_2\sin\alpha]\boldsymbol{k} \end{aligned}$$

$$|\boldsymbol{M}_O(\boldsymbol{F})| = M_O(\boldsymbol{F}) = F[(l_1 - l_3)\cos\alpha - l_2\sin\alpha]$$

显然，根据这一结果，还可算得力 $\boldsymbol{F}$ 对 O 点的力臂为

$$d = (l_1 - l_3)\cos\alpha - l_2\sin\alpha$$

上述分析与计算结果表明，应用合力之矩定理，在某些情形下将使计算过程简化。

2.3 力偶及其性质

2.3.1 力偶的定义

大小相等、方向相反、作用线互相平行但不重合的两个力所组成的力系，称为力偶（couple）。力偶中两个力所组成的平面称为力偶作用面（acting plane of a couple）。

力偶中两个力作用线之间的垂直距离称为力偶臂（arm of couple）。

工程中力偶的实例是很多的。人们驾驶汽车，双手施加在方向盘上的两个力，若大小相等、方向相反、作用线互相平行，则二者组成一力偶，转动方向盘，通过传动机构，使前轮转向。

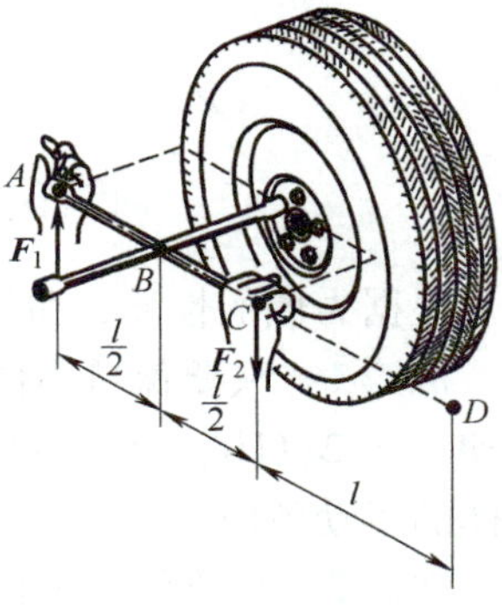

图 2-8 力偶实例

图 2-8 所示为专用拧紧汽车车轮上螺母的工具。加在其上的两个力 $\boldsymbol{F}_1$ 和 $\boldsymbol{F}_2$，如果二者大小相等、方向相反、作用线互相平行，这两个力组成一力偶。这一力偶通过工具施加在螺母上，使螺母拧紧。

2.3.2 力偶的基本性质

力偶将使物体产生什么样的运动效应？这种效应又如何量度？这些都是由力偶的性质决定的。

性质1 力偶没有合力。

力偶虽然是由两个力所组成的力系，但这种力系没有合力。由反向平行力的合成可知，力偶的合力不存在。

力偶的这一性质表明，力偶不能与单个力平衡，力偶只能与力偶平衡。

性质2 力偶对刚体的运动效应，是使刚体转动。力偶矩矢量是力偶使刚体产生转动效应的量度。

考察图2-9所示由$\boldsymbol{F}$和$\boldsymbol{F}'$组成的力偶（$\boldsymbol{F}$，$\boldsymbol{F}'$），其中$\boldsymbol{F}=-\boldsymbol{F}'$。$O$点为空间的任意点。应用合力之矩定理，力偶（$\boldsymbol{F}$，$\boldsymbol{F}'$）对点$O$之矩为

$$\begin{aligned}\boldsymbol{M}_O(\boldsymbol{F})&=\boldsymbol{r}_A\times\boldsymbol{F}+\boldsymbol{r}_B\times\boldsymbol{F}'\\&=(\boldsymbol{r}_A-\boldsymbol{r}_B)\times\boldsymbol{F}=\boldsymbol{r}_{BA}\times\boldsymbol{F}\end{aligned}\tag{2-20}$$

式中，$\boldsymbol{r}_{BA}$为自B至A的矢径。读者可以任取其他各点，也可以得到同样结果。

这表明：力偶对点之矩与点的位置无关。于是，不失一般性，式（2-20）可写成

$$\boldsymbol{M}=\boldsymbol{r}_{BA}\times\boldsymbol{F}\tag{2-21}$$

式中，$\boldsymbol{M}$称为**力偶矩矢量**（moment vector of couple）。

上述分析过程表明，力偶矩矢量只有大小和方向，没有作用点，故为**自由矢量**。

此外，表示力偶可以用组成力偶的两个力（$\boldsymbol{F}$，$\boldsymbol{F}'$），也可以用力偶矩矢量（图2-9中矢量$\boldsymbol{M}$），还可以用力偶作用面内的旋转箭头（图2-10中的M）。

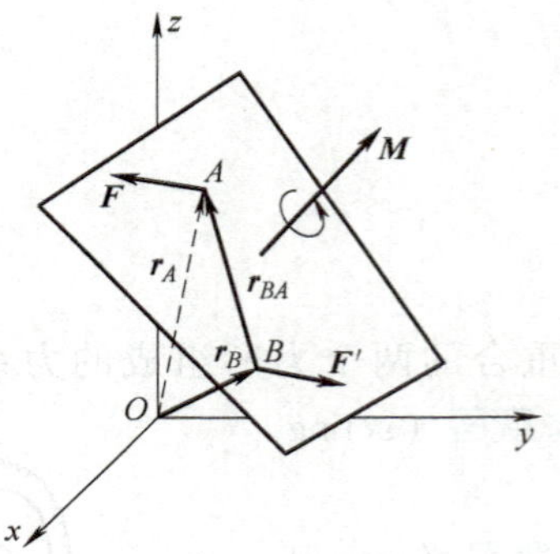

图2-9 力偶矩矢量

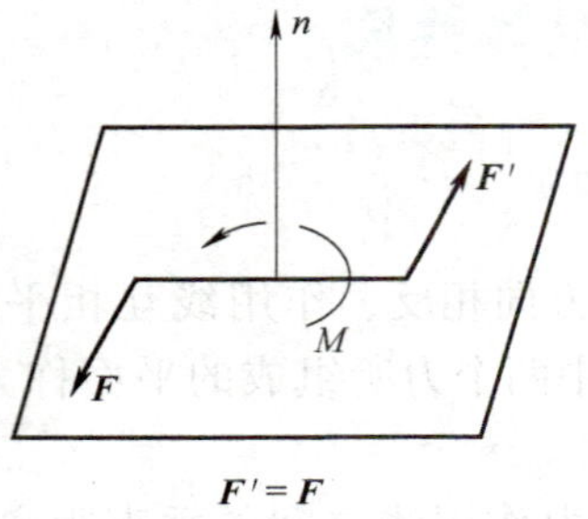

图2-10 力偶在平面内的记号

根据力偶的性质，可以得到下列推论。

推论1 只要保持力偶矩矢量不变，力偶（图2-11a）可以在其作用平面内任意移动或转动（图2-11b、c），也可以连同其作用平面一起平行移动（图2-11d），而不改变力偶对刚体的运动效应。

推论2 只要保持力偶矩矢量不变，可以同时改变组成力偶的力和力偶臂的大小。而不改变力偶对刚体的运动效应（图2-11e）。

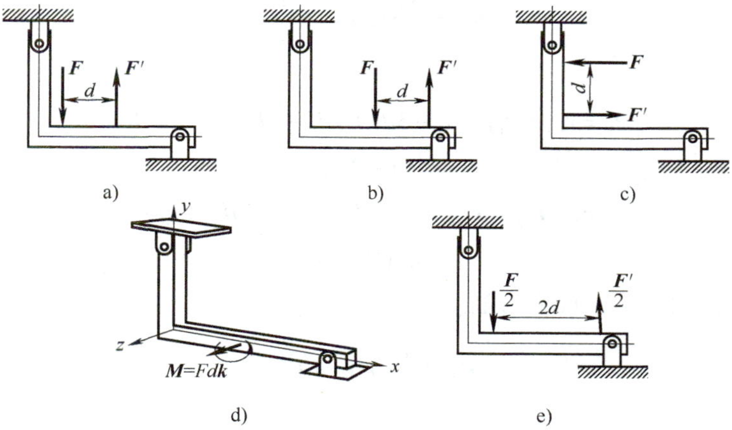

图 2-11 关于力偶的推论

2.3.3 力偶系及其合成

两个或两个以上力偶组成的力系，称为**力偶系**（system of couples）。应用矢量加法，可以将力偶系中的各个力偶合成一个合力偶，其力偶矩矢量为

$$\boldsymbol{M}=\sum \boldsymbol{M}_i \tag{2-22}$$

根据力偶只能与力偶平衡以及力偶系合成的结果只能是一个合力偶，力偶系的平衡的条件是：合力偶矩矢量等于零，即

$$\boldsymbol{M}=\sum \boldsymbol{M}_i=0 \tag{2-23}$$

若力偶系中所有力偶作用面都处于同一平面内，即为**平面力偶系**。这时所有力偶以及合力偶的力偶矩矢量互相平行，且垂直于各力偶的共同作用面。于是，式（2-23）可以写成

$$\sum M_i=0 \tag{2-24}$$

式中，M_i 为力偶矩在其所在平面法线上的投影，为代数量。

式（2-24）表明：平面力偶系的平衡条件是，力偶系中所有力偶的力偶矩代数和等于零。

［例题 2-2］ 刚体 $ABCDO$ 的 ABC 面和 ACD 面上分别作用有力偶 $\boldsymbol{M}_1$ 和 $\boldsymbol{M}_2$，如图 2-12 所示。若已知 $M_1=M_2=M_0$，刚体各部分尺寸示于图中，试求作用在刚体上的合力偶。

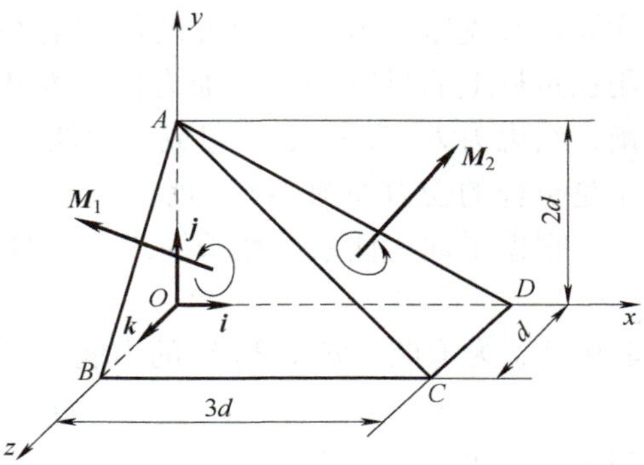

图 2-12 例题 2-2 图

解：为应用式（2-22）计算合力偶矩矢量，必须将已知的力偶 $\boldsymbol{M}_1$ 和 $\boldsymbol{M}_2$ 写成矢量表达式。为此，应先写出力偶作用面的单位法线的矢量表达式，再乘以已知力偶矩矢量的模 M_1 和 M_2。

设 $\boldsymbol{r}_1$ 和 $\boldsymbol{r}_2$ 分别为 $\boldsymbol{M}_1$ 和 $\boldsymbol{M}_2$ 作用面的法线矢量，$\boldsymbol{n}_1$ 和 $\boldsymbol{n}_2$ 为单位法线矢量。二者关系为

$$\boldsymbol{n}_1=\frac{\boldsymbol{r}_1}{|\boldsymbol{r}_1|},\ \boldsymbol{n}_2=\frac{\boldsymbol{r}_2}{|\boldsymbol{r}_2|} \tag{a}$$

其中

$$\begin{aligned}\boldsymbol{r}_1=\boldsymbol{r}_{CA}\times\boldsymbol{r}_{CB}&=(-3d\boldsymbol{i}+2d\boldsymbol{j}-d\boldsymbol{k})\times(-3d\boldsymbol{i})\\&=3d^2(\boldsymbol{j}+2\boldsymbol{k})\end{aligned} \tag{b}$$

$$\begin{aligned}\boldsymbol{r}_2=\boldsymbol{r}_{CD}\times\boldsymbol{r}_{DA}&=(-d\boldsymbol{k})\times(-3d\boldsymbol{i}+2d\boldsymbol{j})\\&=d^2(2\boldsymbol{i}+3\boldsymbol{j})\end{aligned} \tag{c}$$

将式（b）、式（c）代入式（a），求得

$$\begin{aligned}\boldsymbol{n}_1&=\frac{1}{\sqrt{5}}(\boldsymbol{j}+2\boldsymbol{k})\\\boldsymbol{n}_2&=\frac{1}{\sqrt{13}}(2\boldsymbol{i}+3\boldsymbol{j})\end{aligned} \tag{d}$$

由此得

$$\boldsymbol{M}_1=M_1\,\boldsymbol{n}_1=\frac{M_0}{\sqrt{5}}(\boldsymbol{j}+2\boldsymbol{k})$$

$$\boldsymbol{M}_2=M_2\,\boldsymbol{n}_2=\frac{M_0}{\sqrt{13}}(2\boldsymbol{i}+3\boldsymbol{j})$$

进而求得合力偶的力偶矩矢量为

$$\boldsymbol{M}=\boldsymbol{M}_1+\boldsymbol{M}_2=M_0(0.555\boldsymbol{i}+1.279\boldsymbol{j}+0.899\boldsymbol{k})$$

［例题 2-3］　圆弧杆 AB 与折杆 BDC 在 B 处铰接，A、C 二处均为固定铰支座，结构受力如图 2-13a 所示，图中 $l=2r$。若 r、M 为已知，试求 A、C 两处的约束力。

解： 圆弧杆两端 A、B 均为铰链，中间无外力作用，因此圆弧杆为二力杆。A、B 两处的约束力 $\boldsymbol{F}_A$ 和 $\boldsymbol{F}_B$ 大小相等、方向相反并且作用线与 AB 连线重合。其受力图如图 2-13b 所示。

折杆 BDC 在 B 处的约束力 $\boldsymbol{F}'_B$ 与圆弧杆上 B 处的约束力 $\boldsymbol{F}_B$ 互为作用力与反作用力，故二者方向相反；C 处为固定铰支座，本有一个方向待定的约束力，但由于作用在折杆上的只有一个外加力偶，因此，为保持折杆平衡，约束力 $\boldsymbol{F}_C$ 和 $\boldsymbol{F}'_B$ 必须组成一力偶，与外加力偶平衡。于是折杆的受力如图 2-13c 所示。

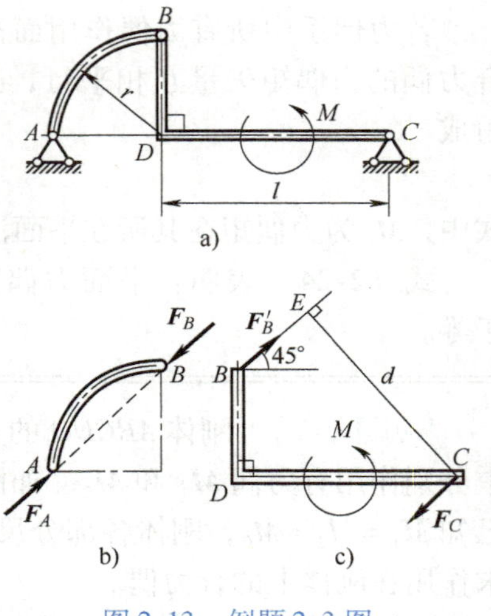

图 2-13　例题 2-3 图

根据平面力偶系平衡条件式（2-24），对于折杆有

$$M+M_{BC}=0 \tag{a}$$

其中 M_{BC} 为力偶（$\boldsymbol{F}'_B$，$\boldsymbol{F}_C$）的力偶矩代数值：

$$M_{BC}=-F_Cd=-F_C\,\overline{CE} \tag{b}$$

根据图 2-13c 所示几何关系，有

$$\overline{CE}=\frac{\sqrt{2}}{2}r+\frac{\sqrt{2}}{2}l=\frac{3\sqrt{2}}{2}r \tag{c}$$

将式（c）代入式（b），再代入式（a），求得

$$F_C=F_B=F_A=\frac{\sqrt{2}}{3}\frac{M}{r}$$

2.4 力系的简化

2.4.1 力系的基本特征量——力系的主矢与主矩

定义 1：一般力系（$\boldsymbol{F}_1$，$\boldsymbol{F}_2$，…，$\boldsymbol{F}_n$）中所有力的矢量和，称为力系的主矢量，简称为**主矢**（principal vector）[⊖]（图 2-14），即

$$\boldsymbol{F}_{\mathrm{R}}=\sum \boldsymbol{F}_i \tag{2-25}$$

式中，$\boldsymbol{F}_{\mathrm{R}}$为力系主矢；$\boldsymbol{F}_i$ 为力系中的第 i 个力。式（2-25）的分量表达式为

$$\begin{cases} F_{\mathrm{R}x}=\sum F_{ix} \\ F_{\mathrm{R}y}=\sum F_{iy} \\ F_{\mathrm{R}z}=\sum F_{iz} \end{cases} \tag{2-26}$$

定义 2：力系中所有力对于同一点之矩的矢量和，称为力系对这一点的**主矩**（principal moment）（图 2-15），即

$$\boldsymbol{M}_O(\boldsymbol{F})=\sum \boldsymbol{M}_O(\boldsymbol{F}_i)=\sum \boldsymbol{r}_i\times \boldsymbol{F}_i \tag{2-27}$$

其分量式为

$$\begin{cases} M_{Ox}(\boldsymbol{F})=\sum M_{Ox}(\boldsymbol{F}_i) \\ M_{Oy}(\boldsymbol{F})=\sum M_{Oy}(\boldsymbol{F}_i) \\ M_{Oz}(\boldsymbol{F})=\sum M_{Oz}(\boldsymbol{F}_i) \end{cases} \tag{2-28}$$

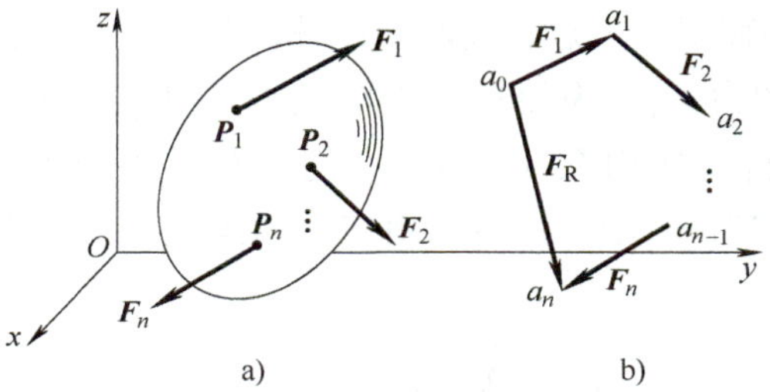

图 2-14　力系的主矢

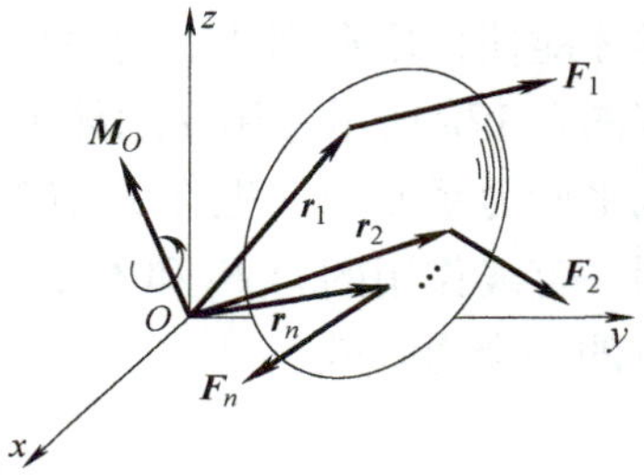

图 2-15　力系的主矩

因为同一个力对于不同矩心的力矩各不相同，因此力系的主矩与所选的矩心有关。

⊖ 本书中的主矢量与主矩，在物理学中称为合外力和合外力矩。实际上如果有合外力，也只有大小和方向，并未涉及作用点（或作用线）。

[例题 2-4] 图2-16所示为 $\boldsymbol{F}_1$、$\boldsymbol{F}_2$ 组成的任意空间力系，试求力系的主矢 $\boldsymbol{F}_R$ 以及力系对 O、A、E 三点的主矩。

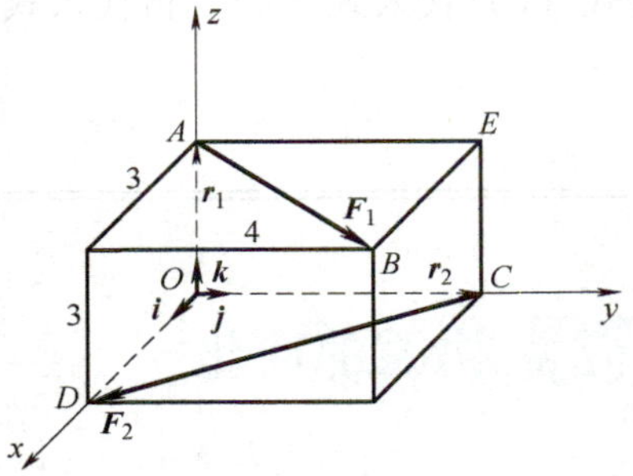

图2-16 例题2-4图

解：设 $\boldsymbol{i}$、$\boldsymbol{j}$、$\boldsymbol{k}$ 为 x、y、z 方向的单位矢量，则力系中的二力可写成

$$\boldsymbol{F}_1 = 3\boldsymbol{i} + 4\boldsymbol{j}$$

$$\boldsymbol{F}_2 = 3\boldsymbol{i} - 4\boldsymbol{j}$$

于是，由式（2-25），得力系的主矢

$$\boldsymbol{F}_R = \sum \boldsymbol{F}_i = \boldsymbol{F}_1 + \boldsymbol{F}_2 = 6\boldsymbol{i}$$

这是沿 x 轴正方向，数值为6的矢量。

应用式（2-27）以及矢量叉乘方法，有

$$\begin{aligned}\boldsymbol{M}_O(\boldsymbol{F}) &= \sum \boldsymbol{M}_O(\boldsymbol{F}_i) = \sum \boldsymbol{r}_i \times \boldsymbol{F}_i \\ &= \boldsymbol{r}_1 \times \boldsymbol{F}_1 + \boldsymbol{r}_2 \times \boldsymbol{F}_2 \\ &= -12\boldsymbol{i} + 9\boldsymbol{j} - 12\boldsymbol{k}\end{aligned}$$

$$\begin{aligned}\boldsymbol{M}_A(\boldsymbol{F}) &= \sum \boldsymbol{M}_A(\boldsymbol{F}_i) = 0 + \boldsymbol{r}_{AC} \times \boldsymbol{F}_2 \\ &= -12\boldsymbol{i} - 9\boldsymbol{j} - 12\boldsymbol{k}\end{aligned}$$

$$\begin{aligned}\boldsymbol{M}_E(\boldsymbol{F}) &= \sum \boldsymbol{M}_E(\boldsymbol{F}_i) = \boldsymbol{r}_{EA} \times \boldsymbol{F}_1 + \boldsymbol{r}_{EC} \times \boldsymbol{F}_2 \\ &= -12\boldsymbol{i} - 9\boldsymbol{j} + 12\boldsymbol{k}\end{aligned}$$

2.4.2 力向一点平移定理

所谓力系的简化，就是将由若干力和力偶所组成的力系，变为一个力，或一个力偶，或一个力与一个力偶的简单的、但是等效的情形，这一过程称为力系的简化（reduction of a force system）。力系简化的基础是力向一点平移定理（theorem of translation of a force）。

作用在刚体上的力若沿其作用线平移，并不会影响其对刚体的运动效应。但是，若将作用在刚体上的力从一点平行移动至另一点，其对刚体的运动效应将发生变化。

怎样才能使作用在刚体上的力从一点平移至另一点，而其对刚体的运动效应相同呢？

考察图2-17a所示作用在刚体上 A 点的力 $\boldsymbol{F}_A$，为使这一力等效地从 A 点平移至 B 点，应用加减平衡力系原理，先在 B 点施加平行于作用在 A 点力 $\boldsymbol{F}_A$ 的一对大小相等、方向相反、沿同一直线作用的力 $\boldsymbol{F}''_A$ 和 $\boldsymbol{F}'_A$，如图2-17b所示。这时，由三个力组成的力系与原来作用在 A 点的一个力等效。

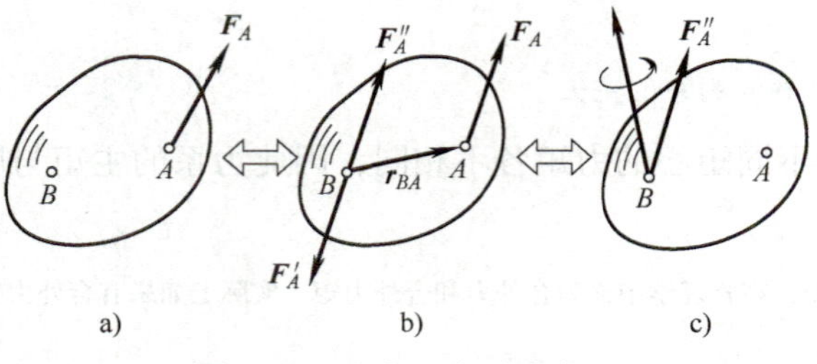

图2-17 力向一点平移定理

图2-17b所示作用在A点的力$\boldsymbol{F}_A$与作用在B点的力$\boldsymbol{F}_A'$组成一力偶，其力偶矩矢量为$\boldsymbol{M}=\boldsymbol{r}_{BA}\times\boldsymbol{F}_A$，如图2-17c所示。这时作用在$B$点的力$\boldsymbol{F}_A''$和力偶$\boldsymbol{M}$与原来作用在$A$点的一个力$\boldsymbol{F}_A$是等效的。读者不难发现，这一力偶的力偶矩等于原来作用在A点的力$\boldsymbol{F}_A$对B点之矩。

上述分析结果表明：作用在刚体上的力可以向刚体内任一点平移，平移后需附加一力偶，这一力偶的力偶矩等于原来的力对平移点之矩。这一结论称为**力向一点平移定理**。

实际工程与实际生活中与力向一点平移定理有关的例子是很多的。例如，驾船划桨，若双桨同时以相等的力气划，船在水面只前进不转动（图2-18a）；若单桨划，船不仅有向前的运动，而且有绕船质心的转动（图2-18b）。此外，乒乓球运动中的各种旋转球也都与力向一点平移定理有关。

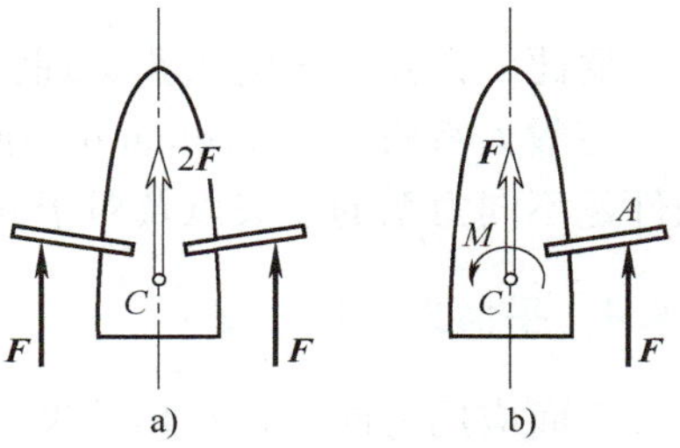

图2-18 力向一点平移实例

2.4.3 一般力系的简化

考察作用在刚体上的一般力系（$\boldsymbol{F}_1$，$\boldsymbol{F}_2$，…，$\boldsymbol{F}_n$），如图2-19所示。在刚体上任取一点，例如点O，称为简化中心。

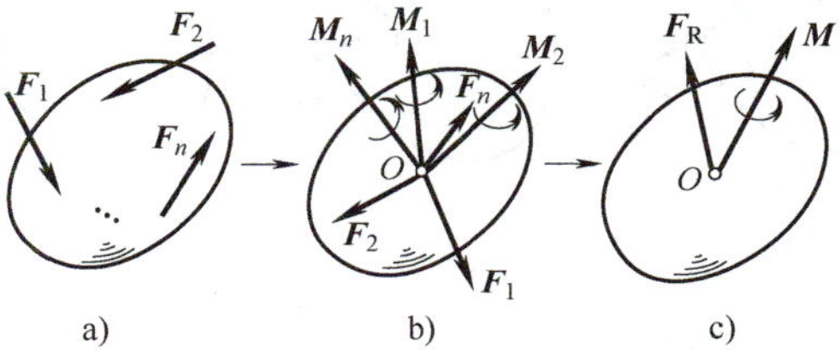

图2-19 一般力系的简化

应用力向一点平移定理，将力系中所有的力$\boldsymbol{F}_1$，$\boldsymbol{F}_2$，…，$\boldsymbol{F}_n$逐个向简化中心平移，最后得到汇交于点O的、由$\boldsymbol{F}_1$，$\boldsymbol{F}_2$，…，$\boldsymbol{F}_n$组成的汇交力系，以及由$\boldsymbol{M}_1$，$\boldsymbol{M}_2$，…，$\boldsymbol{M}_n$组成的力偶系，如图2-19b所示。

平移后所得到的汇交力系和力偶系，可以分别合成一个作用于O点的合力$\boldsymbol{F}_{\mathrm{R}}$及合力偶$\boldsymbol{M}$，如图2-19c所示。其中

$$\begin{cases}\boldsymbol{F}_{\mathrm{R}}=\sum\boldsymbol{F}_i\\ \boldsymbol{M}=\sum\boldsymbol{M}_i=\sum\boldsymbol{M}_O(\boldsymbol{F}_i)\end{cases}\tag{2-29}$$

式中，$\boldsymbol{M}_O(\boldsymbol{F}_i)$为平移前力$\boldsymbol{F}_i$对简化中心$O$点之矩。

上述结果表明：

- 一般力系向任意简化中心简化，得到一个力和一个力偶。因此可以说，力和力偶是组成一般力系的基本单元；汇交力系和力偶系二者均为基本力系，是一般力系的特殊情形。
- 力系向简化中心简化所得力的大小和方向与这一力系的主矢方向相同（请注意合力与主矢的区别）。

• 力系向简化中心简化所得之力偶的力偶矩矢量，其大小和方向与这一力系对简化中心的主矩相同（请注意主矩与合力偶矩矢量的区别）。

• 力系的主矢不随简化中心的改变而改变，故称为力系的不变量。主矩则随简化中心的改变而改变。有兴趣的读者可以证明，力系对于不同点（例如 O 点和 A 点）的主矩存在下列关系：

$$\boldsymbol{M}_O = \boldsymbol{M}_A + \boldsymbol{r}_{OA} \times \boldsymbol{F}_{\mathrm{R}} \tag{2-30}$$

据此，得到如下的重要定理：

等效力系原理（theorem of equivalent force systems）——不同力系对刚体作用效应相等的条件是不同力系的主矢以及对于同一点的主矩对应相等。

2.4.4 平面力系的简化

下面应用力向一点平移结果，讨论平面力系的简化。

设刚体上作用一由任意多个力所组成的平面力系（$\boldsymbol{F}_1$，$\boldsymbol{F}_2$，…，$\boldsymbol{F}_n$），如图 2-20a 所示。现在将力系向其作用平面内任一点简化，这一点称为简化中心，通常用 O 表示。

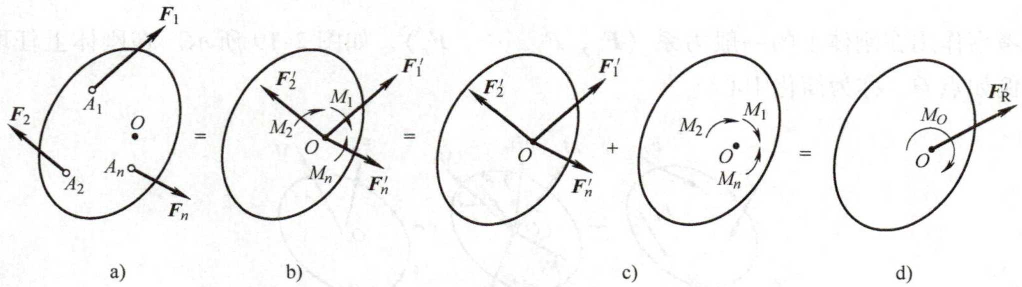

图 2-20　平面力系的简化过程与简化结果

简化的方法是：将力系中所有的力逐个向简化中心 O 点平移，每平移一个力，便得到一个力和一个力偶，如图 2-20b 所示。

简化的结果，得到一个作用线都通过 O 点的力系（$\boldsymbol{F}_1$，$\boldsymbol{F}_2$，…，$\boldsymbol{F}_n$）（图 2-20c），这种由作用线处于同一平面并且汇交于一点的力所组成的力系，称为平面汇交力系；同时还得到由若干处于同一平面内的力偶所组成的平面力偶系（M_1，M_2，…，M_n）（图 2-20c）。

平面力系向一点简化所得到的平面汇交力系和平面力偶系，还可以分别合成为一个合力和一个合力偶。

对于作用线都通过 O 点的平面汇交力系，利用矢量合成的方法可以将这一力系合成为一通过 O 点的合力（图 2-20d），这一合力等于力系中所有力的矢量和。

$$\boldsymbol{F}_{\mathrm{R}} = \sum_{i=1}^{n} \boldsymbol{F}_i \tag{2-31}$$

上述结果表明，作用线汇交于 O 点的平面汇交力系的合力等于原力系中所有力的矢量和，称为原力系的主矢。

对于平面力系，在 Oxy 坐标系中，上式可以写成力的投影形式

$$\begin{cases} F_{Rx} = \sum_{i=1}^{n} F_{ix} \\ F_{Ry} = \sum_{i=1}^{n} F_{iy} \end{cases} \tag{2-32}$$

式中，F_{Rx}、F_{Ry}为主矢 $\boldsymbol{F}_R$ 分别在 x 轴和 y 轴上的投影；等号右边的项 $\sum_{i=1}^{n} F_{ix}$、$\sum_{i=1}^{n} F_{iy}$ 分别为力系中所有的力在 x 轴和 y 轴上投影的代数和。

由平面力系简化所得到的平面力偶系，只能合成一合力偶，合力偶的力偶矩等于各附加力偶的力偶矩的代数和，而各附加力偶的力偶矩分别等于原力系中所有力对简化中心之矩。

于是有

$$M_O = \sum_{i=1}^{n} M_i = \sum_{i=1}^{n} M_O(\boldsymbol{F}_i) \tag{2-33}$$

这一结果表明，平面力系简化所得平面力偶系合成一合力偶（图 2-20d），合力偶的力偶矩等于原力系中所有力对简化中心之矩的代数和。

上述分析结果表明：平面力系向作用面内任意一点简化，一般情形下，得到一个力和一个力偶。所得力的作用线通过简化中心，其矢量为力系的主矢，它等于力系中所有力的矢量和；所得力偶仍作用于原平面内，其力偶矩为原力系对于简化中心的主矩，数值等于力系中所有力对简化中心之矩的代数和。

由于力系向任意一点简化其主矢都是等于力系中所有力的矢量和，所以主矢与简化中心的选择无关；主矩则不然，主矩等于力系中所有力对简化中心之矩的代数和，对于不同的简化中心，力对简化中心之矩也各不相同，所以，主矩与简化中心的选择有关。因此，当我们提及主矩时，必须指明是对哪一点的主矩。例如，M_O就是指对 O 点的主矩。

需要注意的是，主矢与合力是两个不同的概念，主矢只有大小和方向两个要素，并不涉及作用点，可在任意点画出；而合力有三要素，除了大小和方向之外，还必须指明其作用点。

2.4.5　力系简化在固定端约束力分析中的应用

如果约束物体既限制了被约束物体的移动（平面问题为两个方向；空间问题为三个方向），又限制了被约束物体的转动。这种约束称之为固定端或插入端（fixed end support）约束。

工程中的固定端约束是很常见的，诸如：机床上装卡加工工件的卡盘对工件的约束（图 2-21a）；房屋建筑中墙壁对雨篷的约束（图 2-21b）；飞机机身对机翼的约束（图 2-21c）等。

固定端约束与铰链约束不同的是约束物与被约束物之间是线接触（平面问题）和面接触（空间问题），因而约束力是沿接触线或接触面方向分布的分布力系，而且在很多情形下为复杂的分布力系。

大多数工程问题中，为了分析计算简便，需对固定端约束的复杂分布力系加以简化。

应用力系简化理论，固定端的约束力都可以简化为作用在约束处的一个约束力和一个约束力偶。在平面问题中，可用约束力的两个分量和一个约束力偶表示（图2-22a）；在空间问题中，用约束力的三个分量和约束力偶矩的三个分量表示（图2-22b）。

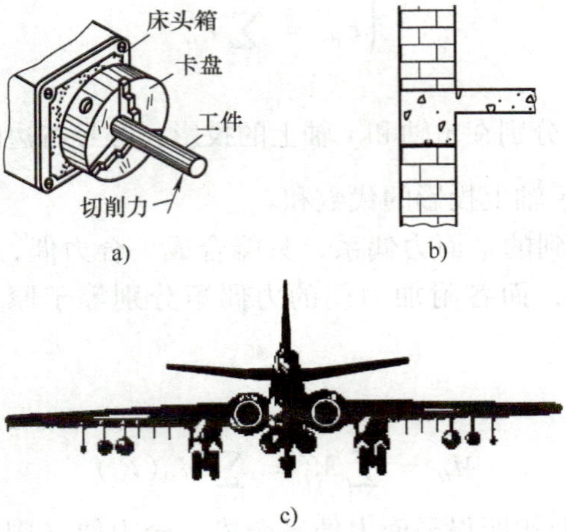

图2-21 工程中的固定端约束

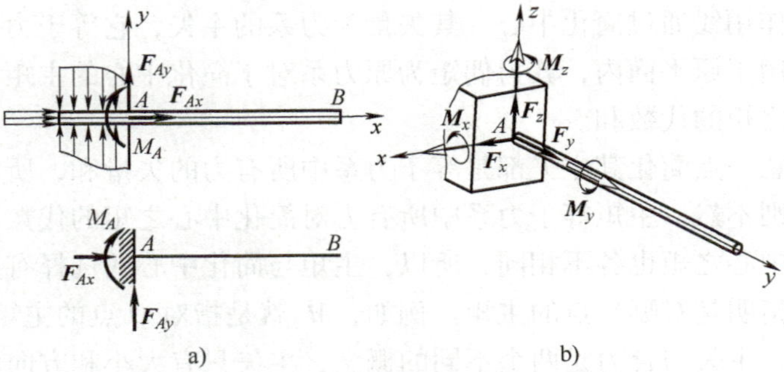

图2-22 固定端约束力

2.5 本章小结与讨论

2.5.1 本章小结

1. 力矩

（1）力对点之矩是定位矢量，其矢量表达式为

$$\boldsymbol{M}_O(\boldsymbol{F}) = \boldsymbol{r} \times \boldsymbol{F}$$

解析表达式为

$$\boldsymbol{M}_O(\boldsymbol{F}) = (yF_z - zF_y)\boldsymbol{i} + (zF_x - xF_z)\boldsymbol{j} + (xF_y - yF_x)\boldsymbol{k}$$

（2）力对轴之矩是标量

$$M_{Ox}(\boldsymbol{F}) = yF_z - zF_y, \quad M_{Oy}(\boldsymbol{F}) = zF_x - xF_z, \quad M_{Oz}(\boldsymbol{F}) = xF_y - yF_x$$

（3）力对点之矩与力对通过该点的轴之矩之间的关系：力对 O 点的矩在过 O 点的任一

轴上的投影，就等于力对该轴的矩。

$$\boldsymbol{M}_O(\boldsymbol{F}) = M_{Ox}(\boldsymbol{F})\boldsymbol{i} + M_{Oy}(\boldsymbol{F})\boldsymbol{j} + M_{Oz}(\boldsymbol{F})\boldsymbol{k}$$

（4）合力之矩定理

对点的合力之矩定理　$\boldsymbol{M}_O(\boldsymbol{F}_\mathrm{R}) = \sum \boldsymbol{M}_O(\boldsymbol{F}_i)$

对轴的合力之矩定理　$\begin{cases} M_{Ox}(\boldsymbol{F}_\mathrm{R}) = \sum M_{Ox}(\boldsymbol{F}_i) \\ M_{Oy}(\boldsymbol{F}_\mathrm{R}) = \sum M_{Oy}(\boldsymbol{F}_i) \\ M_{Oz}(\boldsymbol{F}_\mathrm{R}) = \sum M_{Oz}(\boldsymbol{F}_i) \end{cases}$

2. 力偶及其性质

力偶是由两个大小相等、方向相反、不共线的两个力组成的特殊力系。

力偶矩矢量

$$\boldsymbol{M} = \boldsymbol{r}_{BA} \times \boldsymbol{F}$$

力偶没有合力，力偶不能与一个力相平衡，力偶只能与力偶相平衡。

力偶矩矢量是力偶对刚体的作用效应的唯一度量。

3. 力偶系的合成与平衡

力偶系可以合成为一个合力偶，合力偶矩矢量为各分力偶矩矢量的矢量和

$$\boldsymbol{M} = \sum \boldsymbol{M}_i$$

作用于刚体上力偶系平衡的充分必要条件为合力偶矩矢量为零。

$$\boldsymbol{M} = 0$$

4. 力系的主矢和主矩

主矢　$\boldsymbol{F}_\mathrm{R} = \sum \boldsymbol{F}_i$

对 O 点的主矩　$\boldsymbol{M}_O = \sum \boldsymbol{M}_O(\boldsymbol{F}_i)$

5. 力系的简化

（1）力向一点平移定理：作用在刚体上的力可以向刚体内任一点平移，平移后需附加一力偶，这一力偶的力偶矩等于原来的力对平移点之矩。

（2）一般力系向任意简化中心简化，一般可得到一个力和一个力偶，该力的大小和方向与力系的主矢相同，作用线通过简化中心，该力偶的力偶矩矢量的大小和方向与力系对简化中心的主矩相同。

6. 固定端的约束力

对于平面问题，固定端有一个方向未知的约束力（可以分解为两个互相垂直的分量）和一个力偶；对于三维问题，固定端的约束力和力偶都可以分解为三个互相垂直的分量。

2.5.2　关于力系简化的最终结果

本章介绍了力系简化的理论以及一般力系向某一确定点的简化结果。但在很多情形下，这并不是力系简化的最终结果。

所谓力系简化的最终结果，是指力系在向某一确定点简化所得到的主矢和对这一点的主矩，还可以进一步简化（确定点以外的点）。

空间一般力系的最终的可能简化结果有以下 4 种情形：

- 平衡。这时 $\boldsymbol{F}_\mathrm{R} = 0$，$\boldsymbol{M}_O = 0$。这表明原力系为平衡力系。这一结果将在下一章详细讨论。

- **力偶**。这时 $F_R=0$，$M_O\neq 0$。力偶矩等于力系对 O 点的主矩。
- **合力**。这时可能有两种情形，一种是：$F_R\neq 0$，$M_O=0$，合力的作用线通过 O 点，大小、方向取决于力系的主矢；另一种情形是：$F_R\neq 0$，$M_O\neq 0$，但是 $F_R\cdot M_O=0$，即 F_R 与 M_O 互相垂直，根据力向一点平移定理的逆定理，F_R 和 M_O 最终可简化为一个合力，如图 2-23a 所示。合力的作用线通过另一简化中心 O'。O' 相对 O 的矢径 $r_{OO'}$ 由下式确定：

$$r_{OO'}=\frac{F_R\times M_O}{|F'_R|^2}$$

- **力螺旋**。这时 $F_R\neq 0$，$M_O\neq 0$，而且 $F_R\cdot M_O\neq 0$。此时可将主矩 M_O 分解为沿力作用线方向的 M 和垂直于力作用线方向的 M_1。

这时，可以进一步将 M_1 和 F_R 简化为作用线通过 O' 的力 F'_R。

最终，将原力系简化为一个力 F'_R 和与这一力共线的力偶 M，如图 2-20b 所示。

这种由共线的力 F'_R 和力偶 M 组成的特殊力系称为**力螺旋**（wrench of force system）。

旋具拧紧螺钉（图 2-24），以及钻头钻孔时，作用在旋具及钻头上的力系都是力螺旋。

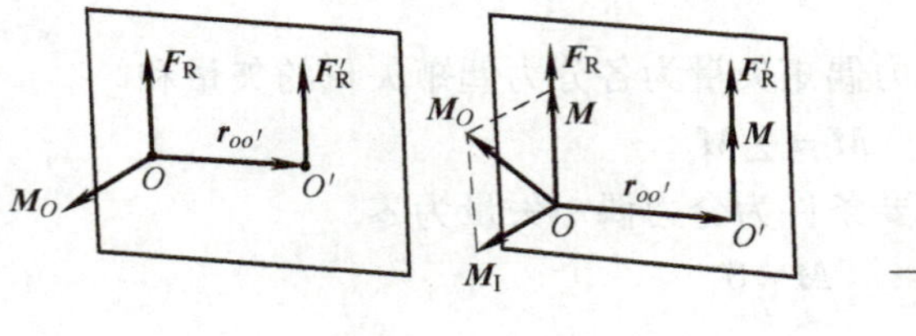

图 2-23 力系简化的最后结果

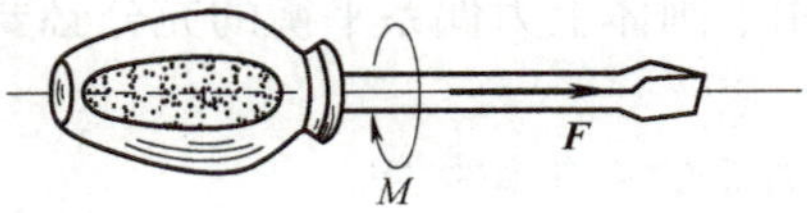

图 2-24 力螺旋实例

平面力系与空间力系简化的最后结果的差别在于平面力系不可能产生力螺旋。这一结论读者自己是可以证明的。

2.5.3 重力系的简化与物体的重心

工程上对于有限体积的物体，可以视重力为平行力，视重力加速度 g 为常量。将物体分解为分布在物体不同位置的体积微元 ΔV_i，设每个微元的重力为 P_i，如图 2-25 所示，则力系的合力，即物体的总重力 P 大小为

$$P=\sum P_i=\int_V \mathrm{d}P \tag{2-34}$$

重力合力 P 始终通过物体上的同一点，这点称为物体的**重心**。设重心为 C（x_C，y_C，z_C），对于 y 轴应用合力矩定理，有

$$Px_C=\sum P_i x_i$$

$$x_C=\frac{\sum P_i x_i}{P}=\frac{\int_V x\mathrm{d}P}{\int_V \mathrm{d}P} \tag{2-35a}$$

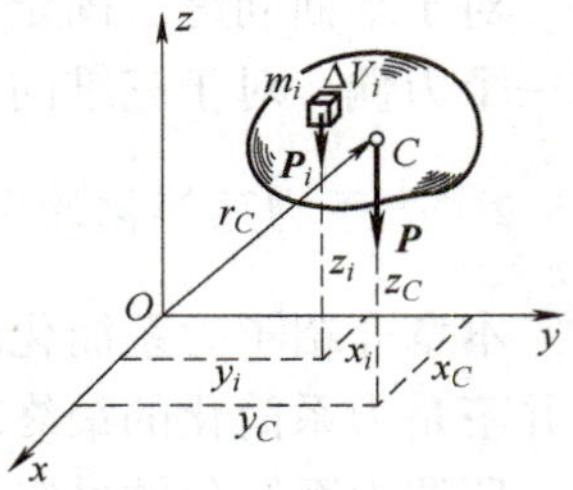

图 2-25 体分布力——物体重力的简化

对 x 轴应用合力矩定理，亦有

$$y_C = \frac{\sum P_i y_i}{P} = \frac{\int_V y\mathrm{d}P}{\int_V \mathrm{d}P} \tag{2-35b}$$

为确定 z_C，需要把物体转一个方位。不妨保持物体位形及坐标系轴方位都不变，而将重力方向由平行 z 轴转换为平行 y 轴，然后再对 x 轴应用合力矩定理，可得

$$z_C = \frac{\sum P_i z_i}{P} = \frac{\int_V z\mathrm{d}P}{\int_V \mathrm{d}P} \tag{2-35c}$$

确定物体重心的实验方法：图 2-26a 所示为称重法，A 端光滑铰支，称量出总重量 P 和 B 处的受力 F_B，量出长度 l，即可通过简单计算得出重心 C 位置 x_C。图 2-20b 所示为悬挂法测量物体重心。请读者思考，如何快捷确定中国大陆的地理中心？

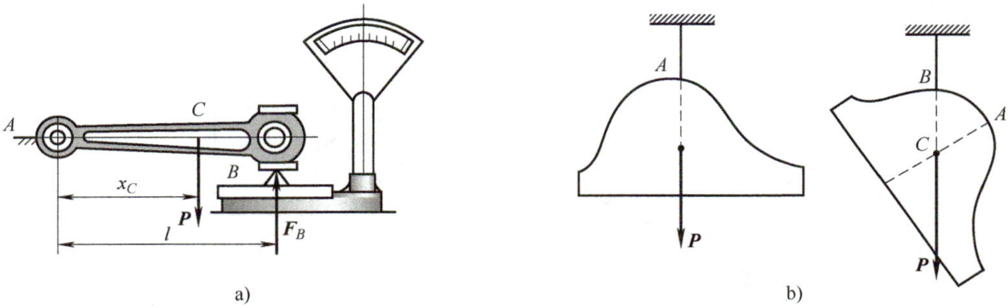

图 2-26　实验方法测定物体重心

a）称重法　b）悬挂法

2.5.4　关于力偶性质推论的适用性

本章中关于力偶性质及其推论，在力系简化与平衡中是非常重要的，但这仅适用于刚体。对于变形体则有一定的限制。

请读者结合图 2-27a、b 中所示的实例，分析力偶性质的推论在弹性体中应用时，将会受到什么限制。

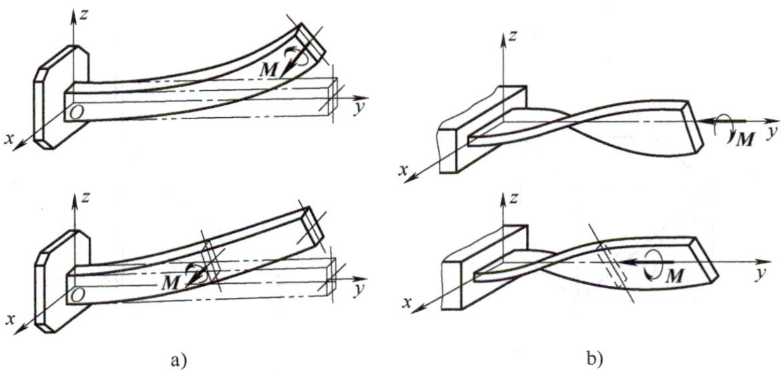

图 2-27　力偶性质推论的限制性

习 题

选择填空题

2-1 如习题2-1图所示，将大小为100N的力$\boldsymbol{F}$沿x、y方向分解，若$\boldsymbol{F}$在x轴上的投影为86.6N，而沿x方向的分力的大小为115.47N，则$\boldsymbol{F}$沿y轴上的投影为（　　）。

① 0　　② 50N

③ 70.7N　　④ 86.6N

2-2 已知长方体的边长为a、b、c，顶点A的坐标为（1，1，1），如习题2-2图所示。则力$\boldsymbol{F}$对z轴的矩$M_z(\boldsymbol{F})$为（　　）。

① $\frac{a(b+1)}{\sqrt{a^2+c^2}}F$　　② $-\frac{a(b+1)}{\sqrt{a^2+c^2}}F$

③ $\frac{ab}{\sqrt{a^2+c^2}}F$　　④ $-\frac{ab}{\sqrt{a^2+c^2}}F$

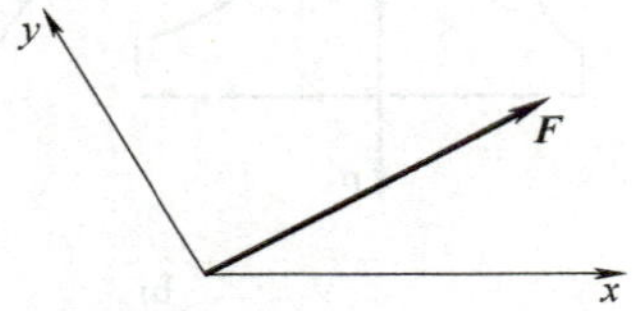

习题2-1图

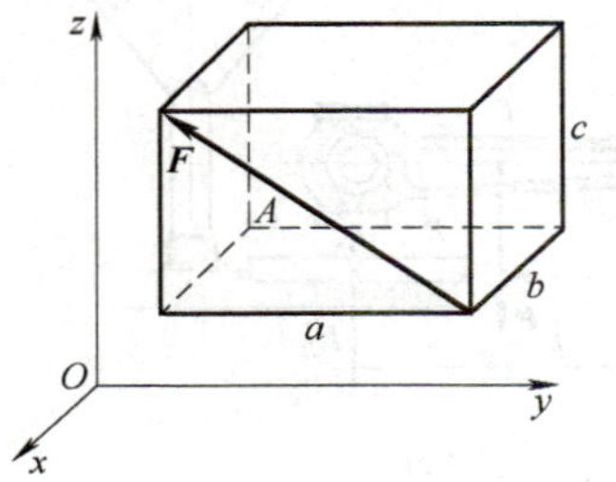

习题2-2图

2-3 如习题2-3图所示，在正方体的前侧面沿对角线AB方向作用一力$\boldsymbol{F}$，则该力（　　）。

① 对x、y、z轴之矩全相等　　② 对x、y、z轴之矩全不相等

③ 对x、y轴之矩相等　　④ 对y、z轴之矩相等

2-4 如习题2-4图所示，构件OA上作用一矩为M_1的力偶，构件BC上作用一矩为M_2的力偶，若不计各处摩擦，则当系统平衡时，两力偶矩应满足的关系为（　　）。

① $M_1=4M_2$　　② $M_1=2M_2$

③ $M_1=M_2$　　④ $M_1=M_2/2$

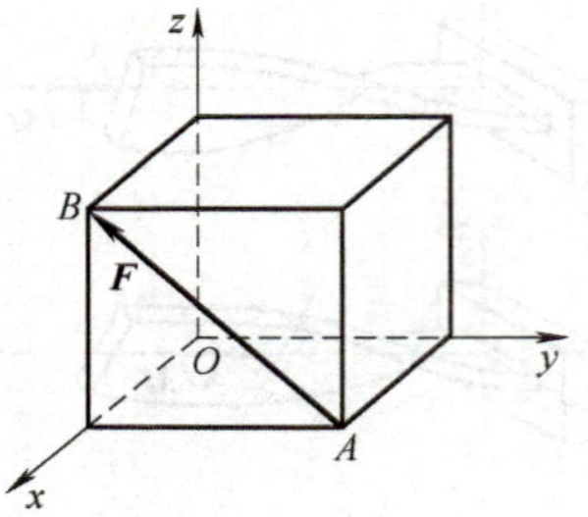

习题2-3图

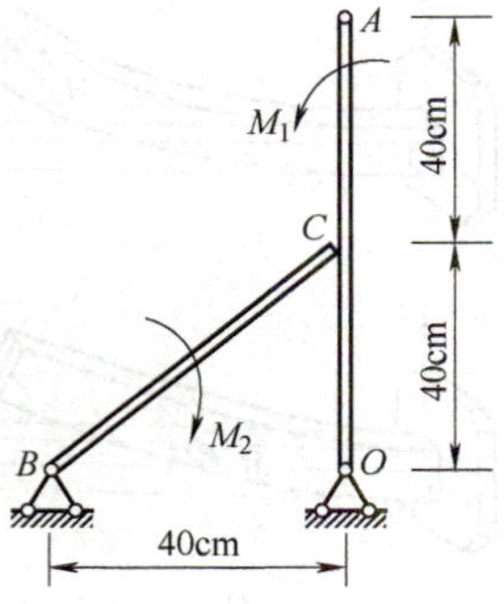

习题2-4图

2-5　如习题2-5图所示的机构中，在构件 OA 和 BD 上分别作用力偶矩为 M_1 和 M_2 的力偶使机构在图示位置平衡，当把 M_1 移到构件 AB 上时使系统仍能在图示位置保持平衡，则应该有（　　）。

① 增大 M_1　　② 减小 M_1

③ M_1 保持不变　　④ 不可能在图示位置上平衡

2-6　已知 $\boldsymbol{F}_1$、$\boldsymbol{F}_2$、$\boldsymbol{F}_3$、$\boldsymbol{F}_4$ 为作用于刚体上的平面共点力系，其力矢关系如习题2-6图所示为平行四边形，因此可知（　　）。

① 力系可合成为一个力偶　　② 力系可合成为一个力

③ 力系简化为一个力和一个力偶　　④ 力系平衡

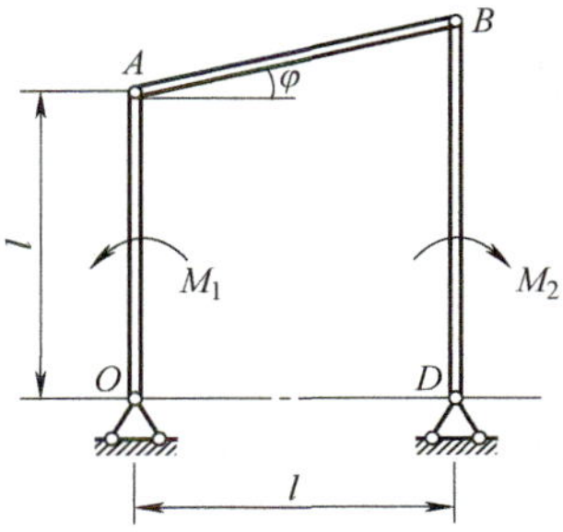

习题 2-5 图

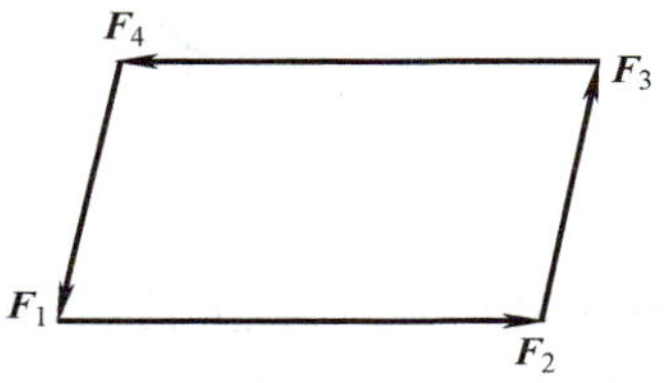

习题 2-6 图

2-7　平面内一非平衡共点力系和一非平衡力偶系最后可能合成的情况是（　　）。

① 一合力偶　　② 一合力

③ 相平衡　　④ 无法进一步合成

2-8　将两个等效力系中的一个向点 A 简化，另一个向点 B 简化，得到的主矢和主矩分别记为 $\boldsymbol{F}'_{R1}$、$\boldsymbol{M}_1$ 和 $\boldsymbol{F}'_{R2}$、$\boldsymbol{M}_2$（主矢与 AB 不平行），则有（　　）。

① $\boldsymbol{F}'_{R1}=\boldsymbol{F}'_{R2}\quad \boldsymbol{M}_1=\boldsymbol{M}_2$　　② $\boldsymbol{F}'_{R1}=\boldsymbol{F}'_{R2}\quad \boldsymbol{M}_1\neq\boldsymbol{M}_2$

③ $\boldsymbol{F}'_{R1}\neq\boldsymbol{F}'_{R2}\quad \boldsymbol{M}_1=\boldsymbol{M}_2$　　④ $\boldsymbol{F}'_{R1}\neq\boldsymbol{F}'_{R2}\quad \boldsymbol{M}_1\neq\boldsymbol{M}_2$

2-9　某平面平行力系诸力与 y 轴平行，如习题2-9图所示。已知：$F_1=10\text{N}$，$F_2=4\text{N}$，$F_3=8\text{N}$，$F_4=8\text{N}$，$F_5=10\text{N}$，长度单位以 cm 计，则力系的简化结果与简化中心的位置（　　）。

① 无关

② 有关

③ 若简化中心选择在 x 轴上，与简化中心的位置无关

④ 若简化中心选择在 y 轴上，与简化中心的位置无关

2-10　习题2-10图示正方体的顶角上作用着6个大小相等的力，此力系向任一点简化的结果为（　　）。

① 主矢等于零，主矩不等于零　　② 主矢不等于零，主矩也不等于零

③ 主矢不等于零，主矩等于零　　④ 主矢等于零，主矩也等于零

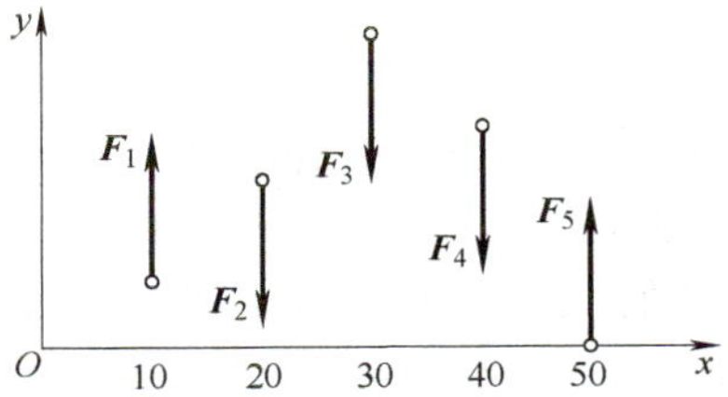

习题 2-9 图

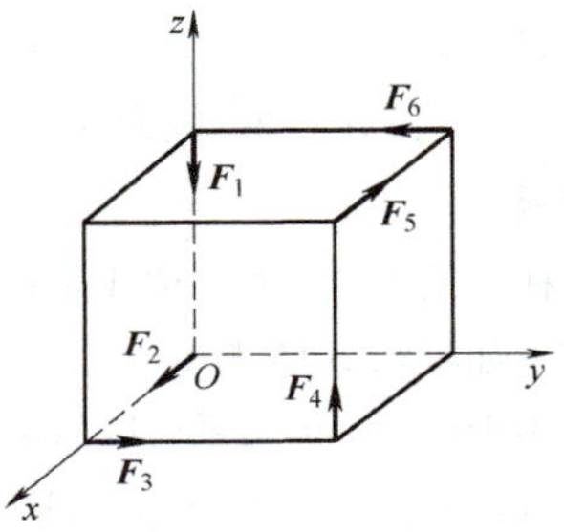

习题 2-10 图

2-11 在一个正方体上沿棱边作用6个力，各力的大小都为 F，如习题2-11图所示。则此力系简化的最后结果为（ ）。

① 合力 ② 平衡

③ 合力偶 ④ 力螺旋

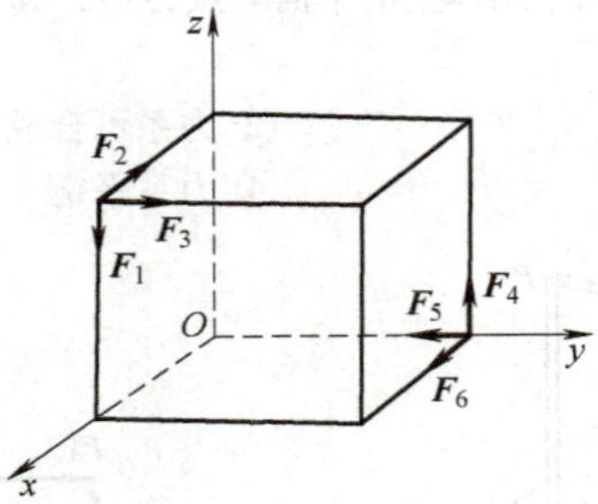

习题2-11图

2-12 一空间力系向某点 O 简化后的主矢和主矩分别为 $\boldsymbol{F}'_R = 0\boldsymbol{i} + 8\boldsymbol{j} + 8\boldsymbol{k}$，$\boldsymbol{M}_O = 0\boldsymbol{i} + 0\boldsymbol{j} + 24\boldsymbol{k}$，则该力系可进一步简化的最终结果为（ ）。

① 合力 ② 合力偶

③ 力螺旋 ④ 平衡力系

2-13 如习题2-13图所示力系中，$F_1 = F_2 = F_3 = F_4 = F$，此力系向 A 点简化的结果是（ ），此力系向点 B 简化的结果是（ ）。

2-14 沿长方体不相交且不平行的棱边作用三个大小相等的力，如习题2-14图所示。要使这个力系简化为一个力，则边长 a、b、c 应满足的条件为（ ）。

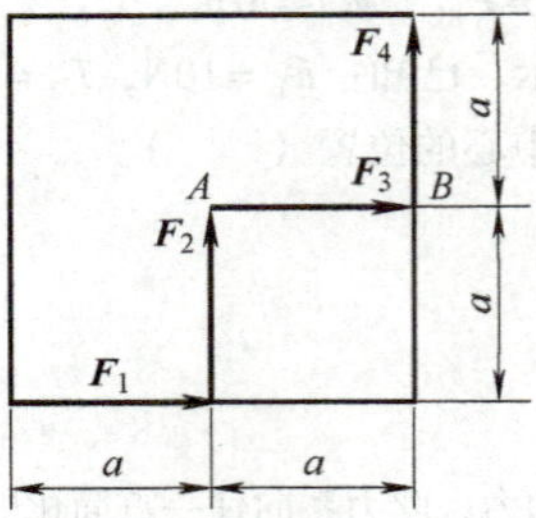

习题2-13图

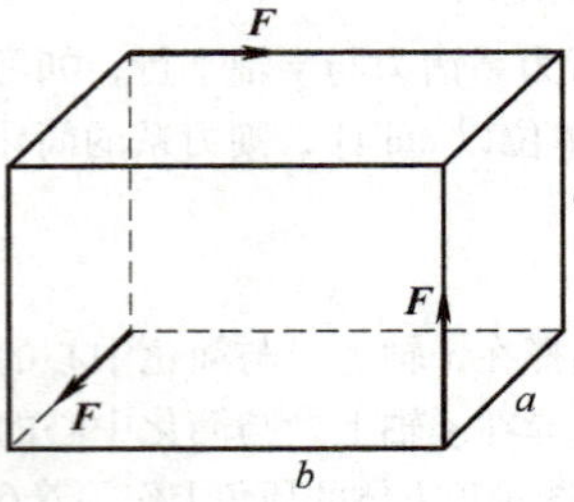

习题2-14图

2-15 通过 A（3，0，0）、B（0，1，2）两点（长度单位为m），由 A 指向 B 的力 $\boldsymbol{F}$，在 z 轴上的投影为（ ），对 z 轴的矩为（ ）。

分析计算题

2-16 脊柱上低于腰部的部位 A 是脊椎骨受损最敏感的部位。因为它可以抵抗由力 $\boldsymbol{F}$ 对 A 之矩引起的过大弯曲效应。如习题2-16图所示，已知力 $\boldsymbol{F}$、d_1 和 d_2，试求产生最大弯曲变形的角度 θ。

2-17 作用于铣刀上的力系可以简化为一个力和一个力偶。已知力的大小为1200N，力偶矩的大小为240N·m，方向如习题2-17图所示。试求此力系对刀架固定端点 O 之矩。

2-18 作用于管扳子手柄上的两个力构成一力偶，如习题2-18图所示，试求其力偶矩。

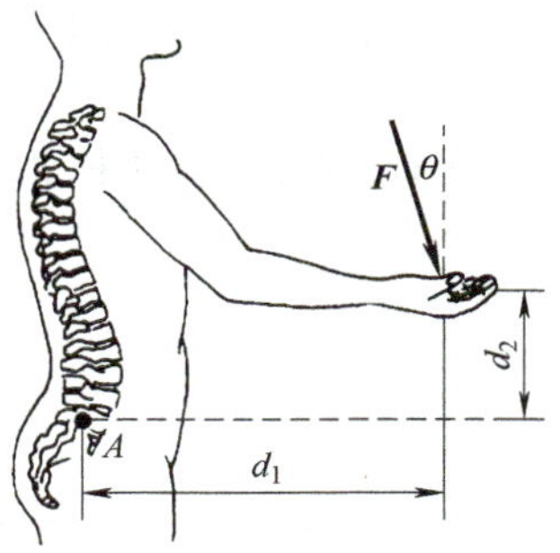

习题 2-16 图

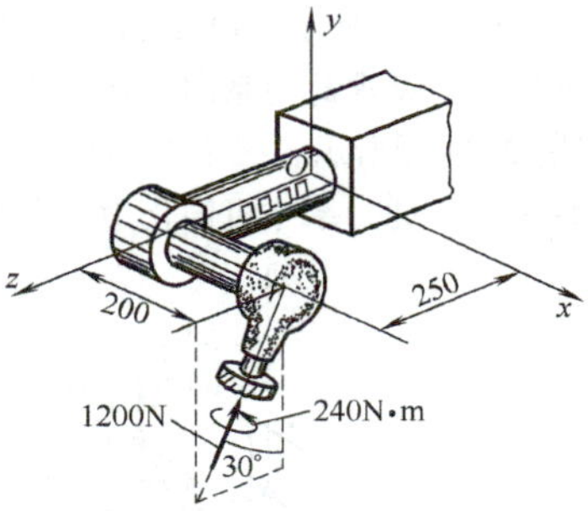

习题 2-17 图

2-19　齿轮箱有三个轴，其中轴 A 水平，轴 B 和 C 位于 xy 铅垂平面内，轴上作用的力偶如习题 2-19 图所示。试求合力偶。

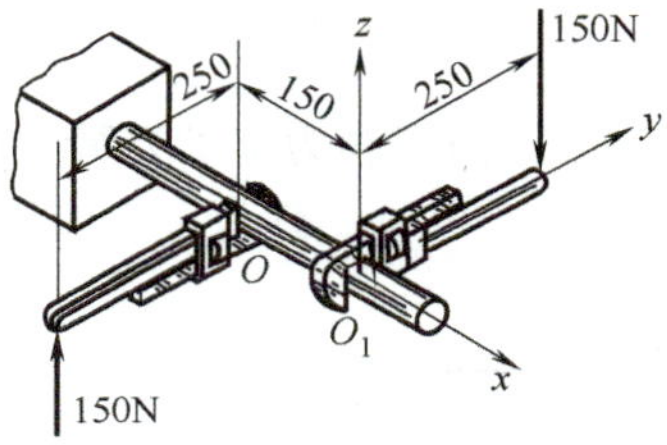

习题 2-18 图

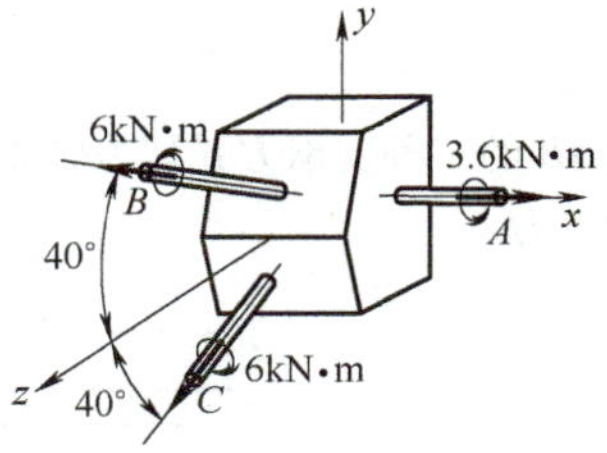

习题 2-19 图

2-20　如习题 2-20 图所示，平行力（F，$2F$）间距为 d，试求其合力。

2-21　如习题 2-21 图所示，已知一平面力系对 A（3，0）、B（0，4）和 C（−4，5，2）三点的主矩分别为：$M_A=20\text{kN}\cdot\text{m}$，$M_B=0$，$M_C=-10\text{kN}\cdot\text{m}$。试求该力系合力的大小、方向和作用线。

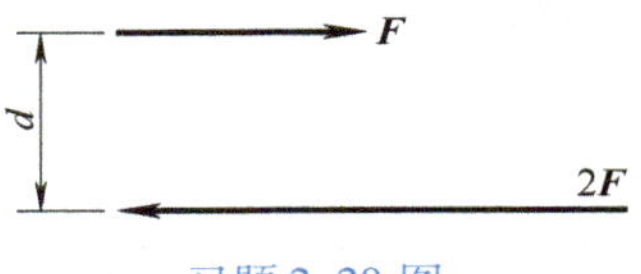

习题 2-20 图

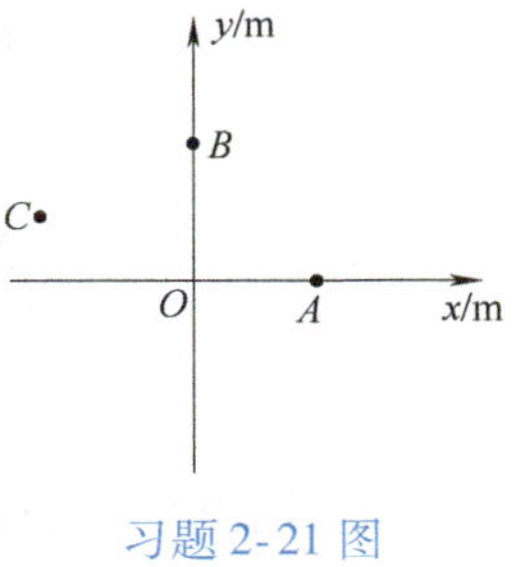

习题 2-21 图

2-22　空间力系如习题 2-22 图所示，其中力偶作用在 Oxy 平面内，力偶矩 $M=24\text{N}\cdot\text{m}$。试求此力系向点 O 简化的结果。

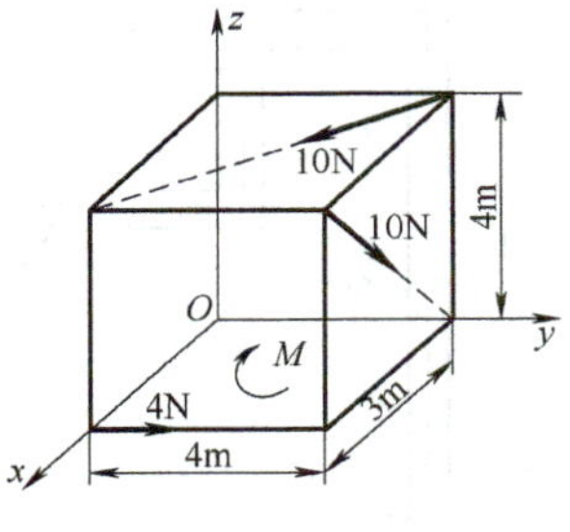

习题 2-22 图

2-23 如习题2-23图所示，电动机固定在支架上，它受到自重160N、轴上的力120N以及矩为25N · m的力偶的作用。试求此力系向点A简化的结果。

2-24 如习题2-24图所示，三个大小均为F_0的力分别与三轴平行，且在三个坐标平面内。试问l_1、l_2、l_3需满足何种关系，此力系才可简化为一合力。

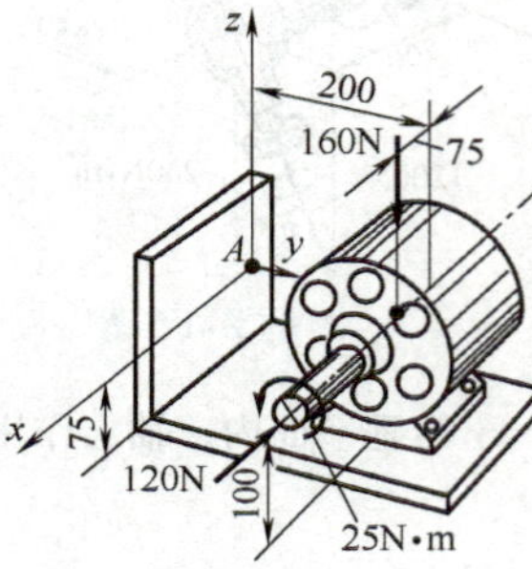

习题2-23图

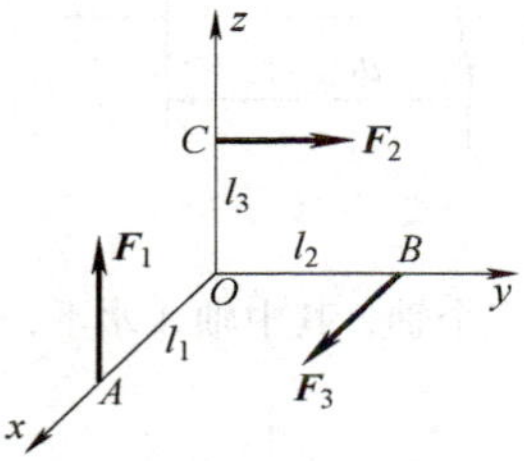

习题2-24图

2-25 折杆AB的三种支承方式如习题2-25图所示，设有一力偶矩数值为M的力偶作用在折杆AB上。试求支承处的约束力。

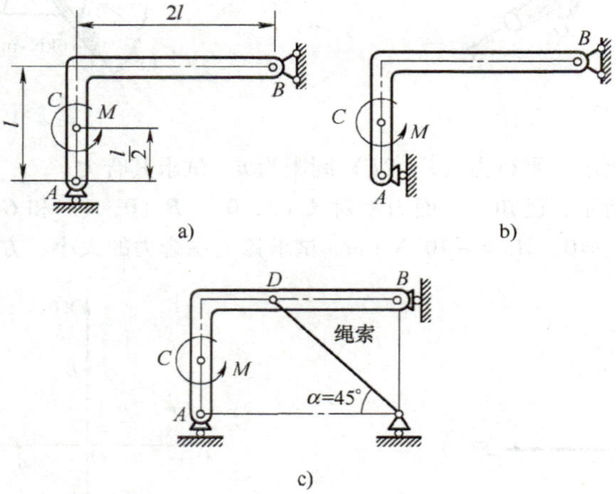

习题2-25图

2-26 如习题2-26图所示结构中，各构件的自重略去不计。在构件AB上作用一力偶，其力偶矩数值$M=800\text{N}\cdot\text{m}$。试求支承A和C处的约束力。

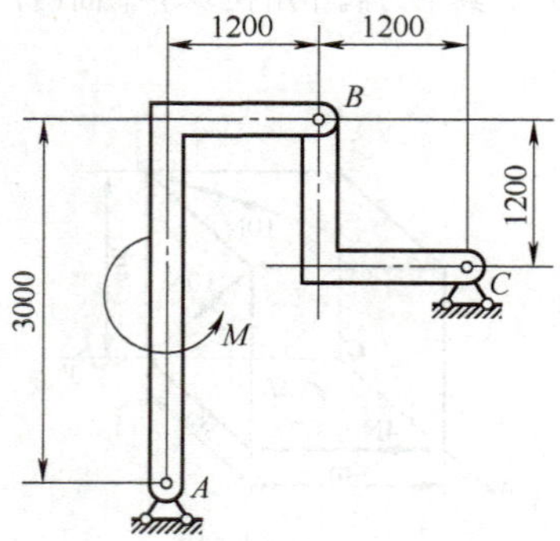

习题2-26图

2-27　齿轮箱两个外伸轴上作用的力偶如习题 2-27 图所示。为保持齿轮箱平衡，试求螺栓 A、B 处所提供的约束力的铅垂分力。

2-28　卷扬机结构如习题 2-28 图所示。物体放在小台车 C 上，小台车上装有 A、B 轮，可沿铅垂导轨 ED 上下运动。已知物体重为 2kN。试求导轨对轮 A、B 的约束力。

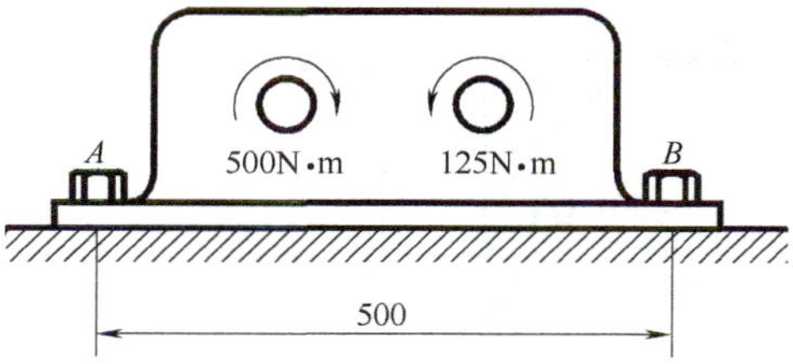

习题 2-27 图

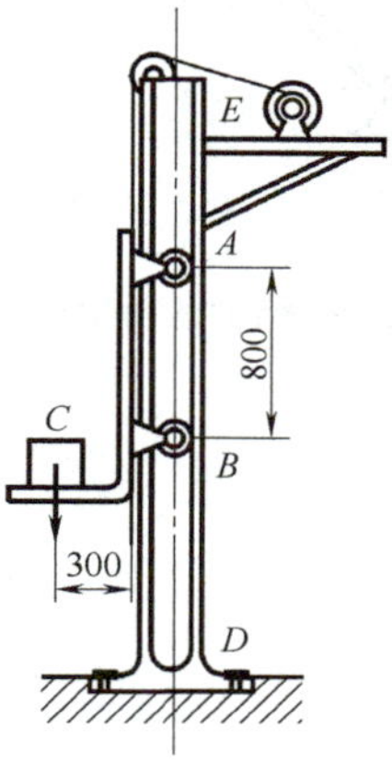

习题 2-28 图

2-29　试求习题 2-29 图示结构中杆 1、2、3 所受的力。

2-30　为了测定飞机螺旋桨所受的空气阻力偶，可将飞机水平放置，其一轮搁置在地秤上。如习题 2-30 图所示，当螺旋桨未转动时，测得地秤所受的压力为 4.6kN；当螺旋桨转动时，测得地秤所受的压力为 64kN。已知两轮间距离 $l=2.5$m。试求螺旋桨所受的空气阻力偶的力偶矩大小 M。

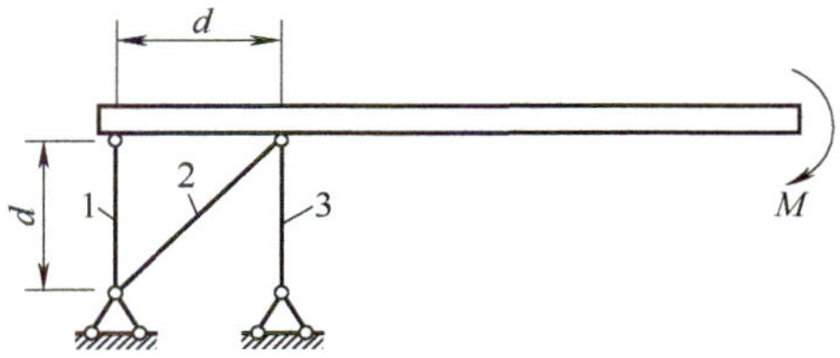

习题 2-29 图

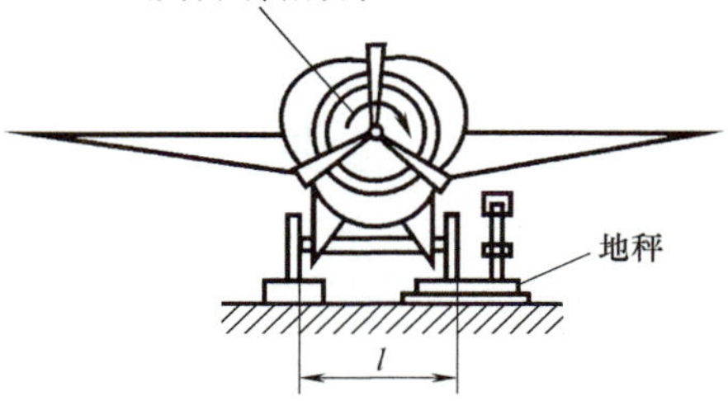

习题 2-30 图

2-31　试求习题 2-31 图示两种结构的约束力 F_{RA}、F_{RC}。

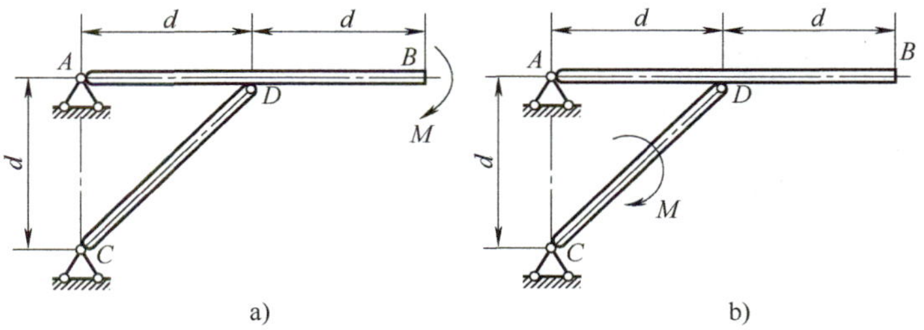

习题 2-31 图

2-32　试求机构在习题 2-32 图示位置保持平衡时两主动力偶的关系。

2-33　试求机构在图示位置保持平衡时主动力系的关系。

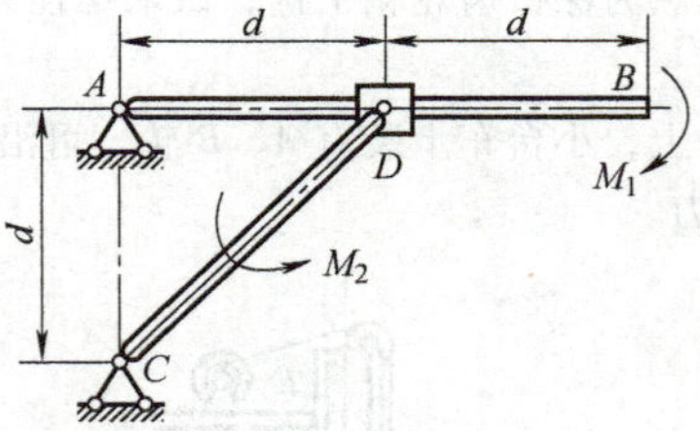

习题 2-32 图

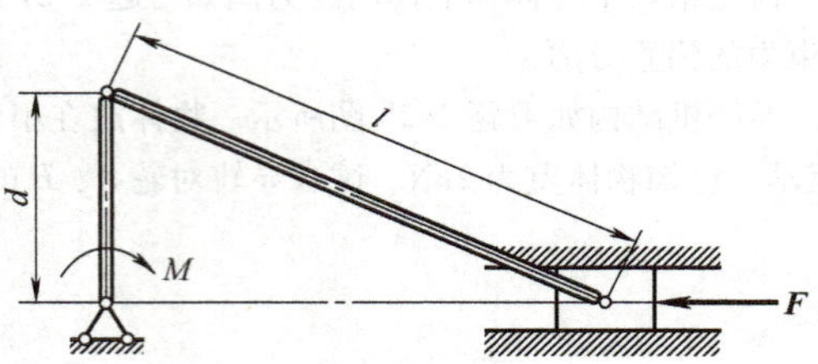

习题 2-33 图

2-34 在三铰拱结构的两半拱上，各作用等值反向的两力偶 M。试求约束力 F_{RA}、F_{RB}。

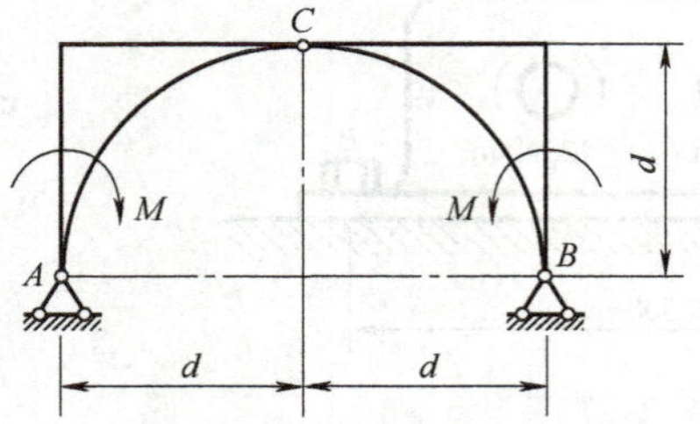

习题 2-34 图

3 第3章 力系的平衡

受力分析的最终任务一方面是确定作用在构件上的所有未知力，另一方面作为对工程构件进行动力学分析的基础。

本章基于平衡概念，应用力系等效与力系简化理论，建立力系的平衡条件和平衡方程，并应用平衡条件和平衡方程求解单个构件以及由几个构件组成的系统的平衡问题，最终确定作用在所有构件上的全部未知力。此外本章的最后还将简单介绍考虑摩擦的平衡问题。

“平衡”不仅是本章的重要概念，也是理论力学课程的重要概念。对于一个系统，如果整体是平衡的，则组成这一系统的每一个构件也是平衡的。对于单个构件，如果它是平衡的，则构件的每一个局部也是平衡的。这就是整体平衡与局部平衡的概念。

3.1 力系的平衡条件

应用等效力系定理，可得到力系平衡的充要条件（conditions both of necessary and sufficient for equilibrium）

$$\begin{cases} \boldsymbol{F}_{\mathrm{R}}=0 \\ \boldsymbol{M}_O=0 \end{cases} \tag{3-1}$$

这表明：力系平衡的充要条件是，力系的主矢（$\boldsymbol{F}_{\mathrm{R}}$）和力系对任一点（$O$）的主矩（$\boldsymbol{M}_O$）同时等于零。

3.2 一般力系的平衡方程

3.2.1 平衡方程的一般形式

考察由$\boldsymbol{F}_1$，$\boldsymbol{F}_2$，…，$\boldsymbol{F}_n$组成的任意力系，根据第2章中所得到的力系主矢与主矩的表达式（2-29）：

$$\boldsymbol{F}_{\mathrm{R}}=\sum \boldsymbol{F}_i$$

$$\boldsymbol{M}=\sum \boldsymbol{M}_i=\sum \boldsymbol{M}_O(\boldsymbol{F}_i)$$

将其写成投影式，则有

$$F_{Rx}=\sum F_{ix}\quad M_{Ox}=\sum M_{Ox}(\boldsymbol{F}_i)$$
$$F_{Ry}=\sum F_{iy}\quad M_{Oy}=\sum M_{Oy}(\boldsymbol{F}_i)$$
$$F_{Rz}=\sum F_{iz}\quad M_{Oz}=\sum M_{Oz}(\boldsymbol{F}_i)$$

应用平衡条件式（3-1），再结合上式可得到一般力系的平衡方程

$$\begin{cases}\sum F_x=0 & \sum M_{Ox}(\boldsymbol{F})=0\\ \sum F_y=0 & \sum M_{Oy}(\boldsymbol{F})=0\\ \sum F_z=0 & \sum M_{Oz}(\boldsymbol{F})=0\end{cases}\tag{3-2}$$

为简单起见，上式已将力 $\boldsymbol{F}$ 中的下标省略，但求和仍为自 $i=1$ 至 $i=n$。

式（3-2）表明，力系中所有力在直角坐标系各轴上投影的代数和分别等于零；力系中所有力对各轴之矩的代数和分别等于零。

3.2.2　平面一般力系的平衡方程

若力系中所有力的作用线都处于同一平面，且力系的主矢和主矩均不为零，这样的力系称为平面一般力系（arbitrary force system in a plane）。这时，若将 Oxy 坐标平面取为力系的作用面，则力系中所有的力在 z 轴（垂直 Oxy 坐标平面）上的投影，以及所有的力对 x 轴和 y 轴之矩均为零。而且所有的力对于 z 轴之矩便退化为对坐标原点 O 之矩的代数量（图 3-1）。于是，式（3-2）退化为

$$\begin{cases}\sum F_x=0\\ \sum F_y=0\\ \sum M_O(\boldsymbol{F})=0\end{cases}\tag{3-3}$$

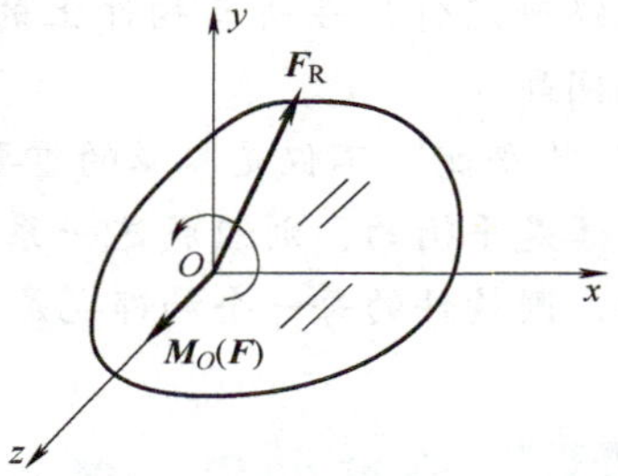

图 3-1　平面力系平衡方程的推演

其中的第 1 式和第 2 式称为投影式；第 3 式则称为力矩式。

3.2.3　平面力系平衡方程的其他形式

上述平面力系平衡方程式（3-3）中的 $\sum F_x=0$ 和 $\sum F_y=0$，还可以部分或全部用力矩式代替，但所选的投影轴与取矩点之间应满足一定的条件：

$$\begin{cases}\sum F_x=0\\ \sum M_A(\boldsymbol{F})=0 \quad (AB\text{ 连线与 } x\text{ 轴不垂直})\\ \sum M_B(\boldsymbol{F})=0\end{cases}\tag{3-4}$$

或

$$\begin{cases}\sum M_A(\boldsymbol{F})=0\\ \sum M_B(\boldsymbol{F})=0 \quad (A、B、C\text{ 三点不共线})\\ \sum M_C(\boldsymbol{F})=0\end{cases}\tag{3-5}$$

式（3-4）和式（3-5）中的方程，只有满足所限定的条件，才是相互独立的；否则，就是不独立的。式（3-4）和式（3-5）分别称为平面一般力系平衡方程的二矩式和三矩式。

为什么力系平衡时方程（3-4）或方程（3-5）一定满足（必要性）？反之，方程

(3-4) 和方程 (3-5) 得以满足，对于刚体，力系必然是平衡的吗（充分性）？应用等效力系定理和力系平衡条件式 (3-1) 不难回答这些问题。

以式 (3-4) 为例，当力系平衡时，必有 $\boldsymbol{F}_{\mathrm{R}}=0$ 和 $\boldsymbol{M}_O=0$，则此力系与零力系等效。于是，力系在任意轴上投影的代数和等于零。所谓任意轴，当然包括 x 轴；同时零力系对任意两点（例如 A、B 二点）之矩都等于零。必要性得证。

反之，如果式 (3-4) 中的第 2 式和第 3 式得以满足，$\boldsymbol{F}_{\mathrm{R}}$ 过 AB 连线，如图 3-2 所示，则该力系简化所得之主矢可能有两种情形：$\boldsymbol{F}_{\mathrm{R}}=0$ 或 $\boldsymbol{F}_{\mathrm{R}}\neq 0$。因为 AB 连线与 x 轴不垂直，且 $\sum F_x=0$，故不可能有 $\boldsymbol{F}_{\mathrm{R}}\neq 0$。此外，应用力系对于不同点的主矩之间的关系式 (2-30)，即 $\boldsymbol{M}_O=\boldsymbol{M}_A+\boldsymbol{r}_{OA}\times\boldsymbol{F}_{\mathrm{R}}$，因为 $\boldsymbol{F}_{\mathrm{R}}\equiv 0$，故 $\boldsymbol{M}_O=\boldsymbol{M}_A$，而 $M_A=\sum M_A(\boldsymbol{F})=0$，故 $\boldsymbol{M}_O=0$。$\boldsymbol{F}_{\mathrm{R}}=0$、$\boldsymbol{M}_O=0$ 的力系，必为平衡力系。充分性得证。

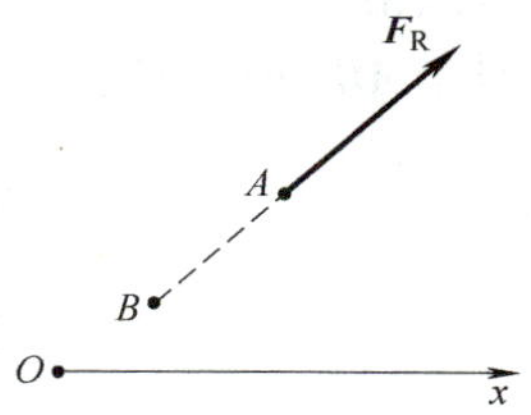

图 3-2　投影轴与取矩点的关系

采用类似的方法还可以证明式 (3-5) 的必要性与充分性，但过程较为烦琐，有兴趣的读者可以自行证明。

3.3 单个刚体的平衡问题

应用第 1 章中关于受力分析的基本方法以及本章平衡方程，不难确定大多数情形下作用在单个刚体上的已知力与未知力之间的关系，从而确定未知力。此即单个刚体的平衡问题。本章以平面问题为例，说明处理此类平衡问题的过程。

[例题 3-1]　图 3-3a 所示结构中，A、C、D 三处均为铰链约束。横杆 AB 在 B 处承受集中载荷 $\boldsymbol{F}_{\mathrm{P}}$。结构各部分尺寸均示于图中，若已知 $\boldsymbol{F}_{\mathrm{P}}$ 和 l，试求撑杆 CD 的受力以及 A 处的约束力。

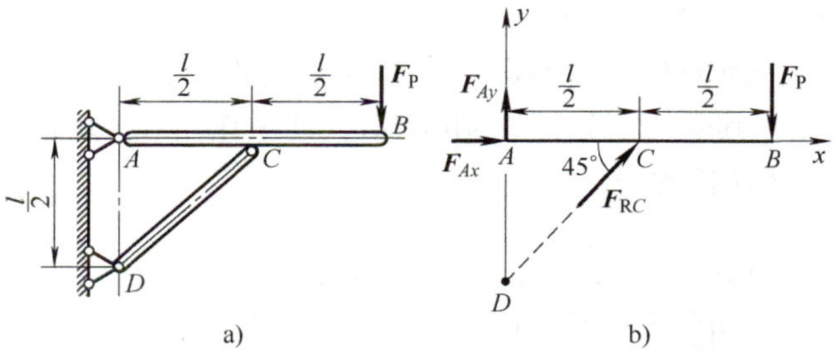

图 3-3　例题 3-1 图

解：1. 受力分析

撑杆 CD 的两端均为铰链约束，中间无其他力作用，故为二力杆。

因为 CD 为二力杆，横杆 AB 在 C 处的约束力与撑杆在 C 处的受力互为作用力与反作用力，其方向已确定。此外，横杆在 A 处为固定铰支座，可提供一个大小和方向均未知的约束力。于是横杆 AB 承受 3 个力作用。根据三力平衡汇交定理，不难确定 A、C 二处的约束力。

为了应用平面一般力系的平衡方程，现将 A 处的约束力分解为相互垂直的两个分力 $\boldsymbol{F}_{Ax}$

和 F_{Ay}。C 处的约束力 F_{RC} 沿着 CD 杆的方向。于是，横杆的受力如图 3-3b 所示。

2. 确定平衡对象，求解未知力

本例所要求的是 CD 杆的受力和 A 处的约束力。若以 CD 杆为平衡对象，只能确定两端约束力大小相等、方向相反，不能得到所需结果。

以横杆 AB 为研究对象，其上作用有 F_P、F_{Ax}、F_{Ay}、F_{RC}，四个力中有 3 个是所要求的，因而可以由平面一般力系的 3 个独立平衡方程求得。

对于 AB 杆，应用三矩式平衡方程，有

$$\sum M_A(\boldsymbol{F})=0,\quad -F_P l+F_{RC}\times\frac{l}{2}\sin 45^\circ=0$$

$$\sum M_C(\boldsymbol{F})=0,\quad -F_{Ay}\times\frac{l}{2}-F_P\times\frac{l}{2}=0$$

$$\sum M_D(\boldsymbol{F})=0,\quad -F_{Ax}\times\frac{l}{2}-F_P\times l=0$$

上述 3 个方程中分别包含 1 个未知力，故可独立求得

$$F_{RC}=2\sqrt{2}F_P$$

$F_{Ax}=-2F_P$（负号表示实际方向与图设方向相反）

$F_{Ay}=-F_P$（负号表示实际方向与图设方向相反）

3. 本例讨论

前已分析，横杆 AB 承受汇交于一点的三个力作用，因而既可以用汇交力系平衡方程（$\sum F_x=0$，$\sum F_y=0$），也可以用力多边形法求解未知力。

将 A 处的约束力分解为 F_{Ax} 和 F_{Ay} 后，原来的汇交力系变为平面一般力系。平面一般力系的平衡方程还有其余两种形式可供选用。

建议读者通过本例自行练习，对上述各种方法加以比较。

[例题 3-2]　平面刚架的受力及各部分尺寸如图 3-4a 所示，A 端为固定端约束。若图中 q、F_P、M、l 等均为已知，试求 A 端的约束力。

解：1. 受力分析

A 端为固定端约束，因为是平面问题，故有 3 个约束力，分别用 F_{Ax}、F_{Ay} 和 M_A 表示。刚架为唯一的研究对象，其受力图如图 3-4b 所示。其中作用在 CD 部分的均布载荷已简化为一集中力 ql，作用在 CD 杆的中点。

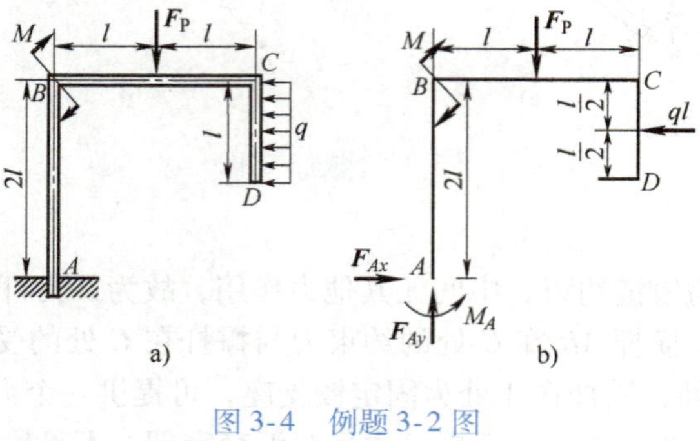

图 3-4　例题 3-2 图

2. 建立平衡方程求解未知力

应用平衡方程

$$\sum F_x = 0,\quad F_{Ax} - ql = 0$$
$$\sum F_y = 0,\quad F_{Ay} - F_P = 0$$
$$\sum M_A(\boldsymbol{F}) = 0,\quad M_A - M - F_P l + ql \times \frac{3l}{2} = 0$$

求得

$$F_{Ax} = ql,\quad F_{Ay} = F_P,\quad M_A = M + F_P l - \frac{3}{2}ql$$

为了验证上述结果的正确性，可以将作用在刚架上的所有的力（包括已经求得的约束力），对任意点（包括刚架上的点和刚架外的点）取矩。若这些力矩的代数和为零，则表示所得结果是正确的，否则就是不正确的。

[例题3-3] 图3-5所示结构中，AB、AC、AD三杆由球铰连接于A处；B、C、D三处均为固定球铰支座。若在A处悬挂重物的重量W为已知，试求：三杆的受力。

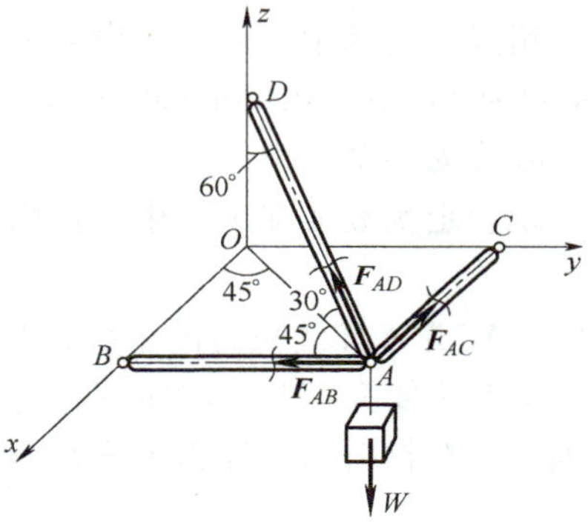

图3-5 例题3-3图

解：以A处的球铰为研究对象。由于AB、AC、AD三杆都是两端铰接，杆上无其他外力作用，故都是二力杆。因此，三杆作用在A处球铰上的力$\boldsymbol{F}_{AB}$、$\boldsymbol{F}_{AC}$、$\boldsymbol{F}_{AD}$的作用线分别沿着各杆的轴线方向，假设三者的指向都是背向A点的。

由于铰A所受的三个力不共面，因此铰A平衡时，$\boldsymbol{F}_{AB}$、$\boldsymbol{F}_{AC}$、$\boldsymbol{F}_{AD}$和主动力$\boldsymbol{W}$所组成的汇交力系应满足平衡方程。根据受力图中的几何关系，列出平衡方程。

由
$$\sum F_z = 0,\quad F_{AD}\sin 30° - W = 0$$
可得
$$F_{AD} = 2W$$
由
$$\sum F_x = 0,\quad -F_{AC} - F_{AD}\cos 30°\sin 45° = 0$$
可得
$$F_{AC} = -\frac{\sqrt{6}}{2}W$$
由
$$\sum F_y = 0,\quad -F_{AB} - F_{AD}\cos 30°\cos 45° = 0$$
可得
$$F_{AB} = -\frac{\sqrt{6}}{2}W$$

在以上分析中，计算$\boldsymbol{F}_{AD}$在x、y方向的投影时，是先将其投影到Oxy坐标平面上，然后再分别向x、y坐标轴投影。

3.4 简单多刚体系统的平衡问题

3.4.1 静定和超静定的概念

由两个或两个以上的刚体所组成的系统，称为多刚体系统（rigid multibody system）。工程中的各类机构或结构，当研究其运动效应时，其中的各个构件或部件均被视为刚体，这时的结构或机构即属于多刚体系统。

多刚体系统平衡问题的特点是：仅仅考察系统的整体或某个局部（单个刚体或局部刚体系统），不能确定全部未知力。

当系统中的未知力的个数正好等于独立平衡方程的数目时，正好能由平衡方程解出全部未知数。这类问题，称为静定问题（statically determinate problem），相关的结构称为静定结构（statically determinate structure）。显然，前面几节所讨论的平衡问题都是静定问题。

工程上为了提高结构的强度和刚度，常常在静定结构上再附加一个或多个约束，从而使未知约束力的个数大于独立平衡方程的数目。因而，仅仅由平衡方程无法求得全部未知约束力。这时的平衡问题称为超静定问题或静不定问题（statically indeterminate problem），相应的结构称为超静定结构或静不定结构（statically indeterminate structure）。

超静定问题中，未知约束力的个数与独立的平衡方程数目之差，称为超静定次数（degree of statically indeterminate problem）。与超静定次数对应的约束对于结构保持静定是多余的，故称为多余约束。

超静定次数或多余约束个数用 i 表示，由下式确定：

$$i = N_r - N_e \tag{3-6}$$

式中，N_r 为未知约束力的个数；N_e 为独立平衡方程的数目。

本节主要介绍与超静定问题有关的若干概念，至于超静定问题的求解已超出刚体静力学范围，将在材料力学课程中详细介绍。

3.4.2 刚体系统平衡问题的求解

为了解决多刚体系统的平衡问题，需将平衡的概念加以扩展，即：系统若整体是平衡的，则组成系统的每一个局部以及每一个刚体也必然是平衡的。

应用这一重要理论以及平衡方程即可求解多刚体系统的平衡问题。下面举例说明。

[例题 3-4] 图 3-6a 所示的组合梁由杆 AB 与 BC 在 B 处铰接而成。组合梁 A 处为固定端，C 处为辊轴支座。DE 段结构上承受集度为 q 的均布载荷作用；E 处作用有外加力偶，其力偶矩为 M。若 q、M、l 等均为已知，试求 A、C 两处的约束力。

解：**1. 受力分析**

对于组合梁整体，在固定端 A 处有 3 个约束力，设为 $\boldsymbol{F}_{Ax}$、$\boldsymbol{F}_{Ay}$ 和 M_A；在辊轴支座 C 处有 1 个竖直方向的约束力 $\boldsymbol{F}_{RC}$。这些约束力称为系统的外约束力（external constraint force）。

若将组合梁从 B 处拆分成两个刚体，则铰链 B 处的约束力可以用相互垂直的两个分量表示，这种作用在两个刚体上同一处的、互为作用力与反作用力的约束力称为系统的内约束力（internal constraint force）。内约束力在考察组合梁整体平衡时并不出现。

于是，组合梁整体的受力如图 3-6a 所示；AB、BC 两个刚体的受力分别如图 3-6b、c 所示。其中 $\frac{F_P}{2} = ql$ 为所在杆段均布载荷简化的结果。

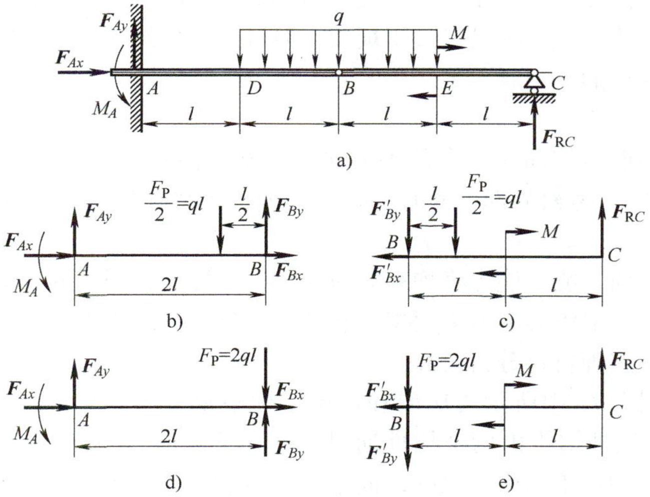

图 3-6　例题 3-4 图

2. 整体平衡

考察整体结构的受力图（图 3-6a），其上作用有 4 个未知约束力，而平面问题独立的平衡方程只有 3 个，因此，仅仅考察整体平衡不能求得全部未知约束力，但是可以求得某些未知力。例如，由平衡方程 $\sum F_x=0$，可以确定 $F_{Ax}=0$。

3. 局部平衡

杆 AB 的 A、B 两处作用有 5 个约束力（图 3-6b），其中已求得 $F_{Ax}=0$，尚有 4 个是未知的，故杆 AB 不宜最先被选作平衡对象。杆 BC 的 B、C 两处共有 3 个未知约束力（图 3-6c），可由 3 个独立平衡方程确定。因此，先以杆 BC 为平衡对象，求得其上的约束力后，再应用 B 处两部分约束力互为作用力与反作用力关系，考察杆 AB 的平衡，即可求得 A 处的约束力。也可以在确定了 C 处的约束力之后，再考察整体平衡以求得 A 处的约束力。

先考察杆 BC 的平衡，由

$$\sum M_B(\boldsymbol{F})=0,\quad F_{RC}\times 2l-M-ql\times\frac{l}{2}=0$$

求得

$$F_{RC}=\frac{M}{2l}+\frac{ql}{4} \tag{a}$$

再考察整体平衡，将 DE 段的均布载荷简化为作用于 B 处的集中力，其值为 $2ql$，由平衡方程

$$\sum F_y=0,\quad F_{Ay}-2ql+F_{RC}=0$$
$$\sum M_A=0,\quad M_A-2ql\times 2l-M+F_{RC}\times 4l=0$$

将式（a）代入后，解得

$$F_{Ay}=\frac{7}{4}ql-\frac{M}{2l},\quad M_A=3ql^2-M \tag{b}$$

4. 结果验证

为了验证上述结果的正确性，建议读者再以杆 AB 为平衡对象，利用已经求得的 F_{Ay} 和

M_A，确定 B 处的约束力，与考察杆 BC 平衡求得的 B 处约束力互相印证。

对于学习者，上述验证过程显得过于烦琐，但对于工程设计，为了确保安全可靠，这种验证过程却是非常必要的。

5. 本例讨论

本例中关于均布载荷的简化，有两种方法：考察整体平衡时，将其简化为作用在 B 处的集中力，其值为 $2ql$；考察局部平衡时，是先拆分，再将作用在各个局部上的均布载荷分别简化为集中力。

在将系统拆开之前，能不能先将均布载荷简化？这样简化得到的集中力应该作用在哪一个局部上？图3-6c、d 中将集中力 $\boldsymbol{F}_P$ 同时作用在两个局部的 B 处，这样的处理是否正确？请读者应用等效力系定理自行分析研究。

［例题 3-5］ 图3-7a 中所示为房屋和桥梁结构中常见的三铰拱（three-pin arch，three hinged arch）模型。这种结构由两个构件通过铰接而成：A、B 两处为固定铰支座；C 处为中间铰。各部分尺寸均示于图中。拱的顶面承受集度为 q 的均布载荷。若已知 q、l、h，且不计拱结构的自重，试求 A、B 两处的约束力。

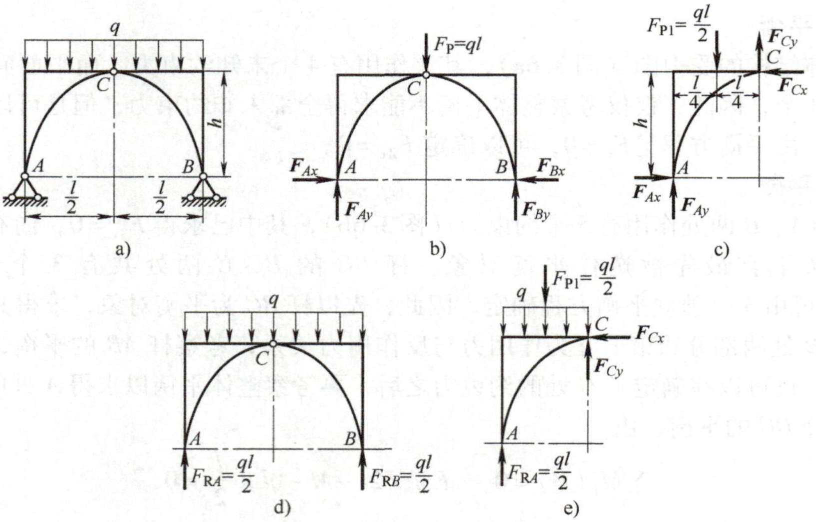

图3-7 例题3-5图

解：1. 受力分析

固定铰支座 A、B 两处的约束力均用两个相互垂直的分量表示。中间铰 C 处亦用两个分量表示其约束力。但前者为外约束力，后者为内约束力。内约束力仅在系统拆分时才会出现。

2. 整体平衡

将作用在拱顶面的均布载荷简化为过点 C 的集中力，其值为 $F_P=ql$，考虑到 A、B 两处的约束力，整体结构的受力如图3-7b 所示。

从图中可以看出，4 个未知约束力中，分别有 3 个约束力的作用线通过点 A 或者点 B，剩下一个未知力未相交。于是，由

$$\sum M_A(\boldsymbol{F})=0,\quad F_{By}l-F_{\mathrm{P}}\times\frac{l}{2}=0$$

$$\sum M_B(\boldsymbol{F})=0,\quad F_{Ay}l-F_{\mathrm{P}}\times\frac{l}{2}=0$$

$$\sum F_x=0,\quad F_{Ax}-F_{Bx}=0$$

求得

$$F_{Ay}=F_{By}=\frac{ql}{2},\quad F_{Ax}=F_{Bx}\tag{a}$$

结果均为正，表明约束力的实际方向与图 3-7b 中所假设的方向相同。

3. 局部平衡

将系统从 C 处拆开，考察左边或右边部分的平衡，由图 3-7c 受力图，其中

$$F_{\mathrm{P1}}=ql/2$$

为作用在左边部分顶面均匀载荷的简化结果。于是可以写出

$$\sum M_C(\boldsymbol{F})=0,\quad F_{Ax}h+\frac{ql}{2}\times\frac{l}{4}-F_{Ay}\times\frac{l}{2}=0$$

将式（a）代入后解得

$$F_{Ax}=F_{Bx}=\frac{ql^2}{8h}\tag{b}$$

怎样验证上述结果式（a）和式（b）的正确性呢？请读者自行研究。同时请读者研究图 3-7d、e 中的受力分析是否正确？

［例题 3-6］　平面桁架受力如图 3-8a 所示。若尺寸 d 和载荷 $\boldsymbol{F}_{\mathrm{P}}$ 均为已知，试求各杆的受力。

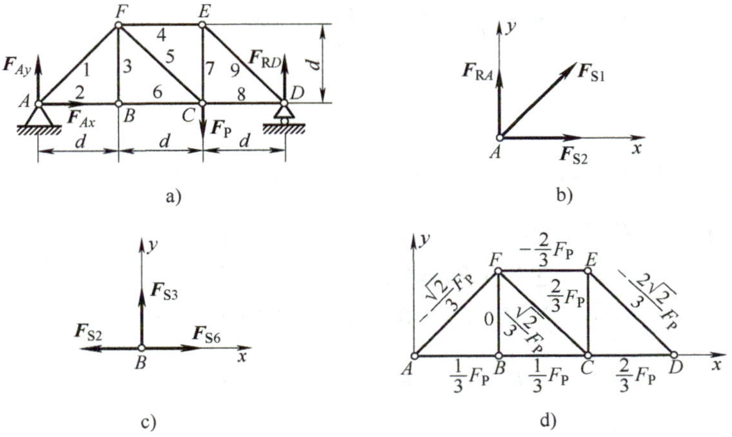

图 3-8　例题 3-6 图

解： 首先考察整体平衡，求出支座 A、D 两处的约束力。桁架整体受力示于图 3-8a 中。根据整体平衡，由平衡方程

$$\sum M_D=0,\quad \sum F_y=0,\quad \sum F_x=0$$

求得

$$F_{Ay}=\frac{1}{3}F_P,\quad F_{RD}=\frac{2}{3}F_P,\quad F_{Ax}=0$$

再以节点 A 为研究对象，其受力如图 3-8b 所示。由平衡方程

$$\sum F_y=0,\quad \sum F_x=0$$

解得

$$F_{S1}=\frac{\sqrt{2}}{3}F_P(\text{压}),\quad F_{S2}=\frac{1}{3}F_P(\text{拉})$$

考察节点 B 的平衡，其受力图如图 3-8c 所示。由平衡方程 $\sum F_y=0$，得到

$$F_{S3}=0$$

这表明，杆 3 的内力为零。工程上将桁架中不受力的杆称为零力杆或零杆（zero-force member）。

以下可继续从左向右，也可从右向左，或者二者同时进行，考察有关节点的平衡，求出各杆内力。现将最后计算结果标注于图 3-8d 中。其中，“+”表示受拉（拉杆）；“-”表示受压（压杆）；“0”表示零杆。

本例讨论：这种以节点为研究对象，逐个考察其受力与平衡，从而求得全部杆件的受力的方法称为“节点法”。本例所考察的节点是从 A 或 B 开始的，那么能否从考察节点 C 开始呢？这个问题留给读者去思考，并从中归纳出“节点法”的要点。

[例题 3-7]　用截面法求例题 3-6 中杆 4、5、6 的内力。

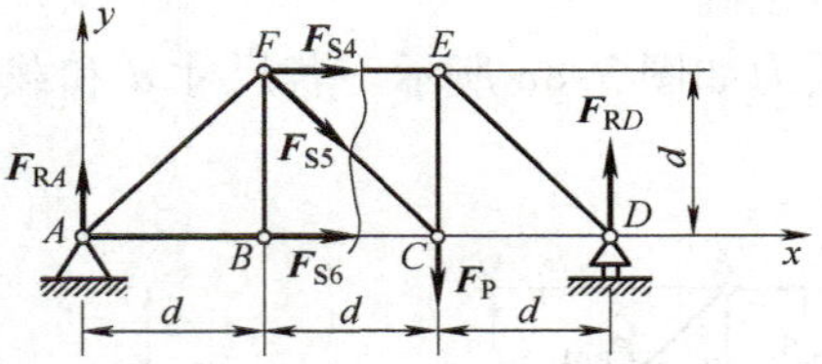

图 3-9　例题 3-7 图

解： 与例 3-6 相同，$F_{RA}=F_{Ay}=\frac{1}{3}F_P$，用图 3-9 所示的假想截面将桁架截为两部分，假设截开的所有杆件均受拉力。考察左边部分的受力与平衡。写出平面一般力系的 3 个平衡方程，有

$$\sum M_F(\boldsymbol{F})=0,\quad F_{RA}d-F_{S6}d=0$$

$$\sum M_C(\boldsymbol{F})=0,\quad F_{RA}\times 2d+F_{S4}d=0$$

$$\sum F_y=0,\quad F_{RA}-F_{S5}\times\frac{\sqrt{2}}{2}=0$$

由此解得

$$F_{S6}=F_{RA}=\frac{1}{2}F_P(\text{拉}),\quad F_{S4}=-2F_{RA}=-\frac{2}{3}F_P(\text{压}),\quad F_{S5}=\frac{\sqrt{2}}{3}F_P(\text{拉})$$

本例讨论：用假想截面将桁架截开，考察其中任一部分平衡；应用平衡方程，可以求出被截杆件内力，这种方法称为截面法。截面法对于只需要确定部分杆件内力的情形，显得更加简便。

3.5 考虑摩擦的平衡问题

摩擦（friction）是一种普遍存在于机械运动中的自然现象。实际机械与结构中，完全光滑的表面并不存在。两物体接触面之间一般都存在摩擦。在自动控制、精密测量等工程中即使摩擦很小，也会影响到仪器的灵敏度和精确度，因此必须考虑摩擦的影响。

研究摩擦的目的就是要充分利用其有利的一面，克服其不利的一面。

按照接触物体之间可能会相对滑动或相对滚动两种运动形式，将摩擦分为滑动摩擦和滚动摩擦。根据接触物体之间是否存在润滑剂，滑动摩擦又可分为干摩擦和湿摩擦。

本节介绍最常见的滑动干摩擦平衡问题，涉及摩擦角、自锁等重要概念。

3.5.1 滑动摩擦力　库仑定律

1. 静滑动摩擦力

当两接触面之间仅有相对运动趋势，尚未发生相对运动时的摩擦称为静滑动摩擦，这时的摩擦力称为**静滑动摩擦力**，简称**静摩擦力**（static friction force）。

考察质量为 m 的物块，静止地置于水平面上，设二者接触面都是非光滑面，如图 3-10a 所示。

在物块上施加水平力 $\boldsymbol{F}_P$，并令其自零开始连续增大，当力较小时，物块具有相对滑动的趋势。这时，物块的受力如图 3-10b 所示。因为是非光滑面接触，故作用在物块上的约束力除法向力 $\boldsymbol{F}_N$外，还有一与运动趋势相反的力，此即静摩擦力，用 $\boldsymbol{F}$ 表示。

当 $F_P=0$ 时，由于二者无相对滑动趋势，故静摩擦力 $F=0$。当 F_P开始增加时，摩擦力 F 随之增加，物块仍然保持静止，这一阶段始终有 $F=F_P$。

F_P再继续增加，达到某一临界值 F_{Pmax}时，摩擦力达到最大值，$F=F_{max}$，物块处于临界状态。其后，物块开始沿力 $\boldsymbol{F}_P$ 的作用方向滑动。

物块开始运动后，静滑动摩擦力突变至动滑动摩擦力 F_d。此后，主动力 $\boldsymbol{F}_P$的数值若再增加，则摩擦力基本上保持为常值 F_d。

上述过程中，主动力与摩擦力之间的关系曲线如图 3-11 所示。

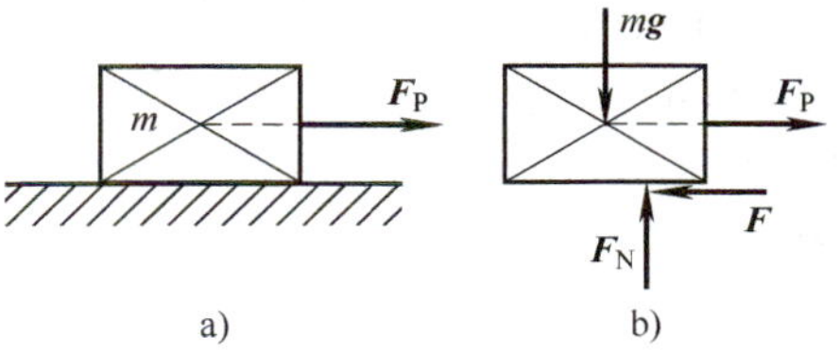

图 3-10　非光滑面约束及其约束力

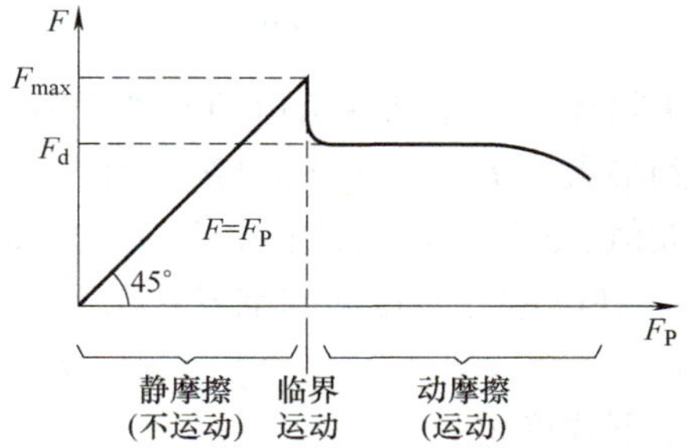

图 3-11　滑动摩擦力随外力增加而变化

F_{max}称为**最大静摩擦力**（maximum static friction force），它与法向约束力 $\boldsymbol{F}_N$成正比，其方向与相对滑动趋势的方向相反，而与接触面积的大小无关，即

$$F_{\max}=f_sF_N \tag{3-7}$$

这一关系称为库仑摩擦定律（Coulomb law of friction）。式中，f_s称为静摩擦因数（static friction factor）。静摩擦因数f_s主要与材料和接触面的粗糙程度有关，其数值可在机械工程手册中查到。但由于影响摩擦因数的因素比较复杂，所以如果需要较准确的f_s数值，则应由实验测定。

上述分析表明，开始运动之前，即物体保持静止时，静摩擦力的数值在零与最大静摩擦力之间，即

$$0\leqslant F\leqslant F_{\max} \tag{3-8}$$

从约束的角度来看，静滑动摩擦力也是一种约束力，而且是在一定范围内取值的切向约束力。

2. 动滑动摩擦力

当两接触面之间已经发生相对运动时的摩擦称为动滑动摩擦，这时的摩擦力称为动滑动摩擦力，简称动摩擦力（kinetic friction force），其方向与两接触面的相对速度方向相反，其大小与正压力成正比，即

$$F_d=fF_N \tag{3-9}$$

式中，f称为动滑动摩擦因数，简称动摩擦因数（kinetic friction factor），经典摩擦理论认为f与f_s都只与接触物体的材料和表面粗糙程度有关。

3.5.2 摩擦角与自锁现象

1. 摩擦角

当考虑摩擦时，作用在物体接触面上的有法向约束力$\boldsymbol{F}_N$和切向摩擦力$\boldsymbol{F}$，二者的合力便是接触面处所受的总约束力，称为全约束力，又称为全反力，用$\boldsymbol{F}_R$表示，如图3-12所示。图中：

$$\boldsymbol{F}_R=\boldsymbol{F}_N+\boldsymbol{F} \tag{3-10}$$

全约束力的大小为

$$F_R=\sqrt{F_N^2+F^2} \tag{3-11}$$

全约束力作用线与接触面法线的夹角为φ，由下式确定：

$$\tan\varphi=\frac{F}{F_N} \tag{3-12}$$

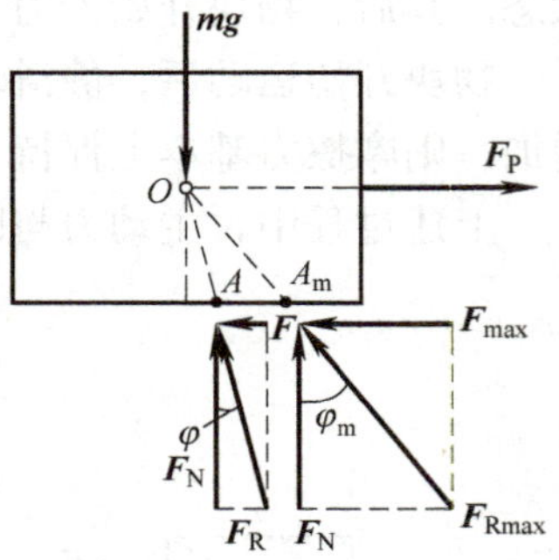

图3-12 摩擦角

由于物体从静止到开始运动的过程中，摩擦力$\boldsymbol{F}$从0开始增加直到最大值$F_{\max}$。式（3-12）中的φ角，也从0开始增加直到最大值，φ角的最大值称为摩擦角（angle of friction），用φ_m表示。在刚刚开始运动的临界状态下，全约束力为

$$\boldsymbol{F}_R=\boldsymbol{F}_N+\boldsymbol{F}_{\max} \tag{3-13}$$

摩擦角由下式确定：

$$\tan\varphi_m=\frac{F_{\max}}{F_N} \tag{3-14}$$

如图3-12所示。

应用库仑摩擦定律，式（3-14）可以改写成

$$\tan\varphi_m = \frac{F_{max}}{F_N} = \frac{f_s F_N}{F_N} = f_s \qquad (3\text{-}15)$$

上述分析结果表明：摩擦角是全约束力 $\boldsymbol{F}_R$ 偏离接触面法线的最大角度；摩擦角的正切值等于静摩擦因数。

在图 3-12 中，若将作用线过点 O 的力 $\boldsymbol{F}_P$ 连续改变它在水平面内的方向，则全约束力 $\boldsymbol{F}_R$ 的方向也随之改变。假设两物体接触面沿任意方向的静摩擦因数均相同，这样，在两物体处于临界平衡状态时，全约束力 $\boldsymbol{F}_R$ 的作用线将在空间组成一个顶角为 $2\varphi_m$ 的正圆锥面，称之为摩擦锥（cone of static friction）（图 3-13）。**摩擦锥是全约束力 $\boldsymbol{F}_R$ 在三维空间内的作用范围。**

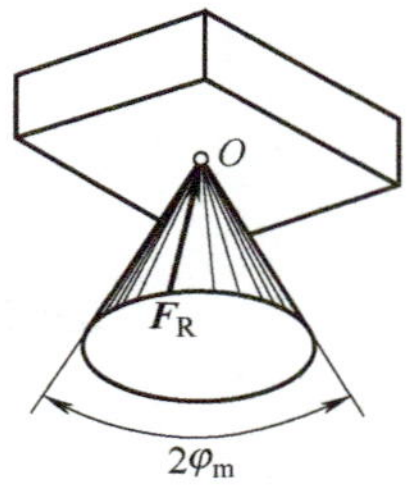

图 3-13　摩擦锥的形成

2. 自锁现象

考察图 3-14 中所示物块在有摩擦力存在时的运动与平衡的可能性。设主动力合力 $\boldsymbol{F}_Q = m\boldsymbol{g} + \boldsymbol{F}_P$，其中 $\boldsymbol{F}_P$ 为对物块的推力，采用几何法不难证明，当 $\boldsymbol{F}_Q$ 的作用线与接触面法线矢量 $\boldsymbol{n}$ 的夹角 α 取不同值时，物块将存在三种可能状态。

- $\alpha < \varphi_m$ 时，物块保持静止（图 3-14a）。
- $\alpha > \varphi_m$ 时，物块发生运动（图 3-14b）。
- $\alpha = \varphi_m$ 时，物块处于静止与运动的临界状态（图 3-14c）。

读者不难看出，在以上的分析中，只涉及了主动力合力 $\boldsymbol{F}_Q$ 的作用线方向，而与其大小无关。

当主动力合力的作用线处于摩擦角（或锥）的范围内时，无论主动力有多大，物体必定保持平衡。这种力学现象称为自锁。

注意，在滑动摩擦力达到最大值的所有问题中，都存在自锁或不自锁问题。

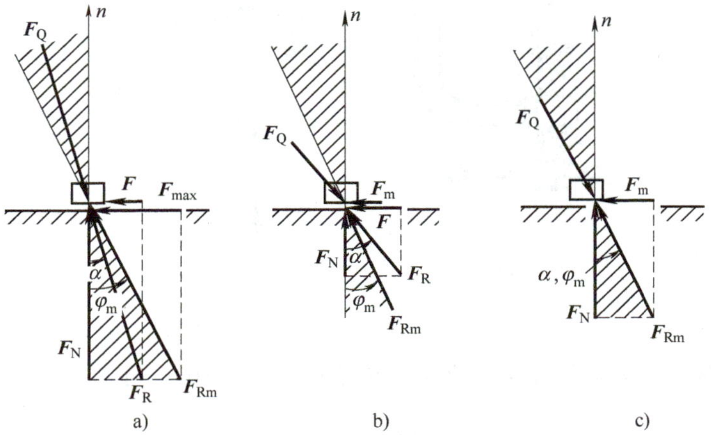

图 3-14　自锁现象的力学分析

a）$\alpha < \varphi_m$　b）$\alpha > \varphi_m$　c）$\alpha = \varphi_m$

对于图 3-15 中所示存在摩擦力的物块-斜面系统，在斜面坡度小到一定程度后，物块总能在主动力 $\boldsymbol{F}_Q$ 与全约束力 $\boldsymbol{F}_R$ 二力作用下保持平衡；而在坡度增大到一定程度后，则得到相反结果。读者应用几何法，不难得出自锁时，斜面倾角 α 必须满足

$$\alpha \leqslant \varphi_m \tag{3-16}$$

称为斜面-物块系统的自锁条件。

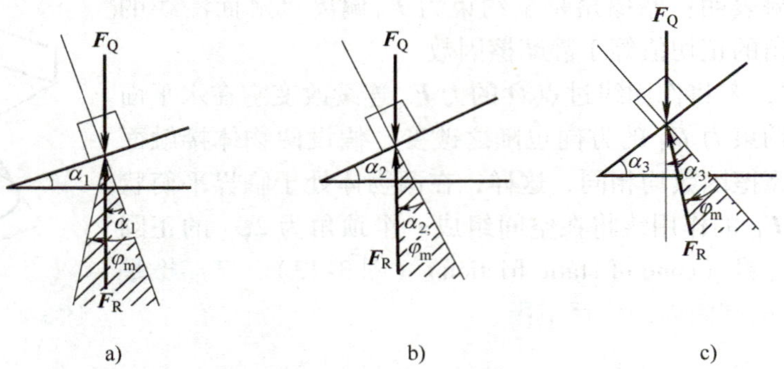

图 3-15　变化的斜面倾角 α 与摩擦角 φ_m 的关系

a）$\alpha < \varphi_m$　b）$\alpha = \varphi_m$　c）$\alpha > \varphi_m$

3. 螺旋器械的自锁条件

螺旋器械实际上由斜面-物块系统演变而成。以图 3-16a 所示的螺旋夹紧器为例，其支架上的阴螺纹在平面上展开后，即为一斜面。具有阳螺纹的螺杆，即可视为物块，如图 3-16b 所示。工程上对这种器械的要求是：当作用在螺杆上使其上升的主动力矩撤去时，螺杆必然保持静止，使所举重物能够停留在此时的高度上，而不致反向转动使重物下降，这就是自锁要求。

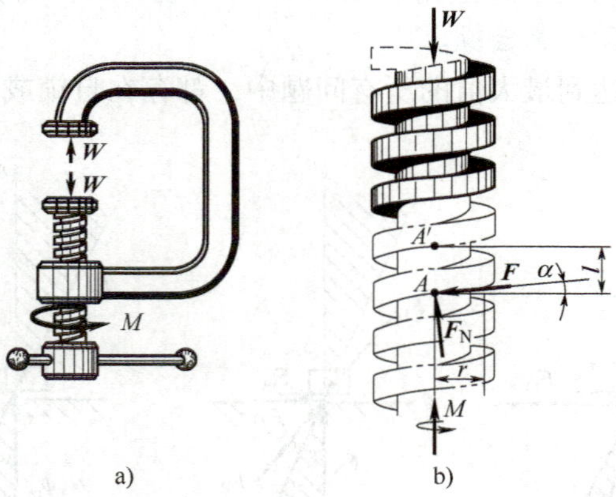

图 3-16　螺旋器械及其简化模型

为此，要求螺纹的螺旋角 α 必须满足自锁条件式（3-16）。于是有

$$\alpha = \arctan \frac{l}{2\pi r} \leqslant \varphi_m \tag{3-17}$$

4. 楔块与尖劈的自锁条件

楔块与尖劈也是一种类似斜面-物块系统的简单器械，可以用于将较小的主动力 $\boldsymbol{F}_P$ 变为更大的力 $\boldsymbol{F}_Q$，同时改变力的方向（图 3-17a）；可以通过它输出较小的位移，以调整载荷 $\boldsymbol{W}_1$、$\boldsymbol{W}_2$、$\boldsymbol{W}_3$ 的位置（图 3-17b）；还可以用于连接两个有孔的零件（图 3-17c）。此外，桩和钉子的尖端也大都做成楔块或尖劈状。

楔块被楔入两物体后，要求当外加力除去时楔块不被挤压出来，亦即要求自锁。图 3-18a 所示为楔块受力的一般情形，其上两个侧面受有分布的法向约束力和摩擦力，全约束力为 $\boldsymbol{F}_{\mathrm{R}}$。临界状态下，两侧的全约束力构成二力平衡，即楔块为二力构件。根据图中几何关系，得到自锁条件为 $\alpha \leqslant 2\varphi_{\mathrm{m}}$。显然，当 $\alpha > 2\varphi_{\mathrm{m}}$ 时（图 3-18b），楔块将不能保持平衡，在施加于其上的主动力除去后，楔块将从被楔入的物体中挤出，或者根本无法被楔入。

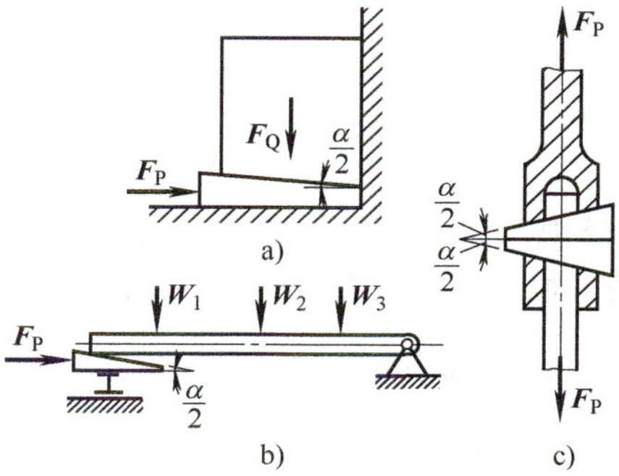

图 3-17　楔块与尖劈及其应用

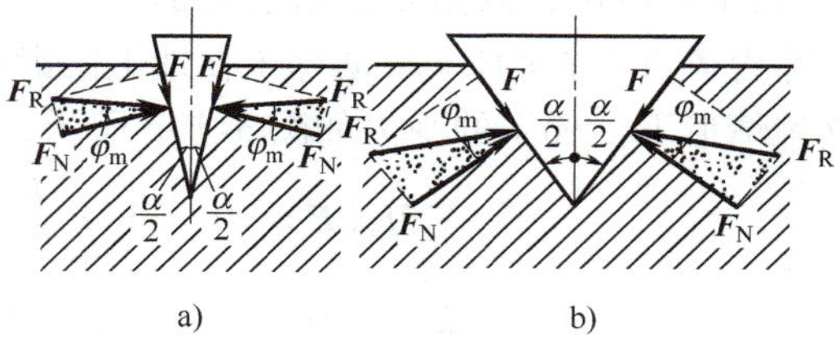

图 3-18　楔块与尖劈的自锁

3.5.3　摩擦平衡条件与平衡方程

求解摩擦平衡问题的基本方法，与无摩擦平衡问题相似，依然是从受力分析入手，画出研究对象的受力图，然后根据力系的特点建立平衡方程，并应用物理条件，即库仑摩擦定律［式（3-7）］和摩擦力的取值范围［式（3-8）］，求解所要求的未知量。

［例题 3-8］　如图 3-19a 所示，梯子 AB 一端靠在铅垂的墙壁上，另一端搁置在水平地面上。假设梯子与墙壁间为光滑约束，而与地面之间存在摩擦。已知静摩擦因数为 f_{s}，梯子重为 W。（1）若梯子在倾角 α_1 的位置保持平衡，求约束力 $\boldsymbol{F}_{\mathrm{N}A}$、$\boldsymbol{F}_{\mathrm{N}B}$ 和摩擦力 $\boldsymbol{F}_A$。（2）若使梯子不致滑倒，求其倾角的范围。

解：为简化计算，将梯子看成均质杆，设 $AB = l$。

1．梯子在倾角 α_1 的位置保持平衡时的摩擦力和约束力

梯子的受力如图 3-19b 所示，其中将摩擦力 $\boldsymbol{F}_A$ 作为一般的约束力，设其方向如图示。于是有

$$\sum M_A(\boldsymbol{F}) = 0,\quad W \times \frac{l}{2}\cos\alpha_1 - F_{\mathrm{N}B} \cdot l\sin\alpha_1 = 0$$

$$F_{\mathrm{N}B} = \frac{W\cos\alpha_1}{2\sin\alpha_1} = \frac{W}{2}\cot\alpha_1 \tag{a}$$

$$\sum F_y = 0,\quad F_{\mathrm{N}A} = W \tag{b}$$

$$\sum F_x = 0,\quad F_A + F_{\mathrm{N}B} = 0,\quad F_A = -\frac{W}{2}\cot\alpha_1 \tag{c}$$

与前面求约束力相类似，$F_A < 0$ 的结果表明图 3-19b 中所设的 F_A 方向与实际方向相反。

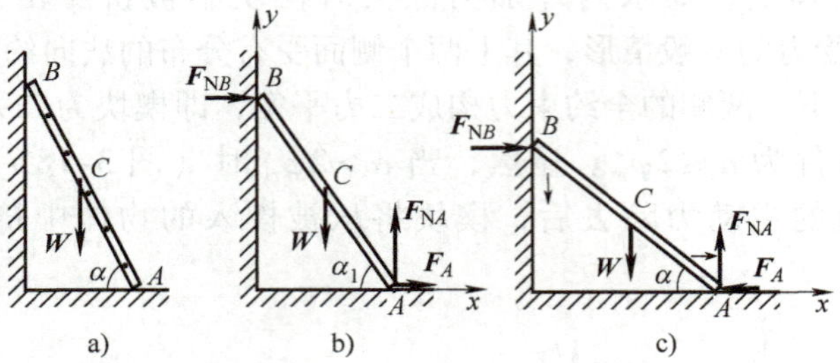

图 3-19 例题 3-8 图

2. 梯子不滑倒，倾角 α 的取值范围

摩擦力 $\boldsymbol{F}_A$ 的方向必须根据梯子在地上的滑动趋势预先确定。

这种情形下，梯子的受力如图 3-19c 所示，于是平衡方程和物理条件分别为

$$\sum M_A(\boldsymbol{F})=0,\quad W\times\frac{l}{2}\cos\alpha-F_{NB}\cdot l\sin\alpha=0 \tag{d}$$

$$\sum F_y=0,\quad F_{NA}-W=0 \tag{e}$$

$$\sum F_x=0,\quad F_A-F_{NB}=0 \tag{f}$$

而

$$F_A=f_sF_{NA} \tag{g}$$

据此不仅可以解出 A、B 两处的约束力，而且可以确定保持平衡时梯子的临界倾角

$$\alpha=\operatorname{arccot}(2f_s) \tag{h}$$

由常识可知，α 越大，梯子越易保持平衡，故平衡时梯子对地面的倾角范围为

$$\alpha\geqslant\operatorname{arccot}(2f_s) \tag{i}$$

［例题 3-9］ 一棱柱体重 $W=480\text{N}$，置于水平面上，接触面间的静摩擦因数 $f_s=\frac{1}{3}$，载荷 $\boldsymbol{F}_P$的方向如图 3-20a 所示。若 $\boldsymbol{F}_P$逐渐增加，试分析：棱柱体是先滑动还是先翻倒？并求出使其运动的最小值 F_{Pmin}。

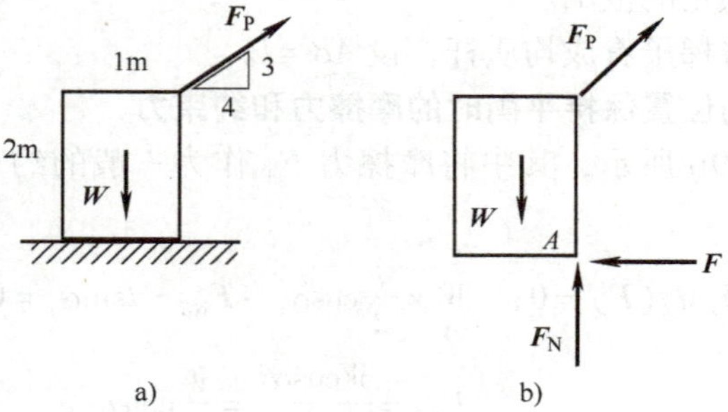

图 3-20 例题 3-9 图

解： 本例属于判断存在摩擦时物体是否翻倒的问题，可首先假定处于翻倒的临界状态，然后根据结果进行分析。

取棱柱体为研究对象，当棱柱体处于刚要翻倒的临界状态时，其受力如图 3-20b 所示。

根据平衡方程，有

$$\sum M_A(\boldsymbol{F})=0,\quad \frac{1}{2}W-2\times\frac{4}{5}F_P=0$$

$$\sum F_y=0,\quad -W+F_N+\frac{3}{5}F_P=0$$

$$\sum F_x=0,\quad \frac{4}{5}F_P-F=0$$

所以

$$F_P=\frac{5}{16}W=150\text{N}$$

$$F=\frac{4}{5}F_P=120\text{N}$$

$$F_N=W-\frac{3}{5}F_P=390\text{N}$$

而

$$F_{max}=F_N f=\frac{1}{3}\times 390\text{N}=130\text{N}$$

因为 $F<F_{max}$，所以棱柱体不会滑动，而是先翻倒，翻倒的载荷最小值 $F_{Pmin}=150\text{N}$。

［例题 3-10］ 图 3-21a 所示为攀登电线杆时所采用的脚套钩。已知套钩的尺寸 l、电线杆直径 D、静摩擦因数 f_s。试求套钩不致下滑时脚踏力 $\boldsymbol{F}_P$ 的作用线与电线杆中心线的距离 d。

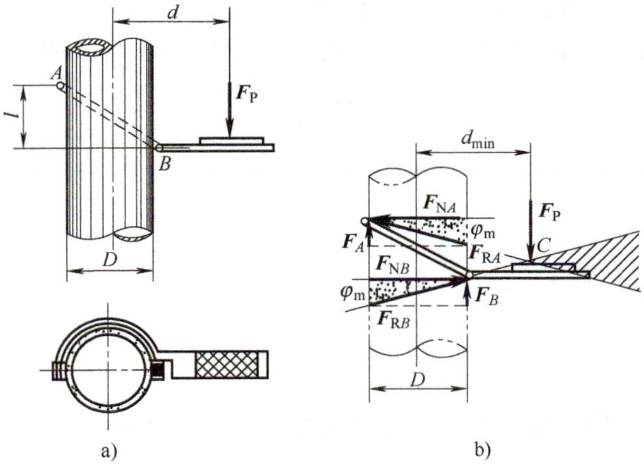

图 3-21 例题 3-10 图

解：本例已知静摩擦因数以及外加力方向，求保持静止和临界状态的条件，因此需用平衡方程与物理条件联合求解，现用解析法与几何法分别求解。

1. 解析法

以套钩为研究对象，其受力如图 3-21b 所示。注意到，套钩在 A、B 两处都有摩擦，两处将同时达到最大摩擦力。应用平面一般力系平衡方程和 A、B 两处摩擦力满足的条件，有

$$\sum F_x=0,\qquad F_{NA}=F_{NB}\tag{a}$$

$$\sum F_y=0,\qquad F_A+F_B=F_P\tag{b}$$

$$\sum M_A(\boldsymbol{F})=0,\quad F_B D+F_{NB}l-F_P\left(d+\frac{D}{2}\right)=0 \tag{c}$$

$$F_{A\max}=f_s F_{NA},\quad F_{B\max}=f_s F_{NB} \tag{d}$$

联立求解得出套钩不致下滑的临界距离

$$d=\frac{l}{2f_s} \tag{e}$$

经判断，套钩不致下滑的范围为 $d\geqslant\frac{l}{2f_s}$。

2. 几何法

分别作出 A、B 两处的摩擦角，相应得到两处的全约束力 $\boldsymbol{F}_{RA}$ 和 $\boldsymbol{F}_{RB}$ 的方向（图3-21b）。其中 $\boldsymbol{F}_{RA}=\boldsymbol{F}_A+\boldsymbol{F}_{NA}$，$\boldsymbol{F}_{RB}=\boldsymbol{F}_B+\boldsymbol{F}_{NB}$。于是，套钩应在 $\boldsymbol{F}_{RA}$、$\boldsymbol{F}_{RB}$、$\boldsymbol{F}_P$ 三个力作用下处于临界平衡状态，故三力必相交于一点 C。根据图3-21b的几何关系，有

$$\left(d-\frac{D}{2}\right)\tan\varphi_m+\left(d+\frac{D}{2}\right)\tan\varphi_m=l$$

$$\left(d-\frac{D}{2}\right)\cdot f_s+\left(d+\frac{D}{2}\right)\cdot f_s=l$$

由此解出

$$d=\frac{l}{2f_s}$$

现在的问题是，如何用几何法确定保持平衡时 d 的变化范围。根据库仑摩擦定律，$\boldsymbol{F}_{RA}$、$\boldsymbol{F}_{RB}$ 只能位于各自的摩擦角内；同时，由三力平衡汇交定理，力 $\boldsymbol{F}_P$ 必须通过 $\boldsymbol{F}_{RA}$ 和 $\boldsymbol{F}_{RB}$ 两力的交点 C。为同时满足这两个条件，力 $\boldsymbol{F}_P$ 的作用点必须位于图3-21b所示的三角形阴影线区域内，即

$$d\geqslant\frac{l}{2f_s}$$

3.6 本章小结与讨论

3.6.1 本章小结

(1) 作用于刚体上的力系平衡的充分必要条件为：力系的主矢和力系对任一点的主矩同时为零。

(2) 平衡方程的一般形式

$$\begin{cases}\sum F_x=0, & \sum M_x(\boldsymbol{F})=0\\ \sum F_y=0, & \sum M_y(\boldsymbol{F})=0\\ \sum F_z=0, & \sum M_z(\boldsymbol{F})=0\end{cases}$$

(3) 平面一般力系的平衡方程

1) 基本形式 $\sum F_x=0,\quad \sum F_y=0,\quad \sum M_O(\boldsymbol{F})=0$

2) 二矩式 $\sum F_x=0,\quad \sum M_A(\boldsymbol{F})=0,\quad \sum M_B(\boldsymbol{F})=0$

（AB 连线不与 x 轴垂直）

3）三矩式　　　$\sum M_A(\boldsymbol{F})=0$，　$\sum M_B(\boldsymbol{F})=0$，　$\sum M_C(\boldsymbol{F})=0$

（A、B、C 三点不共线）

（4）静定问题：系统中的未知量个数等于独立平衡方程的个数，可由静力学平衡方程求出全部未知量的问题。

超静定问题：系统中的未知量个数大于独立平衡方程的个数，无法仅由静力学平衡方程求出全部未知量的问题。

3.6.2　受力分析的重要性

读者从本章关于单个刚体与简单刚体系统平衡问题的分析中可以看出，受力分析是决定平衡问题求解成败的重要部分，只有当受力分析正确无误时，其后的分析才能取得正确的结果。初学者常常不习惯根据约束的性质分析约束力，而是根据不正确的直观判断确定约束力，例如“根据主动力的方向确定约束力及其方向”就是初学者最容易采用的错误方法。对于图 3-22a 中所示之承受水平载荷 $\boldsymbol{F}_P$ 的平面刚架 ABC，应用上述错误方法，得到图 3-22b 所示的受力图。请读者分析这一受力图错在哪里？

又如，对于图 3-23a 中所示三铰拱，当考察其总体平衡时，得到图 3-23b 所示受力图。这一受力图又错在哪里呢？这不是也能平衡吗？

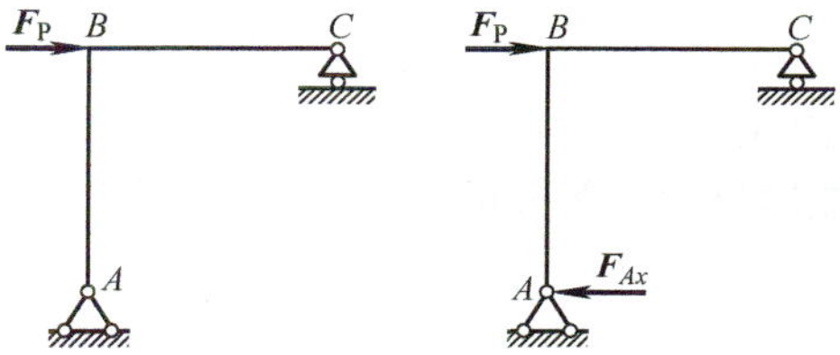

图 3-22　不正确的受力分析之一

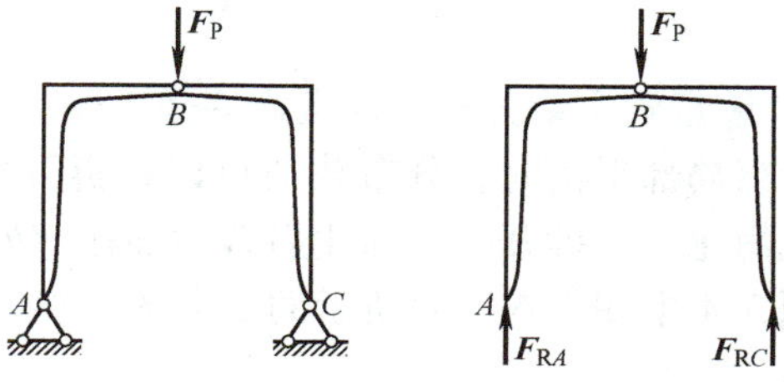

图 3-23　不正确的受力分析之二

3.6.3　关于简单刚体系统平衡问题的讨论

根据刚体系统的特点，分析和处理刚体系统平衡问题时，注意以下几方面是很重要的。

- **认真理解、掌握并能灵活运用“系统整体平衡，组成系统的每个局部必然平衡”的重要概念。**

某些受力分析，从整体上看，可以使整体平衡似乎是正确的，但从局部看却是不平衡的，因而是不正确的，图 3-23b 所示受力即属此例。

- **要灵活选择平衡对象**

所谓平衡对象包括系统整体、单个刚体以及由两个或两个以上刚体组成的子系统。灵活选择其中之一或之二作为平衡对象，一般应遵循：尽量使一个平衡方程中只包含一个未知约束力，不解或少解联立方程。

- **注意区分内约束力与外约束力、作用力与反作用力。**

内约束力只有在系统拆开时才会出现，故而在考察整体平衡时，无需考虑内约束力。

当同一约束处有两个或两个以上刚体相互连接时，为了区分作用在不同刚体上的约束力是否互为作用力与反作用力，必须逐个刚体进行分析，分清哪一个是施力体，哪一个是受力体。

以图3-24a所示系统为例，系统在固定铰支座A处，由销钉将刚体AF和刚体AD连接在一起。请读者分析，图3-24b所示刚体AD和AF的受力图中，A处的约束力是否互为作用与反作用力。

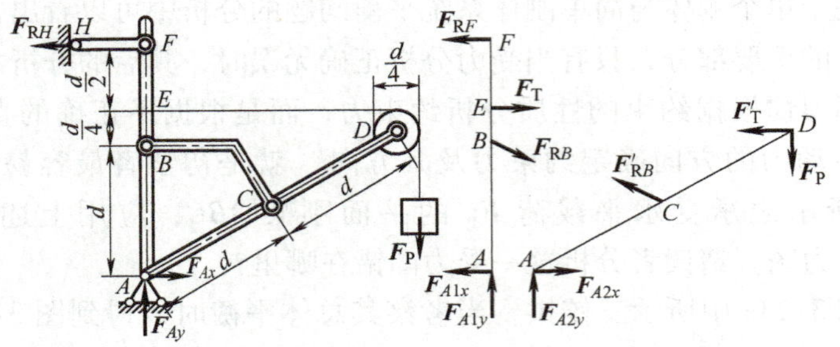

图3-24　作用力与反作用力的判断

• 注意对主动分布载荷进行等效简化

考察局部平衡时，分布载荷可以在拆开之前简化，也可以在拆开之后简化。要注意的是，先简化、后拆开时，简化后合力加在何处才能满足力系等效的要求。这一问题请读者结合例题3-4中图3-6d、e所示的受力图，加以分析。

3.6.4　正确的直观判断

正确地进行直观判断，可以不通过建立平衡方程，而直接确定某些未知力，甚至全部约束力。这在工程中，特别是现场工程分析中，是很重要的。同时，正确的直观判断，有利于保证理论分析与计算结果的正确性。

正确的直观判断，必须以平衡概念为基础，同时正确应用对称性和反对称性。

所谓对称性和反对称性，是指如果结构存在对称轴（平面问题）或对称面（空间问题），则称为对称结构。对称结构若承受对称载荷，则其约束力必然对称于对称轴；对称结构若承受反对称载荷，则其约束力必然是反对称的。

以图3-25中的三种结构为例。图3-25a所示为静力平面刚架，固定支座A处有铅垂和水平方向两个约束力$\boldsymbol{F}_{Ax}$和$\boldsymbol{F}_{Ay}$；D处为辊轴支座，只有铅垂方向的约束力$\boldsymbol{F}_{RD}$。根据x方向的平衡条件可得$F_{Ax}=0$，于是由对称性得到$F_{Ay}=F_{RD}=F_P$。

对于图3-25b、c所示三铰拱和超静定刚架，也都可以进行类似的分析：A、D两处的水平约束力也是对称的，但二者都不等于零。

有兴趣的读者可以将图3-25a、b所示静定结构上的对称载荷改为反对称载荷，再分析其约束力是否具有反对称性。

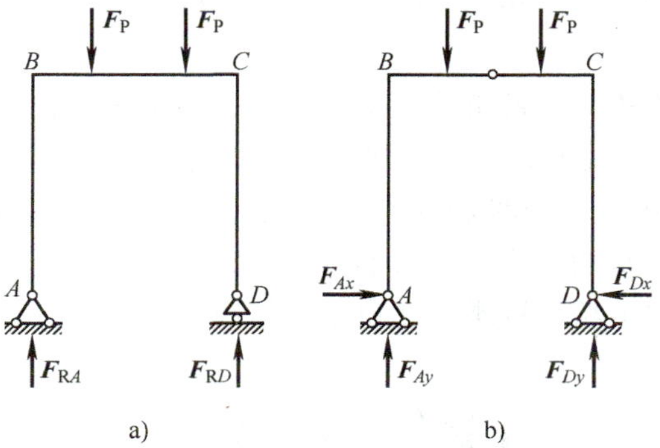

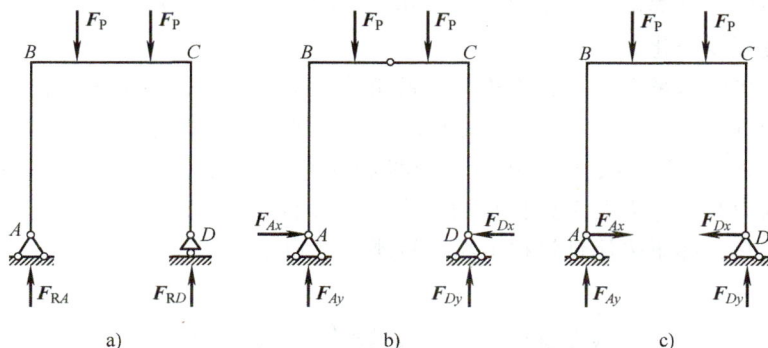

图 3-25 对称性分析

3.6.5 关于桁架分析的讨论

桁架是一种常见的工程结构，特别是大跨度建筑物或大型机械中，诸如房屋、铁路桥梁、油田井架、起重设备、飞机结构、雷达天线、导弹发射架、输电线路铁塔及某些电视发射塔等均属于桁架结构。图 3-26、图 3-27 所示分别为屋顶桁架和桥梁桁架。

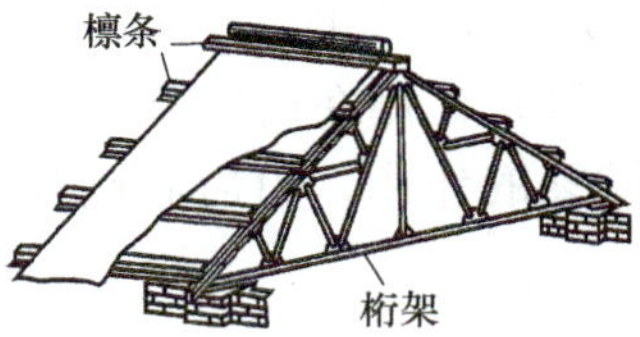

图 3-26 钢结构的屋顶桁架

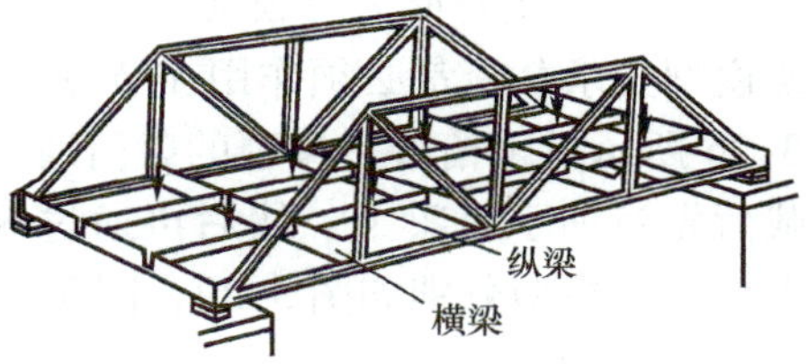

图 3-27 钢结构的桥梁桁架

桁架是由若干直杆在两端按一定的方式连接所组成的工程结构。若组成桁架的所有杆件均处在同一平面内，且载荷作用在相同的平面内，则称为**平面桁架**（planar truss）；如果这些杆件不在同一平面内，或者载荷不作用在桁架所在的平面内，则称为**空间桁架**（space truss）。某些具有对称平面的空间结构，当载荷均作用在对称面内时，对称面两侧的结构也可以视为平面桁架加以分析。图 3-26 所示为房屋结构中的平面桁架；图 3-27 所示则为桥梁结构中的空间桁架，当载荷作用在对称面内时，可视为平面桁架。

工程中桁架结构的设计涉及结构形式的选择、杆件几何尺寸的确定以及材料的选用等，所有这些都与桁架杆件的受力有关。若将组成桁架的杆件视为弹性体，则这种分析又可称为桁架杆件的内力分析。

1. 桁架的力学模型

桁架中各杆的连接点称为**节点**，节点处的实际结构比较复杂，需要加以简化，才便于进行受力或内力分析。

（1）杆件连接处的简化模型

桁架杆端连接方式一般有铆接（图 3-28a）、焊接（图 3-28b）或螺栓连接等，即将有关的杆件连接在一角撑板上，或者简单地在相关杆端用螺栓直接连接（图 3-28c）。

实际上，桁架杆件端部并不能完全自由转动，因此每根杆的杆端均作用有约束力偶。这将使桁架分析过程复杂化。

理论分析和实测结果表明，如果连接处的角撑板刚度不大，而且各杆轴线又汇交于一点（如图 3-28 中的点 A_1、A_2、A_3），则连接处的约束力偶很小。这时，可以将连接处的约束简化为光滑铰链（图 3-28d、e、f），从而使分析和计算过程大大简化。当要求更加精确地分析桁架杆件的内力时，才需要考虑杆端约束力偶的影响。这时，桁架将不再是静定的，而变为超静定的。但是，如果采用计算机分析，这类问题也不难解决。

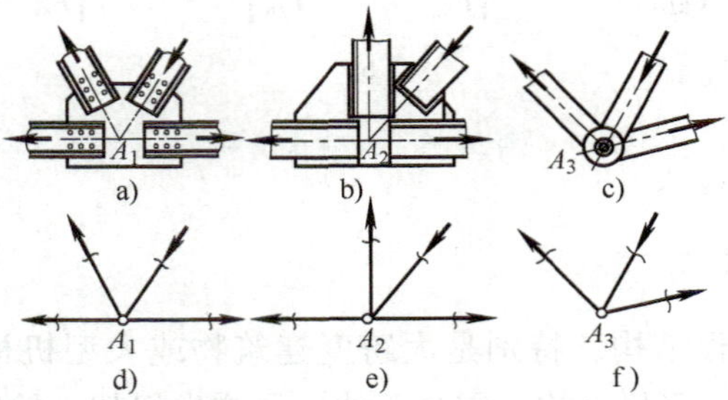

图 3-28 桁架杆端连接方式及简化模型

（2）节点与非节点载荷的简化模型

理想桁架模型要求载荷都必须作用在节点上，这一要求对于某些屋顶和桥梁结构是能够满足的。图3-26 所示屋顶桁架，屋顶的载荷通过檩条（梁）作用在桁架节点上；图3-27 所示桥梁上的载荷先施加于纵梁上，然后再通过纵梁对横梁的作用，由后者施加在两侧桁架上。这两种桁架简化模型分别如图 3-29、图 3-30 所示。

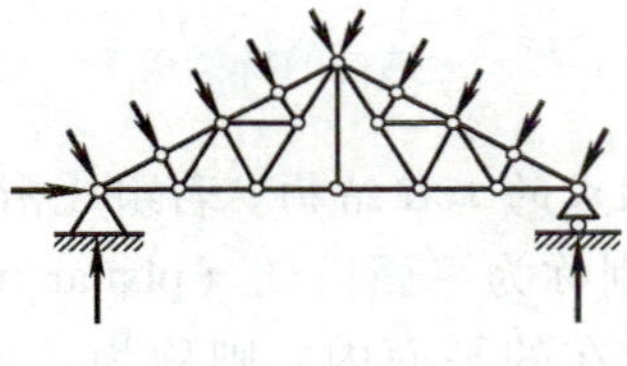

图 3-29 屋顶桁架模型

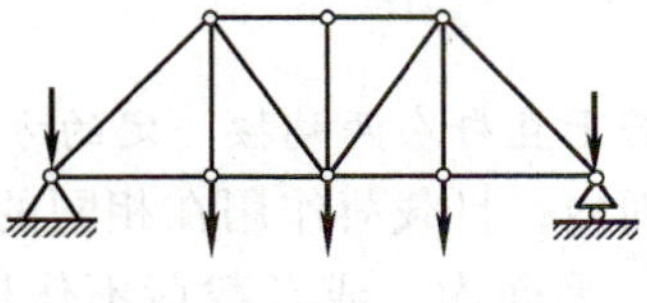

图 3-30 桥梁桁架模型

对于载荷不直接作用在节点上的情形（图3-31），可以对承载杆做受力分析、确定杆端受力，再将其作为等效节点载荷施加于节点上。

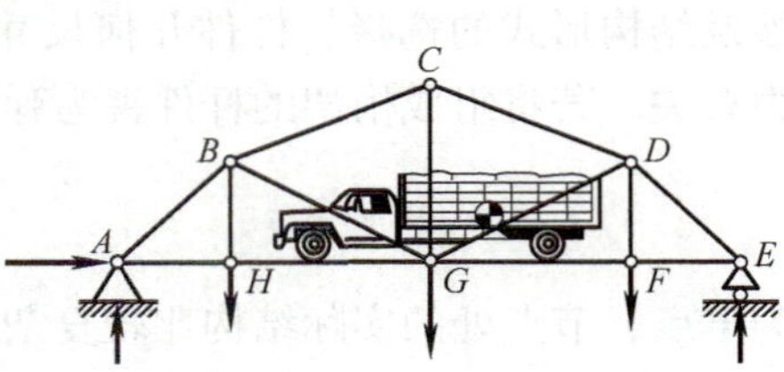

图 3-31 载荷不直接作用在节点上的桁架

此外，对于桁架杆件自重，一般情形下由于其引起的杆件受力要比载荷引起的小得多，因而可以忽略不计。在特殊情形下，亦可采用非节点载荷的简化方法。

根据上述简化得到的桁架模型，所有杆件都是二力构件，或者二力杆，即桁架杆件内力或为拉力（tensile force），或为压力（compressive force）。

2. 桁架静力分析的基本方法

若桁架处于平衡，则它的任何一局部，包括节点、杆，以及用假想截面截出的任意局部都必须是平衡的。据此，产生分析桁架内力的“节点法”和“截面法”。前者用于求解各杆内力，后者适于只需确定某几根杆的内力的情形。

3. 关于桁架的讨论

（1）桁架的坚固性条件和静定性条件

桁架在确定载荷作用下，保持初始几何形状不变的特性，称为坚固性。这不仅仅是因为组成桁架的每根杆件均被视为刚体，而且还因为结构的几何组成在载荷作用下不能发生变化（坍塌是这种变化的特殊情形）。图 3-32a、b 所示分别为几何可变的机构（mechanism）和几何不可变的结构（structure）。前者不具有坚固性，后者则是坚固的。

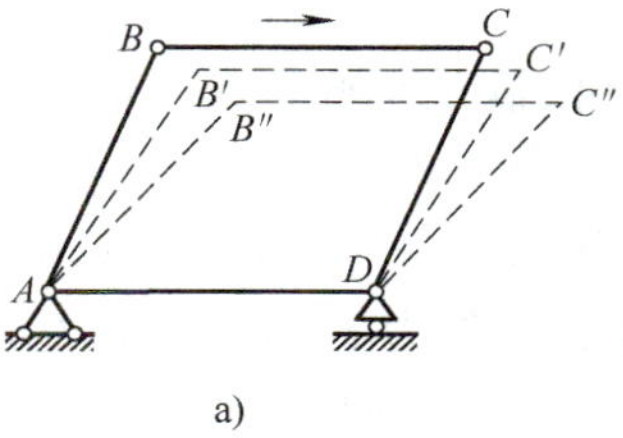

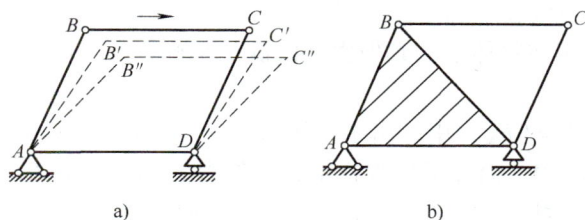

图 3-32　机构与结构

设桁架杆件总数为 m，铰节点数为 n。平面桁架基本单元由 3 根杆和 3 个铰节点组成，每增加 2 根杆和 1 个铰节点，即增加 1 个单元。这表明，所有新增单元中，杆数均为铰节点数的二倍。于是桁架静定性条件可写成

$$m-3=2(n-3)$$

即

$$m=2n-3$$

这种情形下，桁架不仅是坚固的，而且是静定的。

读者可自行分析，当 $m<2n-3$ 或 $m>2n-3$ 时，问题的性质将会发生怎样改变。

（2）关于零力杆

桁架中的零力杆虽然不受力，但却是保持结构坚固性所必需的。

分析桁架内力时，如有可能应该首先确定其中的零力杆，这对后续分析有利。确定零力杆的方法是，观察桁架中的每个节点。若在一个节点上有两根杆件，且无载荷或约束力作用，则此二杆均为零力杆（图 3-33a）；若一个节点上有三根杆件，且其中有两杆共线，在节点上同样无载荷或约束力作用，则不共线的杆必为零力杆（图 3-33b）。

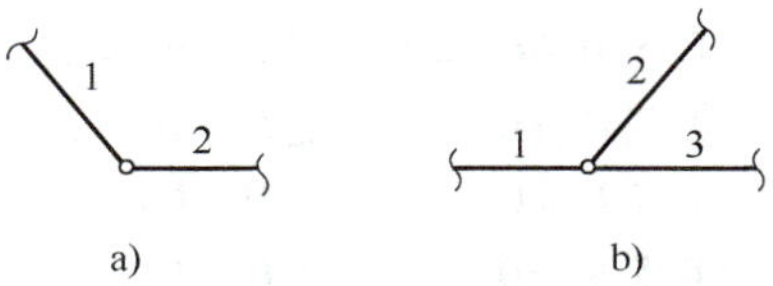

图 3-33　存在零杆的两种节点

a）$F_{S1}=F_{S2}=0$　b）$F_{S2}=0$

（3）关于桁架内力的计算机分析

读者不难发现，在桁架结构比较复杂，杆件总数和节点总数都比较大的情形下，若采用

本书所介绍的节点法或截面法，计算都特别繁杂。而采用计算机分析方法，则要简单得多。目前一些工程力学应用软件中，都包含有分析静定和超静定桁架内力的程序。

3.6.6 考虑摩擦时平衡问题的几个重要概念

1. 滑动摩擦力性质

静摩擦力是在一定范围内取值（$0 \leqslant F \leqslant F_{\max} = f_s F_N$）的约束力。它既是约束力，又不同于一般的约束力。

2. 摩擦角（锥）与自锁概念

摩擦角（锥）$\varphi = \angle(\boldsymbol{F}_R, \boldsymbol{F}_N)$，摩擦角的取值范围（$0 \leqslant \varphi \leqslant \varphi_m$）是静摩擦力取值范围（$0 \leqslant F \leqslant F_{\max}$）的几何表示。$\varphi_m = \arctan f_s$，$\varphi_m$ 与 f_s 二者等价地表示两接触面的摩擦性质。

当主动力合力的作用线处于摩擦角（或锥）的范围内（或外）时，无论主动力有多大（或多小），物体必定（或一定不）保持平衡。这种力学现象称为自锁（或不自锁）。

3. 为什么滑动摩擦力的方向不能任意假设

摩擦力不仅要与作用在物体上的其他力共同满足平衡方程，而且还要满足与摩擦有关的物理方程。

注意到，在方程（$F = f_s F_N$）中，由于正压力 F_N 一般都沿真实方向，故 $F_N > 0$，而摩擦因数 $f_s > 0$，所以必有 $F > 0$。而在平衡方程中，若将力 $\boldsymbol{F}$ 假设任意方向且没有错时，即出现 $F < 0$ 的情形。这样，包含同一摩擦力的平衡方程和物理方程便不相容，从而导致最后计算结果错误，而不仅仅是正负号的差异。这一问题请读者结合例题 3-8 中的第二个问题，分析：如果梯子与地面之间的摩擦力方向假设反了，将会产生怎样的结果？

习 题

选择填空题

3-1 如果平面力系平衡，则关于它的平衡方程，下列表述正确的是（ ）。

① 任何平面力系都具有三个独立的平衡方程

② 任何平面力系只能列出三个平衡方程

③ 在平面力系的平衡方程的基本形式中，两个投影轴必须互相垂直

④ 该平面力系在任意选取的投影轴上投影的代数和必为零

3-2 如习题 3-2 图所示空间平行力系中，设各力作用线都平行于 Oz 轴，则此力系独立的平衡方程为（ ）。

① $\sum M_x(\boldsymbol{F}) = 0$，$\sum M_y(\boldsymbol{F}) = 0$，$\sum M_z(\boldsymbol{F}) = 0$

② $\sum F_x = 0$，$\sum F_y = 0$，$\sum M_x(\boldsymbol{F}) = 0$

③ $\sum F_z = 0$，$\sum M_x(\boldsymbol{F}) = 0$，$\sum M_y(\boldsymbol{F}) = 0$

④ $\sum F_x = 0$，$\sum F_y = 0$，$\sum F_z = 0$

3-3 水平梁 AB 由三根直杆支承，载荷和尺寸如习题 3-3 图所示。为了求出三根直杆的约束力，可采用以下（ ）所示的平衡方程。

① $\sum M_A(\boldsymbol{F}) = 0$，$\sum F_x = 0$，$\sum F_y = 0$

② $\sum M_A(\boldsymbol{F}) = 0$，$\sum M_C(\boldsymbol{F}) = 0$，$\sum F_y = 0$

③ $\sum M_A(\boldsymbol{F}) = 0$，$\sum M_C(\boldsymbol{F}) = 0$，$\sum M_D(\boldsymbol{F}) = 0$

④ $\sum M_A(\boldsymbol{F})=0$，　$\sum M_C(\boldsymbol{F})=0$，　$\sum M_B(\boldsymbol{F})=0$

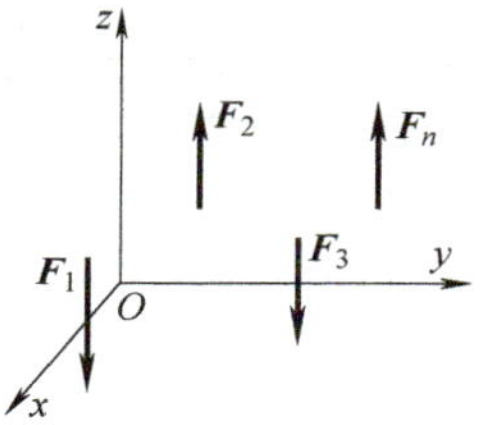

习题 3-2 图

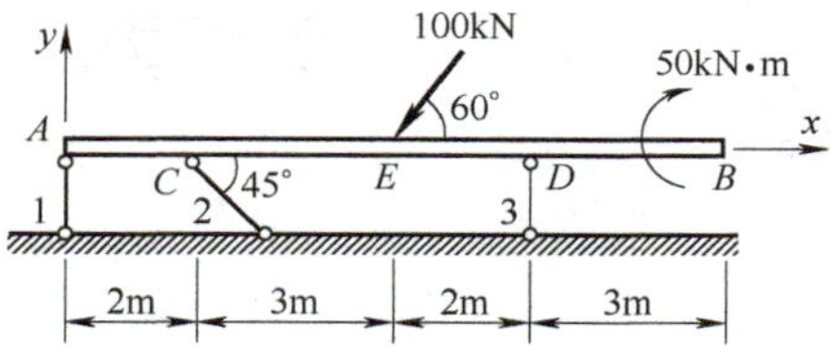

习题 3-3 图

3-4　习题 3-4 图示机构受力 $\boldsymbol{F}$ 作用，各杆重量不计，则支座 A 的约束力大小为（　　）。

① $\dfrac{F}{2}$　　② $\dfrac{\sqrt{3}}{2}F$　　③ F　　④ $\dfrac{\sqrt{3}}{3}F$

3-5　习题 3-5 图示杆系结构由相同的细直杆铰接而成，各杆重量不计。若 $F_A=F_C=F$，且垂直于 BD，则杆 BD 的内力为（　　）。

① $-F$　　② $-\sqrt{3}F$　　③ $-\dfrac{\sqrt{3}}{3}F$　　④ $-\dfrac{\sqrt{3}}{2}F$

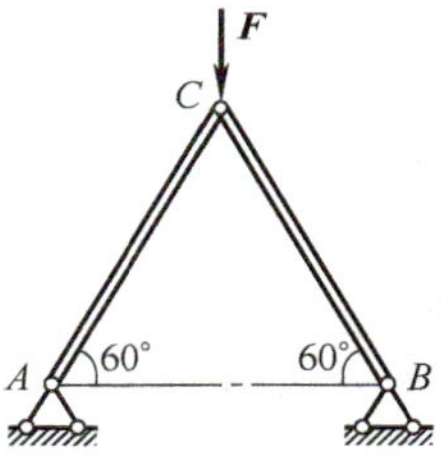

习题 3-4 图

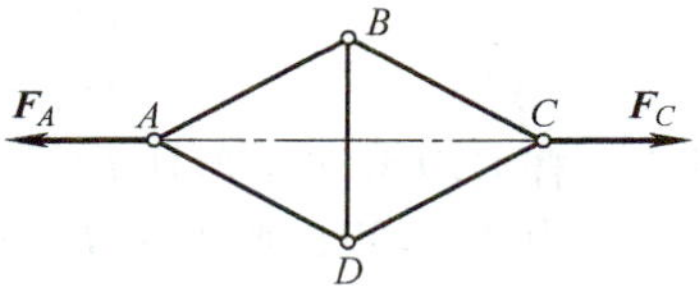

习题 3-5 图

3-6　杆 AF、BE、CD、EF 相互铰接，如习题 3-6 图所示。今在杆 AF 上作用一力偶（$\boldsymbol{F}$，$\boldsymbol{F}'$），若不计各杆自重，则支座 A 处约束力的作用线（　　）。

① 过 A 点平行于力 $\boldsymbol{F}$　　② 过 A 点平行于 BG 连线

③ 沿 AG 直线　　④ 沿 AH 直线

3-7　习题 3-7 图示长方体为刚体仅受二力偶作用，已知其力偶矩矢量满足 $\boldsymbol{M}_1=-\boldsymbol{M}_2$。则该长方体（　　）。

① 不平衡　　② 平衡　　③ 平衡与否无法确定

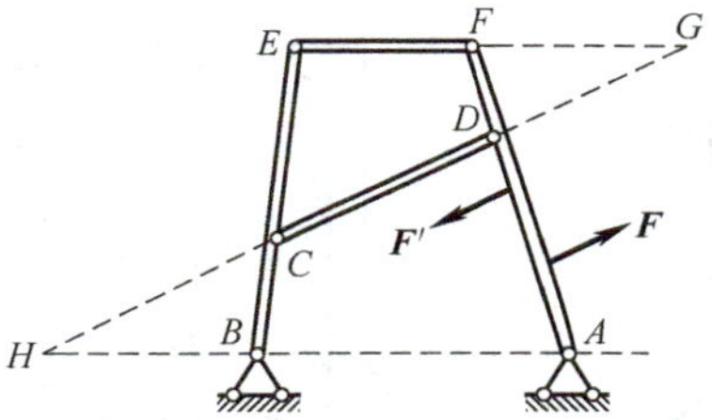

习题 3-6 图

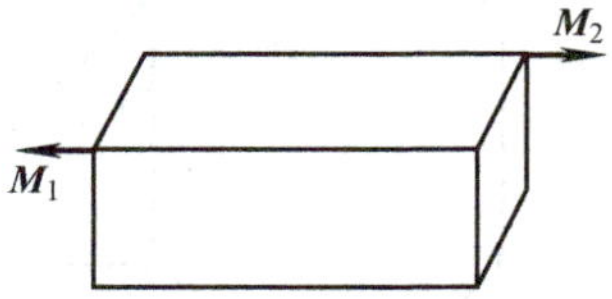

习题 3-7 图

3-8　习题 3-8 图示结构中，静定结构是（　　），超静定结构是（　　）。

① 图 a　　② 图 b　　③ 图 c　　④ 图 d

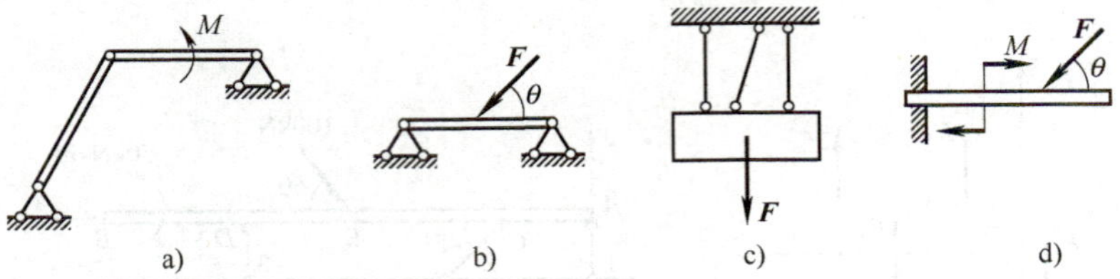

习题3-8图

3-9　在刚体的两个点上各作用一个空间共点力系（即汇交力系），刚体处于平衡。利用刚体的平衡条件可以求出的未知量（即独立的平衡方程）个数最多为（　　）。

①3个　　②4个　　③5个　　④6个

3-10　平面力系平衡方程的二矩式应满足的附加条件是（　　　　）。平面力系平衡方程的三矩式应满足的附加条件是（　　　　）。

3-11　若空间力系各力作用线都平行于某一固定平面，则其最多的独立平衡方程有（　　）个；

若空间力系各力作用线都垂直于某一固定平面，则其最多的独立平衡方程有（　　）个；

若空间力系各力作用线分别在两个平行的固定平面内，则其最多的独立平衡方程有（　　）个。

3-12　试写出各类力系所具有的最大的独立平衡方程数目。

(1) 平面汇交力系（　　）　　(5) 空间汇交力系（　　）

(2) 平面力偶系　（　　）　　(6) 空间力偶系　（　　）

(3) 平面平行力系（　　）　　(7) 空间平行力系（　　）

(4) 平面任意力系（　　）　　(8) 空间任意力系（　　）

3-13　不计重量的直角杆 CAD 和T字形杆 DBE 在 D 处铰接，如习题3-13图所示。若系统受力 $\boldsymbol{F}$ 作用，则支座 B 处约束力的大小为（　　），方向为（　　）。

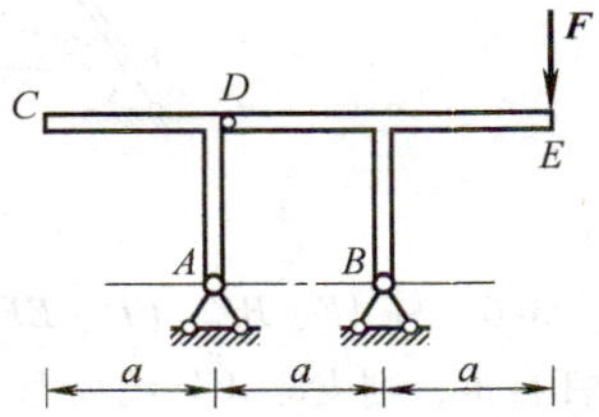

习题3-13图

3-14　由 n 个刚体体组成的平衡系统，其中有 n_1 个刚体受到平面力偶系作用，n_2 个刚体受平面共点力系作用，n_3 个刚体受到平面平行力系作用，其余的刚体受平面任意力系作用，则该系统所能列出的独立平衡方程的最大总数是（　　　）。

分析计算题

3-15　习题3-15图示两种正方形结构所受载荷均已知，且 $F=F'$。试求其中1、2、3杆受力。

3-16　习题3-16图示为一绳索拔桩装置。绳索的 E、C 两点拴在架子上，点 B 与拴在桩 A 上的绳索 AB 连接，在点 D 加一铅垂向下的力 $\boldsymbol{F}$，AB 可视为铅垂，DB 可视为水平。已知 $\alpha=0.1\text{rad}$，$F=800\text{N}$。试求绳 AB 中产生的拔桩力（当 α 很小时，$\tan\alpha\approx\alpha$）。

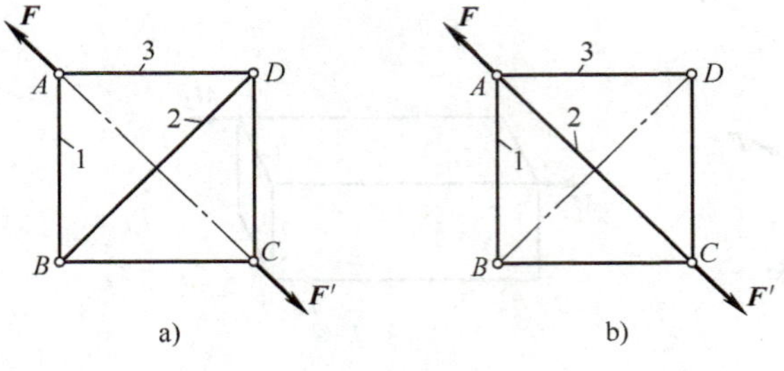

习题3-15图

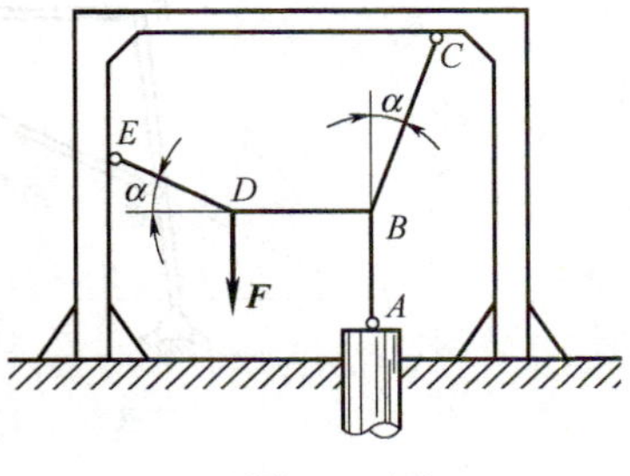

习题3-16图

3-17　杆 AB 及其两端滚子的整体重心在 G 点，滚子搁置在倾斜的光滑刚性平面上，如习题3-17图所示。对于给定的 θ 角，试求平衡时的 β 角。

3-18 试求习题 3-18 图示两外伸梁 A、B 处的约束力，其中：a）$M=60\text{kN}\cdot\text{m}$，$F_P=20\text{kN}$；b）$F_P=10\text{kN}$，$F_{P1}=20\text{kN}$，$q=20\text{kN/m}$，$d=0.8\text{m}$。

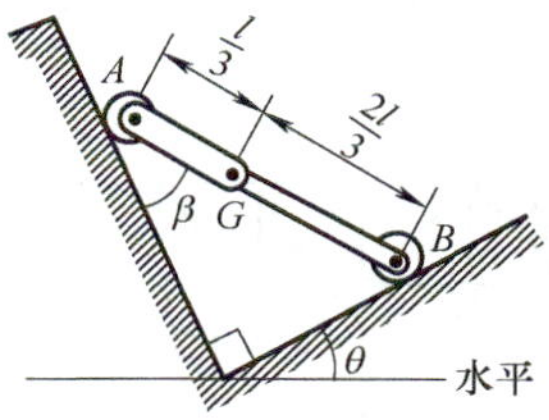

习题 3-17 图

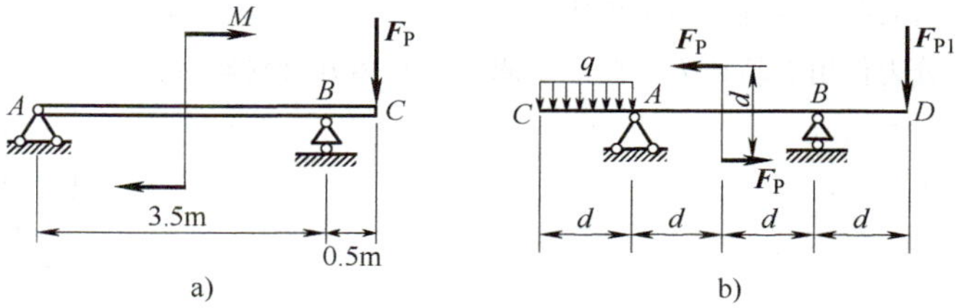

习题 3-18 图

3-19 直角折杆所受载荷、约束及尺寸均如习题 3-19 图示。试求 A 处全部约束力。

3-20 如习题 3-20 图所示，拖车重 $W=20\text{kN}$，汽车对它的牵引力 $F=10\text{kN}$。试求拖车匀速直线行驶时，车轮 A、B 对地面的正压力。

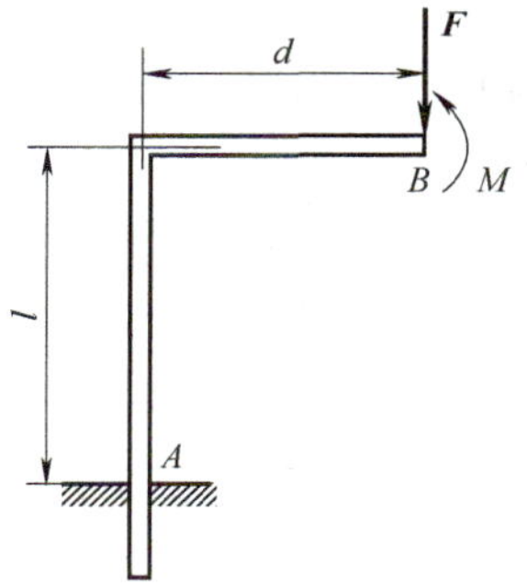

习题 3-19 图

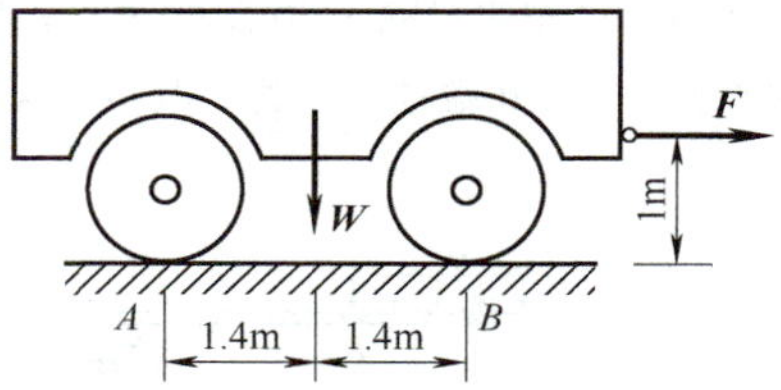

习题 3-20 图

3-21 习题 3-21 图所示起重机 ABC 具有铅垂转动轴 AB，起重机重 $W=3.5\text{kN}$，重心在 D 处。在 C 处吊有重 $W_1=10\text{kN}$ 的物体。试求滑动轴承 A 和止推轴承 B 的约束力。

3-22 习题 3-22 图所示钥匙的截面为直角三角形，其直角边 $AB=d_1$，$BC=d_2$。设在钥匙上作用一个矩为 M 的力偶。试求其顶点 A、B、C 对锁孔边上的压力。不计摩擦，且钥匙与锁孔之间的缝隙很小。

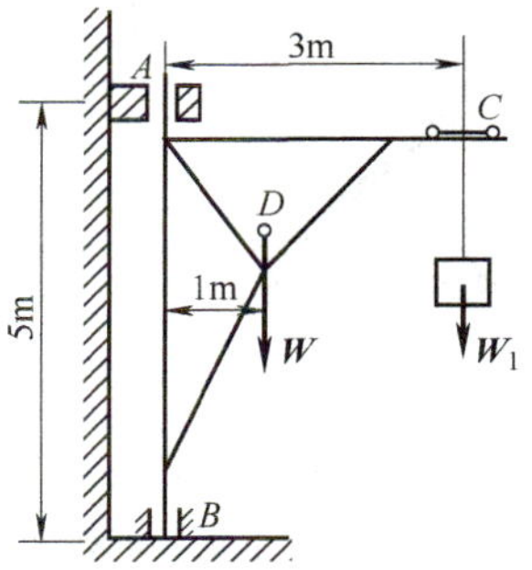

习题 3-21 图

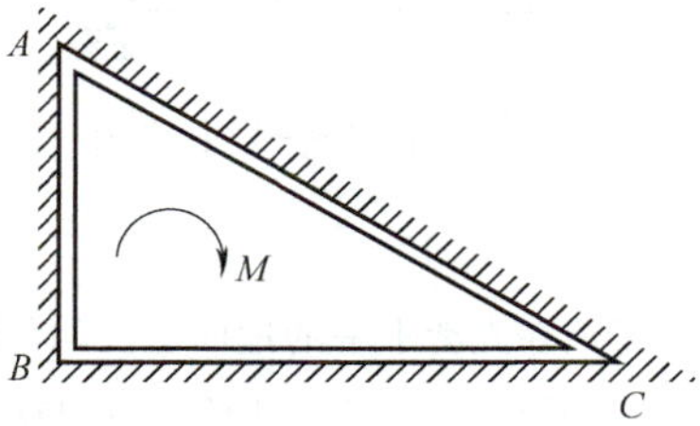

习题 3-22 图

3-23 如习题 3-23 所示，一便桥自由地放置在支座 C 和 D 上，支座间的距离 $CD=2d=6\text{m}$。桥面重 $1\frac{2}{3}\text{kN/m}$。试求当汽车从桥上面驶过而不致使桥面翻转时桥的悬臂部分的最大长度 l_{max}。设汽车的前后轮的负重分别为20kN和40kN，两轮间的距离为3m。

3-24 起重机装有轮子，可沿轨道 A、B 移动。如习题3-24图所示，起重机桁架下弦 DE 的中点 C 上挂有滑轮（图中未画出），用来提起挂在索链 CG 上的重物。从材料架上提起的物料重 $W=50\text{kN}$。当此重物离开材料架时，索链与铅垂线成 $\alpha=20°$ 角。为了避免重物摆动，又用水平绳索 GH 拉住重物。设索链张力的水平分力仅由右轨道 B 承受，试求当重物离开材料架时轨道 A、B 的受力。

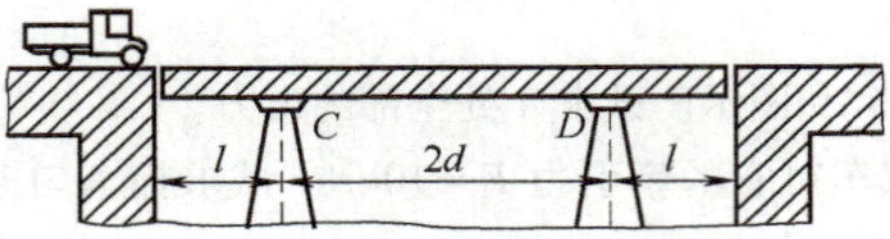

习题3-23图

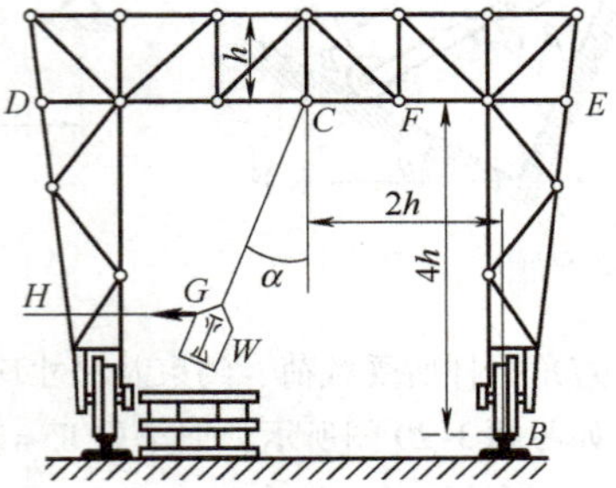

习题3-24图

3-25 试求习题3-25图示静定梁在 A、B、C 三处的全部约束力。已知 d、q 和 M。注意比较和讨论图a、b、c三梁的约束力以及图d、e两梁的约束力。

3-26 木支架结构的尺寸如习题3-26图所示，各杆在 A、D、E、F 处均以螺栓连接，C、G 处用铰链与地面连接。在水平杆 AB 的 B 端挂一重物，其重 $W=5\text{kN}$。若不计各杆自重，试求 C、G、A、E 各处的约束力。

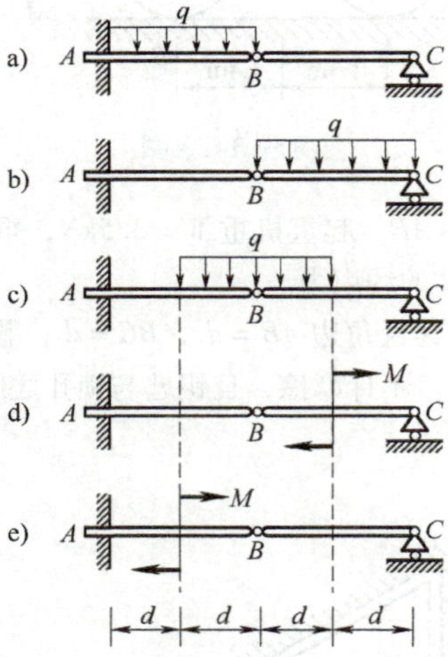

习题3-25图

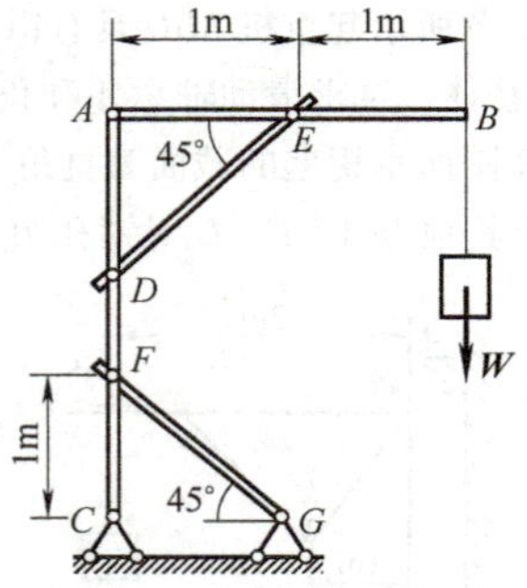

习题3-26图

3-27 一活动梯子放在光滑水平的地面上，如习题3-27图所示，梯子由 AC 与 BC 两部分组成，每部分均重150N，重心在杆子的中点，彼此用铰链 C 与绳子 EF 连接。今有一重为600N的人，站在 D 处，试求绳子 EF 的拉力和 A、B 两处的约束力。

3-28 一些相同的均质板彼此堆叠，每一块板都比下面的一块伸出一段，如习题3-28图所示。试求在这些板能处于平衡的条件下各伸出段的极限长度。已知板长为 $2l$。

（提示：在解题时，逐一地把从上开始的各板重量相加。）

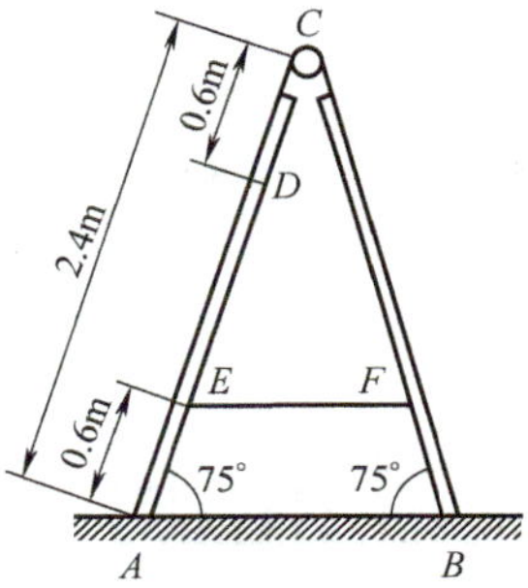

习题 3-27 图

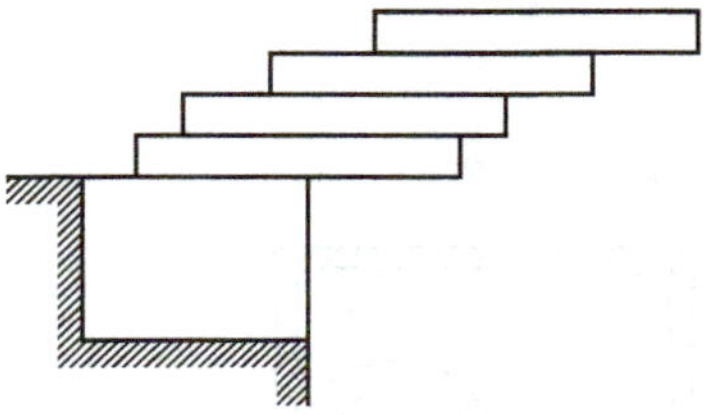

习题 3-28 图

3-29　承重装置如习题 3-29 图所示，A、B、C 三处均为铰链连接，各杆和滑轮的自重略去不计。试求 A、C 两处的约束力。

3-30　如习题 3-30 图所示，厂房构架为三铰拱架。桥式起重机顺着厂房（垂直于纸面方向）沿轨道行驶，吊车梁的重 $W_1 = 20\text{kN}$，其重心在梁的中点。跑车和起吊重物的重 $W_2 = 60\text{kN}$。每个拱架重 $W_3 = 60\text{kN}$，其重心分别在点 D、E，正好与吊车梁的轨道在同一铅垂线上。风压的合力为 10kN，沿方向水平。试求当跑车位于离左边轨道的距离等于 2m 时，铰支座 A、B 两处的约束力。

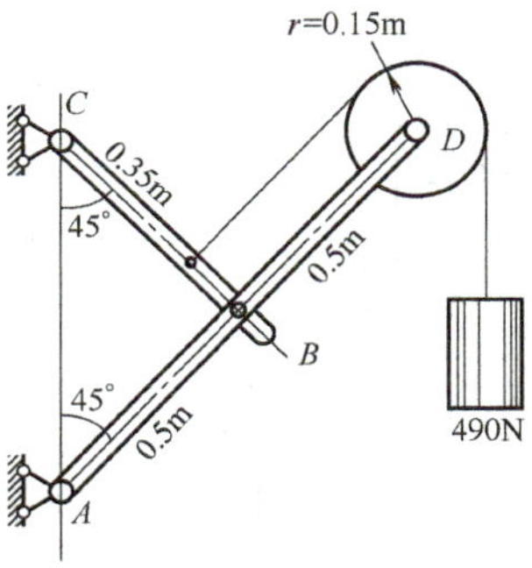

习题 3-29 图

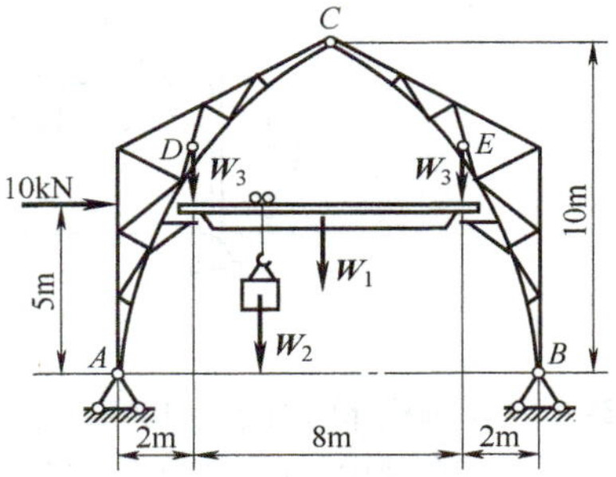

习题 3-30 图

3-31　习题 3-31 图示为汽车台秤简图，BCF 为整体台面，杠杆 AB 可绕轴 O 转动，B、C、D 三处均为铰链，杆 DC 处于水平位置。试求平衡时砝码重 W_1 与汽车重 W_2 的关系。

3-32　如习题 3-32 图所示，体重为 W 的体操运动员在吊环上做十字支撑。已知 l、θ、d（两肩关节间离）、W_1（两臂总重）。假设手臂为均质杆，试求肩关节受力。

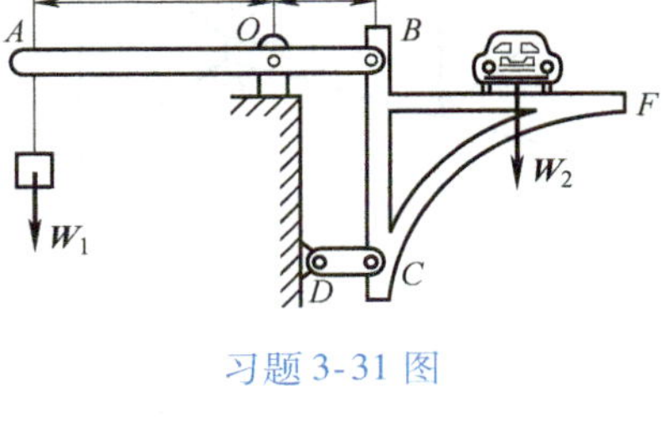

习题 3-31 图

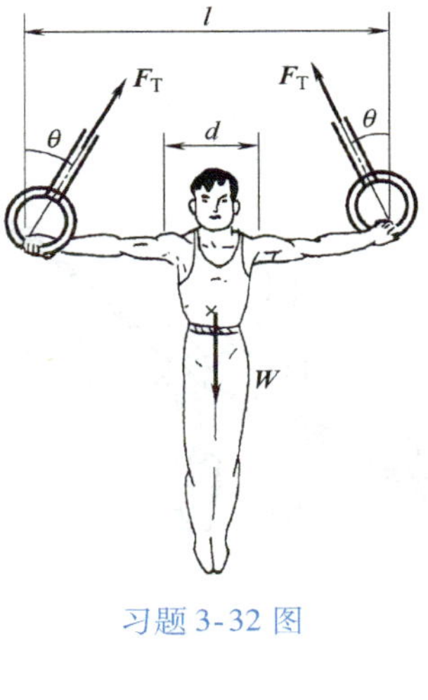

习题 3-32 图

3-33 如习题3-33所示，圆柱形的杯子倒扣着两个重球，每个球重为 W，半径为 r，杯子半径为 R，$r<R<2r$。若不计各接触面间的摩擦，试求杯子不致翻倒的最小杯重 P_{min}。

3-34 厂房屋架如习题3-34图所示，其上承受铅垂均布载荷。若不计各构件自重，试求杆1、2、3的受力。

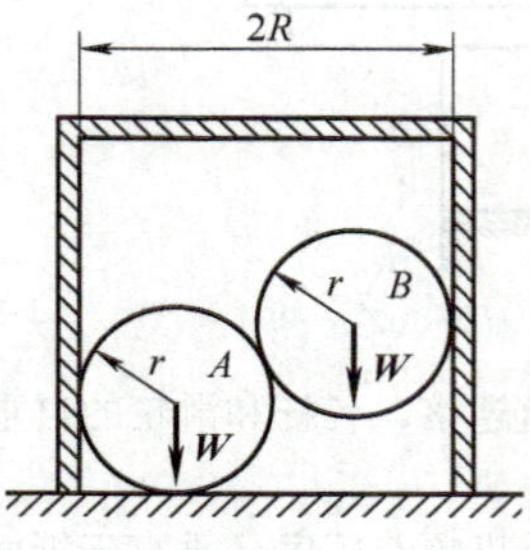

习题3-33图

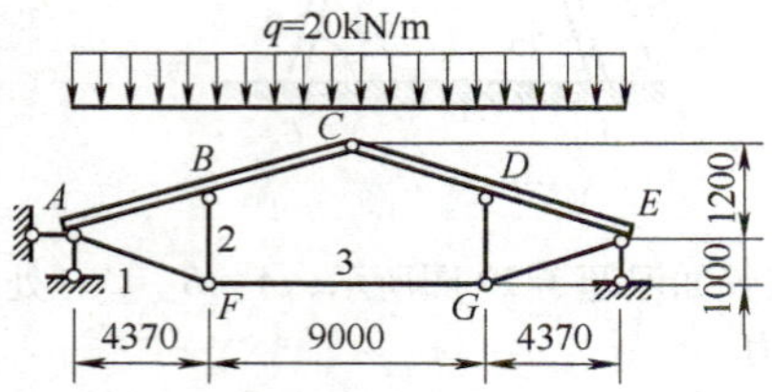

习题3-34图

3-35 结构由 AB、BC 和 CD 三部分组成，所受载荷及尺寸如习题3-35图所示。试求 A、B、C 和 D 处的约束力。

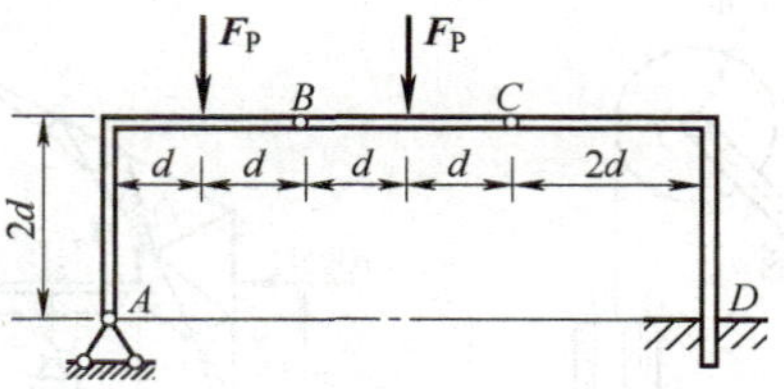

习题3-35图

3-36 习题3-36图示圆柱体的质量为100kg，由三根绳子支承，其中一根与弹簧相连接，弹簧的刚度系数为 $k=1.5\text{kN/m}$。试求各绳中的拉力与弹簧的伸长量。

3-37 习题3-37图示均质光滑圆球的重量为 W，半径为 r，绳子 AB 的长度为 $2r$，绳子的 B 端固定在相互垂直的两铅垂墙壁的交线上。试求绳子 AB 的拉力 F_T 和墙壁对球的约束力 F_R。

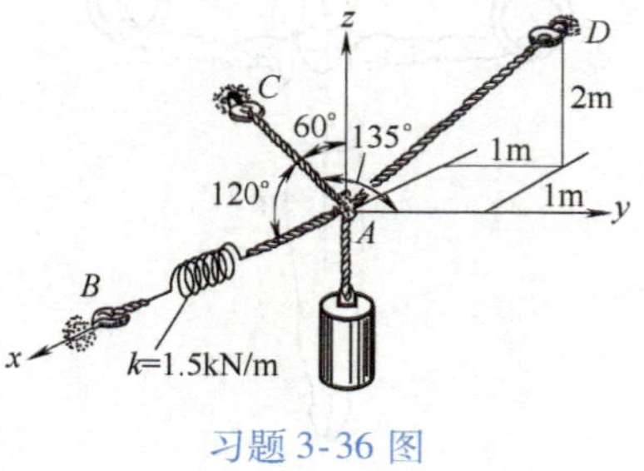

习题3-36图

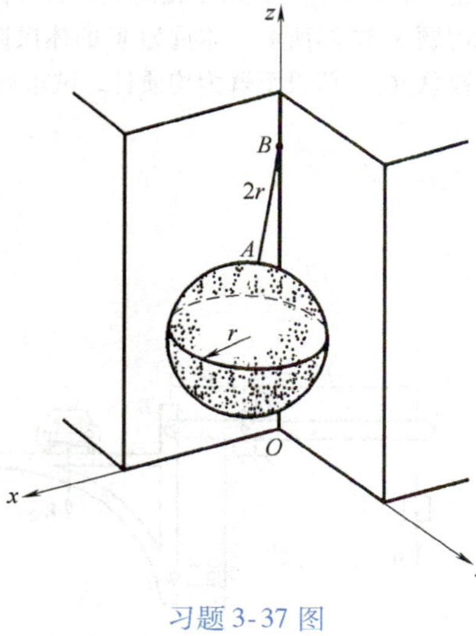

习题3-37图

3-38　作用在齿轮上的啮合力 $\boldsymbol{F}$ 推动齿轮绕水平轴 AB 做匀速转动。已知带紧边的拉力为 200N，松边的拉力为 100N，尺寸如习题 3-38 图所示。试求力 $\boldsymbol{F}$ 的大小和轴承 A、B 处的约束力。

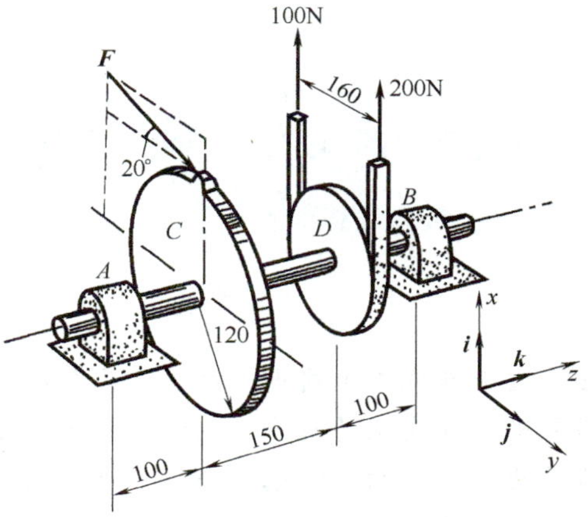

习题 3-38 图

3-39　如习题 3-39 图所示，作用在踏板上的铅垂力 $\boldsymbol{F}_P$ 使得位于铅垂位置的连杆上产生拉力 F_T = 400N，图中尺寸均已知。试求轴承 A、B 的约束力。

3-40　如习题 3-40 图所示，两匀质杆 AB 和 BC 分别重为 W_1 和 W_2，其端点 A 和 C 处用固定球铰支承在水平面上，另一端 B 用活动球铰相连接，并靠在光滑的铅垂墙上，墙面与 AC 平行。如杆 AB 与水平线成 45°角，$\angle BAC = 90°$，试求支座 A 和 C 的约束力及墙在 B 处的支承力。

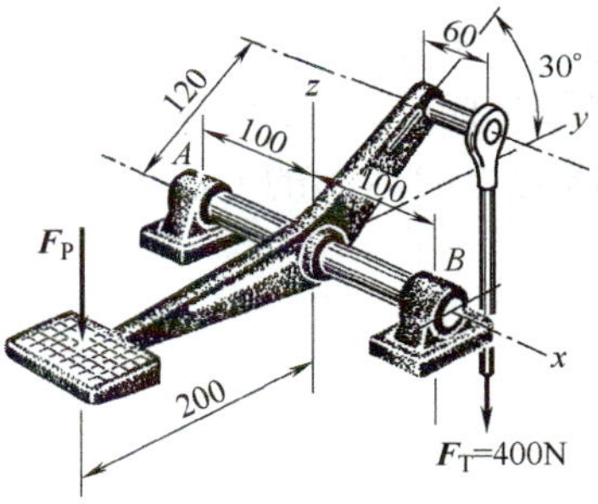

习题 3-39 图

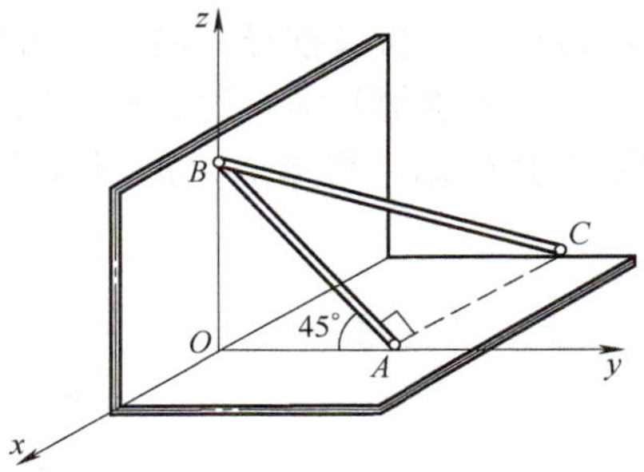

习题 3-40 图

第 4 章 点的一般运动与刚体的基本运动

本章首先从几何学角度出发来研究单个质点或刚体上某个质点的一般运动，即研究动点相对某参考系的空间几何位置随时间变化的规律，包括点的运动方程、运动轨迹、速度和加速度及其相互关系。介绍描述点的运动的三种基本方法：矢量法、直角坐标法和弧坐标法。然后在点的一般运动基础上研究刚体的两种基本运动：平移和定轴转动。

4.1 点的一般运动

根据运动的相对性，描述某一物体的运动，必须选取另一物体作为参考，被参考的物体称为参考体（reference body），与参考体固连的坐标系称为参考系（reference system）。由于物体运动的位移、速度和加速度都是矢量，因此可选用矢量表示各种运动量之间的关系，这种方法便于进行理论分析及推导，同时所得的结果适用于所有坐标系。选用矢量研究点的运动称为矢量法。若要求解具体问题，可选用合适的投影坐标系。投影坐标系可选用直角坐标系、自然轴系（弧坐标）等形式，选用这些坐标系研究点的运动的方法称为直角坐标法和弧坐标法等。

4.1.1 描述点运动的矢量法

1. 运动方程

在图 4-1 所示的定参考系 $Oxyz$ 中，动点 M 沿某一空间曲线$\overset{\frown}{AB}$运动。自坐标原点 O 可向动点 M 在 t 时经过的位置 P 做一矢量 $\boldsymbol{r}$，$\boldsymbol{r}$ 称为位矢（position vector）或矢径。当动点 M 由位置 P 运动到 P'时，位矢 $\boldsymbol{r}$ 也随动点同步运动（$\boldsymbol{r}$ 变为 $\boldsymbol{r}'$），这样变矢量 $\boldsymbol{r}$ 就可唯一确定动点 M 在定参考系 $Oxyz$ 中的瞬时几何位置。因此

$$\boldsymbol{r}=\boldsymbol{r}(t) \tag{4-1}$$

是时间 t 的单值连续函数。式（4-1）称为点的运动方程的矢量式。

动点 M 在运动过程中，其位矢 $\boldsymbol{r}$ 的端点描绘出一条空间连续曲线，称为位矢端图（hodgraph of position vector）。显然，位矢端图就是动点 M 的运动轨迹（trajectory）。

2. 速度

经过时间间隔 Δt 后，动点 M 由位置 P 运动到 P'，其位矢改变量 $\Delta\boldsymbol{r}$（图 4-1）称为点的位移（displacement），即

$$\Delta\boldsymbol{r}=\boldsymbol{r}'(t+\Delta t)-\boldsymbol{r}(t) \tag{4-2}$$

根据平均速度的定义并引入取极限的思想，动点 M 在 t 时的速度（velocity）就等于动点 M 在 t 时的位矢对时间的一阶导数，即

$$\boldsymbol{v}=\lim_{\Delta t\to 0}\frac{\Delta \boldsymbol{r}}{\Delta t}=\frac{\mathrm{d}\boldsymbol{r}}{\mathrm{d}t}=\dot{\boldsymbol{r}} \tag{4-3}$$

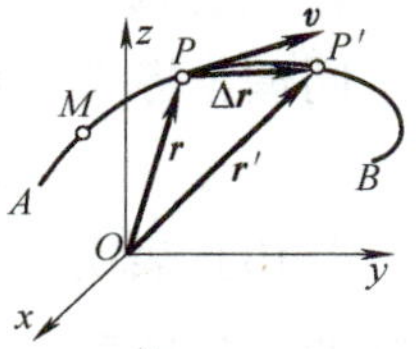

图 4-1　点的运动

$\boldsymbol{v}$ 是描述动点在该瞬时运动快慢和方向的矢量，其方向沿运动轨迹的切线方向，指向动点的运动方向，数值（称为速率）等于矢量式（4-3）的模，即

$$v=\left|\frac{\mathrm{d}\boldsymbol{r}}{\mathrm{d}t}\right|=|\dot{\boldsymbol{r}}| \tag{4-4}$$

3. 加速度

由式（4-3）可得，动点 M 在 t 时的加速度（acceleration）等于 t 时速度对时间的一阶导数，或 t 时位矢对时间的二阶导数（图 4-2），即

$$\boldsymbol{a}=\lim_{\Delta t\to 0}\frac{\Delta \boldsymbol{v}}{\Delta t}=\frac{\mathrm{d}\boldsymbol{v}}{\mathrm{d}t}=\frac{\mathrm{d}^2\boldsymbol{r}}{\mathrm{d}t^2}=\dot{\boldsymbol{v}}=\ddot{\boldsymbol{r}} \tag{4-5}$$

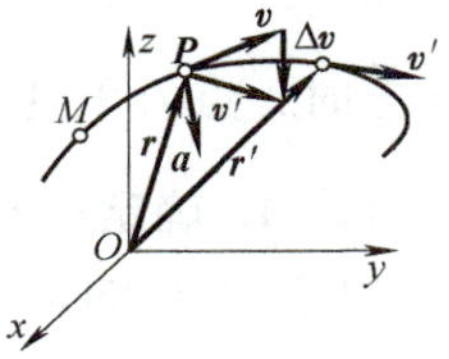

图 4-2　点的速度改变量与加速度

$\boldsymbol{a}$ 是描述动点在该瞬时速度大小和方向变化率的矢量，其方向为速度的改变量 $\Delta\boldsymbol{v}$ 的极限方向（图 4-2），数值为矢量式（4-5）的模，即

$$a=\left|\frac{\mathrm{d}\boldsymbol{v}}{\mathrm{d}t}\right|=\left|\frac{\mathrm{d}^2\boldsymbol{r}}{\mathrm{d}t^2}\right|=|\dot{\boldsymbol{v}}|=|\ddot{\boldsymbol{r}}| \tag{4-6}$$

4.1.2　描述点运动的直角坐标法

1. 运动方程

在图 4-3 所示的定直角坐标系 $Oxyz$ 中，动点 M 在每一瞬时的空间位置 P 既可用相对于坐标原点 O 的位矢 $\boldsymbol{r}$ 来描述，也可用三个直角坐标 x、y、z 唯一确定。

位矢 $\boldsymbol{r}$ 和直角坐标 x、y、z 之间的关系为

$$\boldsymbol{r}=x\boldsymbol{i}+y\boldsymbol{j}+z\boldsymbol{k} \tag{4-7}$$

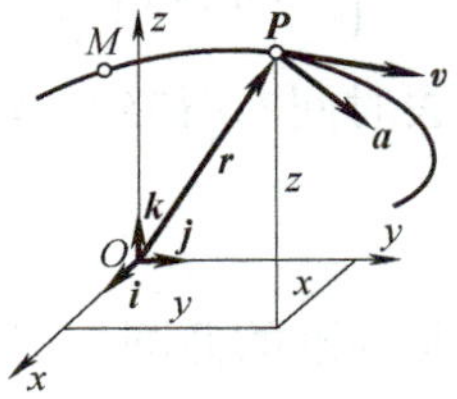

图 4-3　用直角坐标法描述点的运动

式中，$\boldsymbol{i}$、$\boldsymbol{j}$ 和 $\boldsymbol{k}$ 分别为沿三个直角坐标轴的单位矢量。

当动点运动时，直角坐标 x、y、z 与位矢 $\boldsymbol{r}$ 一样，也是时间 t 的单值连续函数，即

$$\begin{cases}x=x(t)\\ y=y(t)\\ z=z(t)\end{cases} \tag{4-8}$$

这就是用直角坐标表示的点的运动方程。消去式（4-8）中的时间 t，得到关于 x、y、z 的函数方程就是点的轨迹方程。

2. 速度

由于 $\boldsymbol{i}$、$\boldsymbol{j}$ 和 $\boldsymbol{k}$ 为单位常矢量，将式（4-7）代入式（4-3），有

$$\boldsymbol{v}=\dot{\boldsymbol{r}}=\dot{x}\boldsymbol{i}+\dot{y}\boldsymbol{j}+\dot{z}\boldsymbol{k}=v_x\boldsymbol{i}+v_y\boldsymbol{j}+v_z\boldsymbol{k} \tag{4-9}$$

式（4-9）表明，点的速度在直角坐标轴上的投影（v_x，v_y，v_z）等于点的各位置坐标对时间的一阶导数（$\dot{x}$，$\dot{y}$，$\dot{z}$）。

3. 加速度

同理，将式（4-9）代入式（4-5），有

$$\boldsymbol{a}=\dot{\boldsymbol{v}}=\ddot{\boldsymbol{r}}=\ddot{x}\,\boldsymbol{i}+\ddot{y}\,\boldsymbol{j}+\ddot{z}\,\boldsymbol{k}=a_x\boldsymbol{i}+a_y\boldsymbol{j}+a_z\boldsymbol{k} \tag{4-10}$$

式（4-10）表明，点的加速度在直角坐标轴上的投影（a_x，a_y，a_z）等于点的各位置坐标对时间的二阶导数（$\ddot{x}$，$\ddot{y}$，$\ddot{z}$）。

根据式（4-9）和式（4-10），可以分别写出速度$\boldsymbol{v}$和加速度$\boldsymbol{a}$的模及方向余弦与其三个投影之间的关系表达式。

［例题4-1］　如图4-4所示椭圆规机构中，曲柄OB以等角速度ω绕轴O转动，通过连杆AC带动滑块A在水平滑槽内运动。已知：$AB=OB=200\text{mm}$；$BC=400\text{mm}$，曲柄OB与铅垂线的夹角$\varphi=\omega t$（t以s计）。试求：（1）连杆AC上点C的运动方程及运动轨迹。（2）当$\varphi=\dfrac{\pi}{2}$时，点C的速度和加速度。

解：**1. 确定点C的运动方程及运动轨迹**

由于点C的运动轨迹未知，故宜采用直角坐标法。建立直角坐标系Oxy如图4-4所示。

依题意可知：在任意瞬时t，曲柄OB与y轴间的夹角$\varphi=\omega t$，且$\triangle OBA$是等腰三角形，$\angle BAO=\angle BOA=\dfrac{\pi}{2}-\varphi$。于是，由几何关系可得点$C$的运动方程为

$$\begin{cases}x=AC\cos\left(\dfrac{\pi}{2}-\varphi\right)-(AB+OB)\cos\left(\dfrac{\pi}{2}-\varphi\right)=200\sin\omega t\\ y=AC\sin\left(\dfrac{\pi}{2}-\varphi\right)=600\cos\omega t\end{cases}$$

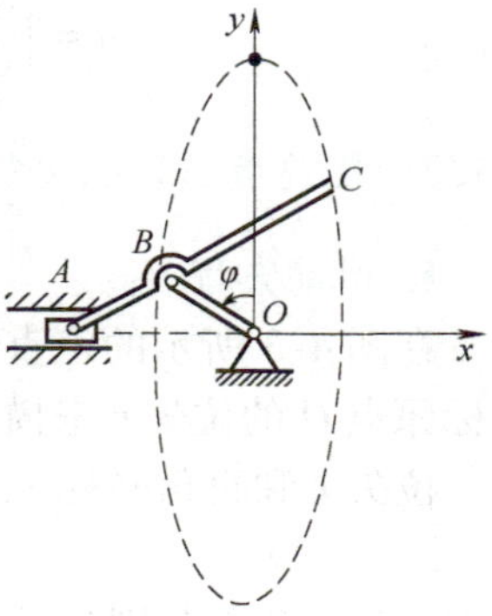

图4-4　例题4-1图

消去时间t，得到其轨迹方程

$$\frac{x^2}{(200)^2}+\frac{y^2}{(600)^2}=1$$

这是标准的椭圆方程，可见点C的轨迹为椭圆，如图4-4中虚线所示。

2. 确定点C的速度和加速度

将运动方程对时间求导，可得点C的速度

$$\begin{cases}v_x=\dot{x}=200\omega\cos\omega t\\ v_y=\dot{y}=-600\omega\sin\omega t\end{cases}$$

将速度对时间求导，可得点C的加速度

$$\begin{cases}a_x=\ddot{x}=-200\omega^2\sin\omega t\\ a_y=\ddot{y}=-600\omega^2\cos\omega t\end{cases}$$

当$\varphi=\omega t=\dfrac{\pi}{2}$时

$$v_x=0,\quad v_y=-600\omega(\text{mm/s})$$
$$a_x=-200\omega^2(\text{mm/s}^2),\quad a_y=0$$

因此，当 $\varphi=\dfrac{\pi}{2}$ 时，点 C 的速度为

$$v=\sqrt{v_x^2+v_y^2}=600\omega(\text{mm/s})(\text{沿 } y \text{ 轴负向})$$

加速度为

$$a=\sqrt{a_x^2+a_y^2}=200\omega^2(\text{mm/s}^2)(\text{沿 } x \text{ 轴负向})$$

需要注意的是：在建立运动方程时，应将动点放在任意位置，使所建立的运动方程在动点的整个运动过程中都适用。对于线坐标应放在坐标正向，角坐标应置于第一象限，坐标原点应为固定不动的点。

4.1.3　描述点运动的弧坐标法

1. 运动方程

当动点 M 沿空间曲线运动时，其运动特征量如速度、加速度等均与运动轨迹的几何形状有关。弧坐标法正是通过建立与已知运动轨迹固连的坐标系来研究点的运动的。

若动点 M 的运动轨迹已知且为一空间曲线（例如火车在曲线铁轨上的运动），则可在其运动轨迹上任选一参考点 O 作为坐标原点，并设原点 O 的某一侧为正向，则另一侧为负向，分别用 s^+、s^- 表示，如图 4-5 所示。因此动点 M 在其运动轨迹上任一瞬时的位置 P 就可以用随时间 t 变化的一段有向弧长 s 来描述。弧长 s 为代数量，称为动点 M 的弧坐标（arc coordinate of a directed curve）。

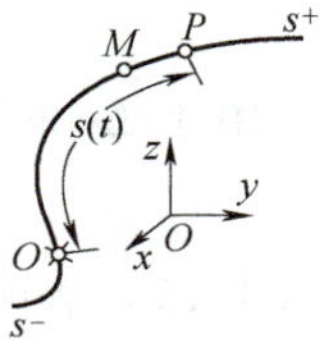

图 4-5　用弧坐标描述点的运动

当动点 M 沿曲线轨迹运动时，弧坐标 s 是时间 t 的单值连续函数，可表示为

$$s=s(t) \tag{4-11}$$

这就是用弧坐标表示的点的运动方程。

2. 自然轴系

假设有一任意空间曲线，如图 4-6 所示。它在点 P 的切线为 PT，在其邻近一点 P' 的切线为 $P'T_1'$。一般情形下，这两条切线不在同一平面内。若过点 P 作直线 PT_2' 平行于 $P'T_1'$，则 PT 与 PT_2' 决定一平面 α_1。当 P' 无限趋近于 P 时，平面 α_1 趋近于某一极限平面 α，即

$$\lim_{P'\to P}\alpha_1=\alpha \tag{4-12}$$

此极限平面 α 称为曲线在点 P 的密切面（osculating plane）。

通过点 P 可以引出相互垂直的三条直线（图 4-7）：轨迹的切线（tangential line）PT、主法线（normal line）PN（二者均位于密切面内且互相垂直）以及副法线（binormal）PB（垂直于密切面）。沿切线、主法线和副法线三个方向的单位矢量分别记为 $\boldsymbol{\tau}$、$\boldsymbol{n}$ 和 $\boldsymbol{b}$。$\boldsymbol{\tau}$ 指向弧坐标增加的方向；$\boldsymbol{n}$ 指向曲率中心；$\boldsymbol{b}$ 的方向由 $\boldsymbol{b}=\boldsymbol{\tau}\times\boldsymbol{n}$ 确定。

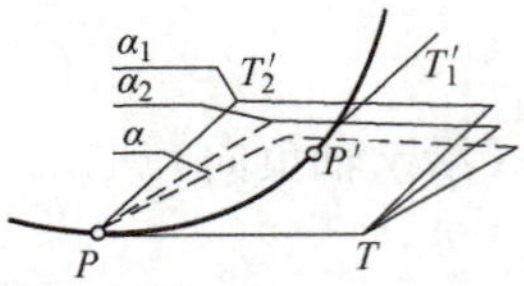

图 4-6　曲线在点 P 的密切面形成图像

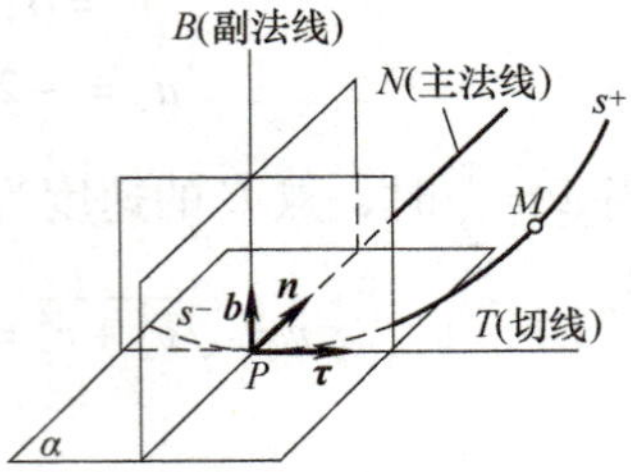

图 4-7　自然轴系及其基矢量

以点 P 为坐标原点，以通过该点的切线 PT、主法线 PN 和副法线 PB 为坐标轴，建立直角坐标系 $PTNB$，称为动点 M 在位置 P 的**自然轴系**（trihedral axes of space curve）。自然轴系基于弧坐标而建立，其单位矢量 $\boldsymbol{\tau}$、$\boldsymbol{n}$ 和 $\boldsymbol{b}$ 称为自然轴系的**基矢量**。注意：基矢量的方向随着动点 M 在曲线轨迹上的运动相应发生改变。

3. 速度

引入弧坐标 s，则由式（4-3）得

$$\boldsymbol{v}=\frac{\mathrm{d}\boldsymbol{r}}{\mathrm{d}t}=\frac{\mathrm{d}\boldsymbol{r}}{\mathrm{d}s}\cdot\frac{\mathrm{d}s}{\mathrm{d}t}=\dot{s}\,\frac{\mathrm{d}\boldsymbol{r}}{\mathrm{d}s}\tag{4-13}$$

又由图 4-8 可知

$$\left|\frac{\mathrm{d}\boldsymbol{r}}{\mathrm{d}s}\right|=\lim_{\Delta s\to 0}\left|\frac{\Delta\boldsymbol{r}}{\Delta s}\right|=1\tag{4-14}$$

由于 $\Delta\boldsymbol{r}$ 的极限方向与基矢量 $\boldsymbol{\tau}$ 一致，故 $\boldsymbol{v}$ 又可写成

$$\boldsymbol{v}=\dot{s}\,\boldsymbol{\tau}=v\boldsymbol{\tau}\tag{4-15}$$

式（4-15）表明，动点 M 在位置 P 时的速度在切线轴上的投影 v 等于弧坐标对时间的一阶导数 $\dot{s}$。速度的大小等于投影 v 的绝对值，方向沿曲线的切线方向，指向由投影 v 的正负决定。

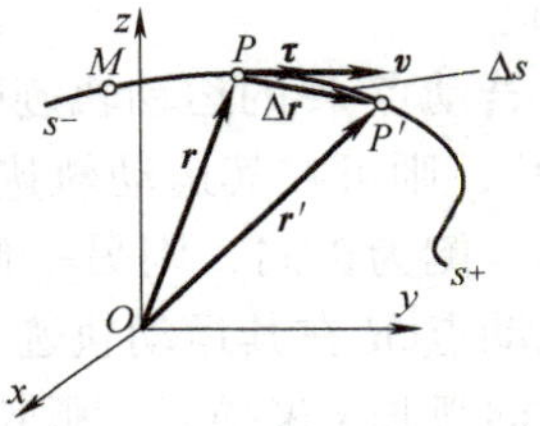

图 4-8　用弧坐标法分析速度

4. 加速度

将式（4-15）对时间 t 求一阶导数，注意到 v、$\boldsymbol{\tau}$ 都是变量，有

$$\boldsymbol{a}=\frac{\mathrm{d}\boldsymbol{v}}{\mathrm{d}t}=\frac{\mathrm{d}}{\mathrm{d}t}(v\boldsymbol{\tau})=\frac{\mathrm{d}v}{\mathrm{d}t}\boldsymbol{\tau}+\frac{\mathrm{d}\boldsymbol{\tau}}{\mathrm{d}t}v\tag{4-16}$$

式中，等号右边第一项为速度矢大小（投影 v）的变化率，第二项为速度矢方向（基矢量 $\boldsymbol{\tau}$）的变化率。

下面先讨论第二项：速度矢方向（基矢量 $\boldsymbol{\tau}$）的变化率。如图 4-9 所示，动点 M 在时间间隔 Δt 内，沿轨迹走过弧长 $\Delta s=\overset{\frown}{PP'}$。为了比较动点 M 在两个不同瞬时的切线基矢量 $\boldsymbol{\tau}$ 的方向变化，过点 P 作 $\boldsymbol{\tau}'$，并使之平行于点 P' 上的 $\boldsymbol{\tau}'$。令 $\boldsymbol{\tau}'$ 与 $\boldsymbol{\tau}$ 的夹角为 $\Delta\varphi$，则相应的主法线基矢量 $\boldsymbol{n}$ 与 $\boldsymbol{n}'$ 的夹角也为 $\Delta\varphi$，设运动轨迹在点 P 的曲率半径为 ρ，则曲率 κ

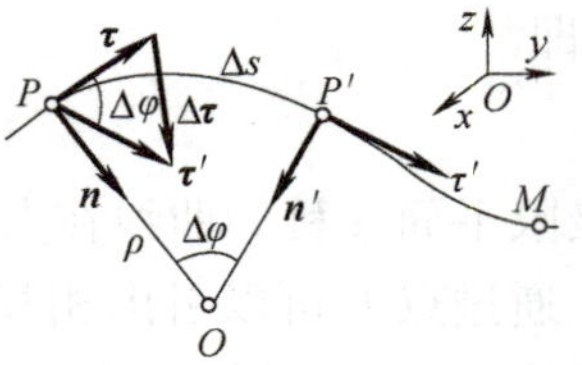

图 4-9　切线基矢量 $\boldsymbol{\tau}$ 的变化率

$$\kappa = \frac{1}{\rho} = \lim_{\Delta s \to 0}\left|\frac{\Delta\varphi}{\Delta s}\right| = \frac{d\varphi}{ds} \tag{4-17}$$

引入弧坐标 s 并将 $d\boldsymbol{\tau}/dt$ 分离变量，同时将式（4-17）代入，有

$$\frac{d\boldsymbol{\tau}}{dt} = \frac{d\boldsymbol{\tau}}{d\varphi}\frac{d\varphi}{ds}\frac{ds}{dt} = \frac{d\boldsymbol{\tau}}{d\varphi}\frac{1}{\rho}\dot{s} \tag{4-18}$$

现在问题转化为求 $d\boldsymbol{\tau}/d\varphi$。由矢量导数和极限的关系，结合图 4-9，则 $d\boldsymbol{\tau}/d\varphi$ 的大小为

$$\left|\frac{d\boldsymbol{\tau}}{d\varphi}\right| = \lim_{\Delta\varphi \to 0}\left|\frac{\Delta\boldsymbol{\tau}}{\Delta\varphi}\right| = \lim_{\Delta\varphi \to 0}\frac{2|\boldsymbol{\tau}|\sin\dfrac{\Delta\varphi}{2}}{\Delta\varphi} = \lim_{\Delta\varphi \to 0}\frac{\sin\dfrac{\Delta\varphi}{2}}{\dfrac{\Delta\varphi}{2}} = 1 \tag{4-19}$$

又因 $\boldsymbol{\tau}$ 与 $\boldsymbol{\tau}'$（包括 $\Delta\boldsymbol{\tau}$）构成的平面在 $\Delta\varphi\to 0$ 时，便是曲线在点 P 的密切面，且 $\Delta\boldsymbol{\tau}$ 的极限方向垂直于 $\boldsymbol{\tau}$，指向曲线的曲率中心 O，即沿着曲线在该点处的主法线 $\boldsymbol{n}$ 方向，于是有

$$\frac{d\boldsymbol{\tau}}{d\varphi} = \boldsymbol{n} \tag{4-20}$$

将式（4-20）代入式（4-18），再代入式（4-16），并因 $\dot{s} = v$，可得

$$\boldsymbol{a} = \dot{v}\boldsymbol{\tau} + \frac{v^2}{\rho}\boldsymbol{n} \tag{4-21}$$

若将点的加速度 $\boldsymbol{a}$ 分别投影到三个自然轴上，有

$$\boldsymbol{a} = (a_t, a_n, a_b) = a_t\boldsymbol{\tau} + a_n\boldsymbol{n} + a_b\boldsymbol{b} \tag{4-22}$$

比较式（4-21）、式（4-22），有

$$\boldsymbol{a} = (a_t, a_n, a_b) = \left(\dot{v}, \frac{v^2}{\rho}, 0\right)$$

或

$$\boldsymbol{a} = \boldsymbol{a}_t + \boldsymbol{a}_n = \ddot{s}\boldsymbol{\tau} + \frac{v^2}{\rho}\boldsymbol{n} \tag{4-23}$$

第一项 $\boldsymbol{a}_t$ 反映速度大小的变化率，称为切向加速度（tangential acceleration）。$a_t = \ddot{s}$ 是代数量，若 $a_t > 0$，则 $\boldsymbol{a}_t$ 沿 $\boldsymbol{\tau}$ 正向，否则沿其负向。

第二项 $\boldsymbol{a}_n$ 反映速度方向的变化率，称为法向加速度（normal acceleration）。$\boldsymbol{a}_n$ 沿主法线方向，始终指向曲率中心。

第三项 $a_b = 0$，说明加速度在副法线上没有投影。因此，加速度也位于密切面内。

［例题 4-2］　半径为 R 的圆盘沿直线轨道无滑动地滚动（纯滚动）（图 4-10a），设圆盘在铅垂面内运动，且轮心 A 的速度为 $\boldsymbol{v}_0$。试：（1）分析圆盘边缘一点 M 的运动，并求当点 M 与地面接触时的速度和加速度，以及点 M 运动到最高处时轨迹的曲率半径。（2）讨论当轮心的速度为常数时，轮边缘上各点的速度和加速度分布。

解：**1. 分析圆盘边缘一点 M 的运动**

如图 4-10b 所示，取动点 M 所在的一个最低位置为坐标原点 O 建立定坐标系 xOy，经过时间 t 后圆盘转过的角度为 $\angle CAM = \theta$（θ 为时间 t 的函数，C 是圆盘与轨道的接触点）。由于圆盘做纯滚动，所以 $x_A = OC = \overset{\frown}{CM} = R\theta$，于是动点 M 的运动方程为

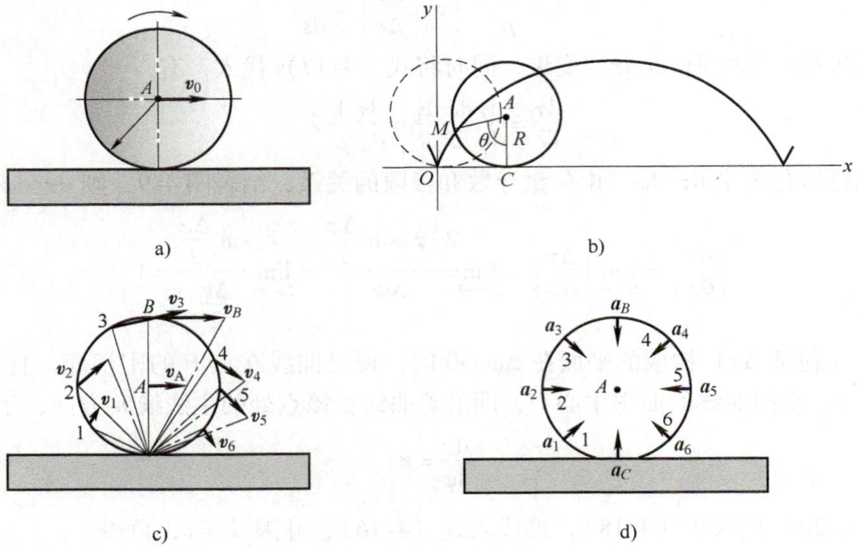

图 4-10　例题 4-2 图

$$\begin{cases} x = OC - AM\sin\theta \\ y = AC - AM\cos\theta \end{cases}$$

即

$$\begin{cases} x = R(\theta - \sin\theta) \\ y = R(1 - \cos\theta) \end{cases}$$

2. 确定动点 M 的速度和加速度

由以上结果可得，动点 M 的速度分量为

$$\begin{cases} \dot{x} = R\dot{\theta}(1 - \cos\theta) \\ \dot{y} = R\dot{\theta}\sin\theta \end{cases} \tag{a}$$

加速度分量为

$$\begin{cases} \ddot{x} = R\ddot{\theta}(1 - \cos\theta) + R\dot{\theta}^2\sin\theta \\ \ddot{y} = R\ddot{\theta}\sin\theta + R\dot{\theta}^2\cos\theta \end{cases} \tag{b}$$

3. 建立 $\dot{\theta}$ 和 $\ddot{\theta}$ 与圆盘中心 A 点的速度 $v_0(t)$ 的关系

因为动点 A 做水平直线运动，将 $x_A = R\theta$ 对时间 t 求一次导数，可得 $\dot{x}_A = R\dot{\theta} = v_0$，再求一次导数，可得 $\ddot{x}_A = R\ddot{\theta} = \dot{v}_0$，其中 $\dot{v}_0$ 为 A 点的加速度。若记 $a_0 = \dot{v}_0$，$\omega = \dot{\theta}$，$\alpha = \ddot{\theta}$，则有

$$\begin{cases} \omega = \dfrac{v_0}{R} \\ \alpha = \dfrac{a_0}{R} \end{cases} \tag{4-24}$$

式（4-24）适用于圆盘做纯滚动的情形。

动点 M 的速度大小为

$$v=\sqrt{\dot{x}^2+\dot{y}^2}=R|\dot{\theta}|\sqrt{2(1-\cos\theta)}=\left|2v_0\sin\frac{\theta}{2}\right|=\left|\frac{v_0}{R}\cdot 2R\sin\frac{\theta}{2}\right|=\omega\cdot MC$$

即轮上动点 M 的速度大小与 M 点到 C 点（轮上与地面接触点）的直线距离成正比。其方向由下式确定：

$$\cos(\boldsymbol{v},y)=\frac{v_y}{v}=\cos\frac{\theta}{2},\quad \sin(\boldsymbol{v},x)=\frac{v_x}{v}=\sin\frac{\theta}{2}$$

根据图 4-10b 中的几何关系，可以证明：任意点的速度矢量垂直于该点与轮跟地面接触点的连线，即$\boldsymbol{v}\perp MC$。于是，纯滚动时轮上各点的速度方向如图 4-10c 所示。

当 $\theta=0$ 和 2π 时，动点 M 与地面接触，此时动点 M 的速度为零；加速度可由式（b）求得：$\boldsymbol{a}=R\dot{\theta}^2\boldsymbol{j}$，$\boldsymbol{j}$ 为 y 方向的单位矢量。由此可见，当点 M 与地面接触时，其加速度的大小不等于零，方向垂直于地面向上。

4. 确定动点 M 的运动轨迹在最高点处的曲率半径

当 $\theta=\pi$ 时，动点 M 的速度和加速度分别为

$$\boldsymbol{v}=2v_0\boldsymbol{i},\qquad \boldsymbol{a}=2a_0\boldsymbol{i}-R\omega^2\boldsymbol{j}$$

动点 M 的运动轨迹在最高点处的切线方向与 $\boldsymbol{i}$ 同向，$\boldsymbol{i}$ 为 x 方向的单位矢量；曲线向下弯曲，所以主法线方向与 $-\boldsymbol{j}$ 同向。于是，法向加速度的大小为

$$a_n=R\omega^2=\frac{v_0^2}{R}$$

这时动点 M 的速率 $v=2v_0$，于是，运动轨迹在最高处的曲率半径为

$$\rho=\frac{v^2}{a_n}=\frac{(2v_0)^2}{v_0^2/R}=4R$$

5. 讨论

根据式（4-24），若$\boldsymbol{v}_0$ 为常矢量，则 ω 为常量，故 $\alpha=\dot{\omega}=\ddot{\theta}=0$，此时由式（b），得动点 M 的加速度大小恒为

$$a=\sqrt{\ddot{x}^2+\ddot{y}^2}=R\omega^2$$

动点 M 的加速度方向由下式确定：

$$\cos(\boldsymbol{a},x)=\frac{a_x}{a}=\sin\theta,\quad \sin(\boldsymbol{a},y)=\frac{a_y}{a}=\cos\theta$$

故此时轮缘上动点 M 的加速度方向均指向轮心 A，如图 4-10d 所示。此时的加速度既非切向加速度，也非法向加速度，而是这两种加速度的矢量和。注意：若 $\boldsymbol{v}_0$ 不是常矢量，则加速度方向并不指向轮心。

4.2 刚体的基本运动

刚体的平移和刚体的定轴转动是刚体的两种基本运动。

4.2.1 刚体的平移

刚体运动过程中，如果其上任意一条直线始终与其初始位置平行，这种运动称为刚体的平行移动，简称平移（translation）或平动。如气缸内活塞的运动、沿直线行驶的汽车的运动，以及油压操纵的摆动式运输机上货物的运动（图4-11）。

如图4-12所示，在做平移的刚体内任选两点 A 和 B，其位矢分别记为 $\boldsymbol{r}_A$ 和 $\boldsymbol{r}_B$，则位矢端图 $\overset{\frown}{AA_n}$ 和 $\overset{\frown}{BB_n}$ 就分别是点 A 和点 B 的运动轨迹。根据图中的几何关系，有

$$\boldsymbol{r}_A=\boldsymbol{r}_B+\boldsymbol{r}_{BA} \tag{a}$$

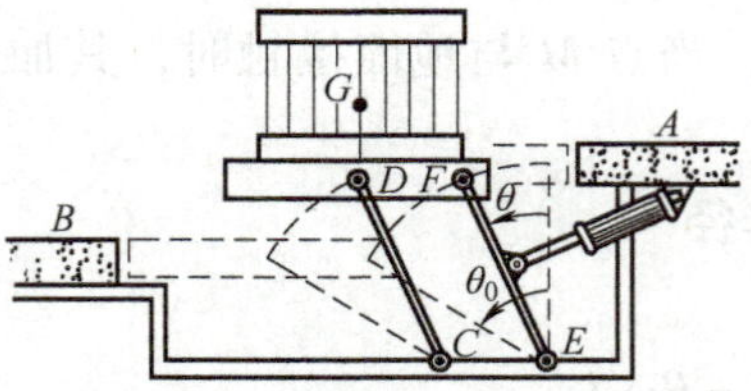

图4-11 油压操纵的摆动式运输机

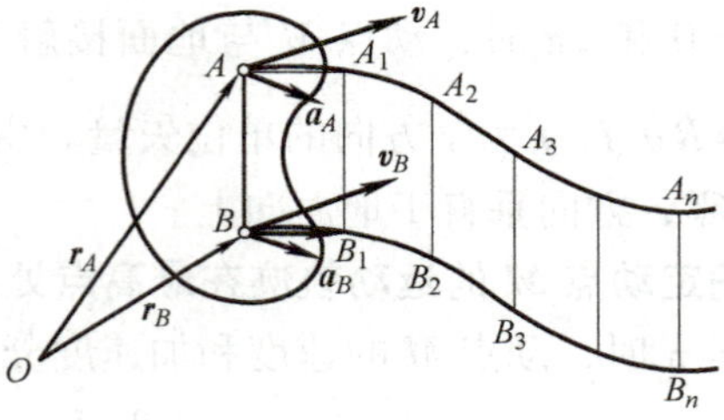

图4-12 刚体平移

由刚体平移的定义可知，线段 BA 的长度和方向均不随时间而变化，即 $\boldsymbol{r}_{BA}$ 为常矢量，从而得

$$\frac{\mathrm{d}\boldsymbol{r}_{BA}}{\mathrm{d}t}=0 \tag{b}$$

可见，点 A 和点 B 的运动轨迹形状完全相同。若刚体上各点运动轨迹为直线，则称为直线平移（rectilinear translation）；若为曲线，则称为曲线平移（curvilinear translation）。

将式（a）对时间 t 分别求一阶和二阶导数，得到

$$\boldsymbol{v}_A=\boldsymbol{v}_B,\quad \boldsymbol{a}_A=\boldsymbol{a}_B \tag{4-25}$$

式（4-25）表明，在任一瞬时，点 A 和点 B 的速度相同，加速度也相同。

因为点 A 和点 B 是任意选取的，因此可得如下结论：当刚体做平移时，其上各点的轨迹形状完全相同；在同一瞬时，刚体上各点的速度相同，各点的加速度也相同。

综上所述，研究刚体平移，可以归结为研究刚体上任一点（通常是质心）的运动。

4.2.2 刚体的定轴转动

刚体运动过程中，若其上（或其扩展部分）有一条直线始终保持不动，则称这种运动为定轴转动（fixed-axis rotation），这条固定的直线称为刚体的转轴（图4-13），简称轴。

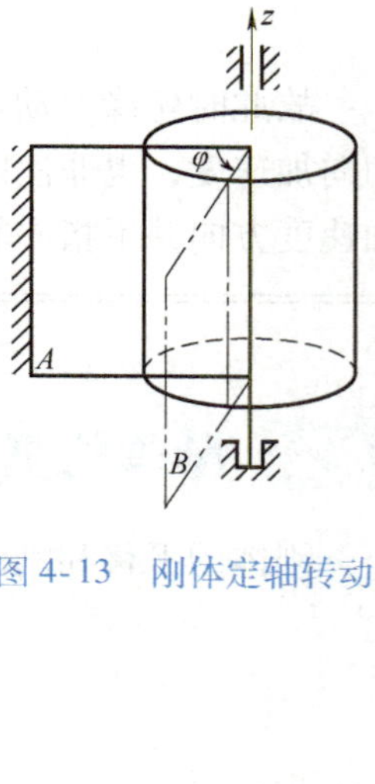

图4-13 刚体定轴转动

定轴转动是工程中较为常见的一种运动形式。如蜗轮蜗杆传动系统中蜗轮和蜗杆的运动、风力发电机中叶片的运动、电机转子、机床主轴、各类传动轴等的运动都是定轴转动的例子。

1. 转动方程

设有一刚体绕定轴 z 转动，如图4-13所示，为确定刚体在任一

瞬时的位置，可通过轴 z 作两个平面：平面 A 固定不动，称为定平面；平面 B 与刚体固连、随刚体一起转动，称为动平面。两平面间的夹角用 φ 表示，它确定了刚体在任一瞬时的位置，称为刚体的**转角**，单位为弧度（rad）。转角 φ 为代数量，其正负号规定如下：从转轴的正向向负向看，逆时针方向为正；反之为负。当刚体转动时，转角 φ 随时间 t 变化，是时间 t 的单值连续函数，即

$$\varphi = f(t) \tag{4-26}$$

这一方程称为刚体的**转动方程**。

2. 角速度（angular velocity）

为度量刚体转动的快慢和转向，引入角速度的概念。设在时间间隔 Δt 内，刚体转角的改变量为 $\Delta\varphi$，则刚体的瞬时角速度定义为

$$\omega = \lim_{\Delta t \to 0} \frac{\Delta\varphi}{\Delta t} = \frac{\mathrm{d}\varphi}{\mathrm{d}t} = \dot{\varphi} \tag{4-27}$$

即**刚体的角速度等于转角对时间的一阶导数**。角速度 ω 的单位是弧度/秒（rad/s）。

工程中常用转速 n（单位：r/min）来表示刚体的转动速度，ω 与 n 之间的换算关系为

$$\omega = \frac{2n\pi}{60} = \frac{n\pi}{30} \tag{4-28}$$

3. 角加速度（angular acceleration）

为度量角速度变化的快慢和转向，引入角加速度的概念。设在时间间隔 Δt 内，转动刚体角速度的变化量是 $\Delta\omega$，则刚体的瞬时角加速度定义为

$$\alpha = \lim_{\Delta t \to 0} \frac{\Delta\omega}{\Delta t} = \frac{\mathrm{d}\omega}{\mathrm{d}t} = \dot{\omega} = \ddot{\varphi} \tag{4-29}$$

即**刚体的角加速度等于角速度对时间的一阶导数，也等于转角对时间的二阶导数**。角加速度 α 的单位为 $\mathrm{rad/s^2}$。

角速度 ω 与角加速度 α 均为代数量。ω 与 α 分别以使 φ 与 ω 增加的转向为正，反之则为负。当 α 与 ω 同号时，表示角速度绝对值增大，刚体做加速转动；反之，当 α 与 ω 异号时，刚体做减速转动。

角速度和角加速度都是描述刚体整体运动的物理量。

4. 定轴转动刚体上各点的速度和加速度

刚体绕定轴转动时，除转轴上各点固定不动外，其他各点都在通过该点并垂直于转轴的平面内做圆周运动。因此，宜采用弧坐标法。

设刚体由定平面 A 绕定轴 O 转过一角度 φ，到达平面 B，其上任一点 M 由点 P_0 运动到了点 P，刚体的角速度为 ω，角加速度为 α，如图 4-14 所示。以固定点 P_0 为弧坐标原点，弧坐标的正向与 φ 角正向一致，则点 P 的弧坐标为

$$s = r\varphi \tag{4-30}$$

式中，r 为点 P 到转轴 O 的垂直距离，即转动半径。

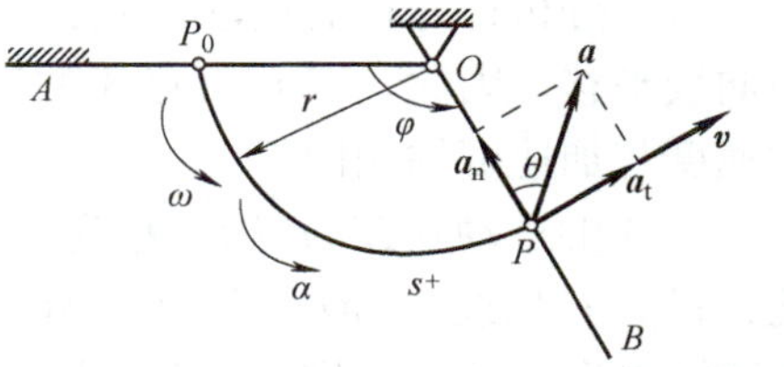

图 4-14　定轴转动刚体上点 P 的运动分析

将式（4-30）对 t 求一阶导数，得动点 M 的速度为

$$v=\dot{s}=r\dot{\varphi}=r\omega \tag{4-31}$$

即定轴转动刚体上任一点的速度，其大小等于该点的转动半径与刚体角速度的乘积，方向沿圆周的切线并指向转动的一方。

由此，进一步可得动点 M 的切向加速度和法向加速度分别为

$$a_t=\dot{v}=r\dot{\omega}=r\alpha \tag{4-32}$$

$$a_n=\frac{v^2}{\rho}=\frac{(r\omega)^2}{r}=r\omega^2 \tag{4-33}$$

即定轴转动刚体上任一点切向加速度的大小等于该点的转动半径与刚体角加速度的乘积，方向垂直于转动半径，指向与角加速度的转向一致；法向加速度的大小等于该点的转动半径与刚体角速度平方的乘积，方向沿转动半径并指向转轴。

于是，点 P 的加速度为

$$a=\sqrt{a_t^2+a_n^2}=r\sqrt{\alpha^2+\omega^4} \tag{4-34}$$

$$\tan\theta=\frac{|a_t|}{a_n}=\frac{|\alpha|}{\omega^2} \tag{4-35}$$

式中，θ 为加速度 $\boldsymbol{a}$ 与半径 OP 之间的夹角，如图4-14所示。

由式（4-31）、式（4-34）和式（4-35）可得以下结论：

- 在同一瞬时，定轴转动刚体上各点的速度大小、各种加速度大小，均与该点的转动半径成正比。
- 在同一瞬时，定轴转动刚体上各点的速度方向与各点的转动半径垂直；各点的加速度方向与各点转动半径的夹角全部相同。

因此，定轴转动刚体上任一条通过且垂直于轴的直线上各点的速度和加速度呈线性分布，如图4-15所示。

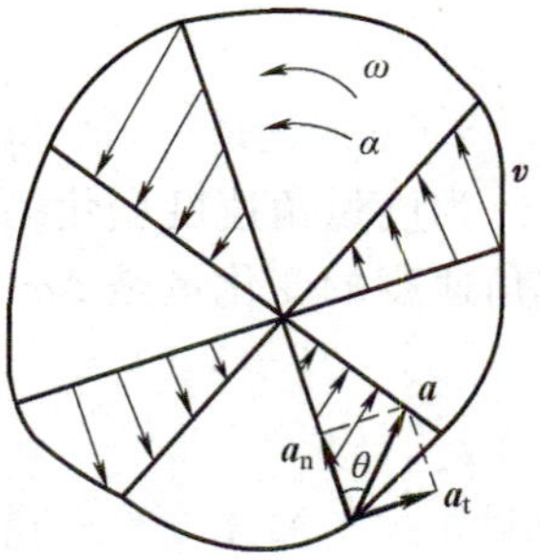

图4-15 定轴转动刚体上各点速度和加速度分布

［例题4-3］ 长为 b、宽为 a 的矩形平板 $ABDE$ 悬挂在两根长度均为 l 且相互平行的直杆上，如图4-16所示。板与杆之间用光滑铰链 A 和 B 连接，两杆又分别用光滑铰链 O_1 与 O_2 与固定的水平面连接。已知杆 O_1A 的角速度与角加速度分别为 ω 和 α。试求：板中心点 C 的运动轨迹、速度和加速度。

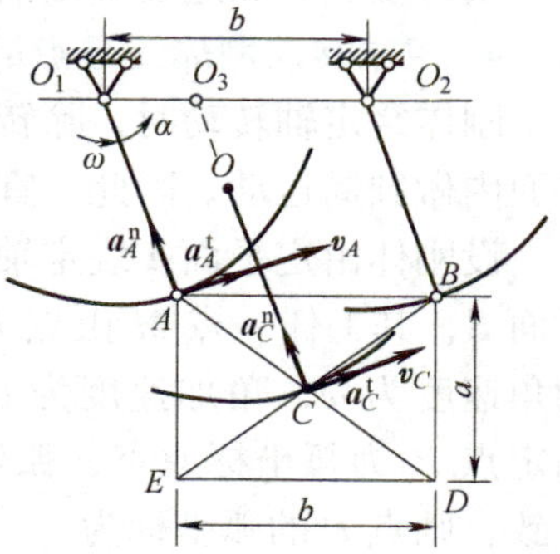

图4-16 例题4-3图

解：分析杆与板的运动形式：两杆做定轴转动，板做平面曲线平移。因此，点 C 与点 A 的运动轨迹形状、图示瞬时的速度与加速度均相同。

点 A 的运动轨迹为以点 O_1 为圆心、l 为半径的圆弧。为此，过点 C 作线段 CO，使 $CO /\!/ AO_1$，并使 $CO=AO_1=l$，点 C 的轨迹为以点 O 为圆心，l 为半径的圆弧，而不是以点 O_1 为圆心或以点 O_2、O_3 为圆心的圆。

点 C 的速度与加速度大小分别为

$$v_C = v_A = \omega l$$

$$a_C = a_A = \sqrt{(a_A^{\mathrm{t}})^2 + (a_A^{\mathrm{n}})^2} = \sqrt{(\alpha l)^2 + (\omega^2 l)^2} = l\sqrt{\alpha^2 + \omega^4}$$

二者的方向分别示于图 4-16 中。

值得注意的是，虽然平板上各点的运动轨迹为圆，但平板并不做刚体定轴转动，而是做刚体曲线平移。因此，分析时要特别注意刚体运动与刚体上点的运动的区别。

---

5. 用矢量表示角速度与角加速度

研究图 4-17 所示绕定轴转动的刚体。图中，$Oxyz$ 为定参考系，轴 Oz 为刚体的转轴。设沿转轴 Oz 的单位矢量为 $\boldsymbol{k}$，则刚体的角速度和角加速度可以分别表示为矢量 $\boldsymbol{\omega}$ 和 $\boldsymbol{\alpha}$，称为角速度矢和角加速度矢，表示如下：

$$\boldsymbol{\omega} = \omega\boldsymbol{k}, \quad \boldsymbol{\alpha} = \alpha\boldsymbol{k} \tag{4-36}$$

其大小分别为 $|\omega| = \left|\dfrac{\mathrm{d}\varphi}{\mathrm{d}t}\right|$，$|\alpha| = \left|\dfrac{\mathrm{d}\omega}{\mathrm{d}t}\right| = \left|\dfrac{\mathrm{d}^2\varphi}{\mathrm{d}t^2}\right|$，方向沿轴 Oz，指向按右手螺旋法则确定：对 $\boldsymbol{\omega}$，右手弯曲的四指表示刚体的转向，拇指指向则表示 $\boldsymbol{\omega}$ 的方向；对 $\boldsymbol{\alpha}$，若刚体加速转动，$\boldsymbol{\omega}$ 与 $\boldsymbol{\alpha}$ 同向（图 4-17a）；减速转动则反向（图 4-17b）。

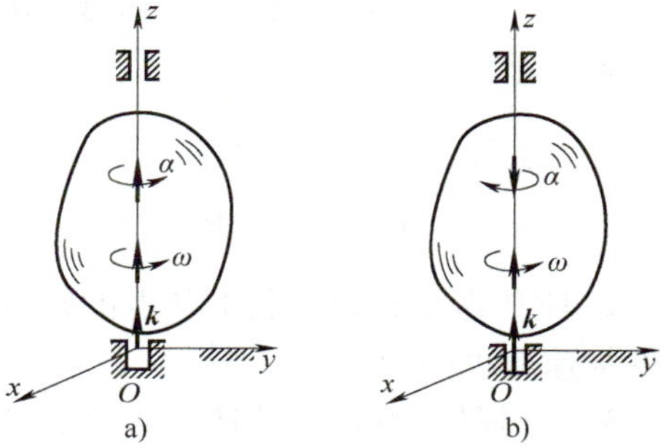

图 4-17 用矢量表示角速度和角加速度

6. 用矢量积表示点的速度与加速度

如图 4-18 所示，刚体上点 P 的速度可表示为

$$\boldsymbol{v}_P = \boldsymbol{\omega} \times \boldsymbol{r}_P \tag{4-37}$$

式中，$\boldsymbol{r}_P$ 为点 P 相对于轴 Oz 上任意点 O（可以是非 O 点，如点 O_1）的位矢。可以验证，式（4-37）中 $\boldsymbol{v}_P$ 的模与式（4-31）相同。

如果位矢是固连在刚体上的动参考系 $O'x'y'z'$ 的单位矢量 $\boldsymbol{i}'$、$\boldsymbol{j}'$、$\boldsymbol{k}'$，这些单位矢量端点的速度可根据式（4-37）表示为

$$\frac{\mathrm{d}\boldsymbol{i}'}{\mathrm{d}t} = \boldsymbol{\omega} \times \boldsymbol{i}', \quad \frac{\mathrm{d}\boldsymbol{j}'}{\mathrm{d}t} = \boldsymbol{\omega} \times \boldsymbol{j}', \quad \frac{\mathrm{d}\boldsymbol{k}'}{\mathrm{d}t} = \boldsymbol{\omega} \times \boldsymbol{k}' \tag{4-38}$$

将式（4-37）对时间求一阶导数，得到点 P 的加速度

$$\begin{aligned}\boldsymbol{a}_P = \dot{\boldsymbol{v}}_P &= \dot{\boldsymbol{\omega}} \times \boldsymbol{r}_P + \boldsymbol{\omega} \times \dot{\boldsymbol{r}}_P \\ &= \boldsymbol{\alpha} \times \boldsymbol{r}_P + \boldsymbol{\omega} \times \boldsymbol{v}_P \\ &= \boldsymbol{\alpha} \times \boldsymbol{r}_P + \boldsymbol{\omega} \times (\boldsymbol{\omega} \times \boldsymbol{r}_P) \\ &= \boldsymbol{a}_P^{\mathrm{t}} + \boldsymbol{a}_P^{\mathrm{n}}\end{aligned} \tag{4-39}$$

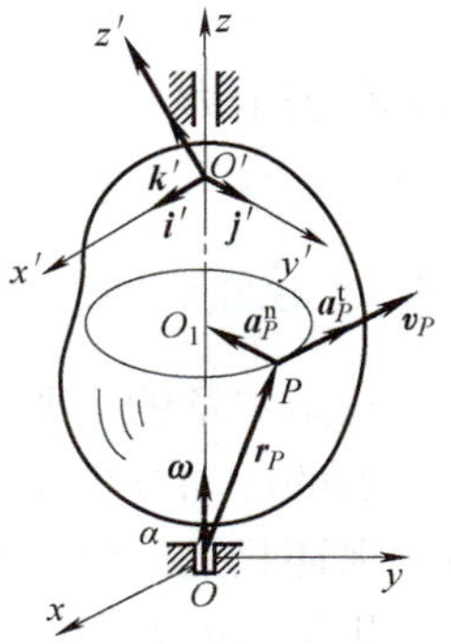

图 4-18 用矢量积表示点的速度和加速度

式（4-39）表明，定轴转动刚体上点 P 的加速度由两部分组成，即切向加速度 $\boldsymbol{a}_P^{\mathrm{t}}$ 和法向加速度 $\boldsymbol{a}_P^{\mathrm{n}}$。$\boldsymbol{a}_P^{\mathrm{t}}$ 和 $\boldsymbol{a}_P^{\mathrm{n}}$ 的模分别对应式（4-32）、式（4-33）中加速度的大小。

数学上，刚体定轴转动的角速度矢 $\boldsymbol{\omega}$、角加速度矢 $\boldsymbol{\alpha}$ 与作用在刚体上的力矢 $\boldsymbol{F}$ 相类似，也是滑动矢量。

4.3 本章小结与讨论

4.3.1 本章小结

1. 描述点运动的三种方法

矢量法：$\boldsymbol{r}=\boldsymbol{r}(t)$，$\boldsymbol{v}=\dot{\boldsymbol{r}}$，$\boldsymbol{a}=\dot{\boldsymbol{v}}=\ddot{\boldsymbol{r}}$

直角坐标法：$x=x(t)$，$y=y(t)$，$z=z(t)$

$$\boldsymbol{v}=v_x\boldsymbol{i}+v_y\boldsymbol{j}+v_z\boldsymbol{k},\quad v_x=\dot{x},\quad v_y=\dot{y},\quad v_z=\dot{z}$$

$$\boldsymbol{a}=a_x\boldsymbol{i}+a_y\boldsymbol{j}+a_z\boldsymbol{k},\quad a_x=\dot{v}_x=\ddot{x},\quad a_y=\dot{v}_y=\ddot{y},\quad a_z=\dot{v}_z=\ddot{z}$$

弧坐标法：$s=s(t)$

$$v=v\boldsymbol{\tau},\quad v=\dot{s}$$

$$\boldsymbol{a}=a_t\boldsymbol{\tau}+a_n\boldsymbol{n},\quad a_t=\dot{v}=\ddot{s},\quad a_n=\frac{v^2}{\rho}$$

2. 刚体做平移时，其上各点的轨迹形状完全相同；在同一瞬时，各点的速度相同，各点的加速度也相同。

3. 定轴转动刚体的角速度和角加速度分别为

$$\omega=\dot{\varphi},\quad \alpha=\dot{\omega}=\ddot{\varphi}$$

用矢量表示为

$$\boldsymbol{\omega}=\omega\boldsymbol{k},\quad \boldsymbol{\alpha}=\alpha\boldsymbol{k}$$

4. 定轴转动刚体上点的速度、切向加速度和法向加速度分别为

$$v=r\omega,\quad a_t=r\alpha,\quad a_n=r\omega^2$$

用矢积表示为

$$\boldsymbol{v}=\boldsymbol{\omega}\times\boldsymbol{r},\quad \boldsymbol{a}_t=\boldsymbol{\alpha}\times\boldsymbol{r},\quad \boldsymbol{a}_n=\boldsymbol{\omega}\times\boldsymbol{v}$$

4.3.2 建立点的运动方程与研究点的运动几何性质

这是本章的主要内容。二者之间既有密切联系，又有一定区别。

点的运动方程完全包括了点的运动几何性质。但是如果有了运动方程，不做物理上的分析，那还只是停留在数学公式上，仍然不能真正了解点的运动形象。因此，所谓“点的运动分析”，包含了这两方面内容。此外，研究点的运动形象，也可以采用其他方法而不必建立运动方程。

研究点的运动几何性质的方法：在点的运动轨迹上，画出并分析几个特定瞬时位置的 $\boldsymbol{v}$、$\boldsymbol{a}$ 关系。用离散的二者关系，表达连续的运动过程。

4.3.3 点的运动学的两类应用问题

第一类是已知点的运动方程，确定其速度和加速度，或者给出约束条件，确定运动方程，进而确定速度和加速度；第二类是已知点的加速度和运动初始条件，通过积分求得速度和运动方程及运动轨迹。

4.3.4　描述点的运动的极坐标形式

工程中，对于某些问题，采用极坐标形式描述点的运动更方便些。例如，在图 4-19 中，$(\rho,\ \varphi)$为极坐标，$(\boldsymbol{e}_\rho,\ \boldsymbol{e}_\varphi)$为极坐标的单位矢量（基矢量）。

其运动方程为

$$\rho = \rho(t),\quad \varphi = \varphi(t) \tag{4-40}$$

速度为

$$\boldsymbol{v}_P = \dot{\rho}\,\boldsymbol{e}_\rho + \rho\dot{\varphi}\,\boldsymbol{e}_\varphi \tag{4-41}$$

加速度为

$$\boldsymbol{a}_P = (\ddot{\rho} - \rho\dot{\varphi}^2)\boldsymbol{e}_\rho + (\rho\ddot{\varphi} + 2\dot{\rho}\,\dot{\varphi})\boldsymbol{e}_\varphi \tag{4-42}$$

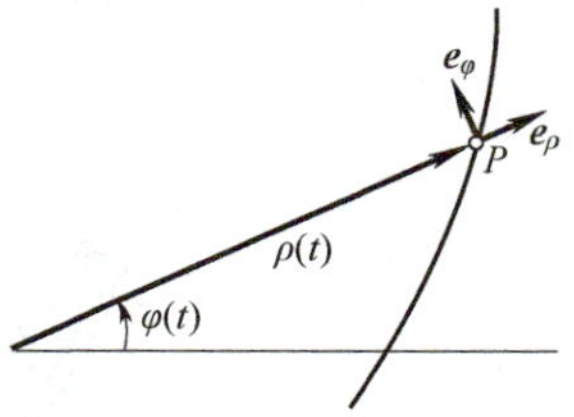

图 4-19　用极坐标描述点的运动

有兴趣的读者可以用矢量导数的方法推导上述公式。

习题

选择填空题

4-1　点以匀速率沿阿基米德螺线由外向内运动，如习题 4-1 图所示，则点的加速度（　　）。

① 不能确定　　② 越来越小

③ 越来越大　　④ 等于零

4-2　如习题 4-2 图所示，绳子的一端绕在滑轮上，另一端与置于水平面上的物块 B 相连，若物块 B 的运动方程为 $x = kt^2$，其中 k 为常数，轮子半径为 R，则轮缘上点 A 的加速度大小为（　　）。

① $2k$　　② $(4k^2t^2/R^2)^{\frac{1}{2}}$

③ $(4k^2 + 16k^4t^4/R^2)^{\frac{1}{2}}$　　④ $2k + 4k^2t^2/R$

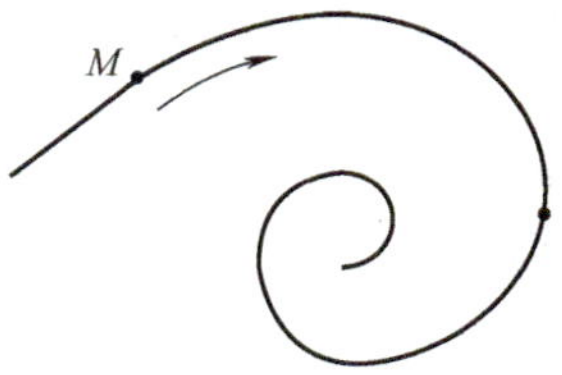

习题 4-1 图

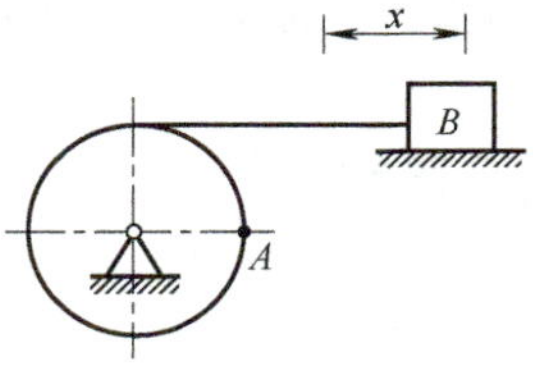

习题 4-2 图

4-3　动点 M 在空间做螺旋运动，其运动方程 $x = 2\cos t$，$y = 2\sin t$，$z = 2t$，其中 x、y、z 以 m 计，t 以 s 计。则点 M 的切向加速度大小 $a_t =$（　　　　），法向加速度大小 $a_n =$（　　　　），运动轨迹的曲率半径 $\rho =$（　　　　）。

4-4　如习题 4-4 图所示的平面机构中，三角板 ABC 与杆 O_1A、O_2B 铰接，若 $O_1A = O_2B = r$，$O_2O_1 = AB$，则顶点 C 的运动轨迹为（　　）。

① 以 CO_1 长为半径，以 O_1 点为圆心的圆

② 以 CH 长为半径，以 H 点为圆心的圆

③ 以 CD 长（$CD /\!/ AO_1$）为半径，以 D 点为圆心的圆

④ 以 $CO = r$ 长（$CO /\!/ AO_1$）为半径，以 O 点为圆心的圆

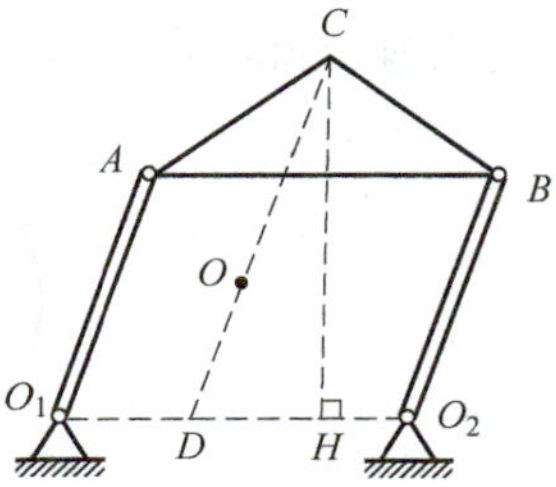

习题 4-4 图

4-5　直角曲杆 OBC 可绕轴 O 做刚体定轴转动，如习题 4-5 图所示。已知：$OB = 100\text{mm}$，图示位置 $\varphi = 60°$，曲杆的角速度 $\omega = 0.2\text{rad/s}$，角加速度

$\alpha=0.2\text{rad/s}^2$，则曲杆上点 M 的切向加速度的大小为（　　　　），方向为（　　　　）；法向加速度的大小为（　　　　），方向为（　　　　）。

4-6　已知正方形板 $ABCD$ 做刚体定轴转动，转轴垂直于板面，点 A 的速度大小 $v_A=50\text{mm/s}$，加速度大小 $a_A=50\sqrt{2}\text{mm/s}^2$，方向如习题 4-6 图所示。则该正方形板转轴 O 到点 A 的距离 OA 为（　　　　）mm。

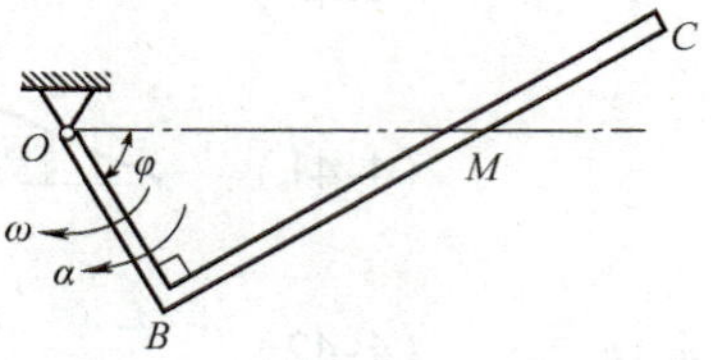

习题 4-5 图

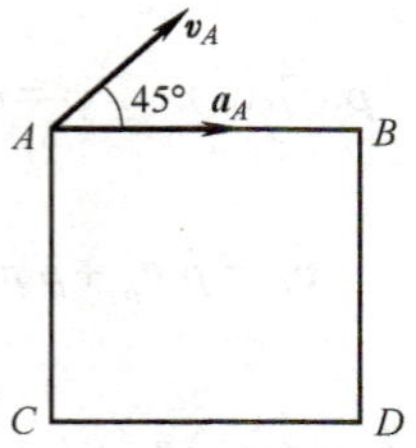

习题 4-6 图

分析计算题

4-7　试对习题 4-7 图所示五种不同瞬时动点的运动进行分析。若运动可能，判断运动性质；若运动不可能，说明原因。

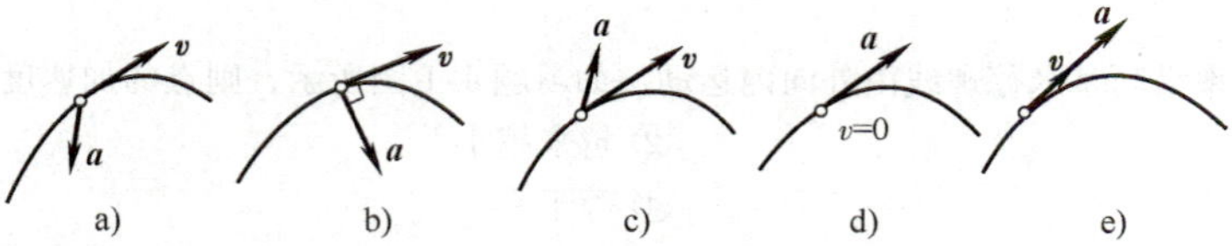

习题 4-7 图

4-8　点的弧坐标 s 与时间 t 的关系有习题 4-8 图所示三种情形。试分析：各点的运动轨迹可能是：①直线，②平面曲线，③空间曲线，④不定；各点的运动性质是：①加速运动，②减速运动，③等速运动，④不定。

4-9　已知运动方程如下，试画出运动轨迹曲线、不同瞬时点的 $\boldsymbol{v}$ 和 $\boldsymbol{a}$ 图像，并说明运动性质。

$$(1)\ \begin{cases}x=4t-2t^2\\ y=3t-1.5t^2\end{cases}\qquad (2)\ \begin{cases}x=3\sin t\\ y=2\cos 2t\end{cases}$$

式中，t 以 s 计；x、y 以 mm 计。

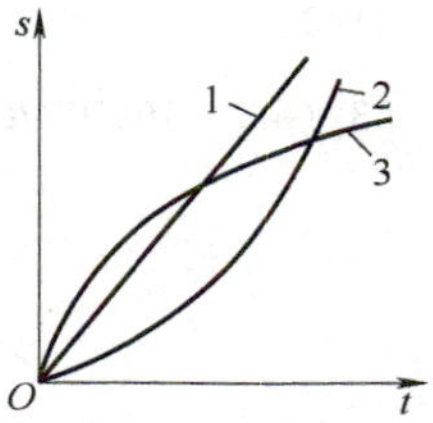

习题 4-8 图

4-10　如习题 4-10 图所示，半径为 R 的圆轮沿水平轨道做纯滚动。轮心 C 的速度大小为常数。试求轮缘上任一点 P 在 t 瞬时的速度和加速度，并求该点运动轨迹的曲率半径 ρ（C^* 为该瞬时轮上与地面相接触的点）。画出同一瞬时轮缘上各点的 $\boldsymbol{v}$、$\boldsymbol{a}$ 分布图像。

4-11　如习题 4-11 图所示，绳的一端连在小车的点 A 上，另一端跨过点 B 的小滑轮绕在鼓轮 C 上，滑轮 B 离地面的高度为 h。若小车以匀速度 $\boldsymbol{v}$ 沿水平方向向右运动，试求当 $\theta=45°$ 时 B、C 之间绳上一点 P 的速度、加速度和绳 AB 与铅垂线夹角对时间的二阶导数 $\ddot{\theta}$ 各为多少。

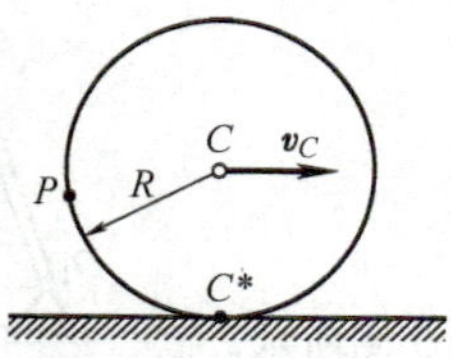

习题 4-10 图

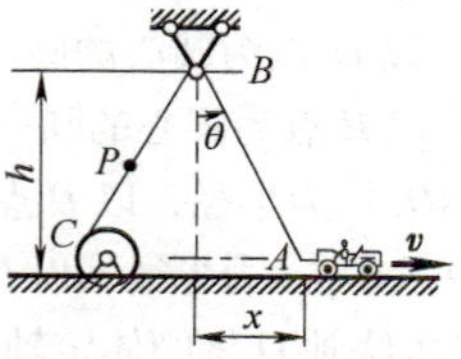

习题 4-11 图

4-12　如习题 4-12 图所示，摇杆滑道机构中的滑块 M 同时在固定的圆弧槽 BC 和摇杆 OA 的滑道中滑动。弧 BC 的半径为 R，摇杆 OA 的轴 O 在弧 BC 的圆周上。摇杆绕轴 O 以等角速度 ω 做定轴转动。当运动开始时，摇杆在水平位置。试分别用直角坐标法和弧坐标法给出滑块 M 的运动方程，并求其速度和加速度。

4-13　如习题 4-13 图所示，凸轮顶板机构中，偏心凸轮的半径为 R，偏心距 $OC=e$，绕轴 O 以等角速 ω 转动，从而带动顶板 A 做平移。试列写顶板的运动方程，求其速度和加速度，并作三者随时间变化的曲线图。

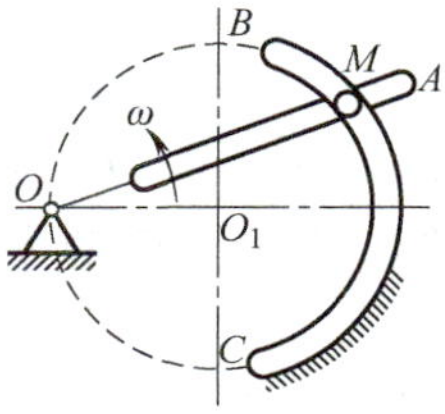

习题 4-12 图

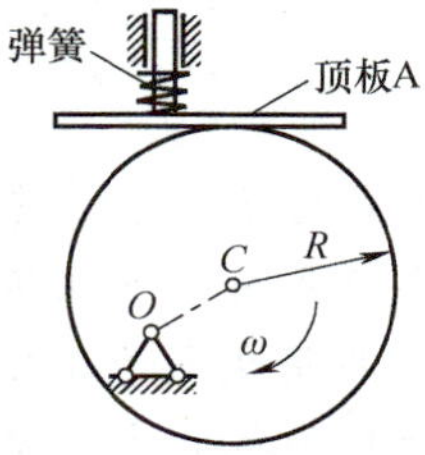

习题 4-13 图

4-14　习题 4-14 图所示机构中齿轮 1 紧固在杆 AC 上，$AB=O_1O_2$，齿轮 1 和半径为 r_2 的齿轮 2 啮合，齿轮 2 可绕轴 O_2 转动且和曲柄 O_2B 没有联系。设 $O_1A=O_2B=l$，$\varphi=b\sin\omega t$，试确定 $t=\pi/2\omega$ 时，轮 2 的角速度和角加速度。

4-15　为设置滑雪比赛用的路障，先用汽车进行参数试验，如习题 4-15 图所示。假设汽车的运动轨迹为正弦曲线，其最大速度为 80km/h，最大侧向加速度（即 a_n）为 0.7g（g 为重力加速度）。若希望汽车顺利通过设置的路障，试求路障的设置间距 d 应为多大。

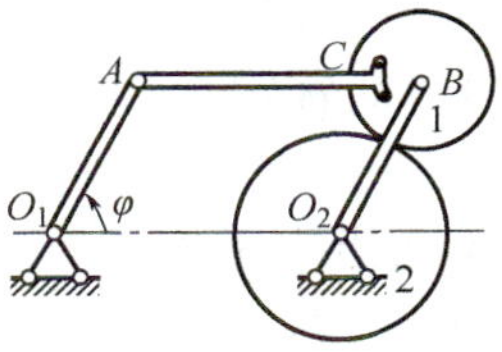

习题 4-14 图

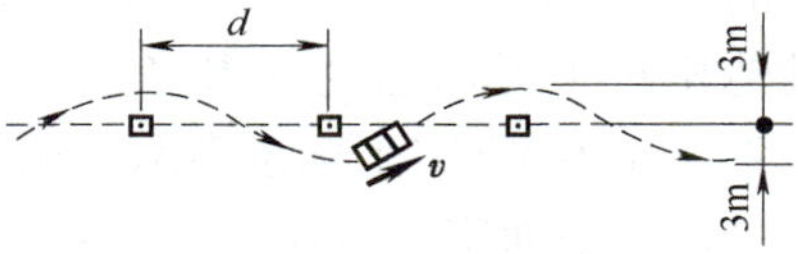

习题 4-15 图

第 5 章
点的复合运动

同一动点相对于不同的参考系，其运动方程、轨迹、速度和加速度是不相同的。在许多力学问题中，常常需要研究同一点在不同参考系中的运动量（运动方程、轨迹、速度、加速度）及其相互关系，即研究点的复合运动。

本章将采用定、动两种参考系，描述同一动点的运动；分析两种运动之间的关系，并建立点的速度合成定理与加速度合成定理。

本章是运动学的难点之一。

5.1 绝对运动、相对运动与牵连运动

5.1.1 两种参考系

一般工程问题中，当所研究的问题涉及两个参考系时，通常将固连在地球或相对地球不动的参考体上的坐标系称为定参考系（fixed reference system），简称定系，用 $Oxyz$ 坐标系表示；固连在其他相对于地球运动的参考体上的坐标系称为动参考系（moving reference system），简称动系，用 $O'x'y'z'$坐标系表示。例如，图 5-1 所示为沿水平直线轨道做纯滚动的车轮与车身。可以将平面定系（Oxy）固连于地球、平面动系（$O'x'y'$）固连于车身，分析轮缘上点 P（称为动点）的运动。又如，图 5-2 所示为夹持在车床三爪自定心卡盘上的圆柱体工件与切削车刀。卡盘-工件绕轴 y' 做定轴转动，车刀向左做直线平移，运动方向如图 5-2 所示。若以刀尖上点 P 为动点，则可以将定系（$Oxyz$）固连于车床床身（亦固连于地球）、动系（$O'x'y'z'$）固连于卡盘-工件。

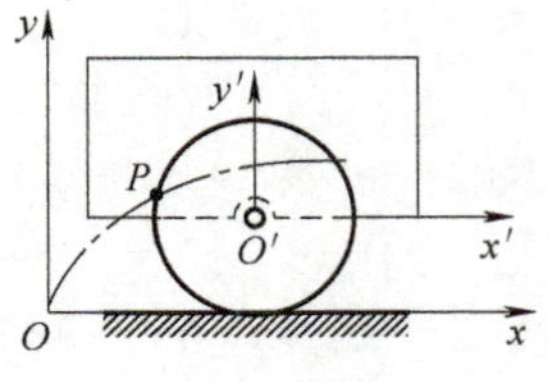

图 5-1　车辆轮缘上点 P 的运动分析

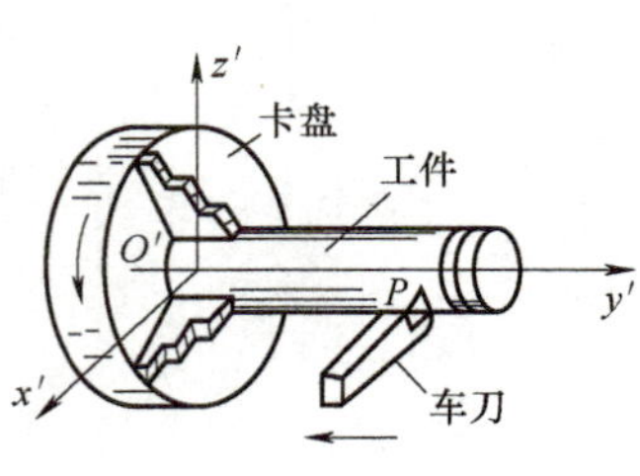

图 5-2　车刀刀尖上点 P 的运动分析

5.1.2 三种运动

绝对运动（absolute motion）——动点相对于定系的运动。

相对运动（relative motion）——动点相对于动系的运动。

牵连运动（convected motion）——动系相对于定系的运动。

图 5-1 中轮缘上动点 P 的绝对运动是沿旋轮线（也称摆线）（绝对轨迹）的曲线运动，相对运动是以 O' 为圆心、轮半径为半径的圆周（相对轨迹）运动，牵连运动是车身的水平直线平移。图 5-2 中刀尖上动点 P 的绝对运动为直线（绝对轨迹）运动，相对运动是工件圆柱面上的螺旋线（相对轨迹）运动，牵连运动是卡盘-工件绕轴 y' 的定轴转动。

需要注意的是：动点的绝对运动和相对运动均指点的运动（直线运动或曲线运动）；而牵连运动则指刚体的运动（平移、定轴转动或其他较复杂的刚体运动）。

5.1.3　三种速度和三种加速度

三种速度：

绝对速度（absolute velocity）——动点相对于定系运动的速度，用符号 $\boldsymbol{v}_a$ 来表示。

相对速度（relative velocity）——动点相对于动系运动的速度，用符号 $\boldsymbol{v}_r$ 来表示。

牵连速度（convected velocity）——动系上与动点相重合之点（称为牵连点）相对于定系运动的速度，用符号 $\boldsymbol{v}_e$ ⊖来表示。

三种加速度：

绝对加速度（absolute acceleration）——动点相对于定系运动的加速度，用符号 $\boldsymbol{a}_a$ 来表示。

相对加速度（relative acceleration）——动点相对于动系运动的加速度，用符号 $\boldsymbol{a}_r$ 来表示。

牵连加速度（convected acceleration）——牵连点相对于定系运动的加速度，用符号 $\boldsymbol{a}_e$ 来表示。

需要注意的是：由于动点相对于动系是运动的，因此，在不同的瞬时，牵连点是动系上不同的点。

综上，点的复合运动的问题分为两大类：一是已知点的相对运动及动系的牵连运动，求点的绝对运动，这是运动合成的问题；二是已知点的绝对运动求其相对运动或动系的牵连运动，这是运动分解的问题。运动合成与分解的概念在理论和实践上都有重要的意义，可以通过一些简单运动的合成，得到比较复杂的运动，也可将复杂的运动分解为比较简单的运动。

5.2　速度合成定理

本节将用几何法研究点的绝对速度、相对速度和牵连速度三者之间的关系。

如图 5-3 所示，在定系 $Oxyz$ 中，设想有刚性金属丝（其形状为一确定的空间任意曲线）由 t 瞬时的位置Ⅰ，经时间间隔 Δt 后运动至位置Ⅱ。金属丝上套一小环 M，在金属丝运动的过程中，小环 M 亦沿金属丝运动，因而小环也在同一时间间隔 Δt 内由位置 P 运动至位置 P'。小环 M 即为考察的动点 M，动系固连于金属丝。动点 M 的绝对运动轨迹为曲线 PP'，

⊖　$\boldsymbol{v}_e$ 的下角标 e 为法文 entraînement 的第一字母。

绝对运动位移为 $\Delta\boldsymbol{r}$；在 t 瞬时，动点 M 与动系上的点 P_1 相重合，在 $t+\Delta t$ 瞬时，点 P_1 运动至位置 P_1'。显然，动点 M 在同一时间间隔内的相对运动轨迹为曲线 $P_1'P'$，相对运动位移为 $\Delta\boldsymbol{r}'$；而在 t 瞬时，动系上与动点 M 相重合之点（即牵连点）P_1 的绝对运动轨迹为曲线 P_1P_1'，牵连点 P_1 的绝对位移为 $\Delta\boldsymbol{r}_1$。

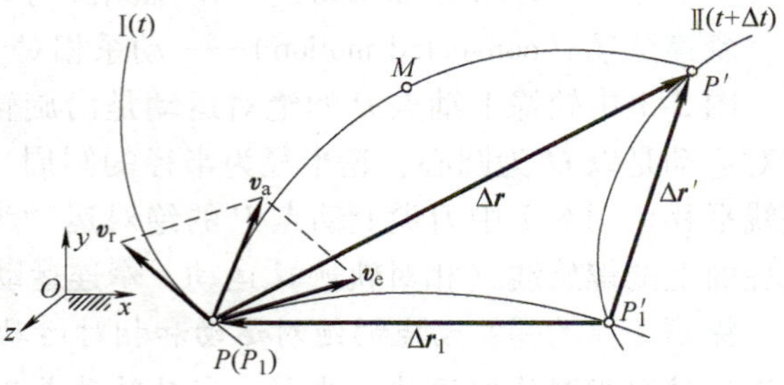

图 5-3 速度合成定理的几何法证明

由图 5-3 所示的几何关系不难看出，上述三个位移满足如下关系：

$$\Delta\boldsymbol{r}=\Delta\boldsymbol{r}_1+\Delta\boldsymbol{r}' \tag{5-1}$$

将式（5-1）中各项除以同一时间间隔 Δt，并令 $\Delta t\to 0$，取极限，得

$$\lim_{\Delta t\to 0}\frac{\Delta\boldsymbol{r}}{\Delta t}=\lim_{\Delta t\to 0}\frac{\Delta\boldsymbol{r}_1}{\Delta t}+\lim_{\Delta t\to 0}\frac{\Delta\boldsymbol{r}'}{\Delta t} \tag{5-2}$$

该式等号左侧项为动点 M 的绝对速度 $\boldsymbol{v}_a$；等号右侧第二项为动点 M 的相对速度 $\boldsymbol{v}_r$；而右侧第一项为在 t 瞬时，动系上与动点相重合之点（牵连点）P_1 的绝对速度（相对于定系的速度），即牵连速度 $\boldsymbol{v}_e$。

故式（5-2）可改写为

$$\boldsymbol{v}_a=\boldsymbol{v}_e+\boldsymbol{v}_r \tag{5-3}$$

上式称为**速度合成定理**（theorem of composition of velocities），即动点的绝对速度等于其牵连速度与相对速度的矢量和。

式（5-3）是一瞬时矢量等式，每一项都有大小、方向两个变量，整个式子共六个元素。在平面问题中，一个矢量方程相当于两个代数方程，如果已知其中四个元素，就能求出其他两个未知元素。

需要说明的是，在推导速度合成定理时，并未限制动系做何种运动，因此本定理适用于牵连运动为任何运动的情况。

［例题 5-1］ 如图 5-4 所示，直管以等角速度 ω 绕轴 O 转动。管内质点 P 以匀速率 u 沿管运动。试求当点 P 距离圆心 O 分别为 $R/3$ 和 R 时，点 P 相对于地面的速度。

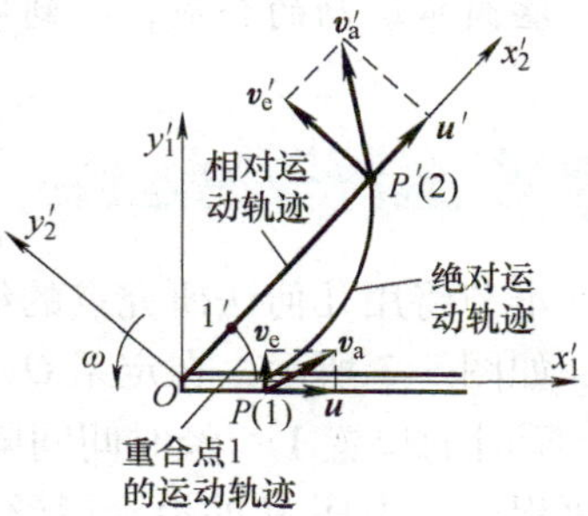

图 5-4 例题 5-1 图

解：动点由 $P(1)$ 到达 $P'(2)$ 位置的过程中，既沿管运动，又随管一起运动。因此，可用速度合成定理求解。

1. 选取动点和动系

动点：P；动系：直管。

2. 分析三种运动

绝对运动：动点 P 沿平面曲线的运动。

相对运动：动点 P 沿管的匀速直线运动。

牵连运动：直管绕轴 O 的定轴转动。

3. 速度分析

分析位置 $P(1)$：建立动系 $Ox_1'y_1'$ 如图所示。由式（5-3），得

$$\boldsymbol{v}_a=\boldsymbol{v}_e+\boldsymbol{v}_r=\boldsymbol{v}_e+\boldsymbol{u}=\frac{1}{3}R\omega\boldsymbol{j}_1'+u\boldsymbol{i}_1'$$

式中，$\boldsymbol{i}_1'$、$\boldsymbol{j}_1'$ 分别为动系 $Ox_1'y_1'$ 沿两个正交坐标轴的单位矢量。

分析位置 $P'(2)$：建立动系 $Ox_2'y_2'$ 如图所示。同理，得

$$\boldsymbol{v}_a'=\boldsymbol{v}_e'+\boldsymbol{v}_r'=\boldsymbol{v}_e'+\boldsymbol{u}'=R\omega\boldsymbol{j}_2'+u\boldsymbol{i}_2'$$

式中，$\boldsymbol{i}_2'$、$\boldsymbol{j}_2'$ 分别为动系 $Ox_2'y_2'$ 沿两个正交坐标轴的单位矢量。

当点 P 运动至 $P(1)$ 位置时，与管上点 1 相重合，此瞬时的牵连速度为管上点 1 的绝对速度，$\boldsymbol{v}_e=\boldsymbol{v}_{1a}$；而运动至 $P'(2)$ 位置时，点 P 与管上点 2 相重合，$\boldsymbol{v}_e'=\boldsymbol{v}_{2a}'$。

在由位置 $P(1)$ 运动到位置 $P'(2)$ 的过程中，点 P 与管上的重合点不断变化，牵连速度也相应发生变化。点 P 的绝对运动轨迹和相对运动轨迹，以及重合点 1 的运动轨迹均示于图 5-4 中。

［例题 5-2］　如图 5-5a 所示，仿形机床中半径为 R 的半圆形靠模凸轮以速度 $\boldsymbol{v}_0$ 沿水平轨道向右运动，带动顶杆 AB 沿铅垂方向运动。试求 $\varphi=30°$ 时顶杆 AB 的速度。

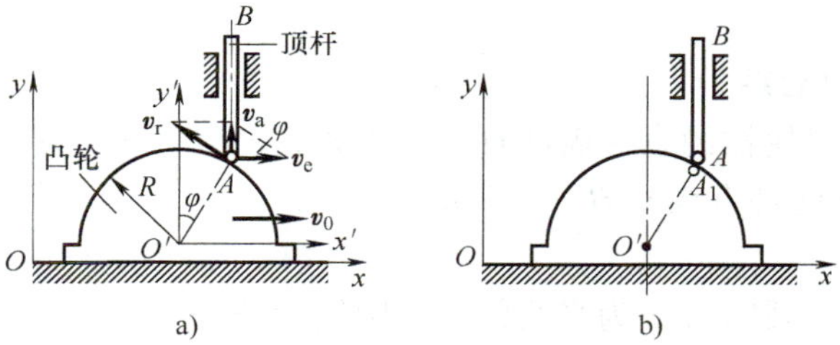

图 5-5　例题 5-2 图

解：**1. 选取动点和动系**

由于顶杆 AB 做平移，所以要求顶杆 AB 的速度，只要求其上任一点的速度即可。故选顶杆 AB 上的点 A 为动点，动系固结于凸轮。

2. 分析三种运动

绝对运动：动点 A 沿铅垂方向的直线运动。

相对运动：动点 A 沿凸轮轮廓的圆周运动。

牵连运动：凸轮的水平直线平移。

3. 速度分析

根据速度合成定理

$$\boldsymbol{v}_a=\boldsymbol{v}_e+\boldsymbol{v}_r$$

式中，$\boldsymbol{v}_a$ 的方向竖直向上，大小未知；$\boldsymbol{v}_e$ 的方向水平向右，大小为 v_0；$\boldsymbol{v}_r$ 的方向垂直于 OA，大小未知。据此，作速度平行四边形，如图 5-5a 所示。

由平行四边形的几何关系，求得

$$v_a=v_e\tan\varphi=v_0\tan30°=0.577v_0$$

此即顶杆 AB 在 $\varphi=30°$ 时的速度，方向为铅垂向上。

本例讨论：本题的动点和动系有无其他选择？如图 5-5b 所示，将凸轮上与顶杆上点 A

相重合之点（记为 A_1）选为动点，动系固结于顶杆 AB，是否可行？此时，赖以决定 $\boldsymbol{v}_r$ 方向的相对运动轨迹是什么？

注意：做速度平行四边形时，应使绝对速度始终保持为平行四边形的对角线。

[例题 5-3] 刨床的急回机构（曲柄摇杆机构）如图 5-6a 所示。曲柄 OA 以等角速度 ω_0 绕轴 O 转动，通过滑块 A 带动摇杆 O_1B 绕轴 O_1 转动。已知：$OA=r$，$\angle AO_1O=30°$。试求该瞬时摇杆 O_1B 的角速度。

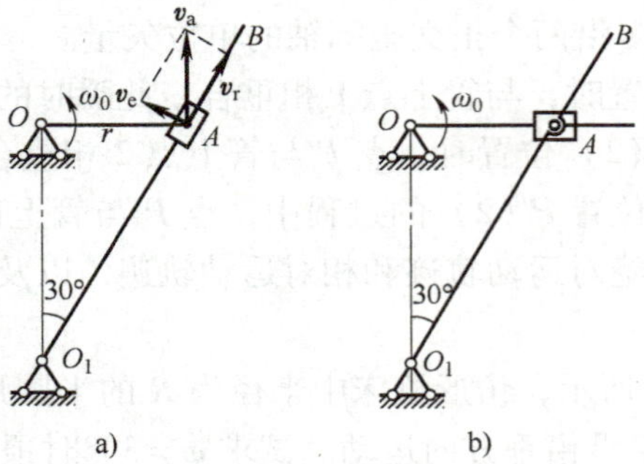

图 5-6 例题 5-3 图

解：**1. 选取动点和动系**

与曲柄 OA 铰接的滑块被约束在摇杆 O_1B 上滑动，所以，选滑块 A 为动点、摇杆 O_1B 为动系，则相对运动轨迹就是直线 O_1B，既简单又直观。

2. 分析三种运动

绝对运动：以点 O 为圆心，r 为半径的等速圆周运动。

相对运动：沿 O_1B 的直线运动。

牵连运动：摇杆绕轴 O_1 的定轴转动。

3. 速度分析

根据速度合成定理

$$\boldsymbol{v}_a=\boldsymbol{v}_e+\boldsymbol{v}_r$$

式中，$\boldsymbol{v}_a$的方向铅垂向上，大小为 $r\omega_0$；$\boldsymbol{v}_e$的方向垂直于 O_1B，大小未知；$\boldsymbol{v}_r$的方向沿 O_1B，大小未知。据此，作速度平行四边形如图 5-6a 所示。

由平行四边形的几何关系，求得

$$v_e=v_a\sin30°=\frac{1}{2}r\omega_0$$

则摇杆 O_1B 的角速度为

$$\omega=\frac{v_e}{O_1A}=\frac{1}{4}\omega_0 \quad (逆时针)$$

本例讨论：若将图 5-6a 所示的曲柄摇杆机构改为图 5-6b 所示的形式，即摇杆上点 A 铰接滑块，而滑块被约束在曲柄 OA 上滑动，则动点动系该如何选取？请读者自己对其进行运动分析和速度分析。

综合以上例题，请读者总结动点、动系的选择原则。

5.3 牵连运动为平移时点的加速度合成定理

点的复合运动中，加速度之间的关系比较复杂，因此，先分析动系做平移的情形。

设 $O'x'y'z'$为平移参考系，由于 x'、y'、z'各轴方向不变，不妨使其与定坐标轴 x、y、z 分别平行，如图 5-7 所示。如动点 P 相对于动系的相对坐标为 x'、y'、z'，而由于 $\boldsymbol{i}'$、$\boldsymbol{j}'$、$\boldsymbol{k}'$为平移动坐标轴的单位常矢量，则点 P 的相对速度和相对加速度分别为

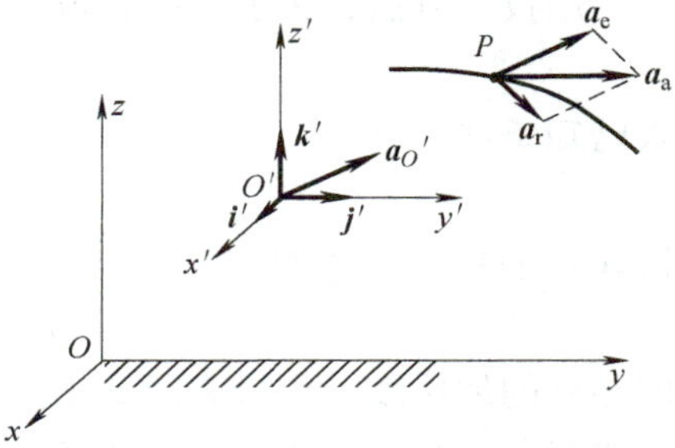

图 5-7　牵连运动为平移时点的加速度合成定理证明

$$\boldsymbol{v}_r = \dot{x}'\boldsymbol{i}' + \dot{y}'\boldsymbol{j}' + \dot{z}'\boldsymbol{k}' \quad (5\text{-}4)$$

$$\boldsymbol{a}_r = \ddot{x}'\boldsymbol{i}' + \ddot{y}'\boldsymbol{j}' + \ddot{z}'\boldsymbol{k}' \quad (5\text{-}5)$$

利用点的速度合成定理

$$\boldsymbol{v}_a = \boldsymbol{v}_e + \boldsymbol{v}_r$$

因为牵连运动为平移，所以

$$\boldsymbol{v}_{O'} = \boldsymbol{v}_e \quad (5\text{-}6)$$

将式（5-4）、式（5-6）代入式（5-3），得

$$\boldsymbol{v}_a = \boldsymbol{v}_{O'} + \dot{x}'\boldsymbol{i}' + \dot{y}'\boldsymbol{j}' + \dot{z}'\boldsymbol{k}' \quad (5\text{-}7)$$

将式（5-7）两边对时间求导，并因动系平移，故 $\boldsymbol{i}'$、$\boldsymbol{j}'$、$\boldsymbol{k}'$为常矢量，于是得

$$\boldsymbol{a}_a = \dot{\boldsymbol{v}}_{O'} + \ddot{x}'\boldsymbol{i}' + \ddot{y}'\boldsymbol{j}' + \ddot{z}'\boldsymbol{k}' \quad (5\text{-}8)$$

由于 $\dot{\boldsymbol{v}}_{O'} = \boldsymbol{a}_{O'}$，又由于动系平移，故

$$\boldsymbol{a}_{O'} = \boldsymbol{a}_e \quad (5\text{-}9)$$

将式（5-5）、式（5-9）代入式（5-8），得

$$\boldsymbol{a}_a = \boldsymbol{a}_e + \boldsymbol{a}_r \quad (5\text{-}10)$$

式（5-10）称为**牵连运动为平移时点的加速度合成定理**，即当牵连运动为平移时，动点在某瞬时的绝对加速度等于该瞬时它的牵连加速度与相对加速度的矢量和。

［例题 5-4］　图 5-8 所示为曲柄导杆机构。滑块在水平滑槽中运动；与滑槽固结在一起的导杆在固定的铅垂滑道中运动。已知：曲柄 OA 转动的角速度为 ω_0，角加速度为 α_0（转向如图），曲柄长为 r。试求：当曲柄与铅垂线的夹角 $\theta<90°$时导杆的加速度。

解：1. 选取动点和动系

选取滑块 A 为**动点**，它是曲柄和导杆之间的联系点。由于滑块和曲柄相连，是曲柄上的一个点，所以只能将**动系**固连于导杆。定坐标系 Oxy 的原点建立在 O 轴上，如图 5-8 所示。

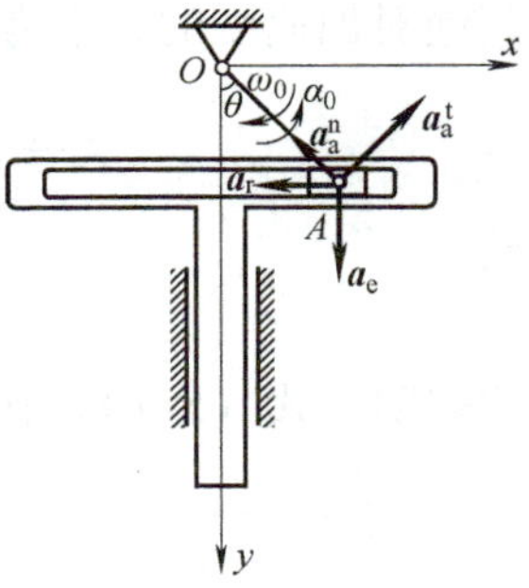

图 5-8　例题 5-4 图

2. 运动分析

绝对运动：以 O 为圆心，r 为半径的圆周运动。

相对运动：沿滑槽的水平直线运动。

牵连运动：导杆沿铅垂方向的平移。

3. 加速度分析

由牵连运动为平移时点的加速度合成定理，得

$$\boldsymbol{a}_a = \boldsymbol{a}_a^t + \boldsymbol{a}_a^n = \boldsymbol{a}_e + \boldsymbol{a}_r$$

式中，$\boldsymbol{a}_a^t$ 的方向垂直于 OA，大小为 $r\alpha_0$；$\boldsymbol{a}_a^n$ 的方向由 A 指向 O，大小为 $r\omega_0^2$；$\boldsymbol{a}_e$的方向假设铅垂向下，大小未知；$\boldsymbol{a}_r$的方向假设水平向左，大小未知。

4. 确定所求未知量

应用投影方法，将加速度合成定理的矢量方程沿 y 方向投影，得

$$-a_a^t\sin\theta - a_a^n\cos\theta = a_e$$

代入已知条件，有

$$-r\alpha_0\sin\theta - r\omega_0^2\cos\theta = a_e$$

解得 A 点的牵连加速度

$$a_e = -r(\alpha_0\sin\theta + \omega_0^2\cos\theta)$$

此即导杆的加速度，负号表示 $\boldsymbol{a}_e$ 的实际指向与假设方向相反，为铅垂向上。

注意： 在应用加速度合成定理时，一般应用投影方法，将加速度合成定理的矢量方程沿特定的投影轴进行投影，并由此求得所需的加速度（或角加速度）。另外，加速度矢量方程的投影是在等式两边分别投影，这与静力学平衡方程全在等式一边进行投影不同。

5.4 牵连运动为转动时点的加速度合成定理 科氏加速度

当牵连运动为定轴转动时，动点的加速度合成定理与式（5-10）形式不同。以图 5-9 所示的圆盘为例。设圆盘以匀角速度 ω 绕垂直于盘面的固定轴 O 转动，动点 P 沿半径为 R 的盘上圆槽以匀速$\boldsymbol{v}_r$ 相对圆盘运动。若将动系 $O'x'y'$固结于圆盘，则图示瞬时，动点的相对运动为匀速圆周运动，其相对加速度指向圆盘中心，大小为

$$a_r = \frac{v_r^2}{R}$$

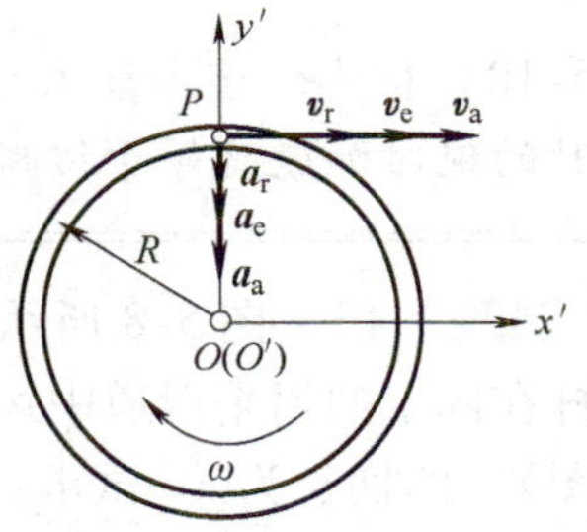

图 5-9 验证加速度关系一例

牵连运动为圆盘绕定轴 O 的匀角速转动，则牵连点的速度、加速度方向如图 5-9 所示，大小分别为

$$v_e = R\omega,\quad a_e = R\omega^2$$

由式（5-3）可知，动点 P 的绝对速度为

$$v_a = v_e + v_r = R\omega + v_r = \text{常量}$$

可见，动点 P 的绝对运动也是半径为 R 的匀速圆周运动，故其绝对加速度的大小为

$$a_a = \frac{v_a^2}{R} = \frac{(R\omega + v_r)^2}{R} = R\omega^2 + \frac{v_r^2}{R} + 2\omega v_r = a_e + a_r + 2\omega v_r$$

显然

$$a_a \neq a_e + a_r$$

该式表明，式（5-10）在牵连运动为定轴转动的情形下不再适用。

5.4.1 牵连运动为转动时点的加速度合成定理

如图 5-10 所示，$Oxyz$ 为定系，$\boldsymbol{i}$、$\boldsymbol{j}$ 和 $\boldsymbol{k}$ 为定系中各坐标轴的单位常矢量，$O'x'y'z'$为动

系，$\boldsymbol{i}'$、$\boldsymbol{j}'$、$\boldsymbol{k}'$为动系中各坐标轴的单位矢量，随动系转动。设动系以角速度矢 $\boldsymbol{\omega}_e$绕定轴 Oz 转动，角加速度矢为 $\boldsymbol{\alpha}_e$。动点 P 的相对矢径、相对速度和相对加速度可分别表示为

$$\boldsymbol{r}' = x'\boldsymbol{i}' + y'\boldsymbol{j}' + z'\boldsymbol{k}' \tag{5-11}$$

$$\boldsymbol{v}_r = \dot{x}'\boldsymbol{i}' + \dot{y}'\boldsymbol{j}' + \dot{z}'\boldsymbol{k}' \tag{5-12}$$

$$\boldsymbol{a}_r = \ddot{x}'\boldsymbol{i}' + \ddot{y}'\boldsymbol{j}' + \ddot{z}'\boldsymbol{k}' \tag{5-13}$$

设该瞬时动系 $O'x'y'z'$ 上与动点 P 重合的点为 P_1，P_1 即为牵连点。利用第 4 章中的式（4-37）、式（4-39），则动点 P 的牵连速度和牵连加速度（即牵连点 P_1 相对定系 $Oxyz$ 的绝对速度和绝对加速度）分别为

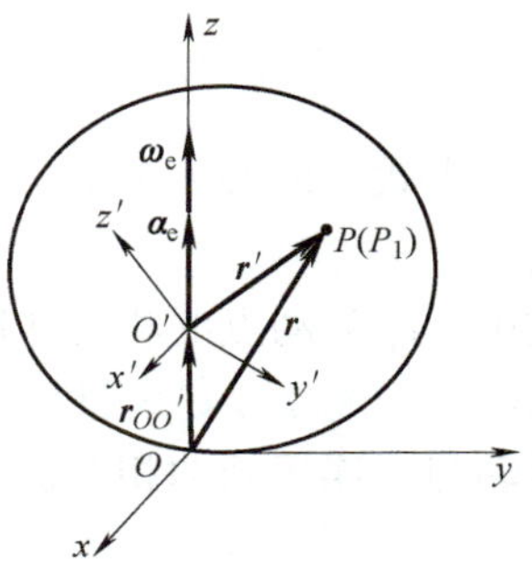

图 5-10　牵连运动为定轴转动时加速度合成定理证明

$$\boldsymbol{v}_e = \boldsymbol{v}_{P_1} = \boldsymbol{\omega}_e \times \boldsymbol{r} \tag{5-14}$$

$$\boldsymbol{a}_e = \boldsymbol{a}_{P_1} = \boldsymbol{\alpha}_e \times \boldsymbol{r} + \boldsymbol{\omega}_e \times \boldsymbol{v}_e \tag{5-15}$$

将动点的绝对矢径 $\boldsymbol{r}$ 对时间求一次导数，得

$$\dot{\boldsymbol{r}} = \boldsymbol{v}_a \tag{5-16}$$

根据速度合成定理和式（5-12）、式（5-14），可得

$$\dot{\boldsymbol{r}} = \boldsymbol{v}_a = \boldsymbol{v}_e + \boldsymbol{v}_r = \boldsymbol{\omega}_e \times \boldsymbol{r} + \dot{x}'\boldsymbol{i}' + \dot{y}'\boldsymbol{j}' + \dot{z}'\boldsymbol{k}' \tag{5-17}$$

将式（5-17）对时间求导，可得

$$\boldsymbol{a}_a = \dot{\boldsymbol{v}}_a = \dot{\boldsymbol{\omega}}_e \times \boldsymbol{r} + \boldsymbol{\omega}_e \times \dot{\boldsymbol{r}} + \ddot{x}\,\boldsymbol{i}' + \ddot{y}'\boldsymbol{j}' + \ddot{z}'\boldsymbol{k}' + (\dot{x}'\dot{\boldsymbol{i}}' + \dot{y}'\dot{\boldsymbol{j}}' + \dot{z}'\dot{\boldsymbol{k}}') \tag{5-18}$$

其中，$\dot{\boldsymbol{\omega}}_e = \boldsymbol{\alpha}_e$，再利用式（5-17），上式等号右端前两项可表示为

$$\dot{\boldsymbol{\omega}}_e \times \boldsymbol{r} + \boldsymbol{\omega}_e \times \dot{\boldsymbol{r}} = \boldsymbol{\alpha}_e \times \boldsymbol{r} + \boldsymbol{\omega}_e \times \boldsymbol{v}_e + \boldsymbol{\omega}_e \times \boldsymbol{v}_r \tag{5-19}$$

由式（5-13），有

$$\ddot{x}'\boldsymbol{i}' + \ddot{y}'\boldsymbol{j}' + \ddot{z}'\boldsymbol{k}' = \boldsymbol{a}_r \tag{5-20}$$

利用第 4 章式（4-38）和式（5-12），有

$$\begin{aligned}\dot{x}'\dot{\boldsymbol{i}}' + \dot{y}'\dot{\boldsymbol{j}}' + \dot{z}'\dot{\boldsymbol{k}}' &= \dot{x}'(\boldsymbol{\omega}_e \times \boldsymbol{i}') + \dot{y}'(\boldsymbol{\omega}_e \times \boldsymbol{j}') + \dot{z}'(\boldsymbol{\omega}_e \times \boldsymbol{k}') \\ &= \boldsymbol{\omega}_e \times (\dot{x}'\boldsymbol{i}' + \dot{y}'\boldsymbol{j}' + \dot{z}'\boldsymbol{k}') = \boldsymbol{\omega}_e \times \boldsymbol{v}_r\end{aligned} \tag{5-21}$$

将式（5-19）、式（5-20）、式（5-21）代入式（5-18），得

$$\boldsymbol{a}_a = \boldsymbol{\alpha}_e \times \boldsymbol{r} + \boldsymbol{\omega}_e \times \boldsymbol{v}_e + \boldsymbol{a}_r + 2\boldsymbol{\omega}_e \times \boldsymbol{v}_r \tag{5-22}$$

根据式（5-15）可知，上式等号右端的前两项为牵连加速度 $\boldsymbol{a}_e$。

令式（5-22）最后一项为

$$\boldsymbol{a}_C = 2\boldsymbol{\omega}_e \times \boldsymbol{v}_r \tag{5-23}$$

式中，$\boldsymbol{a}_C$称为科氏加速度（Coriolis acceleration）。于是式（5-22）最后可表示为

$$\boldsymbol{a}_a = \boldsymbol{a}_e + \boldsymbol{a}_r + \boldsymbol{a}_C \tag{5-24}$$

上式即为牵连运动为转动时点的加速度合成定理：**当动系为定轴转动时，动点在某瞬时的绝对加速度等于该瞬时它的牵连加速度、相对加速度与科氏加速度的矢量和。**

可以证明，即使牵连运动为任意运动，式（5-24）始终成立，因此它是点的加速度合成定理的一般形式。

5.4.2　科氏加速度

由式（5-23）知，科氏加速度的表达式为

$$\boldsymbol{a}_C = 2\boldsymbol{\omega}_e \times \boldsymbol{v}_r$$

式中，$\boldsymbol{v}_r$ 为动点的相对速度；$\boldsymbol{\omega}_e$ 为动系相对定系转动的角速度矢量。因此动点的科氏加速度等于牵连运动的角速度与动点相对速度矢量积的两倍。科式加速度体现了动系转动时相对运动与牵连运动的相互影响。

1. 科氏加速度的大小和方向

设动系转动的角速度矢 $\boldsymbol{\omega}_e$ 与动点的相对速度矢 $\boldsymbol{v}_r$ 间的夹角为 θ，则由矢积运算规则，科氏加速度 $\boldsymbol{a}_C$ 的大小为

$$a_C = 2\omega_e v_r \sin\theta$$

$\boldsymbol{a}_C$ 的方向由右手法则确定：四指指向 $\boldsymbol{\omega}_e$ 矢量正向，再转到 $\boldsymbol{v}_r$ 矢量的正向，拇指指向即为 $\boldsymbol{a}_C$ 的方向，如图 5-11 所示。

当 $\boldsymbol{\omega}_e /\!/ \boldsymbol{v}_r$ 时，$a_C = 0$；当 $\boldsymbol{\omega}_e \perp \boldsymbol{v}_r$ 时，$a_C = 2\omega v_r$。

2. 当牵连运动为平移时，$\boldsymbol{\omega}_e = 0$，因此 $\boldsymbol{a}_C = 0$，一般式（5-24）退化为特殊式（5-10）。

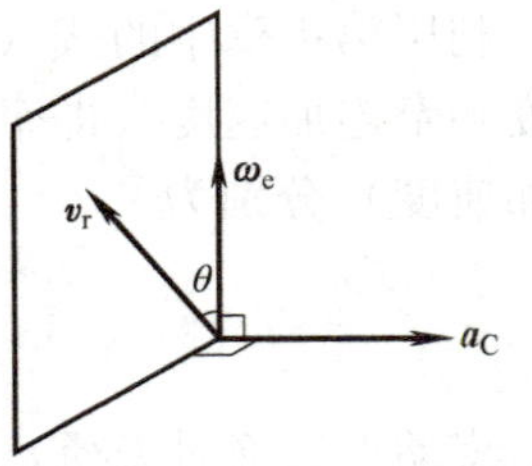

图 5-11　科氏加速度的确定

［例题 5-5］　已知圆轮半径为 r，以匀角速度 ω 绕轴 O 转动，如图 5-12a 所示。试求杆 AB 在图示位置的角速度 ω_{AB} 及角加速度 α_{AB}。

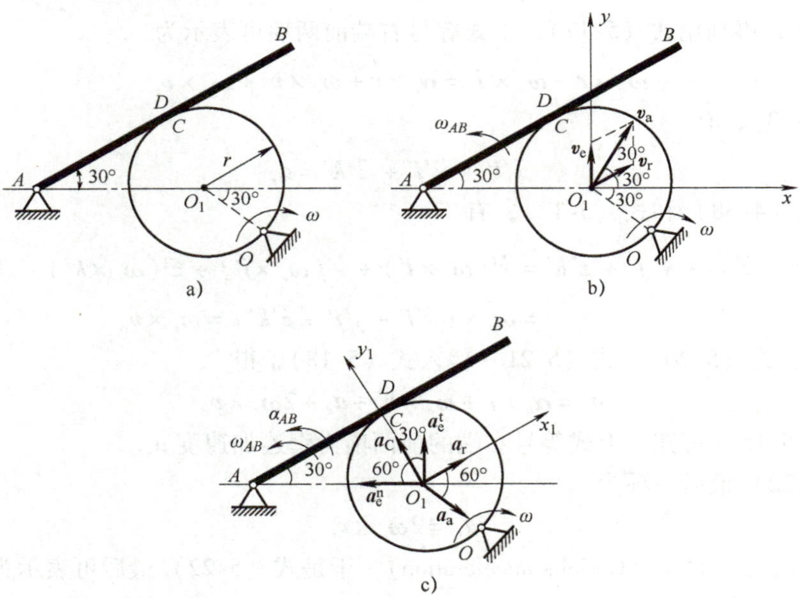

图 5-12　例题 5-5 图

解：**1. 选取动点和动系**

由于本例中两物体的接触点——圆轮上点 C 和杆 AB 上点 D 都随时间而变，故均不宜选作动点，其原因是对相对运动进行分析非常困难。

注意到在机构运动的过程中，圆轮始终与杆 AB 相切，且轮心 O_1 到杆 AB 的距离保持不变。此时，宜选非接触点 O_1 为动点，将动系固结于杆 AB，且随杆 AB 做定轴转动。于是，从动系杆 AB 看动点 O_1 的运动，就会发现：点 O_1 与杆 AB 的距离保持不变，并做与杆 AB 平行的直线运动。这样处理使相对运动简单、明确。

2. 运动分析

绝对运动：动点 O_1 做以 O 为圆心、r 为半径的匀速圆周运动。

相对运动：动点 O_1 沿平行于杆 AB 的直线运动。

牵连运动：杆 AB 绕轴 A 的定轴转动。

3. 速度分析——求 $\boldsymbol{\omega_{AB}}$

根据速度合成定理

$$\boldsymbol{v}_a = \boldsymbol{v}_e + \boldsymbol{v}_r \tag{a}$$

式中，$\boldsymbol{v}_a$ 的方向垂直于 O_1O 右偏上，大小为 $r\omega$；$\boldsymbol{v}_e$ 的方向铅垂向上，大小为 $O_1A \cdot \omega_{AB}$，待求；$\boldsymbol{v}_r$ 的方向平行于 AB，大小未知。据此，作速度平行四边形如图 5-12b 所示。

由平行四边形的几何关系，求得

$$v_e = v_r = \frac{v_a}{2\cos 30^\circ} = \frac{\sqrt{3}}{3} r\omega$$

于是杆 AB 的角速度为

$$\omega_{AB} = \frac{v_e}{O_1A} = \frac{\sqrt{3}}{6}\omega \quad （逆时针）$$

4. 加速度分析——求 $\boldsymbol{\alpha_{AB}}$

根据牵连运动为转动时点的加速度合成定理

$$\boldsymbol{a}_a = \boldsymbol{a}_e^t + \boldsymbol{a}_e^n + \boldsymbol{a}_r + \boldsymbol{a}_C \tag{b}$$

式中，$\boldsymbol{a}_a$ 的方向沿 O_1O，大小为 $r\omega^2$；$\boldsymbol{a}_e^t$ 的方向铅垂向上，大小为 $O_1A \cdot \alpha_{AB}$；$\boldsymbol{a}_e^n$ 的方向水平向左，大小为 $O_1A \cdot \omega_{AB}^2$；$\boldsymbol{a}_r$ 的方向平行于 AB，大小未知；$\boldsymbol{a}_C$ 的方向沿 y_1 轴正向，大小为 $2\omega_{AB}v_r$，如图 5-12c 所示。

将加速度合成定理的矢量方程式（b）沿 y_1 轴投影，有

$$-a_a\cos 30^\circ = a_e^t\cos 30^\circ + a_e^n\cos 60^\circ + a_C \tag{c}$$

其中

$$a_e^n = O_1A \cdot \omega_{AB}^2 = \frac{1}{6}r\omega^2, \quad a_C = 2\omega_{AB}v_r = \frac{1}{3}r\omega^2$$

解得

$$a_e^t = -\left(1 + \frac{5\sqrt{3}}{18}\right)r\omega^2 \approx -1.48r\omega^2$$

于是杆 AB 的角加速度为

$$\alpha_{AB} = \frac{a_e^t}{O_1A} = -0.74\omega^2 \quad （顺时针）$$

5. 本例讨论

（1）当两物体的接触点均随时间而改变时，为使动点相对动系的运动明确、清晰，应选取适当的非接触点为动点。

(2) 由于 y_1 轴与 $\boldsymbol{a}_r$ 垂直，向 y_1 轴投影即可避免与解题无关的相对加速度，使方程只含有 α_{AB} 一个未知数，便于求解方程。

(3) 因机构中两物体均做定轴转动，出现了两个角速度，所以计算 $\boldsymbol{a}_C$ 时应多加注意，牵连角速度是 ω_{AB} 而非 ω。

[例题5-6]　摆杆 AB 与水平杆 DG 以铰链 A 连接，如图5-13a所示。水平杆 DG 做直线平移，摆杆 AB 穿过可绕轴 O 转动的套筒 EF，并可在套筒 EF 内滑动。已知：$l=2\text{m}$，$\theta=30°$，DG 杆的速度 $v=2\text{m/s}$，加速度 $a=1\text{m/s}^2$。试求：(1) 图示瞬时杆 AB 的角速度以及杆 AB 在套筒中滑动的速度。(2) 图示瞬时杆 AB 的角加速度以及杆 AB 在套筒中滑动的加速度。

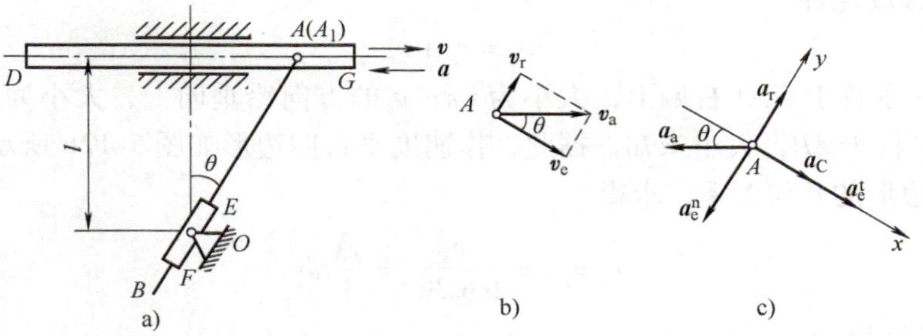

图5-13　例题5-6图

解：套筒摆杆机构在工作的过程中，摆杆 AB 相对套筒 EF 是沿套筒轴线做平移，因此杆 AB 上各点相对于套筒的相对速度相同，方向沿套筒轴线，同时摆杆 AB 与套筒 EF 具有相同的角速度和角加速度。若将动系固连于套筒，对既是摆杆 AB 也是水平杆 DG 上的铰链 A 进行点的复合运动分析，则各项运动的性质比较清晰，便于未知量的求解。

1. 选取动点和动系

动点：铰链 A。

动系：固连于套筒。

定系：固连于地面。

2. 运动分析

动点的绝对运动：沿 DG 的水平直线运动。

动点的相对运动：沿套筒轴线 EF 的直线运动。

牵连运动：动系随套筒 EF 绕轴 O 做定轴转动。

3. 速度分析

根据速度合成定理

$$\boldsymbol{v}_a=\boldsymbol{v}_e+\boldsymbol{v}_r$$

式中，$\boldsymbol{v}_a$ 的方向水平向右，大小为 v；$\boldsymbol{v}_e$ 的方向垂直于 OA，大小为 $OA\cdot\omega$，待求；$\boldsymbol{v}_r$ 的方向沿 EF，大小未知。据此，做速度平行四边形，如图5-13b所示，有

$$v_e=v_a\cos30°=1.73\text{m/s}$$

于是套筒的角速度（同杆 AB 的角速度）为

$$\omega=\omega_{AB}=\frac{v_e}{OA}=\frac{v_a\cos\theta}{l/\cos\theta}=0.75\text{rad/s}\quad（顺时针）$$

又

$$v_r = v_a \sin\theta = 1\text{m/s}$$

此即杆 AB 在套筒中滑动的速度，方向如图 5-13b 所示。

4. 加速度分析

根据牵连运动为转动时点的加速度合成定理

$$\boldsymbol{a}_a = \boldsymbol{a}_e^t + \boldsymbol{a}_e^n + \boldsymbol{a}_r + \boldsymbol{a}_C \tag{a}$$

式中，$\boldsymbol{a}_a$的方向水平向左，大小为 a；$\boldsymbol{a}_e^t$ 的方向垂直于 AB，大小未知；$\boldsymbol{a}_e^n$ 的方向沿 AB 指向 B，大小为 $OA \cdot \omega^2$；$\boldsymbol{a}_r$的方向沿 AB，大小未知；$\boldsymbol{a}_C$的方向垂直于 AB，大小为 $2\omega v_r$。

将加速度合成定理的矢量方程式（a）沿 Ax 轴投影（图 5-13c），有

$$-a_a \cos\theta = a_e^t + a_C$$

即

$$a_e^t = -a_a \cos 30° - a_C = -2.37\text{m/s}^2$$

所以套筒的角加速度（同杆 AB 的角加速度）

$$\alpha = \frac{a_e^t}{OA} = -\frac{a_e^t \cos\theta}{l} = -1.03\text{rad/s}^2 \text{（逆时针）}$$

将式（a）沿 Ay 轴投影（图 5-13c），有

$$-a_a \sin\theta = -a_e^n + a_r$$

即

$$a_r = a_e^n - a_a \sin\theta = 0.8\text{m/s}^2$$

此即杆 AB 在套筒中滑动的加速度，方向如图 5-13c 所示。

5. 本例讨论

（1）本题的摆杆机构中含有“套筒”这样的特殊构件，套筒套在某个杆件上并与该杆件有相对滑动。对含有套筒的机构进行运动分析时，常采用点的复合运动的方法。请注意动点和动系的选择。

（2）由套筒的角速度以及摆杆 AB 相对套筒的速度，可以求出摆杆上任意一点的速度。其中，任意一点的牵连速度与点到转轴 O 的距离成正比，而杆上各点相对于套筒的相对速度是相同的。

5.5 本章小结与讨论

5.5.1 本章小结

1. 动点的绝对运动为其牵连运动和相对运动的合成结果。

绝对运动：动点相对于定系的运动。

相对运动：动点相对于动系的运动。

牵连运动：动系相对于定系的运动。

2. 点的速度合成定理

$$\boldsymbol{v}_a = \boldsymbol{v}_e + \boldsymbol{v}_r$$

绝对速度$\boldsymbol{v}_a$：动点相对于定系运动的速度。

相对速度$\boldsymbol{v}_r$：动点相对于动系运动的速度。

牵连速度$\boldsymbol{v}_e$：动系上与动点相重合之点（即牵连点）相对于定系运动的绝对速度。

3. 点的加速度合成定理

$$\boldsymbol{a}_a = \boldsymbol{a}_e + \boldsymbol{a}_r + \boldsymbol{a}_C$$

绝对加速度$\boldsymbol{a}_a$：动点相对于定系运动的加速度。

相对加速度$\boldsymbol{a}_r$：动点相对于动系运动的加速度。

牵连加速度$\boldsymbol{a}_e$：动系上与动点相重合之点（牵连点）相对于定系运动的绝对加速度。

科氏加速度$\boldsymbol{a}_C$：牵连运动为转动时，牵连运动和相对运动相互影响而出现的一项附加的加速度。

$$\boldsymbol{a}_C = 2\boldsymbol{\omega}_e \times \boldsymbol{v}_r$$

当动系做平移，或$\boldsymbol{v}_r=0$，或$\boldsymbol{\omega}_e /\!/ \boldsymbol{v}_r$时，$\boldsymbol{a}_C=0$。

5.5.2 正确选择动点和动系，是应用点的复合运动理论的重要基础

动点和动系选择的两条基本原则：一是，动点、动系应分别选在两个不同的刚体上；二是，应使相对运动轨迹简单或直观。其中，第二条是选择的关键。这是因为，在一般情形下，加速度合成定理中的绝对、牵连和相对加速度都能分解为切向和法向两个分量，即

$$\boldsymbol{a}_a^t + \boldsymbol{a}_a^n = \boldsymbol{a}_e^t + \boldsymbol{a}_e^n + \boldsymbol{a}_r^t + \boldsymbol{a}_r^n + \boldsymbol{a}_C$$

其中，相对切向加速度$\boldsymbol{a}_r^t$的大小往往是未知的，若相对运动轨迹的曲率半径ρ_r未知，则相对法向加速度的大小（$a_r^n = v_r^2/\rho_r$）也必未知，这样就有了两个未知量。如果是平面问题，已无法再求其他未知量。因此，选择动点和动系时，只有使与相对运动轨迹有关的几何性质已知，才能使问题得以求解。

怎样选择动点和动系才能使相对运动轨迹简单或直观？主要是根据主动件与从动件的约束特点加以确定。图5-14所示为一些机构中常见的约束形式。这些约束的特点是：构件AB上至少有一个点A被另一构件CD所约束，使之只能在构件上或滑道内运动。若将被约束的点作为动点，约束该点的构件作为动系，则相对运动轨迹就是这一构件的轮廓线或滑道。这样相对运动轨迹必然简单或直观。

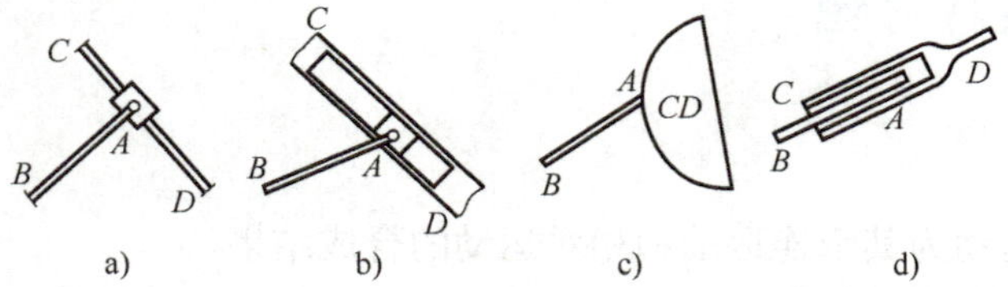

图5-14 机构中几种有关的约束形式

5.5.3 牵连运动与牵连速度的概念

牵连运动是动系相对于定系的运动，而牵连速度则是指动系上与动点相重合之点即牵连

点相对于定系运动的速度。两者之间的联系纽带是牵连点，它是动系上与动点瞬时重合的点。

如图 5-15 所示，滑块 B 沿杆 OA 滑动的速度为 $\boldsymbol{v}$，而杆 OA 又以角速度 ω 绕轴 O 做定轴转动。图中几何尺寸均为已知，可根据需要自行假设。现以杆 OA 为动系，计算滑块上点 P 的绝对速度为

$$\boldsymbol{v}_P=\boldsymbol{v}_{\mathrm{e}}+\boldsymbol{v},\quad v_{\mathrm{e}}=OC\cdot\omega$$

其中，点 C 为“杆 OA 与滑块的瞬时重合点”。

请读者分析上述计算是否正确？另外，如果说“牵连运动是圆周运动”，对吗？

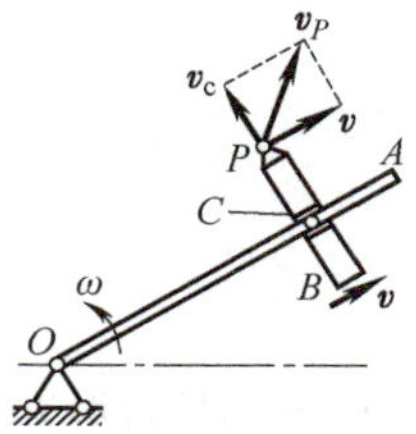

图 5-15　牵连速度概念

5.5.4　科氏加速度的概念与正确应用加速度合成定理的投影式

图 5-16 所示曲柄-摇杆机构中，曲柄 OA 以角速度 ω_0、角加速度 α_0 绕轴 O 做定轴转动，带动摇杆 O_1B 绕轴 O_1 做往复转动。若以滑块 A 为动点，摇杆 O_1B 为动系，则各项加速度如图所示。试问：（1）科氏加速度 $\boldsymbol{a}_{\mathrm{C}}=2\boldsymbol{\omega}_{\mathrm{e}}\times\boldsymbol{v}_{\mathrm{r}}$，此 $\boldsymbol{\omega}_{\mathrm{e}}$ 应是曲柄 OA 的角速度 ω_0，还是杆 O_1B 的角速度 ω_{O1}？（2）为求摇杆 O_1B 的角加速度 α_{O1} 和滑块 A 的相对加速度 $\boldsymbol{a}_{\mathrm{r}}$，写出的以下投影式正确吗？

$$\left.\begin{aligned}a_{\mathrm{a}}^{\mathrm{n}}\cos\varphi-a_{\mathrm{a}}^{\mathrm{t}}\sin\varphi+a_{\mathrm{e}}^{\mathrm{t}}+a_{\mathrm{C}}=0\\a_{\mathrm{a}}^{\mathrm{n}}\sin\varphi+a_{\mathrm{a}}^{\mathrm{t}}\cos\varphi+a_{\mathrm{e}}^{\mathrm{n}}-a_{\mathrm{r}}=0\end{aligned}\right\}$$

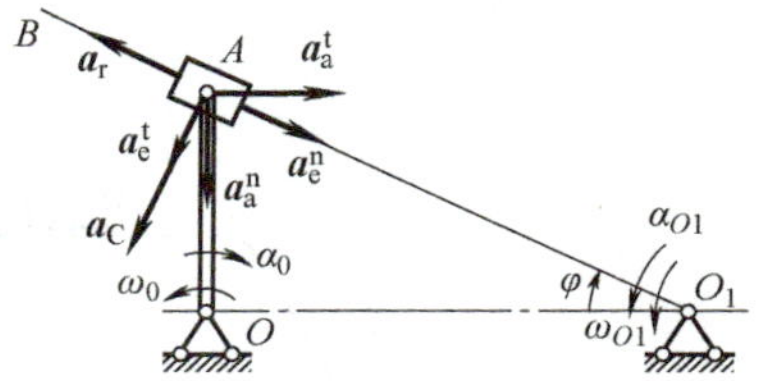

图 5-16　曲柄-摇杆机构中的加速度分析

习　题

选择填空题

5-1　两曲柄摇杆机构分别如习题 5-1 图 a、b 所示。取套筒 A 为动点，则动点 A 的速度平行四边形（　　）。

① 习题 5-1 图 a、b 所示的都正确；

② 习题 5-1 图 a 所示的正确，习题 5-1 图 b 所示的不正确；

③ 习题 5-1 图 a 所示的不正确，习题 5-1 图 b 所示的正确；

④ 习题 5-1 图 a、b 所示的都不正确。

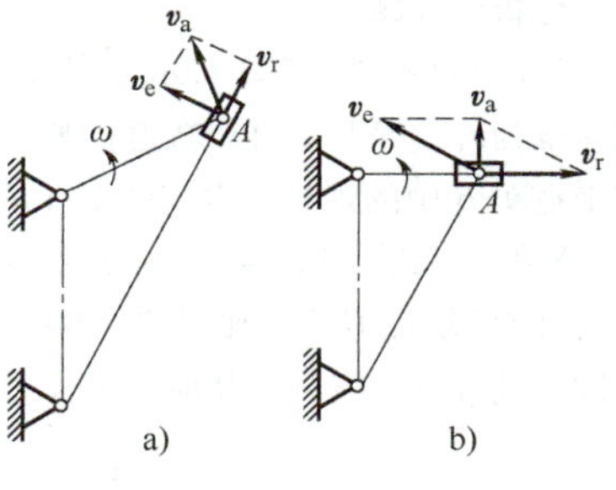

习题 5-1 图

5-2　在习题 5-2 图所示机构中，已知 $s=a+b\sin\omega t$，且 $\varphi=\omega t$（其中 a、b、ω 均为常数），杆长为 L，若取小球 A 为动点，动系固连于物块 B，定系固连于地面，则小球 A 的牵连速度 $\boldsymbol{v}_{\mathrm{e}}$ 的大小为（　　）；相对速度 $\boldsymbol{v}_{\mathrm{r}}$ 的大小为（　　）。

① $L\omega$　　② $b\omega\cos\omega t+L\omega\cos\omega t$

③ $b\omega\cos\omega t$　　④ $b\omega\cos\omega t+L\omega$

5-3　如习题 5-3 图所示，直角曲杆以匀角速度 ω 绕轴 O 转动，套在其上的小环 M 沿固定直杆滑动。取 M 为动点，动系固连于直角曲杆，则动点 M 的（　　）。

① $\boldsymbol{v}_{\mathrm{e}}\perp CD$，$\boldsymbol{a}_{\mathrm{C}}\perp CD$　　② $\boldsymbol{v}_{\mathrm{e}}\perp OM$，$\boldsymbol{a}_{\mathrm{C}}\perp CD$

③ $\boldsymbol{v}_{\mathrm{e}}\perp OM$，$\boldsymbol{a}_{\mathrm{C}}\perp OM$　　④ $\boldsymbol{v}_{\mathrm{e}}\perp CD$，$\boldsymbol{a}_{\mathrm{C}}\perp OM$

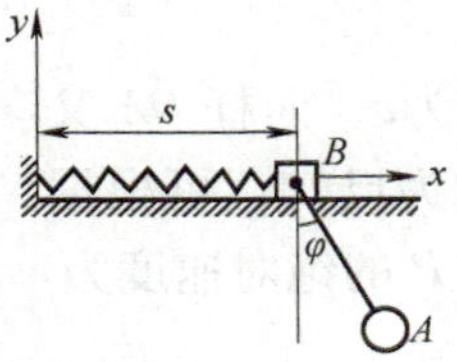

习题 5-2 图

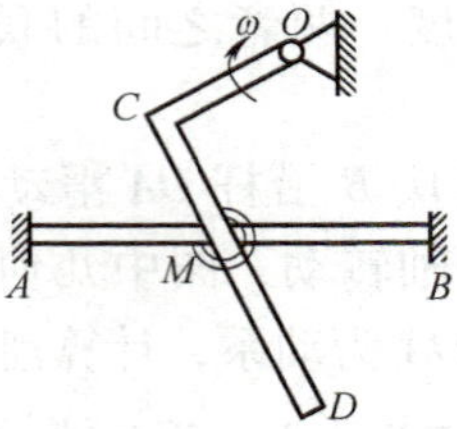

习题 5-3 图

5-4 平行四边形机构如习题 5-4 图所示。曲柄 O_1A 以匀角速度 ω 绕轴 O_1 转动。动点 M 沿杆 AB 运动的相对速度为 $\boldsymbol{v}_r$。若将动坐标系固连于杆 AB，则动点的科氏加速度的大小为（　　）。

① ωv_r　　② $2\omega v_r$　　③ 0　　④ $4\omega v_r$

5-5 半径为 R 的圆盘，以匀角速度 ω 绕轴 O 转动，如习题 5-5 图所示。动点 M 相对圆盘以匀速率 $v_r = R\omega$ 沿圆盘边缘运动。设将动坐标系固连于圆盘，则在图示位置时，动点的牵连加速度大小为（　　），方向为（　　）；动点的相对加速度大小为（　　），方向为（　　）。

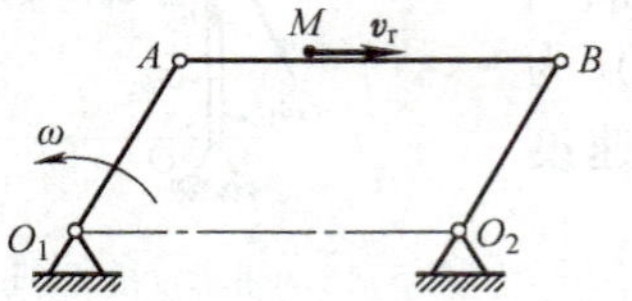

习题 5-4 图

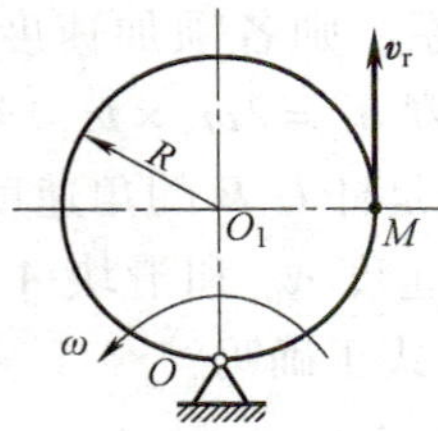

习题 5-5 图

5-6 习题 5-6 图所示曲柄连杆机构中，已知曲柄的长 $OA = r$，连杆长 $AB = l$，曲柄 OA 以匀角速度 ω 绕轴 O 逆时针转动，图示瞬时夹角 φ 与 θ 均已知，若选滑块 B 为动点，动系固连于曲柄 OA，定系固连于机座，则动点 B 的牵连速度大小为（　　），方向为（　　）；牵连加速度大小为（　　），方向为（　　）。

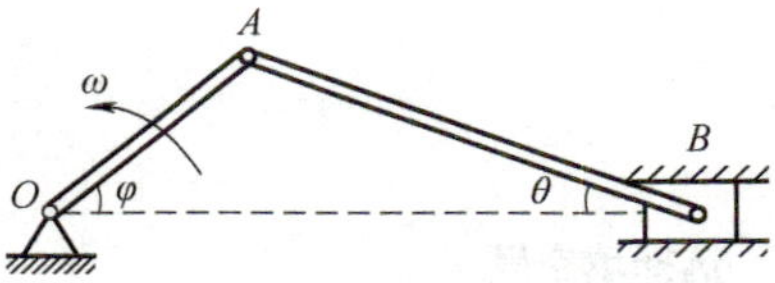

习题 5-6 图

分析计算题

5-7 如习题 5-7 图所示，车 A 沿半径为 R 的圆弧轨道运动，其速度为 $\boldsymbol{v}_A$。车 B 沿直线轨道行驶，其速度为 $\boldsymbol{v}_B$。试问坐在车 A 中的观察者所看到的车 B 的相对速度 $\boldsymbol{v}_{BA}$，与坐在车 B 中的观察者看到的车 A 的相对速度 $\boldsymbol{v}_{AB}$，是否有 $\boldsymbol{v}_{BA} = \boldsymbol{v}_{AB}$？（试用矢量三角形加以分析）

5-8 习题 5-8 图 a、b 所示两种情形下，物块 B 均以速度 $\boldsymbol{v}_B$、加速度 $\boldsymbol{a}_B$ 沿水平直线向左做平移，从而推动杆 OA 绕点 O 做定轴转动，$OA = r$，$\varphi = 40°$。试问若应用点的复合运动方法求解杆 OA 的角速度与角加速度，其计算方案与步骤应当怎样？将两种情形下的速度与加速度分量标注在图上，并写出计算表达式。

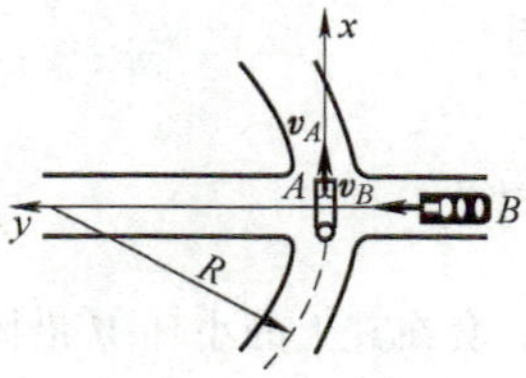

习题 5-7 图

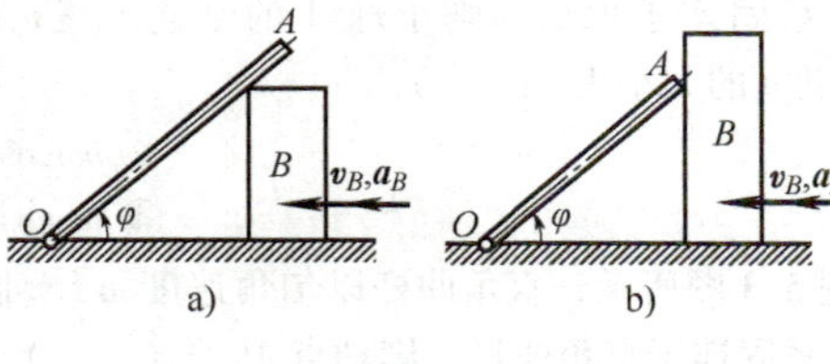

习题 5-8 图

5-9 习题 5-9 图所示刨床的加速机构由两平行轴 O 和 O_1、曲柄 OA 和滑道摇杆组成。曲柄 OA 的末端与滑块铰接，滑块可沿摇杆 O_1B 上的滑道滑动。已知曲柄 OA 长 r 并以等角速度 ω 转动，两轴间的距离 $OO_1=d$。试求滑块在滑道中的相对运动方程以及摇杆的转动方程。

5-10　在习题 5-10 图 a、b 所示的两种机构中，已知 $O_1O_2=a=200\text{mm}$，$\omega_1=3\text{rad/s}$。求图示位置时杆 O_2A 的角速度。

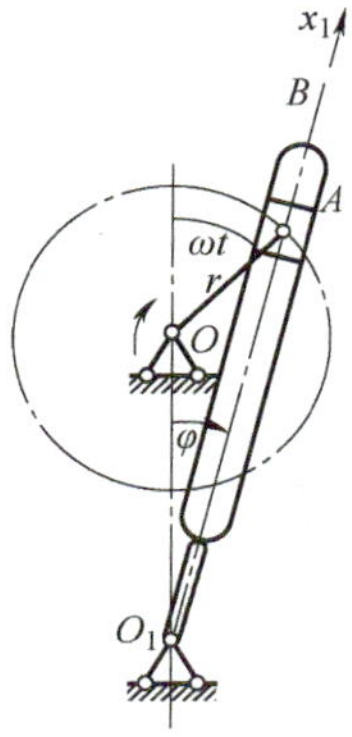

习题 5-9 图

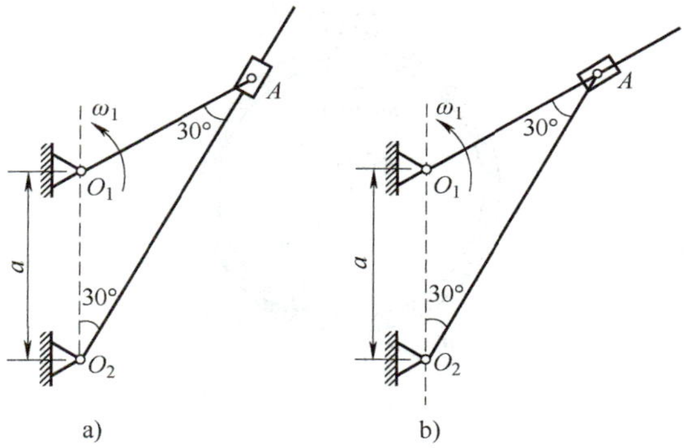

习题 5-10 图

5-11　习题 5-11 图所示正弦机构的曲柄 OA 长 200mm，以转速 $n=90\text{r/min}$ 绕轴 O 转动。曲柄一端用销子与在滑道 BC 中滑动的滑块 A 相连，以带动滑道 BC 做往返运动。试求当曲柄 OA 与轴 Ox 的夹角为 30°时滑道 BC 的速度。

5-12　习题 5-12 图所示瓦特离心调速器以角速度 ω 绕铅垂轴转动。由于机器负荷的变化，调速器重球以角速度 ω_1 向外张开。已知：$\omega=10\text{rad/s}$，$\omega_1=1.21\text{rad/s}$；球柄长 $l=0.5\text{m}$；悬挂球柄的支点到铅垂轴的距离 $e=0.05\text{m}$；球柄与铅垂轴夹角 $\alpha=30°$。试求此时重球的绝对速度。

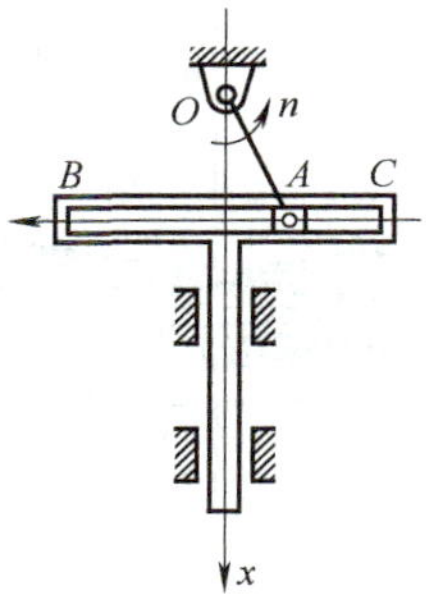

习题 5-11 图

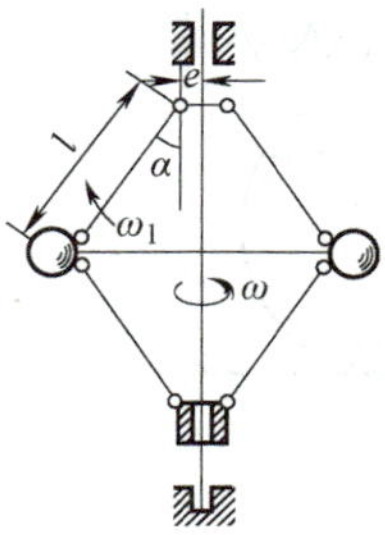

习题 5-12 图

5-13　习题 5-13 图所示铰接四边形机构中，$O_1A=O_2B=100\text{mm}$，$O_1O_2=AB$，杆 O_1A 以等角速度 $\omega=2\text{rad/s}$ 绕轴 O_1 转动。杆 AB 上有一套筒 C，此套筒与杆 CD 相铰接，机构的各部件都在同一铅垂面内。试求当 $\varphi=60°$时杆 CD 的速度和加速度。

5-14　如习题 5-14 图所示，直角曲杆 OBC 绕 O 轴转动，使套在其上的小环 M 沿固定直杆 OA 滑动。已知：$OB=0.1\text{m}$，$OB\perp BC$，曲杆的角速度 $\omega=0.5\text{rad/s}$。试求当 $\varphi=60°$时小环 M 的速度和加速度。

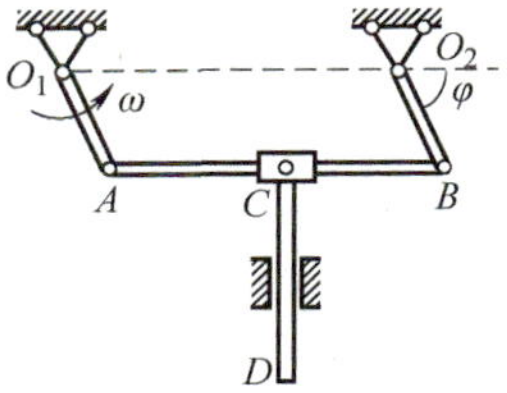

习题 5-13 图

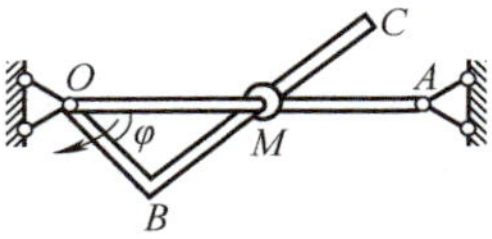

习题 5-14 图

5-15 习题5-15图所示圆环以角速度 $\omega=4\text{rad/s}$、角加速度 $\alpha=2\text{rad/s}^2$ 绕轴 O 转动。圆环上的套管 A 在图示瞬时相对圆环的速度 $v_r=5\text{m/s}$、$a_r^t=8\text{m/s}^2$，方向如图所示。试求套管 A 的绝对速度和绝对加速度。

5-16 习题5-16图所示偏心凸轮的偏心距 $OC=e$，轮半径 $r=\sqrt{3}e$。凸轮以匀角速度 ω_0 绕轴 O 转动。设某瞬时 $OC\perp CA$。试求该瞬时顶杆 AB 的绝对速度和绝对加速度。

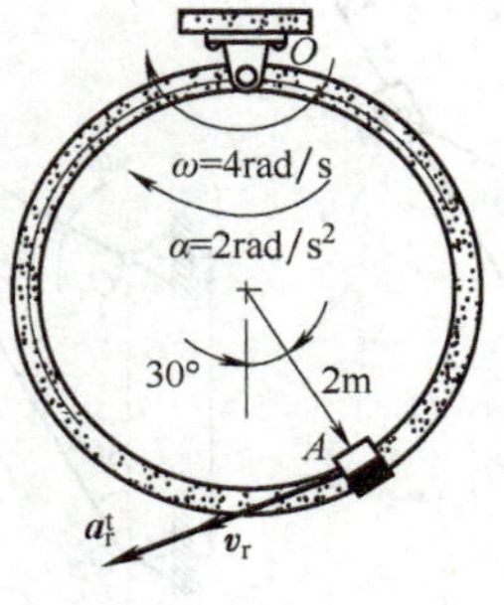

习题5-15图

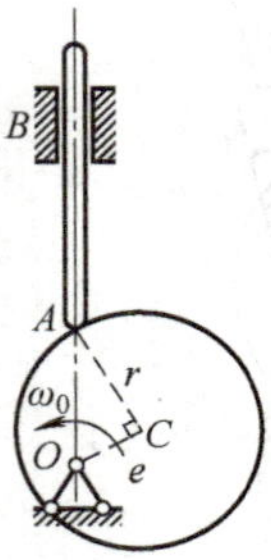

习题5-16图

5-17 习题5-17图所示偏心轮摇杆机构中，摇杆 O_1A 借助弹簧压在半径为 R 的偏心轮 C 上。偏心轮 C 绕轴 O 往复摆动，从而带动摇杆绕轴 O_1 摆动。设 $OC\perp OO_1$ 时，轮 C 的角速度为 ω，角加速度为零，$\theta=60°$。试求该瞬时摇杆 O_1A 的角速度 ω_1 和角加速度 α_1。

5-18 习题5-18图所示直升飞机以速度 $v_H=1.22\text{m/s}$ 和加速度 $a_H=2\text{m/s}^2$ 向上运动。与此同时，机身（不是旋翼）绕铅垂轴 z 以等角速度 $\omega_H=0.9\text{rad/s}$ 转动。若尾翼相对机身转动的角速度为 $\omega_{BH}=180\text{rad/s}$，试求位于尾翼叶片顶端的一点的速度和加速度。

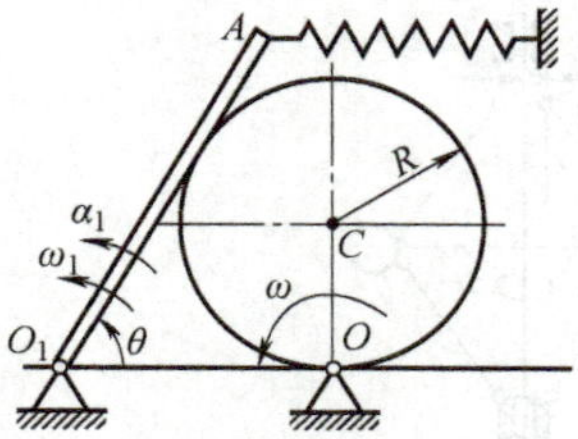

习题5-17图

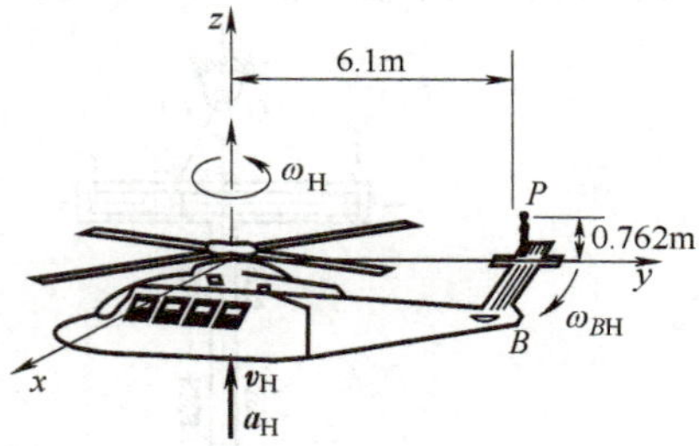

习题5-18图

第 6 章 刚体平面运动

刚体的平面运动是工程中一种常见而又比较复杂的运动形式。本章首先以刚体平移和定轴转动的分析结果为基础，应用运动分解和合成的方法，研究刚体平面运动的整体运动性质；然后，运用点的复合运动理论将刚体平面运动分解，建立刚体上各点速度之间、加速度之间的关系。这既是运动学的重点内容，同时也是平面运动刚体动力学的基础。

6.1 刚体平面运动方程

6.1.1 刚体平面运动力学模型的简化

图 6-1 所示的曲柄连杆滑块机构中，曲柄 OA 绕轴 O 做定轴转动，滑块 B 做水平直线平移，而连杆 AB 的运动既不是平移也不是定轴转动，但它运动时具有这样一个特点：即在运动过程中，刚体上任意点到某一固定平面的距离始终保持不变。这种运动称为刚体的**平面运动**（planar motion）。又如，行星减速器机构中三个行星齿轮的运动（图 6-2），以及沿直线轨道做纯滚动的车轮的运动等。

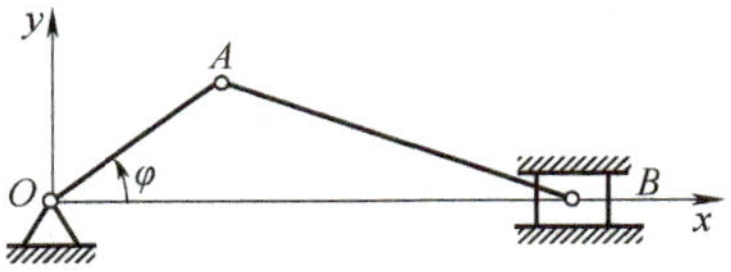

图 6-1 曲柄连杆滑块机构

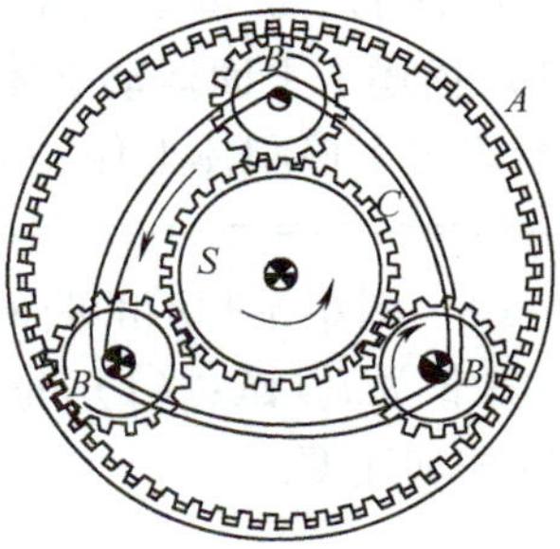

图 6-2 行星减速器机构

行星齿轮机构中的行星轮 B 等，它们既不是平移，也不是定轴转动，但它们有一个共同的运动特点：在运动过程中，刚体上任意一点到某一固定平面的距离始终保持不变，即刚体上任一点都始终保持在与这一固定平面平行的某一平面内运动。

图 6-3 所示为做平面运动的一般刚体，刚体上各点至固定平面 α_1 的距离保持不变。过刚体上任意点 A，作另一固定平面 α_2 与平面 α_1 平行，平面 α_2 与刚体相交并截出一**平面图形**

(section) S。当刚体做平面运动时，平面图形 S 就在平面 α_2 内运动。显然，刚体上过点 A 且垂直于平面 α_1 的直线上 A_1，A_2，A_3，…各点的运动与点 A 是相同的（直线 A_1A_2 做平移）。因此，平面图形 S 上的各点的运动就代表了刚体内所有垂直于该平面的直线的运动，也就代表了整个刚体的运动。进而，平面图形 S 上的任意线段 AB 又能代表该图形的运动，如图6-4所示。于是，研究刚体的平面运动可以简化为研究平面图形 S 或其上任一线段 AB 在固定平面 α_2 内的运动。

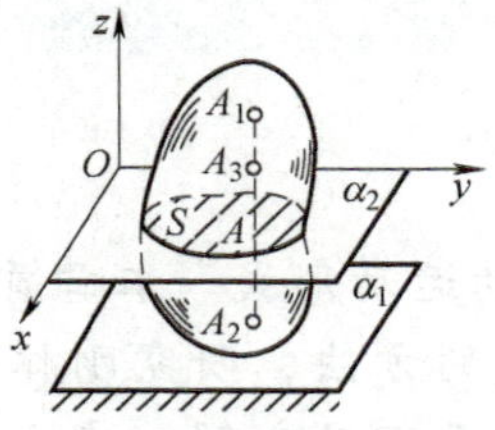

图6-3　做平面运动的一般刚体

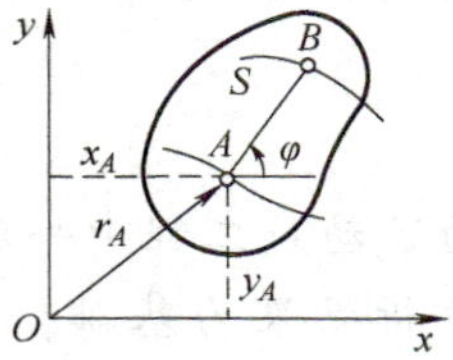

图6-4　做平面运动的平面图形

6.1.2　刚体平面运动的运动方程

为了确定线段 AB 在平面 Oxy 上的位置（图6-4），需要三个独立变量，一般选用广义坐标 $q=(x_A,\ y_A,\ \varphi)$。其中，线坐标 x_A、y_A 确定点 A 在该平面上的位置，角坐标 φ 确定线段 AB 在该平面中的方位。所以，做平面运动的刚体有三个自由度，即 $N=3$。

刚体平面运动的运动方程为

$$\begin{cases} x_A=f_1(t) \\ y_A=f_2(t) \\ \varphi=f_3(t) \end{cases} \tag{6-1}$$

式中，x_A、y_A 和 φ 均为时间 t 的单值连续函数。显然，如果 φ 为常数，则刚体做平面平移；若 x_A 和 y_A 都是常数，则刚体做定轴转动。这表明，平面平移和定轴转动是平面运动的特例，或者说，刚体的平面运动包含了平面平移和定轴转动两种基本运动。

式（6-1）描述了平面运动刚体的整体运动性质，该式完全确定了平面运动刚体的运动规律，也完全确定了该刚体上任一点的运动性质（轨迹、速度和加速度等）。

[例题6-1]　图6-5所示的曲柄连杆滑块机构中，曲柄 OA 长为 r，以匀角速度 ω 绕轴 O 转动，连杆 AB 长为 l。试：(1) 写出连杆的平面运动方程。(2) 求连杆上一点 $P(AP=l_1)$ 的轨迹、速度和加速度。

解：

1. 建立连杆的平面运动方程

曲柄连杆滑块机构组成的三角形中，有

$$\frac{l}{\sin\varphi}=\frac{r}{\sin\psi}$$

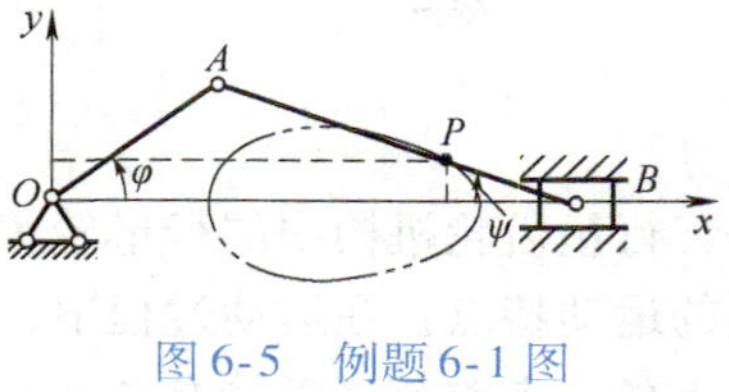

图6-5　例题6-1图

即

$$\sin\psi=\frac{r}{l}\sin\omega t \tag{a}$$

式中，$\varphi=\omega t$。故连杆平面运动的运动方程为

$$\begin{cases}x_A=r\cos\omega t\\ y_A=r\sin\omega t\\ \psi=\arcsin\left(\dfrac{r}{l}\sin\omega t\right)\end{cases}\tag{b}$$

2. 求连杆上任意点 $P(AP=l_1)$ 的轨迹、速度和加速度

根据约束条件，可以写出连杆上任意点 P 的运动方程

$$\begin{cases}x_P=r\cos\omega t+l_1\cos\psi\\ y_P=(l-l_1)\sin\psi\end{cases}\tag{c}$$

将式（a）代入式（c），有

$$\begin{cases}x_P=r\cos\omega t+l_1\sqrt{1-\left(\dfrac{r}{l}\sin\omega t\right)^2}\\ y_P=\dfrac{r(l-l_1)}{l}\sin\omega t\end{cases}\tag{d}$$

式（d）即为点 P 的运动方程。

对式（d）求一阶和二阶导数，可以得到点 P 的速度和加速度表达式。

但由式（d）不易分析出点 P 的运动轨迹，首先分析几种特殊情形：

（1）当 $l_1=0$ 时，即点 P 与点 A 重合时，其运动方程为

$$\begin{cases}x_P=r\cos\omega t\\ y_P=r\sin\omega t\end{cases}$$

运动轨迹为圆

$$x_P^2+y_P^2=r^2$$

（2）当 $l_1=l$ 时，即点 P 与点 B 重合时，其运动方程为

$$\begin{cases}x_P=r\cos\omega t+\sqrt{l^2-r^2\sin^2\omega t}\\ y_P=0\end{cases}$$

运动轨迹为直线

$$y_P=0$$

（3）当 $r=l$、$0<l_1<l$ 时，即曲柄和连杆等长，连杆上任意点 P 的运动方程为

$$\begin{cases}x_P=(r+l_1)\cos\omega t\\ y_P=(r-l_1)\sin\omega t\end{cases}$$

运动轨迹为椭圆

$$\left(\frac{x_P}{r+l_1}\right)^2+\left(\frac{y_P}{r-l_1}\right)^2=1$$

在上述三种特殊情形下，点 P 的运动轨迹是一种“简单曲线”；而在一般情形下，点 P 的运动轨迹比较复杂，其轨迹的表达式较难得到。图6-5中的卵形双点划线即为一般情形下点 P 的运动轨迹。它是上下对称、左宽右窄的封闭曲线，并且点 P 越接近点 A，其轨迹越接近于圆；点 P 越接近于 B 点，轨迹形状越扁，越接近于直线。可见，做平面运动的刚体，其上各点的运动轨迹各不相同。

解析法可求得平面图形上各点速度、加速度的时间历程，是一种适宜于用计算机进行计算的方法。然而，为了了解同一瞬时平面图形上各点速度或加速度的关系，即任一瞬时平面图形上各点速度或加速度的分布情况，则宜采用**几何法**。

6.2 平面运动分解为平移和转动

本节将用运动合成与分解的方法，对刚体平面运动进行再研究，将比较复杂的平面运动看作是两个简单运动的合成。

以沿直线道路行驶的车轮为例，如图6-6所示。第5章曾分析过轮缘上一点 P 的复合运动，现在来分析车轮整体的复合运动。定系 Oxy 固连于地面，动系 $O'x'y'$ 固连于车厢，则车轮的绝对运动为平面运动，相对运动为绕轴 O' 的转动，而牵连运动为平移。因此，车轮的平面运动可以看作是随动系 $O'x'y'$ 的平移与相对于动系的转动的合成。

再以做平面运动的一般刚体为例，如果平面图形 S 中的 A 点固定不动，则平面图形将绕轴 A 做定轴转动；如果平面图形 S 中的线段 AB 的方位保持不变（即 φ = 常数），则平面图形将做平移。故此，平面图形的平面运动可以看作是平移和定轴转动的合成运动。

设在时间间隔 Δt 内，平面图形 S 从 t 瞬时的位置Ⅰ运动到 $t+\Delta t$ 瞬时的位置Ⅱ，相应地，位置Ⅰ处的任意线段 AB 运动至位置Ⅱ处的 $A'B'$，如图6-7所示。若 t 瞬时在点 A 处建立一平移动系 $Ax'y'$（人为设置的抽象平移动系且与定坐标系 Oxy 平行，亦可与定坐标系有一固定夹角），并且在平面图形 S 做平面运动的过程中，该平移动系的坐标原点随同平面图形上的点 A 一起运动，坐标轴始终与其自身的初始位置平行，通常将这一平移动系的坐标原点 A 称为**基点**（base point）。

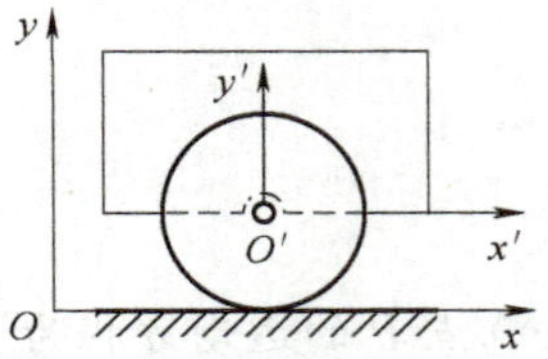

图6-6 车轮的运动分解

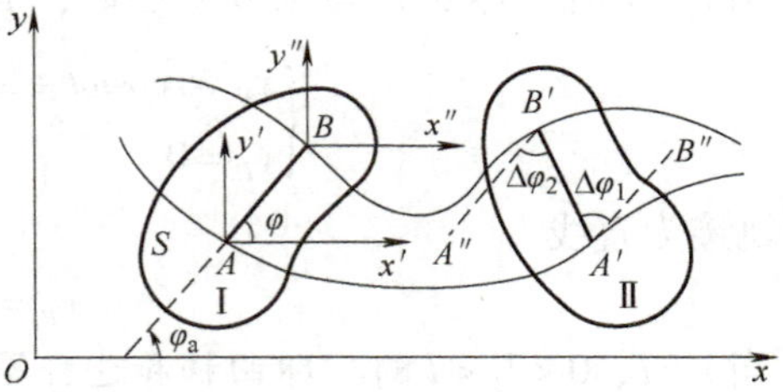

图6-7 一般刚体平面运动的分解

于是，线段 AB 的平面运动（绝对运动）就可分解为：①随基点 A 的平移（牵连运动），即由 AB 到达 $A'B''$（$AB /\!/ A'B''$）；②绕基点 A 的转动（相对运动），即由 $A'B''$ 转过角度 $\Delta\varphi_1$ 后到达 $A'B'$。若取点 B 为基点并建立以 B 为原点的平移动系 $Bx''y''$（该平移动系亦可与 $Ax'y'$ 不平行），则线段 AB 的平面运动又可分解为：①随基点 B 的平移，即由 AB 到达 $A''B'$（$AB /\!/ A''B'$）；②绕基点 B 的转动，即由 $A''B'$ 转过角度 $\Delta\varphi_2$ 后到达 $A'B'$。事实上，当刚体做平面运动时，平移和转动总是同时进行的，而将复杂运动分解为不同步的简单运动的合成是为了便于研究。

当将平面运动分解为随基点的平移和绕基点的转动时，平移规律与基点的选择有关，而

转动规律却与基点的选择无关。如图6-7所示，当取点B为基点时，由于它与点A的运动方程［式（6-1）的前两式］、运动轨迹（曲线AA'和曲线BB'）、速度和加速度均不相同，牵连运动自然不同。但由于牵连运动为平移，相对运动即转过的角度的大小、转向均相同，并有

$$\Delta\varphi_1 = \Delta\varphi_2 = \Delta\varphi_a = \Delta\varphi \tag{6-2}$$

即平面图形相对于任一平移动系的转角也等于平面图形在定系中的绝对转角，称为平面图形的转角。

平面图形相对于平移动系的角速度就是平面图形的角速度，大小等于相对平移动系转过的角度对时间的变化率，即

$$\omega = \lim_{\Delta t\to 0}\frac{\Delta\varphi_1}{\Delta t} = \lim_{\Delta t\to 0}\frac{\Delta\varphi_2}{\Delta t} = \lim_{\Delta t\to 0}\frac{\Delta\varphi}{\Delta t} = \frac{\mathrm{d}\varphi}{\mathrm{d}t} \tag{6-3}$$

故平面图形的角速度$\omega = \dot{\varphi}$，与基点的选择无关。同理，平面图形的角加速度$\alpha = \ddot{\varphi}$，与基点的选择也无关。因此，平面运动刚体的角速度和角加速度是描述刚体整体转动情况的运动特征量。

6.3 平面图形上各点的速度分析

6.3.1 基点法

考察图6-8所示平面图形S。已知在t瞬时，S上点A的速度$\boldsymbol{v}_A$和S的角速度ω，为求S上点B在该瞬时的速度，可以点A为基点，建立平移动系$Ax'y'$，则平面图形S的平面运动可分解为随$Ax'y'$的平移和相对它的转动。这样，根据点的复合运动理论，点B的绝对运动（平面曲线运动）就被分解成做平移的牵连运动和做圆周运动的相对运动。根据速度合成定理，并沿用刚体运动的习惯符号，有

$$\boldsymbol{v}_B = \boldsymbol{v}_a = \boldsymbol{v}_e + \boldsymbol{v}_r = \boldsymbol{v}_A + \boldsymbol{v}_{BA}$$

即

$$\boldsymbol{v}_B = \boldsymbol{v}_A + \boldsymbol{v}_{BA} \tag{6-4}$$

式中，牵连速度即基点的速度$\boldsymbol{v}_e = \boldsymbol{v}_A$；点$B$相对平移动系$Ax'y'$的速度$\boldsymbol{v}_r$记为$\boldsymbol{v}_{BA}$，且$\boldsymbol{v}_{BA} = \boldsymbol{\omega}\times\boldsymbol{r}_{AB}$，$\boldsymbol{r}_{AB}$为自基点$A$引向点$B$的位矢。几何上，由以$\boldsymbol{v}_A$和$\boldsymbol{v}_{BA}$为边的速度平行四边形，可求得点$B$的速度$\boldsymbol{v}_B$。

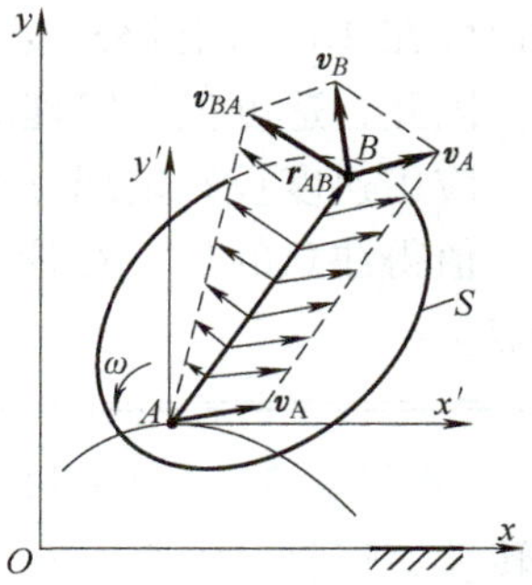

图6-8 平面图形S上点的速度分析

式（6-4）表明，平面图形上任一点B的速度v_B等于基点的速度v_A与点B相对于以基点为原点的平移动系的相对速度v_{BA}的矢量和。这种确定平面图形上点的速度的方法称为基点法（method of base point）。

在图6-8中，还画出了平面图形上线段AB之各点的牵连速度$\boldsymbol{v}_e = \boldsymbol{v}_A$与相对速度$\boldsymbol{v}_{BA}$的分布。不难看出，$AB$上各点的牵连速度呈均匀分布，而相对速度则与该点至基点A的距离呈线性分布。

总之，用基点法分析平面图形上点的速度，如图6-9所示，只是速度合成定理的具体应用而已。

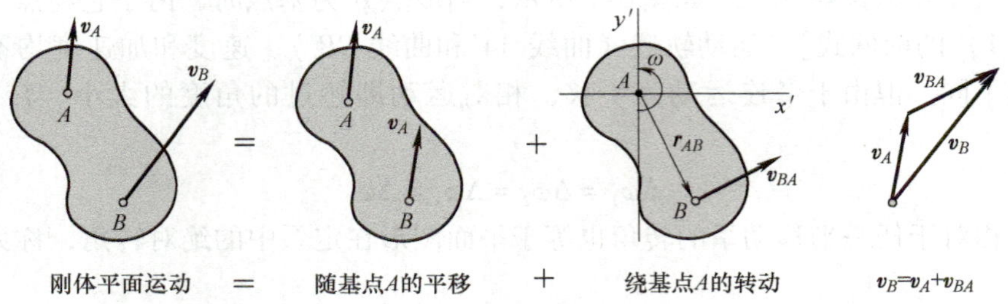

图 6-9　基点法分析平面图形上点的速度

6.3.2　速度投影法

将式（6-4）中的各项速度分别向 A、B 两点的连线 AB 投影，如图 6-10 所示。由于 $\boldsymbol{v}_{BA}=\boldsymbol{\omega}\times\boldsymbol{r}_{AB}$始终垂直于线段 AB，因此得

$$v_B\cos\beta=v_A\cos\alpha \tag{6-5}$$

式中，角 α、β 分别为速度 $\boldsymbol{v}_A$、$\boldsymbol{v}_B$ 与线段 AB 间的夹角。

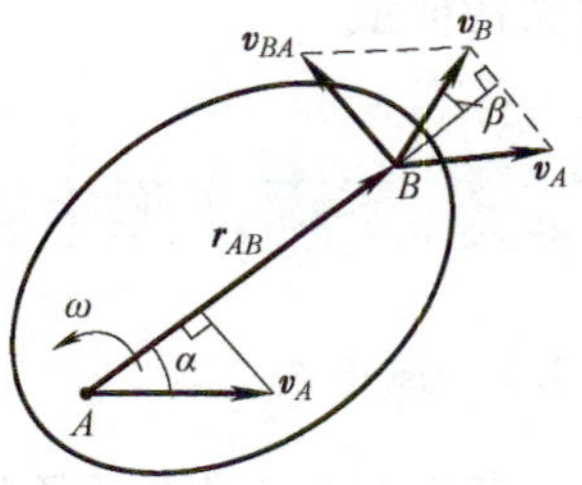

图 6-10　速度投影定理的几何表示

式（6-5）表明，平面图形上任意两点的速度在该两点连线上的投影相等，这称为**速度投影定理**（theorem of projections of the velocity）。速度投影定理是一代数方程，故只能求解一个未知量。

这个定理的正确性也可以从另一角度得到证明：平面是从刚体上截取的，图形上 A、B 两点的距离应保持不变，所以这两点的速度在 AB 方向的分量必须相等，否则两点距离必将伸长或缩短。因此，速度投影定理对所有的刚体运动形式都是适用的。

应用速度投影定理分析平面图形上点的速度的方法称为**速度投影法**。

值得注意的是，在应用式（6-4）和式（6-5）时，A、B 两点应是同一刚体上的不同点。

［例题 6-2］　图 6-11 所示的曲柄连杆滑块机构中，曲柄 OA 长为 r，以匀角速度 ω_0 绕轴 O 转动，连杆 AB 长为 l。试求曲柄转角 $\varphi=\varphi_0$（此瞬时 $\angle OAB=90°$）时，滑块 B 的速度 $\boldsymbol{v}_B$ 与连杆 AB 的角速度 ω_{AB}。

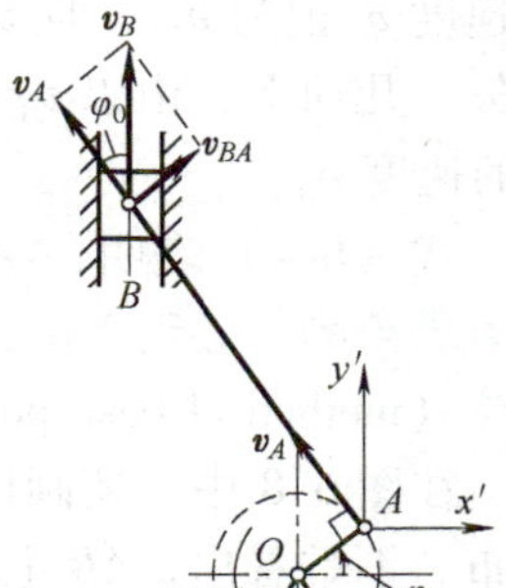

图 6-11　例题 6-2 图

解：1. 基点法

因曲柄 OA 上点 A 的速度已知，故选点 A 为基点，并建立平移动系 $Ax'y'$。

由基点法，点 B 的速度可表示为

$$\boldsymbol{v}_B=\boldsymbol{v}_A+\boldsymbol{v}_{BA} \tag{a}$$

式中，$\boldsymbol{v}_B$的方向铅垂向上，大小未知；$\boldsymbol{v}_A$的方向垂直于 OA，指向点 B，大小为 $r\omega_0$；$v_{BA}\perp AB$，指向右上方，大小未知。作速度平行四边形，如图 6-11 所示。

由几何关系，求得

$$v_B = \frac{v_A}{\cos\varphi_0} = \frac{r\omega_0}{\cos\varphi_0}(\uparrow) \tag{b}$$

$$v_{BA} = v_A\tan\varphi_0 = r\omega_0\tan\varphi_0$$

则连杆 AB 的角速度为

$$\omega_{AB} = \frac{v_{BA}}{l} = \frac{r}{l}\omega_0\tan\varphi_0 \quad \text{（顺时针）} \tag{c}$$

2. 速度投影法

由式（6-5），有

$$v_A = v_B\cos\varphi_0$$

于是点 B 的速度大小为

$$v_B = \frac{r\omega_0}{\cos\varphi_0}(\uparrow)$$

但速度投影法不能求出连杆 AB 的角速度。

6.3.3 瞬时速度中心法

1. 瞬时速度中心的定义

如果平面图形的角速度 $\omega \neq 0$，则在每一瞬时，平面图形或其扩展部分上都唯一存在速度为零的点，该点称为瞬时速度中心（instantaneous center of velocity），简称速度瞬心，记为 C^*，即$\boldsymbol{v}_{C^*}=0$。

2. 瞬时速度中心的意义

若已知平面图形在 t 瞬时的速度瞬心 C^* 与角速度 ω，则可以点 C^* 为基点建立平移动系，分析图形上点的速度。此时，基点速度 $v_{C^*}=0$，式（6-4）化为

$$\boldsymbol{v}_B = \boldsymbol{v}_{BC^*} = \boldsymbol{\omega} \times \boldsymbol{r}_{C^*B} \tag{6-6}$$

式中，$\boldsymbol{r}_{C^*B}$为自点 C^* 至点 B 的位矢。

式（6-6）表明，平面图形上待求速度点 B 的牵连速度等于零，绝对速度就等于相对速度。如图 6-12 所示，线段 C^*B 上各点的速度大小与该点至点 C^* 的距离呈线性分布，其速度方向垂直于线段C^*B，指向与图形的转向相一致。图中，线段 C^*A 与 C^*C 上各点的速度分布亦相同。可见，就速度分布而言，平面图形在该瞬时的运动与假设它绕点 C^* 做定轴转动相类似。

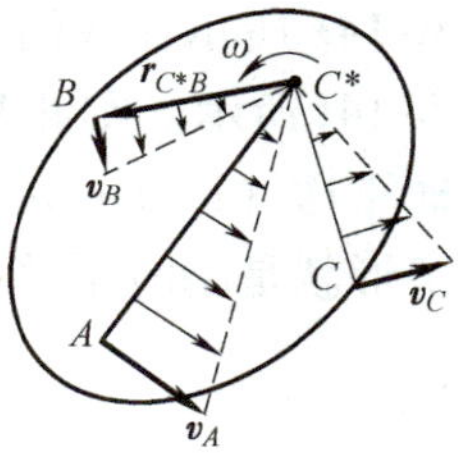

图 6-12　平面图形在 t 瞬时的运动图像

因此，速度瞬心的概念对运动比较复杂的平面图形给出了清晰的运动图像：平面图形的瞬时运动为绕该瞬时的速度瞬心做瞬时转动，其连续运动为绕图形上一系列的速度瞬心做瞬时转动；同时这也为分析平面图形上各点的速度提供了一种有效方法。若已知平面图形的速度瞬心 C^* 与角速度 ω，则图形上各点的速度均可求出。

3. 瞬时速度中心存在唯一性的证明（几何法）

在 t 瞬时，表征平面图形 S 运动的物理量 $\boldsymbol{v}_A$、ω 如图 6-13 所示。在平面图形 S 上，过点 A 作垂直于该点速度 $\boldsymbol{v}_A$ 的直线 AP。根据式（6-4），以点 A 为基点，分析直线 AP 上各点

的速度可知：AP 上各点的速度包括两部分：一是与基点速度相同的部分，呈均匀分布；另一部分是相对速度，这一部分速度自 A 点起沿 AP 呈线性发布，这两部分的速度不仅共线而且反向。所以在直线 AP 上唯一存在一点 C^*，使得

$$v_{C^*}=v_A-v_{C^*A}=v_A-AC^*\cdot\omega=0 \tag{6-7}$$

所以

$$AC^*=\frac{v_A}{\omega} \tag{6-8}$$

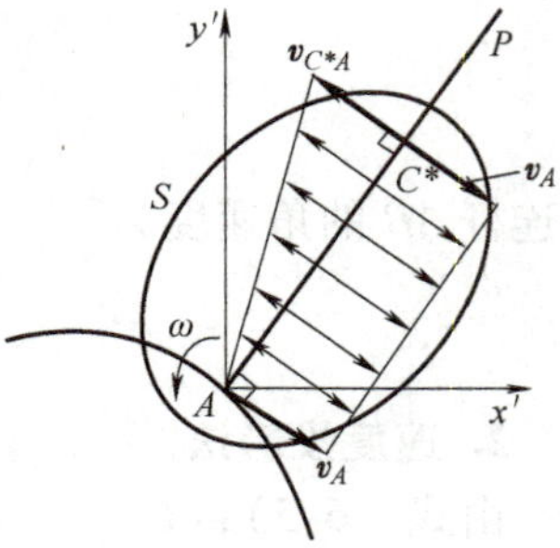

图 6-13　速度瞬心唯一存在的几何证明

由于表征平面图形运动的物理量是随时间变化的，即 $\boldsymbol{v}_A(t)$、$\omega(t)$。因此，速度瞬心在图形上的位置也在不断变化，即：**在不同瞬时，平面图形上有不同的速度瞬心**。这是它与定轴转动的重要区别。

4. 瞬时速度中心的确定

确定平面图形在某一瞬时的速度瞬心，与已知定轴转动刚体上两点速度的有关量确定刚体转轴位置的过程相似。下面介绍几种常见情形：

（1）已知某瞬时平面图形上 A、B 两点速度的方向且互不平行，如图 6-14a 所示。由于各点速度垂直于该点与速度瞬心的连线，因此过 A、B 两点分别作速度 $\boldsymbol{v}_A$、$\boldsymbol{v}_B$ 的垂线，其交点就是速度瞬心 C^*。

（2）已知某瞬时平面图形上 A、B 两点速度的大小与方向，且方向均垂直于该两点的连线 AB，如图 6-14b、c 所示。则 A、B 两点速度矢端的连线与该两点连线（或连线的延长线）的交点就是速度瞬心 C^*。

（3）已知平面图形在某固定面（水平面或曲面）上做纯滚动，则平面图形上与固定面的接触点就是速度瞬心 C^*，如图 6-14d 所示。因为此时平面图形上的接触点 C^* 和固定面上的接触点 C 之间无相对滑动，故有相等的速度零，所以平面图形上的接触点 C^* 即为速度瞬心。

（4）已知某瞬时平面图形上 A、B 两点的速度平行，但不垂直于两点的连线 AB，如图 6-14e 所示；或两点的速度均垂直于两点连线 AB，且两速度大小相等、指向相同，如图 6-14f 所示。则此时图形的速度瞬心在无穷远处，平面图形的角速度 $\omega=0$，平面图形做**瞬时平移**（instantaneous translation），该瞬时图形上各点的速度完全相同。例题 6-2 中 $\varphi=0°$ 的情形就是瞬时平移，请读者自行分析。

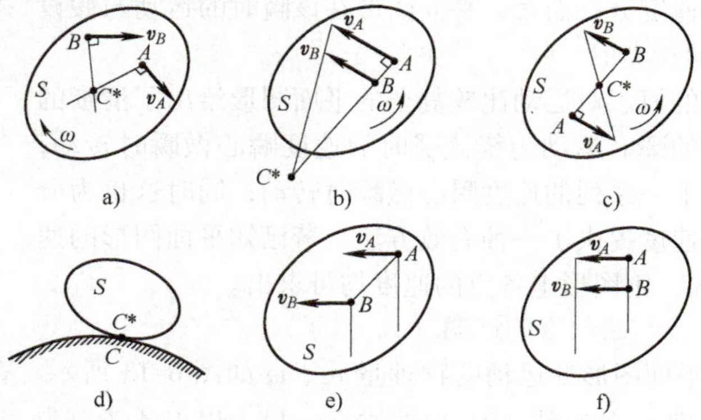

图 6-14　几种常见情形下速度瞬心位置的确定

注意：瞬时平移与平移是不同的。发生瞬时平移的平面图形仅在这一瞬时其上各点的速度相同，而另一瞬时则不相同，而且即使在同一瞬时，各点的加速度并不一定相同；而对于平移而言，任一瞬时刚体上各点的速度与加速度均相同。

另外，速度瞬心 C^* 有时位于平面图形以内，有时却位于平面图形边界以外，图 6-14b 所示的就是一例，这时可以认为速度瞬心位于图形的扩展部分上。

用确定瞬时速度中心的方法分析平面图形上点的速度的方法称为瞬时速度中心法，简称**速度瞬心法**。

[例题 6-3]　图 6-15 所示多连杆机构中，曲柄 $OA=150\text{mm}$，连杆 $AB=200\text{mm}$，连杆 $BD=300\text{mm}$。在图示位置，$OA\perp OO_1$，$AB\perp OA$，$O_1B\perp BD$。曲柄 OA 的角速度为 $\omega=4\text{rad/s}$，求此瞬时点 B 和点 D 的速度，以及杆 AB 和杆 BD 的角速度。

解：由于杆 AB 和杆 BD 均作平面运动，且杆 AB 在点 A 与运动已知的杆 OA 相连接，所以，先以杆 AB 为研究对象。又由于杆 O_1B 做定轴转动，故杆 AB 上 A、B 两点的速度方向均已知，如图 6-15 所示。作两速度的垂线并交于点 O_{AB}，点 O_{AB} 即为杆 AB 的速度瞬心。

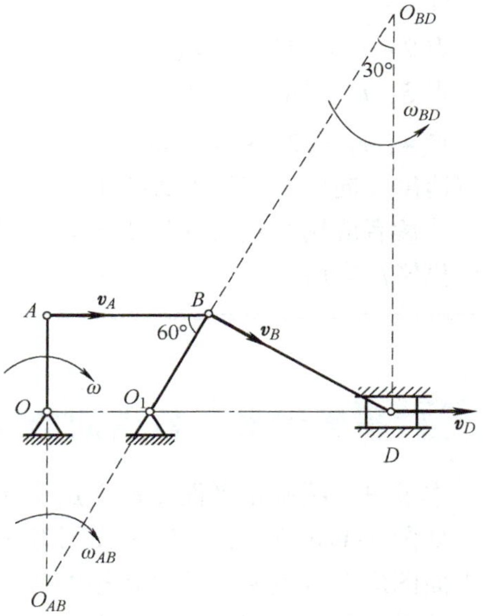

图 6-15　例题 6-3 图

显然

$$\omega_{AB}=\frac{v_A}{O_{AB}A}$$

式中，

$$O_{AB}A=AB\cdot\tan60^\circ=200\sqrt{3}\text{mm}$$

$$v_A=\omega\cdot OA=600\text{mm/s}$$

于是，杆 AB 的角速度为

$$\omega_{AB}=\frac{600}{200\sqrt{3}}\text{rad/s}=\sqrt{3}\text{rad/s}\quad（顺时针）$$

由此可求得点 B 的速度

$$v_B=\omega_{AB}\cdot O_{AB}B=\left(\sqrt{3}\times\frac{200}{\cos60^\circ}\right)\text{mm/s}=400\sqrt{3}\text{mm/s}$$

再以杆 BD 为研究对象，已知点 D 的速度方向为水平向右，作 B、D 两点速度的垂线并交于点 O_{BD}，点 O_{BD} 即为杆 BD 的速度瞬心，如图 6-15 所示。由此得杆 BD 的角速度

$$\omega_{BD}=\frac{v_B}{O_{BD}B}$$

式中，

$$O_{BD}B=BD\cdot\cot30^\circ=300\sqrt{3}\text{mm}$$

进而得

$$\omega_{BD}=\frac{400\sqrt{3}}{300\sqrt{3}}\text{rad/s}=\frac{4}{3}\text{rad/s}\quad（逆时针）$$

点 D 的速度为

$$v_D = \omega_{BD} \cdot O_{BD}D = \left(\frac{4}{3} \times \frac{300}{\sin 30°}\right) \text{mm/s} = 800 \text{mm/s}$$

各杆角速度的转向以及各点速度的方向均如图 6-15 所示。

[例题 6-4] 半径为 R 的车轮沿直线轨道做纯滚动，如图 6-16 所示。已知轮心 O 的速度 $\boldsymbol{v}_O$，试求轮缘上点 1、2、3、4 的速度，并画出直线 12、13 与 14 上各点的速度分布。

解：因为车轮沿直线轨道做纯滚动，故车轮上点 1 即为速度瞬心 C^*，于是有

点 1：$v_1 = v_{C^*} = 0$

于是，车轮的角速度为

$$\omega = \frac{v_O}{R} \quad (\text{顺时针})$$

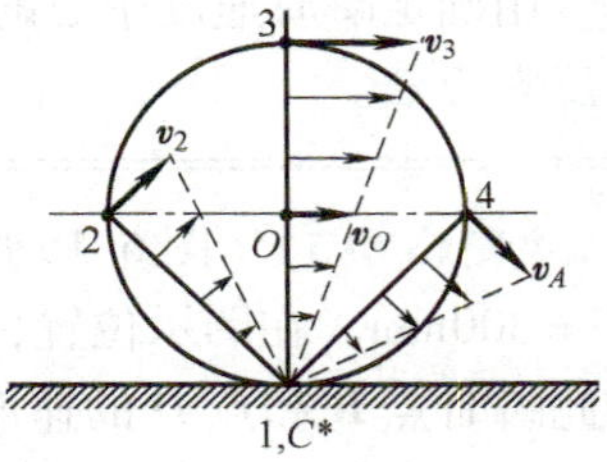

图 6-16 例题 6-4 图

车轮上其余各点的速度均可看作该瞬时绕点 C^* 转动的速度，即

点 2：$v_2 = \sqrt{2}R \cdot \omega = \sqrt{2}v_O$

点 3：$v_3 = 2R \cdot \omega = 2v_O$

点 4：$v_4 = \sqrt{2}R \cdot \omega = \sqrt{2}v_O$

各点速度方向以及车轮上直线 12、13 与 14 上所有点的速度分布均示于图 6-16 中。

请读者应用基点法（以点 O 为基点）校核由速度瞬心法所得结果，并思考本例能否用速度投影法求解？

6.4 平面图形上各点的加速度分析

本节只介绍确定平面图形上点的加速度的基点法。

如图 6-17a 所示，已知平面图形 S 上点 A 的加速度 $\boldsymbol{a}_A$、图形的角速度 ω 与角加速度 α。与平面图形上各点速度的分析相类似，选点 A 为基点，建立平移动系 $Ax'y'$，分解图形的运动，从而也分解了图形上任一点 B 的运动。

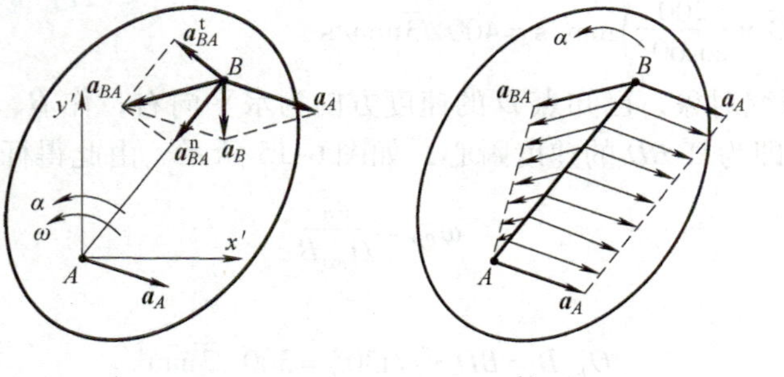

图 6-17 平面图形上点的加速度分析

由于牵连运动为平移，可应用动系为平移时点的加速度合成定理的公式，并沿用刚体运动的习惯符号，有

$$\begin{aligned} \boldsymbol{a}_B = \boldsymbol{a}_a &= \boldsymbol{a}_e + \boldsymbol{a}_r \\ &= \boldsymbol{a}_A + \boldsymbol{a}_{BA} \\ &= \boldsymbol{a}_A + \boldsymbol{a}_{BA}^t + \boldsymbol{a}_{BA}^n \end{aligned}$$

即

$$\boldsymbol{a}_B = \boldsymbol{a}_A + \boldsymbol{a}_{BA}^t + \boldsymbol{a}_{BA}^n \tag{6-9}$$

式中，$\boldsymbol{a}_{BA}$为点 B 相对于平移动系 $Ax'y'$做圆周运动的加速度，而 $\boldsymbol{a}_{BA}^t$与 $\boldsymbol{a}_{BA}^n$分别为其中的**相对切向加速度**（relative tangential acceleration）与**相对法向加速度**（relative normal acceleration），且 $a_{BA}^t = AB \cdot \alpha$，方向垂直于 AB，指向与角加速度 α 的转向一致；$a_{BA}^n = AB \cdot \omega^2$，方向由点 B 指向基点 A。式（6-9）中的各量均已示于图 6-17a 中。

式（6-9）表明，**平面图形上任一点的加速度 $\boldsymbol{a}_B$ 等于基点的加速度 $\boldsymbol{a}_A$ 与点 B 相对于以基点为原点的平移动系的相对切向加速度 $\boldsymbol{a}_{BA}^t$与相对法向加速度 $\boldsymbol{a}_{BA}^n$的矢量和。**式（6-9）为一平面矢量方程，计算时常采用其投影式，可求解两个未知量。

图 6-17b 中还画出了平面图形上线段 AB 之各点的牵连加速度 $\boldsymbol{a}_e = \boldsymbol{a}_A$ 与相对加速度 $\boldsymbol{a}_r = \boldsymbol{a}_{BA}$的分布。

［例题 6-5］ 曲柄连杆滑块机构如图 6-18a 所示。曲柄 OA 长为 r，以匀角速度 ω_0 绕轴 O 转动，连杆 AB 长为 l。试求曲柄转角 $\varphi = \varphi_0$（此时 $OA \perp AB$）与 $\varphi = 0°$（此时 $OA /\!/ AB$）两种情形下，滑块 B 的加速度 $\boldsymbol{a}_B$ 与连杆 AB 的角加速度 α_{AB}。

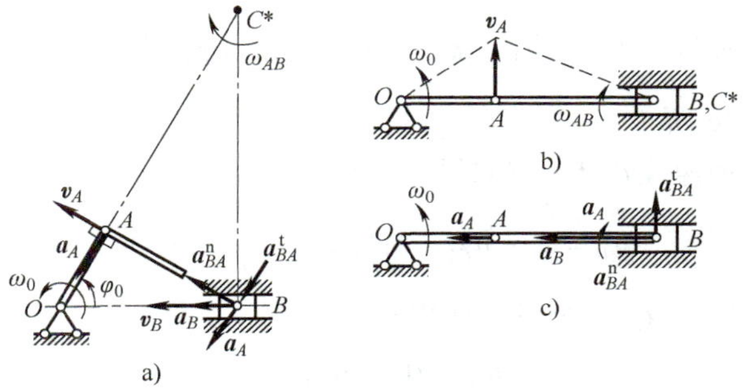

图 6-18　例题 6-5 图

解：1. $\varphi = \varphi_0$ 的情形

连杆 AB 做平面运动，先用速度瞬心法分析速度。已知点 A 的速度 $\boldsymbol{v}_A$ 垂直于 OA，大小为 $v_A = r\omega_0$，点 B 的速度 $\boldsymbol{v}_B$ 方向水平。过 A、B 两点分别作 $\boldsymbol{v}_A$、$\boldsymbol{v}_B$的垂线，其交点 C^* 即为连杆 AB 的速度瞬心。则连杆 AB 的角速度为

$$\omega_{AB} = \frac{v_A}{AC^*} = \frac{r\omega_0}{l^2/r} = \frac{r^2}{l^2}\omega_0 \tag{a}$$

再用基点法分析加速度。以点 A 为基点，由式（6-9），点 B 的加速度为

$$\boldsymbol{a}_B = \boldsymbol{a}_A + \boldsymbol{a}_{BA}^t + \boldsymbol{a}_{BA}^n \tag{b}$$

式中，点 B 的加速度 $\boldsymbol{a}_B$方向水平，大小未知；基点 A 的加速度 $\boldsymbol{a}_A$方向沿 OA 指向 O，大小为 $a_A = r\omega_0^2$；点 B 的相对切向加速度 $\boldsymbol{a}_{BA}^t$的方向垂直于 AB，大小未知；相对法向加速度 $\boldsymbol{a}_{BA}^n$的方向沿 BA 指向 A，大小为 $a_{BA}^n = AB \cdot \omega_{AB}^2 = \frac{r^4}{l^3}\omega_0^2$。各加速度方向如图 6-18a 所示。

将式（b）中各项加速度沿 BA 方向投影，有

$$a_B \sin\varphi_0 = a_{BA}^{n}$$

解得

$$a_B = \frac{a_{BA}^{n}}{\sin\varphi_0} = \frac{r^4\omega_0^2}{l^3 \sin\varphi_0} \quad (\leftarrow) \tag{c}$$

再将式（b）中各项加速度向 $\boldsymbol{a}_A$ 方向投影，有

$$a_B \cos\varphi_0 = a_A - a_{BA}^{t}$$

解得

$$a_{BA}^{t} = a_A - a_B\cos\varphi_0 = r\omega_0^2 - \frac{r^4}{l^3}\omega_0^2 \cot\varphi_0$$

于是，杆 AB 的角加速度为

$$\alpha_{AB} = \frac{a_{BA}^{t}}{AB} = \frac{r}{l}\omega_0^2\left(1 - \frac{r^3}{l^3}\cot\varphi_0\right) \tag{d}$$

2. $\varphi=0°$的情形

如图6-18b所示，过 A、B 两点分别作 $\boldsymbol{v}_A$、$\boldsymbol{v}_B$ 的垂线，其交点恰好位于点 B。因此，点 B 即为连杆 AB 的速度瞬心 C^*。于是，连杆 AB 的角速度为

$$\omega_{AB} = \frac{v_A}{AB} = \frac{r\omega_0}{l} \tag{e}$$

仍用基点法分析加速度。此情形下，$\boldsymbol{a}_A$ 的大小与 $\varphi=\varphi_0$ 时相同，但 $a_{BA}^{n} = AB \cdot \omega_{AB}^2 = \frac{r^2}{l}\omega$。各加速度方向如图6-18c所示。

将式（b）中各项加速度沿 BA 方向投影，得

$$a_B = a_A + a_{BA}^{n} = r\omega_0^2\left(1 + \frac{r}{l}\right) \quad (\leftarrow) \tag{f}$$

而在 AB 的垂线方向上只有 $\boldsymbol{a}_{BA}^{t}$ 一个量，所以有

$$a_{BA}^{t} = 0, \quad \alpha_{AB} = 0 \tag{g}$$

此情形下的结果表明，速度瞬心 B 的速度为零，但加速度不为零。这也说明在下一瞬时，点 B 将不再是速度瞬心，即速度瞬心是瞬时的。

[例题6-6] 如图6-19a所示，半径为 R 的车轮沿直线轨道做纯滚动。已知轮心 O 的速度 $\boldsymbol{v}_O$ 和加速度 $\boldsymbol{a}_O$。试求轮缘上点1、2、3、4的加速度。

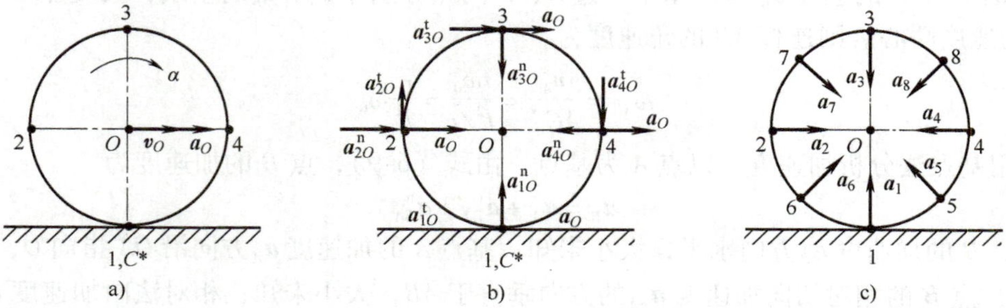

图6-19 例题6-6图

解：车轮做平面运动。由例题6-4可知车轮的角速度为

$$\omega = \frac{v_O}{R} \quad （顺时针） \tag{a}$$

因轮心 O 的加速度已知，故以轮心 O 为基点，由式（6-9），轮缘上任一点 P（图 6-19 中未标出）的加速度为

$$\boldsymbol{a}_P = \boldsymbol{a}_O + \boldsymbol{a}_{PO}^{\mathrm{t}} + \boldsymbol{a}_{PO}^{\mathrm{n}} \tag{b}$$

在例题 6-5 中，待求点的加速度方向是已知的，而本例中，待求点的加速度大小、方向均未知。因此，必须先求出圆轮的角加速度 α，否则问题无法求解。

因式（a）在任一瞬时均成立，故可将其对时间求一阶导数，得

$$\alpha = \dot{\omega} = \frac{\dot{v}_O}{R} = \frac{a_O}{R} \quad （顺时针） \tag{c}$$

由此，式（b）中等号右边的三项除 $\boldsymbol{a}_O$ 已知外，其余两项的大小分别为

$$\begin{cases} a_{PO}^{\mathrm{t}} = \alpha R = a_O \\ a_{PO}^{\mathrm{n}} = \omega^2 R = \dfrac{v_O^2}{R} \end{cases} \tag{d}$$

于是，由式（b）和式（d），轮缘上点 1、2、3、4 的加速度分别为

点 1：$\boldsymbol{a}_1 = \dfrac{v_O^2}{R}\boldsymbol{j}$

点 2：$\boldsymbol{a}_2 = \left(a_O + \dfrac{v_O^2}{R}\right)\boldsymbol{i} + a_O\boldsymbol{j}$

点 3：$\boldsymbol{a}_3 = 2a_O\boldsymbol{i} - \dfrac{v_O^2}{R}\boldsymbol{j}$

点 4：$\boldsymbol{a}_4 = \left(a_O - \dfrac{v_O^2}{R}\right)\boldsymbol{i} - a_O\boldsymbol{j}$

各点加速度的方向如图 6-19b 所示。

本例结果表明，当车轮做纯滚动且轮心 O 做等速运动时，速度瞬心 C^* 的加速度不为零。此时轮缘上各点的加速度分布如图 6-19c 所示，即大小均相同，方向均指向轮心 O。

请读者思考，此时的加速度是“绝对法向加速度”吗？可参考例题 4-2 的结论。

［例题 6-7］　平面运动机构如图 6-20a 所示。已知：$OA = AB = l = 200\mathrm{mm}$，圆轮的半径 $r = 50\mathrm{mm}$，沿铅垂平面做纯滚动。在图示位置时，曲柄 OA 水平，其角速度 $\omega = 2\mathrm{rad/s}$，角加速度 α 为 0，连杆 $AB \perp OA$。试求该瞬时：（1）圆轮的角速度 ω_B 和角加速度 α_B；（2）连杆 AB 的角加速度 α_{AB}。

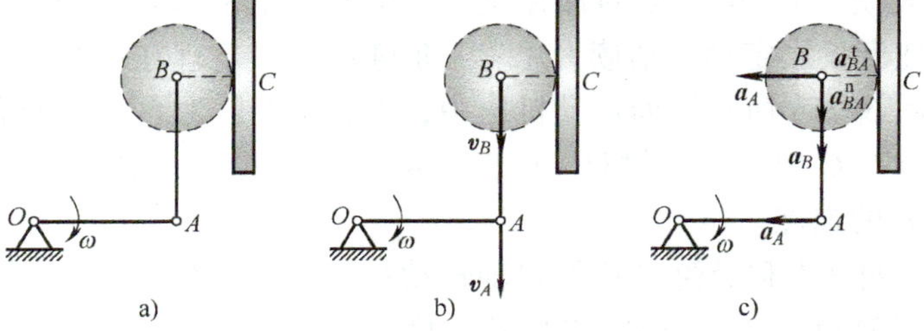

图 6-20　例题 6-7 图

解：1. 机构的运动分析

杆 OA 绕轴 O 做定轴转动，而杆 AB 和圆轮 B（纯滚动）均做平面运动，故可分别以点 A 和点 B 的运动量为中间量，通过已知量（杆 OA 转动的角速度 ω）求待求量 α_{AB} 以及 ω_B、α_B。

2. 速度分析

由于点 A 的速度垂直于 OA，圆轮 B 沿铅垂面做纯滚动，点 B 的速度与铅垂面平行（图6-20b）。所以，杆 AB 做瞬时平移，故

$$v_B = v_A = l\omega = 400\text{mm/s}$$

$$\omega_{AB} = 0 \tag{a}$$

由于点 C 为圆轮 B 的速度瞬心，故圆轮的角速度为

$$\omega_B = \frac{v_B}{r} = \frac{400}{50}\text{rad/s} = 8\text{rad/s}$$

3. 加速度分析

以 A 为基点分析点 B 的加速度，由式（6-9），有

$$\boldsymbol{a}_B = \boldsymbol{a}_A^{\text{t}} + \boldsymbol{a}_A^{\text{n}} + \boldsymbol{a}_{BA}^{\text{t}} + \boldsymbol{a}_{BA}^{\text{n}} \tag{b}$$

式中，点 B 的加速度 $\boldsymbol{a}_B$ 方向铅垂；基点 A 的切向加速度 $a_A^{\text{t}} = l\alpha = 0$，只剩下法向加速度 $\boldsymbol{a}_A^{\text{n}}$，故 $\boldsymbol{a}_A = \boldsymbol{a}_A^{\text{n}}$，方向沿 OA 指向 O，大小为 $a_A = l\omega^2$；点 B 的相对切向加速度 $\boldsymbol{a}_{BA}^{\text{t}}$ 的方向垂直于 AB，大小未知；相对法向加速度 $\boldsymbol{a}_{BA}^{\text{n}}$ 的方向沿 BA 指向 A，大小为 $a_{BA}^{\text{n}} = l\omega_{AB}^2 = 0$。各加速度方向如图6-20c所示。

由于 $a_{BA}^{\text{n}} = 0$，将式（b）沿铅垂方向即 AB 连线投影，得

$$a_B = a_A^{\text{t}} = 0 \tag{c}$$

则圆轮 B 的角加速度为

$$\alpha_B = \frac{a_B}{r} = 0$$

将式（b）沿水平方向投影，得

$$a_{BA}^{\text{t}} = a_A = l\omega^2 = 800\text{mm/s}^2$$

则杆 AB 的角加速度为

$$\alpha_{AB} = \frac{a_{BA}^{\text{t}}}{l} = \frac{800}{200}\text{rad/s}^2 = 4\text{rad/s}^2 \tag{d}$$

4. 本例讨论

（1）由式（a）和式（d）可知，刚体做瞬时平移时，其角速度等于零，而角加速度却不等于零。这是瞬时平移和平移（恒有 $\omega = 0$，$\alpha = 0$）的重要区别。

（2）式（c）表明，A、B 两点的加速度在 AB 连线上的投影是相等的，即 $[\boldsymbol{a}_B]_{AB} = [\boldsymbol{a}_A]_{AB}$。这就是加速度投影定理。请读者思考，加速度投影定理在什么条件下成立？

［例题6-8］　图6-21a所示平面运动机构中，曲柄 OA 长为 r，以均角速度 ω 绕轴 O 转动，摆杆 AB 可在套筒 C 中滑动，摆杆 AB 长为 $4r$，套筒 C 绕定轴 C 转动。试求图示瞬时（$\angle OAB = 60°$）点 B 的速度。

解： 根据题意，杆 OA 和套筒 C 均做定轴转动；杆 AB 做平面运动。现已知杆 AB 上点 A 的速度，欲求点 B 的速度，需先求杆 AB 的角速度。

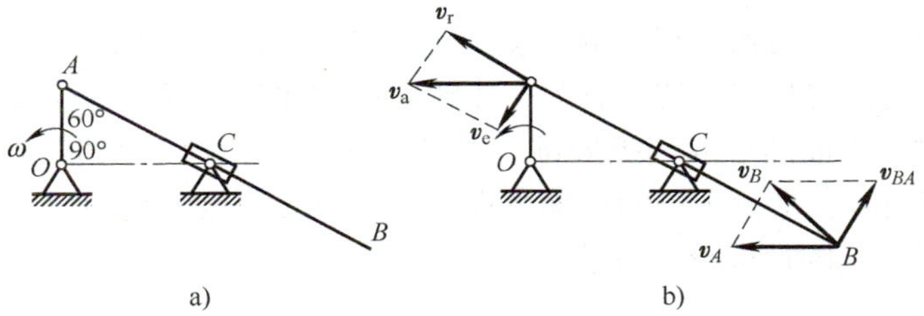

图 6-21　例题 6-8 图

1. 用点的复合运动理论求杆 *AB* 的角速度

因杆 AB 在套筒中滑动，所以杆 AB 的角速度与套筒 C 的角速度相同。以点 A 为动点，动系固连于套筒 C，则其绝对运动为以点 O 为圆心、OA 为半径的圆周运动；相对运动为沿套筒 C 即 AB 的直线运动；牵连运动为绕轴 C 的定轴转动。

根据速度合成定理

$$\boldsymbol{v}_a = \boldsymbol{v}_e + \boldsymbol{v}_r \tag{a}$$

式中，$v_a = r\omega$，各速度矢量方向如图 6-21b 中所示。作速度平行四边形解得

$$v_e = \frac{1}{2}r\omega$$

则杆 AB 的角速度为

$$\omega_e = \frac{v_e}{AC} = \frac{\omega}{4}\quad（逆时针） \tag{b}$$

2. 用刚体平面运动理论求点 *B* 的速度

由基点法，即式（6-4），有

$$\boldsymbol{v}_B = \boldsymbol{v}_A + \boldsymbol{v}_{BA} \tag{c}$$

式中，$v_A = r\omega$，$v_{BA} = 4r\omega_e = r\omega$，各速度矢量方向如图 6-21b 所示。作速度平行四边形解得

$$v_B = r\omega\quad（\boldsymbol{v}_B 与 \boldsymbol{v}_A 的夹角为60°）$$

3. 本例讨论

1）求杆 AB 的角速度时，也可取套筒 C 为动点，杆 AB 为动系，其绝对运动为静止，相对运动为沿 AB 的直线运动，牵连运动为平面运动。根据绝对速度为零，得相对速度和牵连速度等值、反向，再由杆 AB 上与动点 C 重合的点 C_1（图中未示出）的速度方向和点 A 的速度方向及大小确定杆 AB 的速度瞬心和角速度。有兴趣的读者不妨一试。

2）由于杆 AB 的角速度未知，故根据点 A 的速度求点 B 的速度需要综合应用点的复合运动和刚体平面运动的理论求解。

6.5 本章小结与讨论

6.5.1　本章小结

（1）刚体平面运动可以简化为平面图形 S 在其自身平面内的运动，其运动方程为

$$x_A = f_1(t), \quad y_A = f_2(t), \quad \varphi = f_3(t)$$

(2) 刚体平面运动可分解为随任选基点上建立的平移动系的平移和相对此平移动系的转动。其中，平移规律与基点的选择有关，而转动规律却与基点的选择无关。

(3) 每一瞬时，平面图形或其扩展部分上速度为零的点称为瞬时速度中心，简称速度瞬心。就速度分布而言，平面图形的运动可视为绕该瞬时的速度瞬心做瞬时转动。

(4) 平面图形上点的速度分析方法

基点法：$\boldsymbol{v}_B = \boldsymbol{v}_A + \boldsymbol{v}_{BA}$

速度投影法：$[\boldsymbol{v}_B]_{AB} = [\boldsymbol{v}_A]_{AB}$

瞬时速度中心法：$\boldsymbol{v}_B = \boldsymbol{v}_{BC^*} = \boldsymbol{\omega} \times \boldsymbol{r}_{C^*B}$

(5) 平面图形上点的加速度分析方法——基点法

$$\boldsymbol{a}_B = \boldsymbol{a}_A + \boldsymbol{a}_{BA}^{t} + \boldsymbol{a}_{BA}^{n}$$

6.5.2 刚体复合运动

第4章和本章只介绍了刚体的平移、定轴转动和平面运动，而实际上刚体还有其他运动形式。第5章中介绍的点的复合运动的分析方法，可推广应用到刚体的复合运动，在本章中我们已将平面运动分解成随基点的平移和绕基点的转动。类似于式（5-3）即$\boldsymbol{v}_a = \boldsymbol{v}_e + \boldsymbol{v}_r$，对于刚体绕相交轴转动的合成，有

$$\boldsymbol{\omega}_a = \boldsymbol{\omega}_e + \boldsymbol{\omega}_r \tag{6-10}$$

式中，$\boldsymbol{\omega}_a$ 为刚体的绝对角速度矢量；$\boldsymbol{\omega}_e$ 为刚体的牵连角速度矢量；$\boldsymbol{\omega}_r$ 为刚体的相对角速度矢量。

式（6-10）在机械传动中有广泛应用。对于刚体绕平行轴转动的合成，该式退化为

$$\omega_a = \omega_e \pm \omega_r \tag{6-11}$$

当 $\boldsymbol{\omega}_r$ 与 $\boldsymbol{\omega}_e$ 反向时，上式右边 ω_r 前取“负”号；而当 $\omega_e - \omega_r = 0$ 时，$\omega_a = 0$，称为转动偶，此时刚体做平移。自行车的脚踏板运动基本上就是这种情况。

6.5.3 平面图形上点的加速度分布也能看成是绕速度瞬心 C^* 旋转吗？

如图6-22所示，半径各为 r 和 R 的圆柱体相互固结。小圆柱体在水平地面上做纯滚动，其角速度为 ω，角加速度为 α。试对下面所列结果判断大圆柱体上点 A 的绝对速度、绝对切向加速度和绝对法向加速度大小的正误（其方向已示于图上），并将错者改正。

$$v_A = (R-r)\omega, \quad a_A^t = (R-r)\alpha, \quad a_A^n = (R-r)\omega^2$$

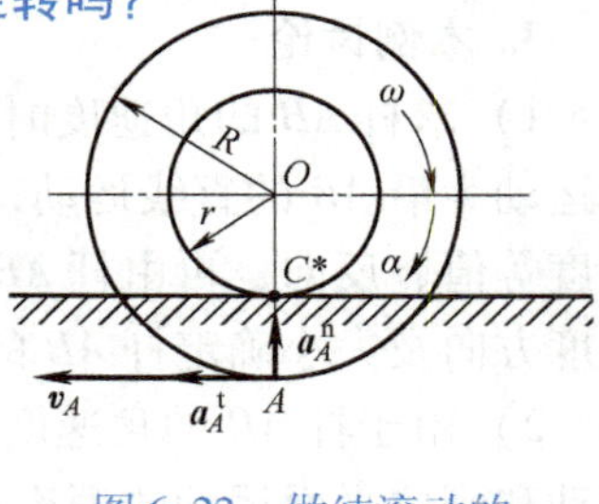

图6-22 做纯滚动的圆轮上点的加速度分析

6.5.4 平面图形的角速度 $\boldsymbol{\omega}$ 与相对角速度 $\boldsymbol{\omega}_r$

如图6-23所示，半径为 r 的圆轮在半径为 R 的圆槽内做纯滚动。若已知直线 OO_1 绕定轴 O 转动的角速度为 $\dot{\varphi}$，现分析圆轮的（绝对）角速度 ω 与相对于直线 OO_1 的相对角速度 ω_r 的关系。

因有 $R\varphi = r\psi$，$R\dot{\varphi} = r\dot{\psi}$，若将动系固连于直线 OO_1，则 $\omega_e = \dot{\varphi}$，$\omega_r = \dot{\psi}$。因此

$$\omega = \omega_a = \omega_r - \omega_e = \dot{\psi} - \dot{\varphi} \quad （顺时针）$$

假设 O_1P 在初始瞬时位于铅垂位置，则转至图示位置时其绝对转角应为

$$\theta = \psi - \varphi$$

这里，要特别注意分清绝对转角、相对转角和牵连转角三者间的区别和联系。

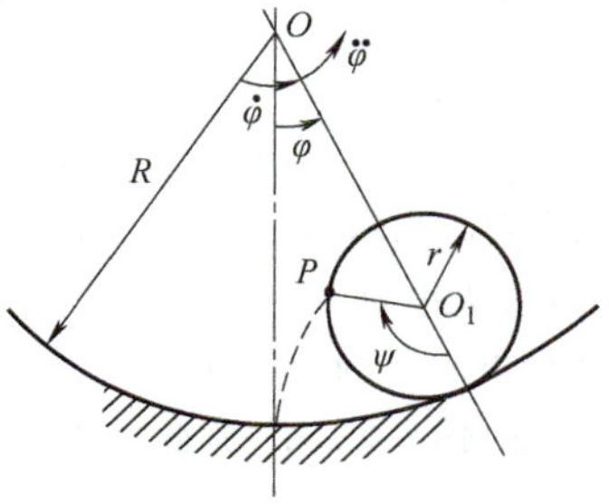

图 6-23　圆轮 O_1 在圆槽内做纯滚动的 ω 与 ω_r

习　题

选择填空题

6-1　某瞬时，平面图形上任意两点 A、B 的速度分别为 $\boldsymbol{v}_A$ 和 $\boldsymbol{v}_B$，如习题 6-1 图所示。则此时该两点连线中点 C 的速度 v_C 和 C 点相对基点 A 的速度 $\boldsymbol{v}_{CA}$ 分别为（　　）和（　　）。

① $\boldsymbol{v}_C = \boldsymbol{v}_A + \boldsymbol{v}_B$　　② $\boldsymbol{v}_C = (\boldsymbol{v}_A + \boldsymbol{v}_B)/2$

③ $\boldsymbol{v}_{CA} = (\boldsymbol{v}_A - \boldsymbol{v}_B)/2$　　④ $\boldsymbol{v}_{CA} = (\boldsymbol{v}_B - \boldsymbol{v}_A)/2$

6-2　在习题 6-2 图所示三种运动情形下，平面运动刚体的速度瞬心：图 a 为（　　）；图 b 为（　　）；图 c 为（　　）。

① 无穷远处　　② A 点

③ B 点　　④ C 点

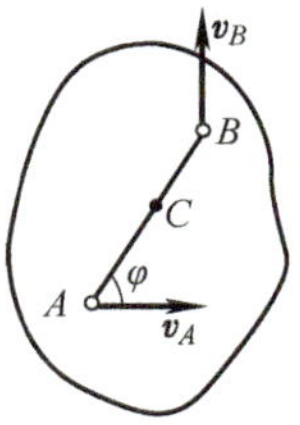

习题 6-1 图

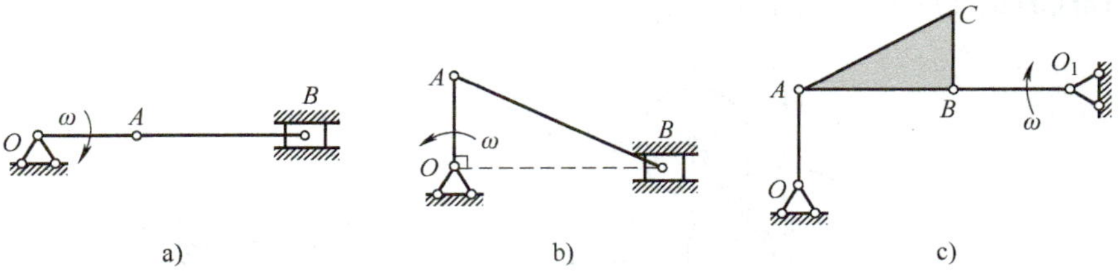

习题 6-2 图

6-3　在习题 6-3 图所示瞬时，已知 $O_1A = O_2B$，且 $O_1A /\!/ O_2B$，则（　　）。

① $\omega_1 = \omega_2$，$\alpha_1 = \alpha_2$　　② $\omega_1 \neq \omega_2$，$\alpha_1 = \alpha_2$

③ $\omega_1 = \omega_2$，$\alpha_1 \neq \alpha_2$　　④ $\omega_1 \neq \omega_2$，$\alpha_1 \neq \alpha_2$

6-4　圆盘沿水平轨道做纯滚动，如习题 6-4 图所示，动点 M 沿圆盘边缘的圆槽以 $\boldsymbol{v}_r$ 做相对运动。已知圆盘的半径为 R，盘中心以匀速 $\boldsymbol{v}_O$ 向右运动。若将动坐标系固连于圆盘，则在图示位置时，动点 M 的牵连加速度为（　　）。

① 0　　② v_O^2/R　　③ $2v_O^2/R$　　④ $4v_O^2/R$

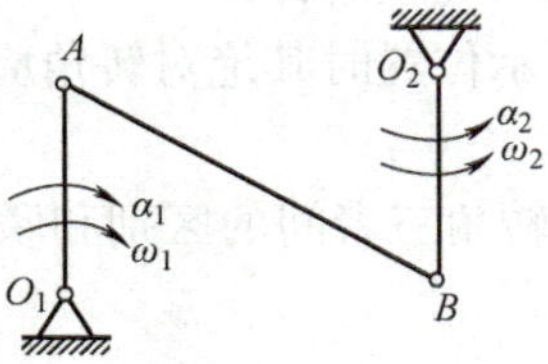

习题 6-3 图

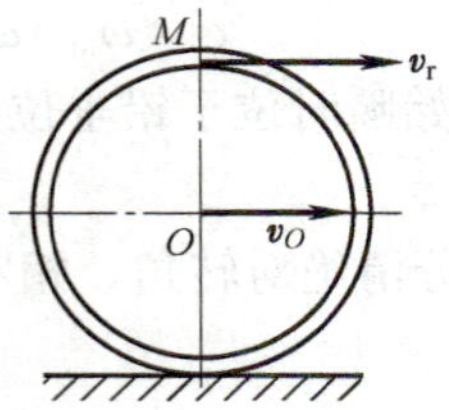

习题 6-4 图

6-5 半径为 r 的圆柱形滚子沿半径为 R 的圆弧槽纯滚动，在习题 6-5 图示瞬时，滚子中心 C 的速度为 $\boldsymbol{v}_C$，切向加速度为 $\boldsymbol{a}_C^{t}$，则速度瞬心的加速度大小为（　　　　）。

6-6 在习题 6-6 图示瞬时，平面图形上点 A 的速度 $\boldsymbol{v}_A \neq 0$，加速度 $\boldsymbol{a}_A = 0$，点 B 的加速度大小 $a_B = 400\text{mm/s}^2$，与 AB 连线间的夹角 $\varphi = 60°$。若 $AB = 50\text{mm}$，则此时该平面图形角速度的大小为（　　　　）；角加速度的大小为（　　　　）。

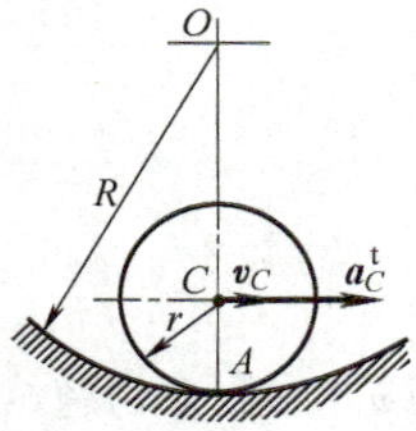

习题 6-5 图

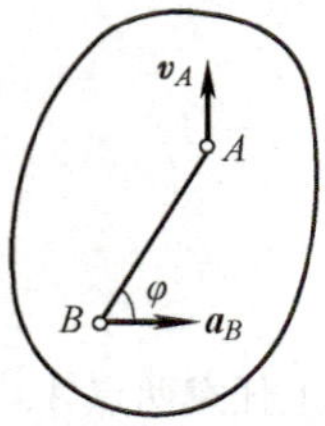

习题 6-6 图

分析计算题

6-7 如习题 6-7 图所示，半径为 r 的动齿轮由曲柄 OA 带动、沿半径为 R 的固定齿轮做纯滚动，曲柄 OA 以匀角加速度 α 绕定轴 O 转动。当运动开始时，角速度 $\omega_0 = 0$，转角 $\varphi_0 = 0$。试求动齿轮以圆心 A 为基点的平面运动方程。

6-8 如习题 6-8 图所示，杆 AB 斜靠于高为 h 的台阶角 C 处，一端 A 以匀速 $\boldsymbol{v}_0$ 沿水平向右运动。试以杆与铅垂线的夹角 θ 表示杆的角速度。

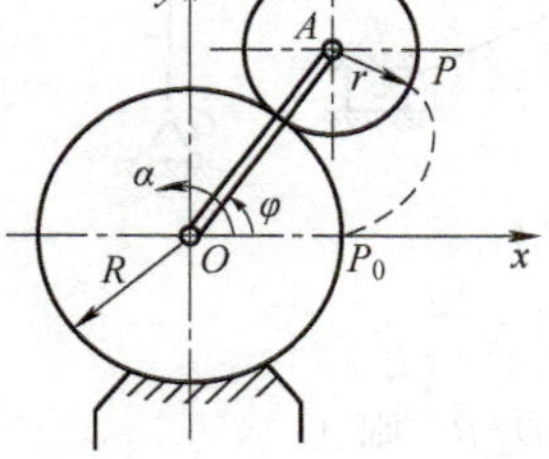

习题 6-7 图

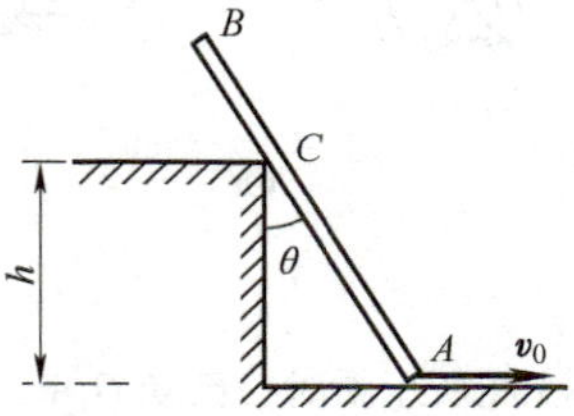

习题 6-8 图

6-9 习题 6-9 图所示拖车的车轮 A 与垫滚 B 的半径均为 r。试问当拖车以速度 $\boldsymbol{v}$ 前进时，轮 A 与垫滚 B 的角速度 ω_A 与 ω_B 有什么关系？设轮 A 和垫滚 B 与地面之间以及垫滚 B 与拖车之间无滑动。

6-10 习题 6-10 图所示飞机以速度 $v = 200\text{km/h}$ 沿水平航线飞行，同时以角速度 $\omega = 0.25\text{rad/s}$ 回收着陆轮。试求着陆轮 OC 的瞬时速度中心，并说明瞬时速度中心相对飞机的位置与角 θ 有无关系。

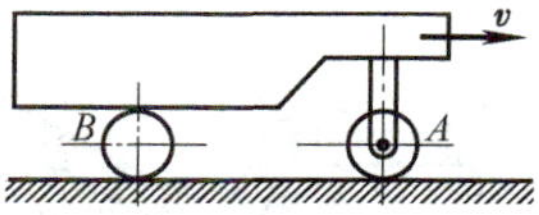

习题 6-9 图

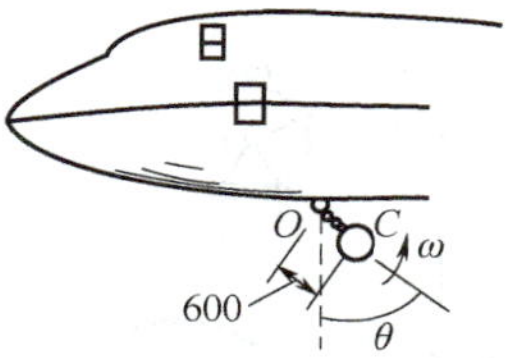

习题 6-10 图

6-11 习题 6-11 图所示的四连杆机构 $OABO_1$ 中，$OA=O_1B=\frac{1}{2}AB$，曲柄 OA 的角速度 $\omega=3\text{rad/s}$。试求当 $\varphi=90°$ 而曲柄 O_1B 重合于 OO_1 的延长线上时，连杆 AB 的角速度和曲柄 O_1B 的角速度。

6-12 如习题 6-12 图所示，绕电话线的卷轴在水平地面上做纯滚动，线上的点 A 有向右的速度 $v_A=0.8\text{m/s}$，试求卷轴中心 O 的速度与卷轴的角速度，并问此时卷轴是向左还是向右方滚动？

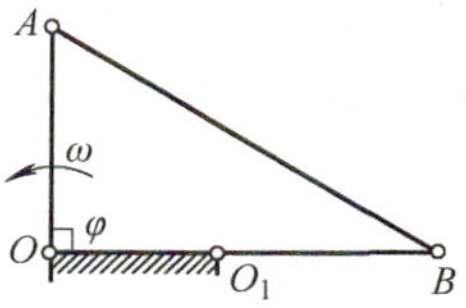

习题 6-11 图

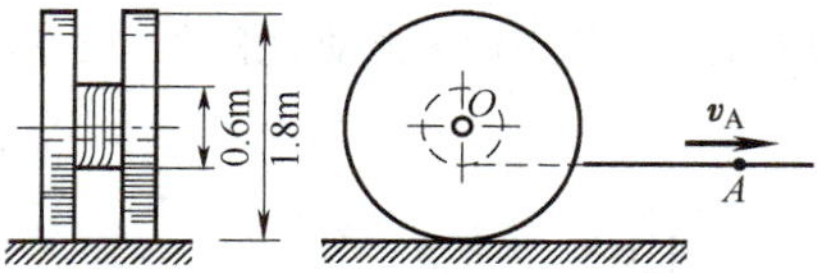

习题 6-12 图

6-13 如习题 6-13 图所示的曲柄连杆滑块机构中，如果曲柄 OA 的角速度 $\omega=20\text{rad/s}$，试求当曲柄 OA 分别处于铅垂位置和水平位置时配汽机构中气阀推杆 DE 的速度。已知 $OA=400\text{mm}$，$AC=CB=200\sqrt{37}\text{mm}$。

6-14 如习题 6-14 图所示滑轮组中，绳索以速度 $v_C=0.12\text{m/s}$ 匀速下降，各轮半径已知，如图所示。假设绳在轮上不打滑，试求轮 B 的角速度与重物 D 的速度。

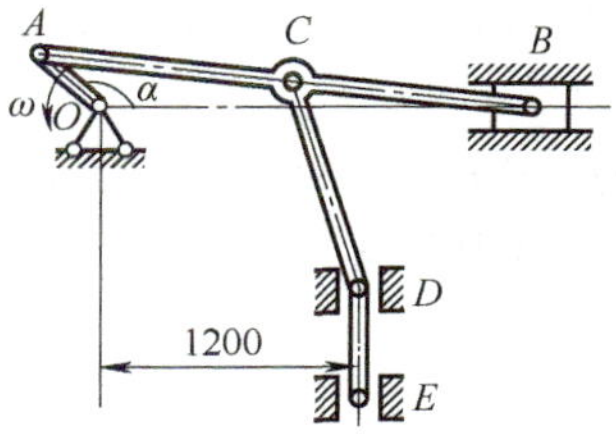

习题 6-13 图

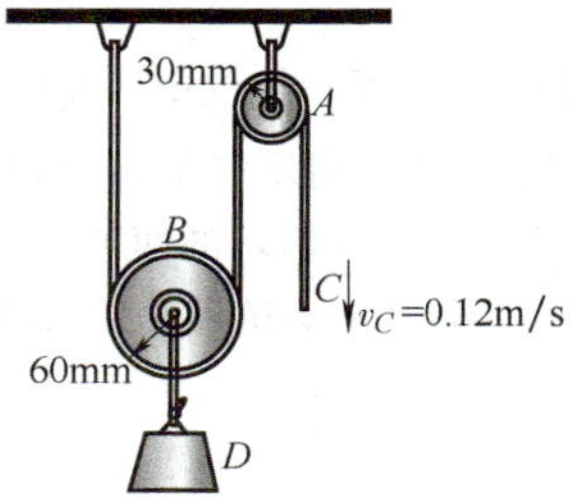

习题 6-14 图

6-15 在瓦特行星传动机构中，平衡杆 O_1A 绕轴 O_1 转动，并借连杆 AB 带动曲柄 OB；而曲柄 OB 活动地装置在轴 O 上，如习题 6-15 图所示。在轴 O 上装有齿轮 Ⅰ，齿轮 Ⅱ 与连杆 AB 固连于一体。已知：$r_1=r_2=0.3\sqrt{3}\text{m}$，$O_1A=0.75\text{m}$，$AB=1.5\text{m}$；又平衡杆的角速度 $\omega_{O1}=6\text{rad/s}$。求当 $\gamma=60°$ 且 $\beta=90°$ 时，曲柄 OB 和齿轮 Ⅰ 的角速度。

6-16 链杆式摆动传动机构如习题 6-16 图所示，$DCEA$ 为一摇杆，且 $CA\perp DE$。曲柄 $OA=200\text{mm}$，$CD=CE=250\text{mm}$，曲柄 OA 转速 $n=70\text{r/min}$，$CO=200\sqrt{3}\text{mm}$。试求当 $\varphi=90°$ 且 OA 与 CA 成 60°角时，F、G 两点的速度大小和方向。

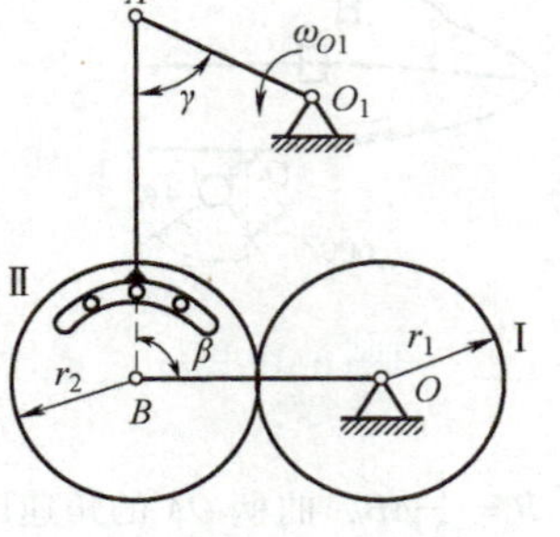

习题 6-15 图

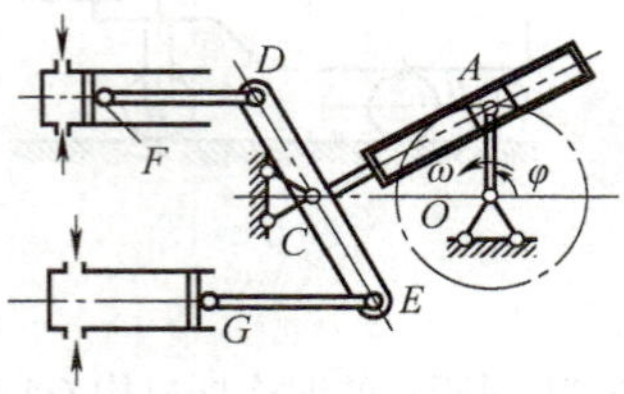

习题 6-16 图

6-17 如习题 6-17 图所示，曲柄 OA 长为 200mm，以匀角速度 $\omega = 10\text{rad/s}$ 转动，并带动长为 1000mm 的连杆 AB；滑块 B 沿铅垂滑道运动。试求当曲柄与连杆相互垂直并与水平轴线各成角度 $\alpha = 45°$ 和 $\beta = 45°$ 时，连杆 AB 的角速度、角加速度以及滑块 B 的加速度。

6-18 如习题 6-18 图所示，曲柄 OA 以匀角速度 $\omega = 2\text{rad/s}$ 绕轴 O 转动，并借助连杆 AB 驱动半径为 r 的轮子在半径为 R 的圆弧槽中做无滑动的滚动。设 $OA = AB = R = 2r = 1\text{m}$，求图示瞬时点 B 和点 C 的速度及加速度。

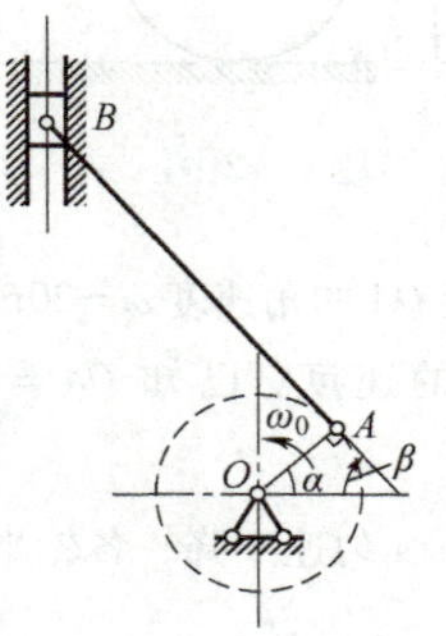

习题 6-17 图

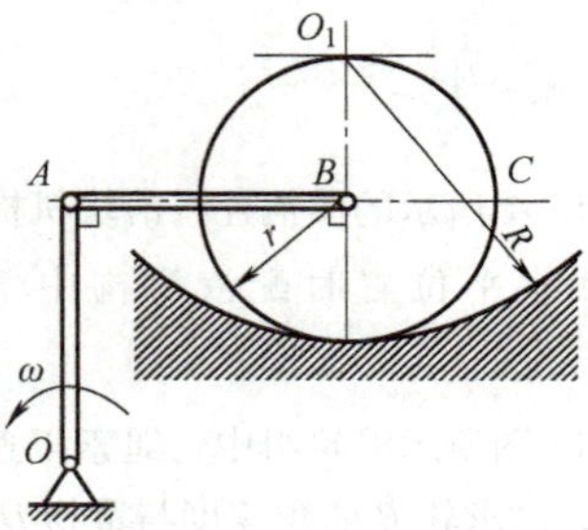

习题 6-18 图

6-19 在习题 6-19 图所示机构中，曲柄 OA 长为 r，绕 O 轴以匀角速度 ω_O 转动，连杆 $AB = 6r$，连杆 $BC = 3\sqrt{3}r$。求在图示位置时滑块 C 的速度和加速度。

6-20 习题 6-20 图 a、b 所示的两种情形均为半径为 r 的圆轮在半径为 R 的圆弧面上做纯滚动，圆轮的角速度为 ω，角加速度为 α。试求轮上与圆弧面相接触的点 C 的加速度。

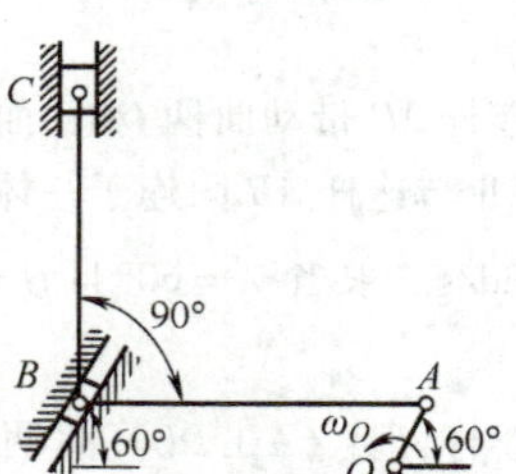

习题 6-19 图

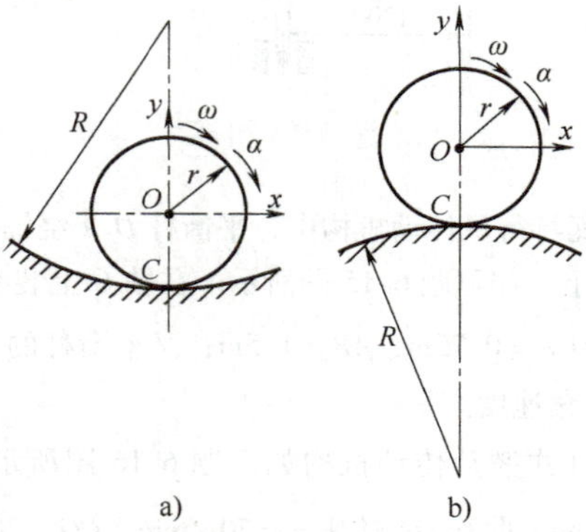

习题 6-20 图

6-21　由曲柄连杆机构 OAB 带动，使摇杆 O_1D 做变角速的转动，如习题6-21图所示。曲柄 $OA=r=50\text{mm}$，转动的角速度 $\omega=10\text{rad/s}$，连杆 $AB=BD=l=130\text{mm}$。当曲柄 OA 处于铅垂位置时，摇杆 O_1D 与水平线成 $60°$ 角。试求此瞬时滑块 B 的加速度和摇杆 O_1D 的角速度。

6-22　测试火车车轮和铁轨间磨损的机构如习题6-22图所示，其中飞轮 A 以匀角速度 $\omega_A=20\pi\ \text{rad/s}$ 逆时针转向转动，车轮和铁轨间没有滑动。试求在图示位置时车轮 D 的角速度 ω_D 和角加速度 α_D。

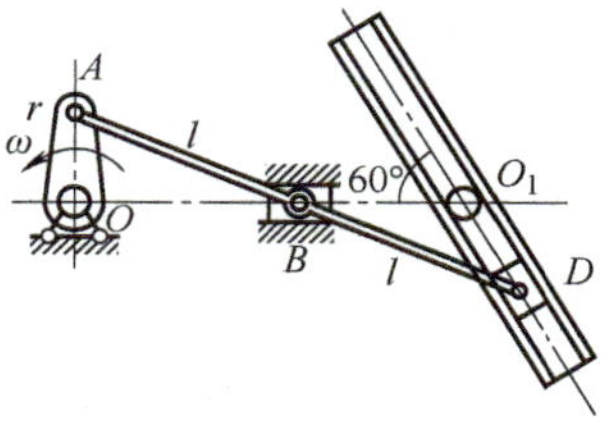

习题6-21图

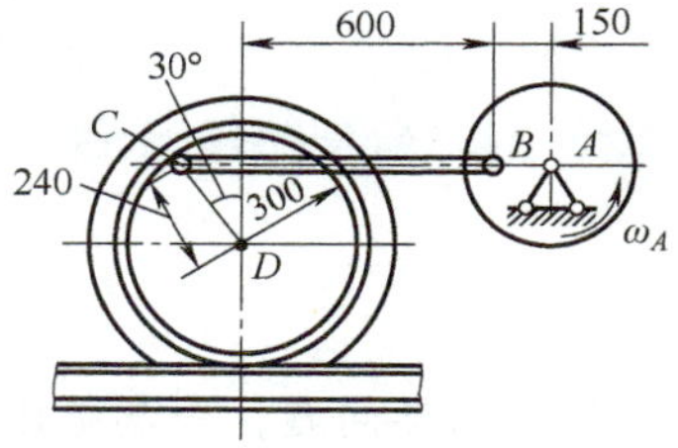

习题6-22图

7 第7章 动量定理与动量矩定理

动力学主要研究两类问题，一类是已知物体的运动，确定作用在物体上的力；另一类是已知作用在物体上的力，确定物体运动。实际工程问题多以这两类问题的交叉形式出现。

研究作用在物体上的力系与物体运动的关系，主要是建立运动物体的力学模型以及描述受力物体运动状态变化的数学方程，这些方程包括动力学基本方程和动力学普遍定理。

动力学的研究对象是质点和质点系（包括刚体），因此动力学一般分为质点动力学和质点系动力学，前者是后者的基础。

质点动力学（dynamics of a particle）研究作用在质点上的力和质点运动之间的关系。读者通过物理学的学习已经熟知牛顿三定律：

第一定律——惯性定律：任何质点如不受力作用（或受平衡力系作用），则将保持其原来静止或匀速直线运动状态。物体保持其运动状态不变的固有属性，称为惯性。

第二定律——力与加速度之间关系的定律：

$$m\boldsymbol{a}=\boldsymbol{F}$$

即：质点的质量与加速度大小的乘积，等于作用于质点的力的大小，加速度的方向与力的方向相同，此即质点动力学的基本方程。质量为质点惯性的度量。

上述两定律仅在惯性参考系成立。

根据牛顿第二定律，即

$$m\boldsymbol{a}=\sum\boldsymbol{F} \tag{7-1}$$

质点在惯性系中的运动微分方程有以下形式：

- 矢量形式

$$m\ddot{\boldsymbol{r}}=\sum\boldsymbol{F}(t,\boldsymbol{r},\dot{\boldsymbol{r}}) \tag{7-2}$$

式中，$\boldsymbol{r}$、$\dot{\boldsymbol{r}}$与$\ddot{\boldsymbol{r}}$分别为质点的位矢、速度和加速度。

- 直角坐标形式

$$\begin{cases} m\ddot{x}=\sum F_x \\ m\ddot{y}=\sum F_y \\ m\ddot{z}=\sum F_z \end{cases} \tag{7-3}$$

式中，加速度$\boldsymbol{a}=\ddot{\boldsymbol{r}}=(\ddot{x},\ddot{y},\ddot{z})$；力$\boldsymbol{F}=(F_x,F_y,F_z)$。

- 弧坐标形式

$$\begin{cases} m\ddot{s} = \sum F_t \\ m\dfrac{\dot{s}^2}{\rho} = \sum F_n \\ 0 = \sum F_b \end{cases} \tag{7-4}$$

式中，$\ddot{s} = a_t$为质点的切向加速度；$\dfrac{\dot{s}^2}{\rho} = a_n$为质点的法向加速度；$\rho$为质点运动轨迹的曲率半径；$\boldsymbol{F} = (F_t, F_n, F_b)$。

需要注意的是，牛顿第二定律适用的条件是：惯性参考系、单个质点、宏观物体和速度远低于光速的问题。

第三定律——作用与反作用定律。

将适用于质点的牛顿第二定律扩展到质点系，得到质点系的动量定理、动量矩定理和动能定理，统称为质点系的动力学普遍定理。

质点系动力学普遍定理的主要特征是：建立了描述质点系整体运动状态的物理量（动量、动量矩和动能）与作用在质点系上的力系的特征量（主矢、主矩和功）之间的关系。本章主要介绍动量定理和动量矩定理。

根据静力学中所得到的结论，任意力系的简化结果为一个力和一个力偶，当主矢和主矩同时为零时，该力系平衡；而当主矢和主矩不为零时，物体将产生运动。质点系的动量定理建立了质点系动量对时间的变化率与主矢之间的关系。质点系的动量矩定理建立了质点系动量矩对时间的变化率与主矩之间的关系。

动量定理和动量矩定理在数学上同属于一类方程，即矢量方程。而质点系的动量和动量矩，可以理解为动量组成的系统（即动量系）的基本特征量——动量系的主矢和主矩。二者对时间的变化率分别等于外力系的两个基本特征量——力系的主矢和主矩。

7.1 动量定理

本节的内容是大学物理学中相关教学内容的延伸和扩展，但不是简单的重复，我们将更着重动量定理在工程中的应用。

7.1.1 质点系整体运动的基本特征量之一：动量的主矢

考察由 n 个质点组成的质点系，如图 7-1 所示。其中第 i 个质点的质量、位矢和速度分别为 m_i、$\boldsymbol{r}_i$ 和 $\boldsymbol{v}_i$。

1. 质点的动量

质点的质量与速度的乘积称为质点的**动量**（momentum）或称**线动量**（1inear- momentum），即

$$\boldsymbol{p}_i = m_i \boldsymbol{v}_i \tag{7-5}$$

质点的动量是定位矢量，是度量质点运动的基本特征量之一。例如：子弹的质量虽小，但由于其运动速度很大，所以能将钢板击穿；轮船的速度很小，但因其质量很大，故可以将钢筋

混凝土的码头撞坏。这说明将质点的质量和速度这两个量综合为动量，以度量运动强弱的一种效应，具有明显的物理意义。

2. 质点系的动量

图7-1所示的质点系运动时，每个质点在每一瞬时均有各自的动量。它们就像作用在各质点上的力系一样，也是一个矢量系。力系是力的集合，动量系是各质点动量的集合，即$\boldsymbol{p}=(m_1\boldsymbol{v}_1,m_2\boldsymbol{v}_2,\cdots,m_n\boldsymbol{v}_n)$。

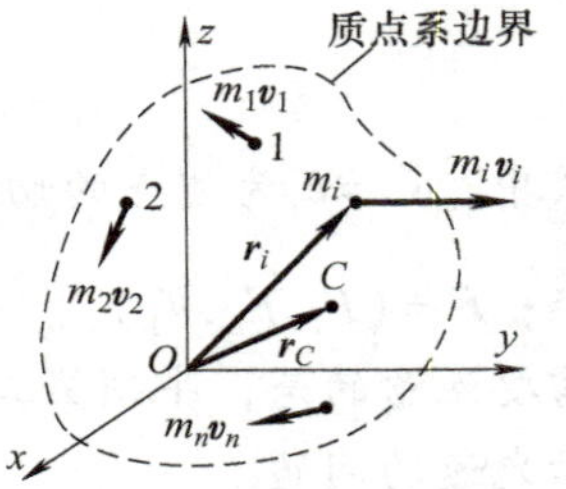

图7-1 质点系的动量系

质点系中所有质点动量的矢量和，即动量系的主矢，称为**质点系的动量**。即

$$\boldsymbol{p}=\sum m\boldsymbol{v} \tag{7-6}$$

质点系的动量是度量质点系整体运动的基本特征量之一。将质点系质心的位矢公式

$$\boldsymbol{r}_C=\frac{\sum m\boldsymbol{r}}{M} \tag{7-7}$$

对时间求一次导数得

$$\boldsymbol{v}_C=\frac{\sum m\boldsymbol{v}}{M} \tag{7-8}$$

式中，$\boldsymbol{r}_C$为质点系质心的位矢；$\boldsymbol{v}_C$为质心的速度；M为质点系的总质量。于是，式(7-6)可改写为

$$\boldsymbol{p}=M\boldsymbol{v}_C \tag{7-9}$$

式(7-9)表明，质点系的动量大小等于质点系的总质量乘以质心速度的大小，方向与质心速度的方向相同，这相当于将质点系总质量集中于质心的质点的动量。因此，质点系的动量反映了其质心的运动，这是质点系整体运动的一部分。

[例题7-1] 图7-2所示的椭圆规机构中$OC=AC=BC=l$，曲柄OC与连杆AB的质量不计，滑块A、B的质量均为m，曲柄以角速度ω转动。试写出系统在图示位置时的动量。

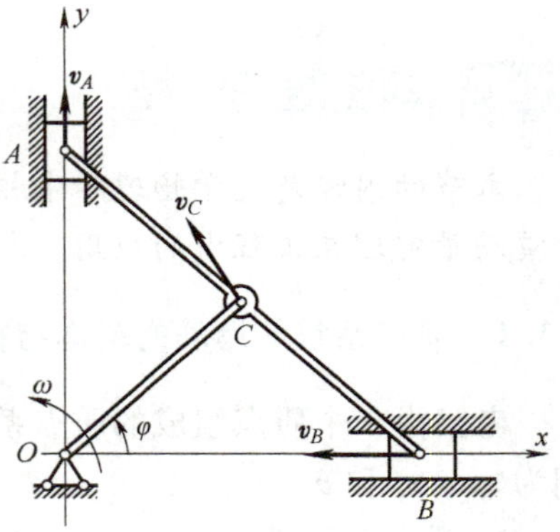

图7-2 例题7-1图

解： 方法1 利用式(7-6)，系统的总动量

$$\boldsymbol{p}=m_A\boldsymbol{v}_A+m_B\boldsymbol{v}_B \tag{a}$$

式中，等号右边两项分别为滑块A和B的动量。

应用点的运动学方法确定A、B两点的速度$\boldsymbol{v}_A$与$\boldsymbol{v}_B$：

$$\begin{cases} y_A=2l\sin\varphi, v_{Ay}=\dot{y}_A=2l\dot{\varphi}\cos\varphi=2l\omega\cos\varphi \\ x_B=2l\cos\varphi, v_{Bx}=\dot{x}_B=-2l\dot{\varphi}\sin\varphi=-2l\omega\sin\varphi \end{cases} \tag{b}$$

将式(b)代入式(a)，得

$$\boldsymbol{p}=-2l\omega m\sin\varphi\boldsymbol{i}+2l\omega m\cos\varphi\boldsymbol{j}=2l\omega m(-\sin\varphi\boldsymbol{i}+\cos\varphi\boldsymbol{j}) \tag{c}$$

请读者思考，还有什么运动学方法可以求出A、B两点的速度$\boldsymbol{v}_A$与$\boldsymbol{v}_B$？

方法 2　机构的总质心在点 C，总质量为 $(m_A+m_B)=2m$，利用式（7-9）有

$$\boldsymbol{p}=2m\boldsymbol{v}_C \tag{d}$$

将点 C 的速度写成矢量形式

$$\boldsymbol{v}_C=l\omega(-\sin\varphi\boldsymbol{i}+\cos\varphi\boldsymbol{j})$$

代入式（d），得到与式（c）相同的结果。

需要注意的是，应用动量定理时，正确写出质点系的动量十分重要。在本题中，方法 1 是分别求出两质量的动量再叠加；方法 2 是按机构的总质心计算动量。质点系的动量是矢量，有大小，还有方向。

7.1.2　动量定理

根据牛顿第二定律，对于质点系中第 i 个质点，有

$$\frac{\mathrm{d}}{\mathrm{d}t}(m_i\boldsymbol{v}_i)=\boldsymbol{F}_i$$

将质点系中所有质点求和：

$$\sum\frac{\mathrm{d}}{\mathrm{d}t}(m_i\boldsymbol{v}_i)=\sum(\boldsymbol{F}_i^{\mathrm{i}}+\boldsymbol{F}_i^{\mathrm{e}})$$

然后，对等号左边求和与求导的记号互换，同时由于内力总是成对出现的，故

$$\sum\boldsymbol{F}_i^{\mathrm{i}}=0 \tag{7-10}$$

式中，上标 i 表示该力为内力，从而可得

$$\frac{\mathrm{d}}{\mathrm{d}t}(\sum m_i\boldsymbol{v}_i)=\sum\boldsymbol{F}_i^{\mathrm{e}} \tag{7-11}$$

即

$$\frac{\mathrm{d}\boldsymbol{p}}{\mathrm{d}t}=\boldsymbol{F}_{\mathrm{R}}^{\mathrm{e}} \tag{7-12}$$

式中，$\sum\boldsymbol{F}^{\mathrm{e}}$ 或 $\boldsymbol{F}_{\mathrm{R}}^{\mathrm{e}}$ 为作用在质点系上的外力系主矢。式（7-11）和式（7-12）表明，质点系动量的主矢对时间的一阶导数等于作用在该质点系上外力系的主矢。这就是**质点系动量定理**(theorem of the momentum of the system of particles)。

由式（7-11）和式（7-12）可知，质点系动量的变化仅取决于外力系的主矢，内力系不能改变质点系的动量。式（7-11）和式（7-12）是质点系动量定理的微分形式，将其对时间积分即可得到质点系动量定理的积分形式。

7.1.3　质心运动定理

将式（7-9）代入式（7-12），得

$$M\boldsymbol{a}_{\mathrm{C}}=\boldsymbol{F}_{\mathrm{R}}^{\mathrm{e}} \tag{7-13}$$

式（7-13）表明，质点系的质量与其质心加速度的乘积等于作用在该质点系上外力系的主矢。这就是**质量中心运动定理**，简称为**质心运动定理**（theorem of the motion of the centre of mass）。

式（7-13）与牛顿第二定律表达式 $m\boldsymbol{a}=\boldsymbol{F}$ 在形式上类似，但前者是描述质点系整体运动的动力学方程，后者仅描述单个质点的动力学关系。

质心运动定理是动量定理的推论。这一推论进一步说明了动量定理的实质：外力系的主矢决定质点系质心的运动状态变化。

7.1.4 动量定理与质心运动定理的投影式与守恒形式

（1）质点系动量定理与质心运动定理在实际应用时通常采用投影式。式（7-12）与式（7-13）在直角坐标系中的投影式分别为

$$\begin{cases}\dfrac{\mathrm{d}p_x}{\mathrm{d}t}=F^{\mathrm{e}}_{\mathrm{R}x}\\ \dfrac{\mathrm{d}p_y}{\mathrm{d}t}=F^{\mathrm{e}}_{\mathrm{R}y}\\ \dfrac{\mathrm{d}p_z}{\mathrm{d}t}=F^{\mathrm{e}}_{\mathrm{R}z}\end{cases} \tag{7-14}$$

$$\begin{cases}Ma_{Cx}=F^{\mathrm{e}}_{\mathrm{R}x}\\ Ma_{Cy}=F^{\mathrm{e}}_{\mathrm{R}y}\\ Ma_{Cz}=F^{\mathrm{e}}_{\mathrm{R}z}\end{cases} \tag{7-15}$$

（2）若作用于质点系上的外力主矢恒等于零，即 $\boldsymbol{F}^{\mathrm{e}}_{\mathrm{R}}=0$，根据式（7-12）、式（7-13），则有

$$\boldsymbol{p}=\boldsymbol{C}_1 \tag{7-16}$$

$$\boldsymbol{v}_C=\boldsymbol{C}_2 \tag{7-17}$$

式中，$\boldsymbol{C}_1$ 与 $\boldsymbol{C}_2$ 均为常矢量，它们取决于运动的初始条件。式（7-16）称为质点系动量守恒（conservation of momentum of system of particles），式（7-17）称为质点系质心速度守恒。

（3）若作用于质点系上的外力主矢在某一坐标轴（如轴 x）上的投影恒等于零，即 $F^{\mathrm{e}}_{\mathrm{R}x}=0$，根据式（7-14）与式（7-15），则分别有

$$p_x=C_3 \tag{7-18}$$

$$v_{Cx}=C_4 \tag{7-19}$$

式中，C_3 与 C_4 为两个常标量，它们由运动的初始条件确定。式（7-18）、式（7-19）分别表示质点系动量和质心速度在 x 轴上的投影守恒。

7.1.5 动量定理应用于简单刚体系统

因为刚体的质心易于确定，所以将动量定理应用于单个刚体时，主要采用其质心运动形式——质心运动定理；对刚体系统而言，因为系统中每个刚体的质心比整个系统的质心易于确定，所以，上述定理可变换为

$$\frac{\mathrm{d}}{\mathrm{d}t}(M\boldsymbol{v}_C)=\frac{\mathrm{d}}{\mathrm{d}t}(\sum M_i\boldsymbol{v}_{Ci})=\boldsymbol{F}^{\mathrm{e}}_{\mathrm{R}} \tag{7-20}$$

或

$$M\boldsymbol{a}_C=\sum(M_i\boldsymbol{a}_{Ci})=\boldsymbol{F}^{\mathrm{e}}_{\mathrm{R}} \tag{7-21}$$

式中，M_i、$\boldsymbol{v}_{Ci}$和$\boldsymbol{a}_{Ci}$分别为系统中第 i 个刚体的质量、质心的速度和加速度。

［例题 7-2］ 图 7-3a 所示的电动机用螺栓固定在刚性基础上。设其外壳和定子的总质

量为 m_1，质心位于转子转轴的中心 O_1；转子质量为 m_2，由于制造或安装时的偏差，转子质心 O_2 不在转轴中心上，偏心距 $O_1O_2=e$，已知转子以等角速 ω 转动。试求基础对电动机机座的约束力。

解： 本例已知转子的运动，求电动机所受到的约束力，可用质心运动定理求解。

选择转子、定子、外壳组成的刚体系统为研究对象，这样可不考虑使转子转动的电磁内力偶和转子轴与定子轴承间的内约束力。系统所受到的外力有：外壳和定子及转子的重力分别为 $m_1\boldsymbol{g}$ 与 $m_2\boldsymbol{g}$；机座上的分布约束力经向其中点简化得到约束力（$\boldsymbol{F}_x$，$\boldsymbol{F}_y$）与约束力偶 M。

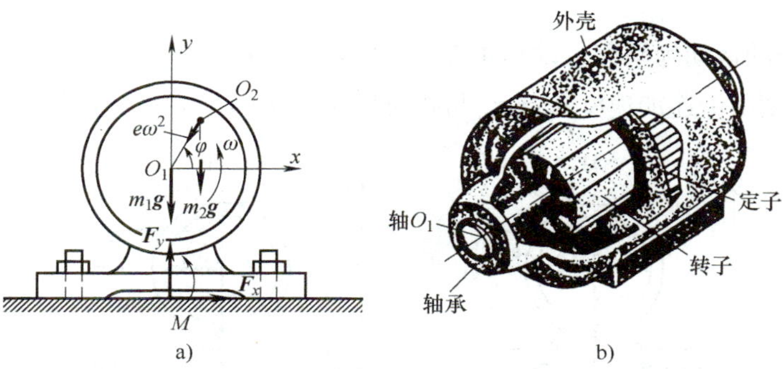

图 7-3　例题 7-2 图

外壳和定子静止，其动量为零，且无变化。转子以等角速 ω 做定轴转动，其质心有法向加速度，大小为 $e\omega^2$。

根据式（7-21），有

$$\sum_i m_i a_{Cix} = F_{Rx}^e,\quad m_1\cdot 0 - m_2e\omega^2\cos\omega t = F_x \tag{a}$$

$$\sum_i m_i a_{Ciy} = F_{Ry}^e,\quad m_1\cdot 0 - m_2e\omega^2\sin\omega t = F_y - m_1g - m_2g \tag{b}$$

由此，解出机座的约束力

$$F_x = -m_2e\omega^2\cos\omega t \tag{c}$$

$$F_y = m_1g + m_2g - m_2e\omega^2\sin\omega t \tag{d}$$

通过上述结果，可以得到关于转子偏心引起的动约束力或轴承动反力的几点结论。

（1）电动机约束力由两部分组成：由重力 $m_1\boldsymbol{g}$ 与 $m_2\boldsymbol{g}$ 引起的**静约束力**（或**静反力**）；由转子质心的运动状态变化引起的**动约束力**（或称**动反力**），其在 x 方向上的分量为 $[-m_2e\omega^2\cos(\omega t)]$，在 y 方向上的分量为 $[-m_2e\omega^2\sin(\omega t)]$。

（2）动约束力与 ω^2 成正比。当转子的转速很高时，其数值可以达到静约束力的几倍，甚至十几倍。而且，这种约束力是周期性变化的，必然引起机座和基础的振动，影响安放在基础上其他设备的精度和强度，同时还会引起有关构件内的交变应力，以致产生疲劳破坏。

此外，请读者思考，能否应用质点系动量定理求解电动机机座上约束力偶的大小 M？

［例题 7-3］　若例题 7-2 中的电动机机座与基础之间无螺栓固定，且为绝对光滑，电动机外壳与定子只能做平移运动，如图 7-4a 所示。初始时，$\varphi=0$，$v_{O_2x}=0$，$v_{O_2y}=e\omega$，当电机

转子仍以等角速度 ω 转动时，试求：（1）机座铅垂方向的约束力。（2）电机跳起的条件。（3）外壳在水平方向的运动方程。

解： 仍以电动机整体作为研究对象。它所受到的外力除重力 $m_1\boldsymbol{g}$ 与 $m_2\boldsymbol{g}$ 外，机座上被简化的约束力只有 $\boldsymbol{F}_y$ 和约束力偶 M。

选定坐标系 Oxy，动坐标系 $O_1x_1y_1$ 为原点置于点 O_1 的平移系。将电动机外壳置于轴 Ox 的正方向上，转子的偏心距 O_1O_2 置于角 φ 的一般位置（$O_1x_1y_1$ 的第一象限）上。因为转子以角速度 ω 做等角速转动，故 $\varphi=\omega t$。

---

1. 机座的铅垂方向约束力

本例中，外壳的运动为平移，设其质心 O_1 的加速度 $\boldsymbol{a}_{O1}$ 沿轴 x 的正向；转子为平面运动，其质心 O_2 的加速度由牵连加速度 $\boldsymbol{a}_e=\boldsymbol{a}_{O1}$ 与相对加速度 $\boldsymbol{a}_r(a_r=e\omega^2)$ 组成，如图 7-4a 所示。

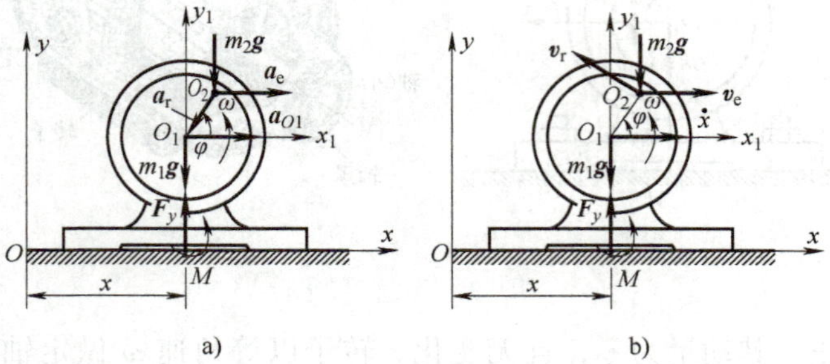

图 7-4 例题 7-3 图

在 y 方向上应用质心运动定理，有

$$m_1\times 0-m_2e\omega^2\sin\omega t=F_y-m_1g-m_2g$$

$$F_y=m_1g+m_2g-m_2e\omega^2\sin\omega t \tag{a}$$

其结果与例题 7-2 中所得结果［式（d）］相同。

2. 电动机跳起的条件

式（a）虽然在形式上与上例的式（d）一样，但由于约束条件不同（本例在 y 方向上只限制向下的运动，不限制向上的运动），所以本例存在上例中不可能存在的跳起问题，也称脱离约束问题，即电动机跳离地面从而脱离地面约束。

脱离约束的力学含义是约束力为零。于是令约束力的表达式等于零，即可得到脱离约束条件。由式（a）可知，是否有 $F_y=0$，这取决于角速度 ω 的大小。为了求得电动机跳起的最小角速度 ω_{min}，令

$$\sin\omega t=1 \tag{b}$$

此时转子质心 O_2 处于最高位置。根据式（a），并令 $F_y=0$，解得

$$\omega_{min}=\sqrt{\frac{(m_1+m_2)g}{m_2e}} \tag{c}$$

3. 外壳在水平方向的运动方程

因电动机在 x 方向不受力，即 $F_x^e=0$，故在 x 方向动量守恒。初始时，x 方向的动量为零，根据式（7-18），有

$$p_x = 0,\quad m_1 v_{O_1x} + m_2 v_{O_2x} = 0 \tag{d}$$

同上述加速度分析类似地进行速度分析。如图 7-4b 所示，设外壳质心速度 $\boldsymbol{v}_{O_1}$ 沿轴 x 的正向，$v_{O_1x} = \dot{x}$；转子质心 O_2 的牵连速度 $\boldsymbol{v}_e = \boldsymbol{v}_{O1}$，相对速度 $\boldsymbol{v}_r$ 的大小为 $e\omega$，方向垂直于 O_1O_2，与角速度 ω 的转动方向一致。于是，式（d）变成

$$m_1\dot{x} + m_2[\dot{x} - e\omega\sin\omega t] = 0 \tag{e}$$

整理后得

$$(m_1 + m_2)\dot{x} = m_2 e\omega\sin\omega t \tag{f}$$

考虑本例中所给的运动初始条件，积分式（f）得

$$\int_0^x \mathrm{d}x = \frac{m_2 e}{m_1 + m_2}\int_0^t \sin(\omega t)\mathrm{d}(\omega t)$$

所以

$$x = \frac{m_2 e}{m_1 + m_2}[1 - \cos\omega t] \tag{g}$$

此即电动机在水平方向的运动方程。这一方程表明：电动机在 x 方向上，以 $x = \frac{m_2 e}{m_1 + m_2}$ 为平衡位置，$\frac{m_2 e}{m_1 + m_2}$ 为振幅，做简谐运动。当角 φ 按逆时针方向从 0 到 π 时，电动机向右运动两个振幅；φ 再从 π 到 2π 时，电动机又向左运动两个振幅，如此循环往复。

4. 本例小结

本例题中，电动机的水平运动与跳起运动是蛤蟆夯（又称蛙式打夯机）的力学模型。蛤蟆夯是建筑工地上常用的一种小型施工机械，其作用是夯实地面（图 7-5）。在电动机启动后，固结在转子轴 1 上的小带轮便通过带带动大带轮以角速度 ω 绕轴 2 转动。由于大带轮与安装偏心块的飞轮相固结，因此二者运动相同。夯体可绕轴 3 转动，同时又套在轴 2 上。工作时夯体在偏心飞轮带动下不断地跳起再落下，从而将地面夯实。

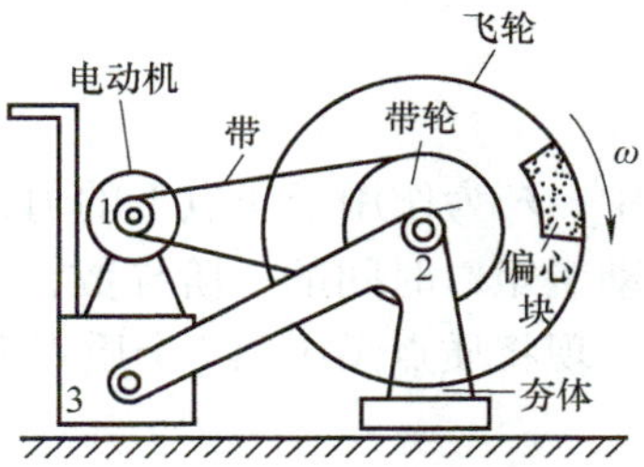

图 7-5　蛤蟆夯

蛤蟆夯的动作与电动机运动的不同点是，其整体并不在地面上做简谐运动，而是像蛤蟆（青蛙）一样自动地跳动向前，从而不断地夯实新的地面。有兴趣的读者可以对它做动力学分析。

7.2 动量矩定理

本节主要研究质点系的动量矩定理、刚体定轴转动微分方程和刚体平面运动微分方程：首先将物理学中的质点动量矩定理推广到质点系，得到质点系对定点的动量矩定理，然后再由质点系对定点的动量矩定理推导质点系对质心的动量矩定理。对刚体动力学而言，本节还将导出刚体定轴转动微分方程和刚体平面运动微分方程。

7.2.1　质点系对定点的动量矩定理

1. 质点系整体运动的基本特征量之二：动量的主矩

考察由 n 个质点组成的质点系，如图 7-6 所示。其中第 i 个质点的质量、位矢和速度分

别为 m_i、$\boldsymbol{r}_i$ 和 $\boldsymbol{v}_i$。

(1) 质点的动量矩

质点 i 的动量对于点 O 之矩称为质点的**动量矩**（moment of momentum）。即

$$\boldsymbol{L}_{Oi}=\boldsymbol{r}_i\times m_i\boldsymbol{v}_i \tag{7-22}$$

质点的动量矩是定位矢量，其作用点在所选的矩心 O 上。它是度量质点运动的另一个基本特征量。例如，行星围绕太阳在椭圆轨道上运动，虽然由太阳引向行星的位矢和动量都在不断变化，但是行星动量对太阳中心之矩却是不变的，即动量矩守恒（开普勒的面积速度定律）。这说明用动量矩可以度量质点运动的另一种效应，同样具有明显的物理意义。

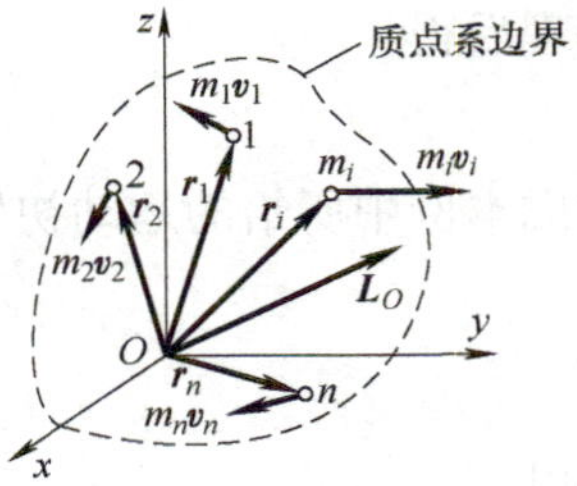

图 7-6 质点系的动量系及其主矩

(2) 质点系的动量矩

图7-6所示动量系为（$m_1\boldsymbol{v}_1$，$m_2\boldsymbol{v}_2$，…，$m_n\boldsymbol{v}_n$）。质点系中各质点动量对点 O 之矩的矢量和，即动量系主矩，称为**质点系对点 O 的动量矩**，即

$$\boldsymbol{L}_O=\sum\boldsymbol{r}_i\times m_i\boldsymbol{v}_i \tag{7-23}$$

质点系的动量矩是定位矢量，其作用点在所选的矩心 O 上，它是度量质点系整体运动的另一个基本特征量。

2. 质点系对定点的动量矩定理

质点的动量矩对时间求导，有

$$\frac{\mathrm{d}}{\mathrm{d}t}(\boldsymbol{r}\times m\boldsymbol{v})=\frac{\mathrm{d}\boldsymbol{r}}{\mathrm{d}t}\times m\boldsymbol{v}+\boldsymbol{r}\times\left(m\frac{\mathrm{d}\boldsymbol{v}}{\mathrm{d}t}\right)$$
$$=\boldsymbol{v}\times m\boldsymbol{v}+\boldsymbol{r}\times\boldsymbol{F}=\boldsymbol{M}_O \tag{7-24}$$

式中，$\boldsymbol{F}$ 为作用于质点上的力；$\boldsymbol{M}_O$ 为力 $\boldsymbol{F}$ 对定点 O 之矩。式（7-24）表明，质点对定点 O 的动量矩对时间的一阶导数，等于作用在质点上的力对同一点之矩。

现将质点系中第 i 个质点上的作用力分为外力 $\boldsymbol{F}_i^{\mathrm{e}}$ 和内力 $\boldsymbol{F}_i^{\mathrm{i}}$，并将式（7-24）改写为

$$\frac{\mathrm{d}}{\mathrm{d}t}(\boldsymbol{r}_i\times m_i\boldsymbol{v}_i)=\boldsymbol{r}_i\times\boldsymbol{F}_i^{\mathrm{e}}+\boldsymbol{r}_i\times\boldsymbol{F}_i^{\mathrm{i}} \tag{7-25}$$

对于由 n 个质点组成的质点系，对所有质点求和得

$$\sum\frac{\mathrm{d}}{\mathrm{d}t}(\boldsymbol{r}_i\times m_i\boldsymbol{v}_i)=\sum\boldsymbol{r}_i\times\boldsymbol{F}_i^{\mathrm{e}}+\sum\boldsymbol{r}_i\times\boldsymbol{F}_i^{\mathrm{i}}$$

互换求导和求和运算顺序，并注意到$\sum\boldsymbol{r}_i\times\boldsymbol{F}_i^{\mathrm{i}}=0$，得

$$\frac{\mathrm{d}}{\mathrm{d}t}\sum(\boldsymbol{r}_i\times m_i\boldsymbol{v}_i)=\sum\boldsymbol{r}_i\times\boldsymbol{F}_i^{\mathrm{e}} \tag{7-26a}$$

或

$$\frac{\mathrm{d}\boldsymbol{L}_O}{\mathrm{d}t}=\boldsymbol{M}_O^{\mathrm{e}} \tag{7-26b}$$

这表明，质点系对定点 O 的动量矩对时间的一阶导数等于作用在该质点系上的外力系对同点的主矩。此即**质点系对定点的动量矩定理**（theorem of the moment of momentum of a system of particles）。

由式（7-26）可见，质点系动量矩的变化仅取决于外力系的主矩，内力不能改变质点

系的动量矩。式（7-26）是质点系动量矩定理的微分形式。

（1）质点系动量矩定理的投影式——质点系对定轴的动量矩定理

将式（7-26b）等号两边的各项投影到以定点 O 为原点的直角坐标系 $Oxyz$ 上，得

$$\begin{cases} \dfrac{\mathrm{d}L_x}{\mathrm{d}t}=M_x^{\mathrm{e}} \\ \dfrac{\mathrm{d}L_y}{\mathrm{d}t}=M_y^{\mathrm{e}} \\ \dfrac{\mathrm{d}L_z}{\mathrm{d}t}=M_z^{\mathrm{e}} \end{cases} \tag{7-27}$$

这就是质点系对定点的动量矩定理的投影形式，也称为质点系对定轴的动量矩定理，即质点系对定轴的动量矩对时间的一阶导数等于作用在质点系上的外力系对同一轴之矩。

（2）质点系动量矩定理的守恒形式

在式（7-26b）中，若外力系对定点 O 的主矩 $\boldsymbol{M}_O^{\mathrm{e}}=0$，则质点系对该点的动量矩守恒，即

$$\boldsymbol{L}_O=\boldsymbol{C} \tag{7-28}$$

在式（7-27）中，若外力系对定轴（如对 z 轴）之矩为零，则质点系对该轴的动量矩守恒，即

$$L_z=C_1 \tag{7-29}$$

［例题 7-4］ 图 7-7 所示为二猴爬绳比赛。猴 A 与猴 B 的质量相等，即 $m_A=m_B=m$。爬绳时猴 A 相对绳爬得快，猴 B 相对绳爬得慢。二猴分别抓住缠绕在定滑轮 O 上的软绳的两端，在同一高度上，从静止开始同时向上爬。假设不计绳子与滑轮质量，不计轴 O 的摩擦，试分析比赛结果。另外，若已知二猴相对绳子的速度大小分别为 v_{Ar} 与 v_{Br}，试分析绳子的绝对速度 v。

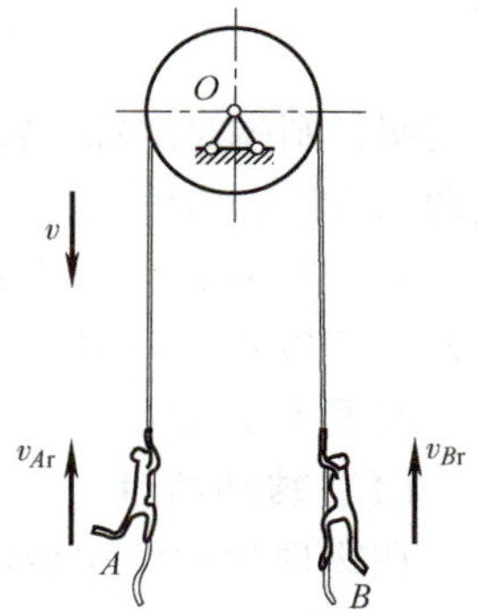

图 7-7　例题 7-4 图

解： 考察由滑轮、绳与 A、B 二猴组成的质点系。由于二猴重力对轴 O 之矩的代数和为零，即

$$m_Bgr-m_Agr=0 \tag{a}$$

式中，r 为滑轮半径。所以，质点系对轴 O 的动量矩守恒，且等于零，即

$$L_O=m_Av_{Aa}r-m_Bv_{Ba}r=0 \tag{b}$$

即

$$v_{Aa}=v_{Ba} \tag{c}$$

这一结果表明，二猴的绝对速度大小永远相等，方向相同，比赛结果为同时到达顶端。

假设绳子运动的绝对速度大小为 v，则有

$$v_{Aa}=v_{Ar}-v,\quad v_{Ba}=v_{Br}+v \tag{d}$$

这样得到绳子的绝对速度

$$v=\frac{v_{Ar}-v_{Br}}{2} \tag{e}$$

实际上，猴子的体力差别只影响它们相对绳子的运动速度。为了满足整体系统对轴 O 的动量矩为零，绳子必然同弱猴一起向上运动，同时以自己的速度作为弱猴向上的牵连速度而帮助它运动。因此，弱猴即使不向上爬，而只将身体吊挂在绳子上，绳子也会在强猴到达终点的同时将其带到同一高度上。

请读者思考：若考虑滑轮的质量且绳与滑轮间没有相对滑动，则如何求解本题？

7.2.2　刚体定轴转动微分方程

1. 刚体定轴转动微分方程

应用质点系对定轴的动量矩定理［式（7-27）］，可以得到刚体定轴转动微分方程。设刚体绕定轴 z 转动（图7-8），其角速度与角加速度分别为 ω 与 α。刚体上第 i 个质点的质量为 m_i，至轴 z 的距离为 r_i，动量 $p_i = m_i r_i \omega$，则刚体对定轴 z 的动量矩为

$$L_z = \sum m_i r_i \omega \cdot r_i = \sum (m_i r_i^2)\omega = J_z \omega \tag{7-30}$$

式中，

$$J_z = \sum (m_i r_i^2)$$

称为刚体对轴 z 的转动惯量（moment of inertia）。

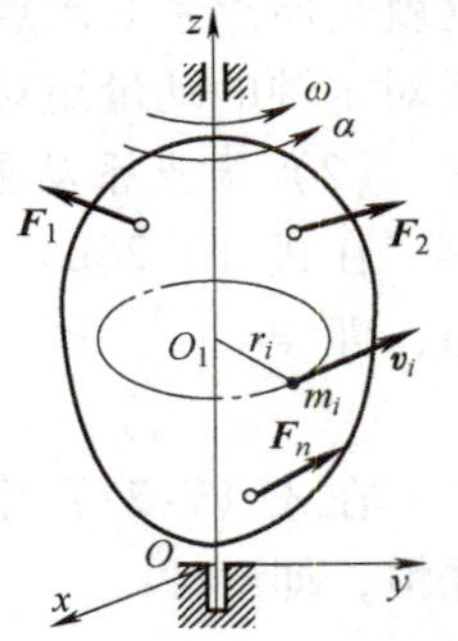

图7-8　刚体定轴转动的动力学分析

将式（7-30）代入式（7-27）的第三式，得

$$J_z \dot{\omega} = M_z^e \tag{7-31a}$$

或

$$J_z \alpha = M_z^e \tag{7-31b}$$

这表明，刚体对定轴的转动惯量与角加速度的乘积，等于作用在刚体上的外力系对该轴之矩。此即刚体定轴转动微分方程（differential equations of rotation of rigid body with a fixed axis）。

式（7-31）是质点系对定轴动量矩定理的一个推论。由于工程上做定轴转动的刚体很普遍，所以式（7-31）具有重要的工程意义。

2. 刚体对轴的转动惯量

（1）转动惯量

在物理学中已初步建立了刚体对定轴 z 的转动惯量的概念，即

$$J_z = \sum m_i r_i^2 = \sum m_i (x_i^2 + y_i^2) \tag{7-32a}$$

或

$$J_z = \int_m r^2 \mathrm{d}m = \int_m (x^2 + y^2)\mathrm{d}m \tag{7-32b}$$

式中，$\mathrm{d}m$ 为第 i 个质点的质量微元。式（7-32）表明，刚体转动惯量是与刚体质量及其到轴的距离有关的量。它不仅与刚体的质量有关，而且与质量相对轴 z 的分布状况有关。

将牛顿第二定律 $m\boldsymbol{a} = \boldsymbol{F}$ 与刚体定轴转动运动微分方程 $J_z \alpha = M_z^e$ 逐项对应比较，可以看出：转动惯量是刚体做定轴转动的惯性度量。

图7-9a所示为机器主轴上安装的飞轮，其作用是，用自身很大的转动惯量储存动能，以便在主轴出现转速波动时进行调节从而稳定主轴转速。即主轴转速下降时，由飞轮输出动能；相反则吸收动能。因此，它不仅质量大，而且将约95%的质量集中在轮缘处，使其对转轴的转动惯量大。图7-9b所示为仪表的指针，它要求有较高的灵敏度，能较快且较准确地

反映出仪器所测物理量的最小信号。因此，指针对转轴的转动惯量要小。为此不仅用较少的轻金属制成，而且将质量较多集中在转轴附近。

（2）回转半径

质量为 m 的刚体对轴 z 的惯量 J_z 可表示为

$$J_z = m\rho_z^2 \quad 或 \quad \rho_z = \sqrt{\frac{J_z}{m}} \tag{7-33}$$

式中，ρ_z 称为**回转半径**（radius of gyration）。回转半径的含义是，若将刚体的质量 m 集中在距离轴 z 为 ρ_z 的圆周上，其转动惯量与原刚体的转动惯量相等。

（3）转动惯量的平行轴定理

图 7-10 中所示之 z 轴和 z_C 轴互相平行，z_C 轴通过刚体质心。根据刚体转动惯量的定义，可以证明，刚体对于平行轴的转动惯量存在以下关系：

$$J_z = J_{zC} + md^2 \tag{7-34}$$

这表明，刚体对某轴（例如 z 轴）的转动惯量，等于刚体对通过质心 C 并与之平行的轴（例如 z_C 轴）的转动惯量，加上刚体质量 m 与两轴距离 d 的平方的乘积。这就是**转动惯量的平行轴定理**（parallel-axis theorem of moment of inertia）。

请读者思考：在图 7-10 中另有与轴 z 平行的轴 z_1，刚体对该两轴的转动惯量是否能够写出以下关系，即 $J_{z1} = J_z + md_1^2$？其中，d_1 为轴 z 与 z_1 之间的距离。

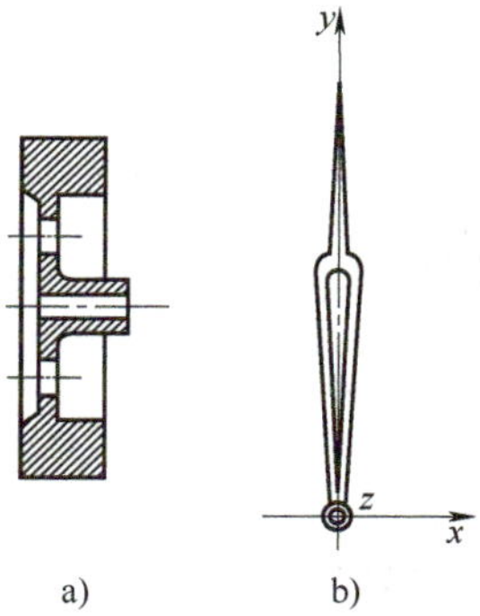

图 7-9　机器飞轮与仪表指针的转动惯量比较

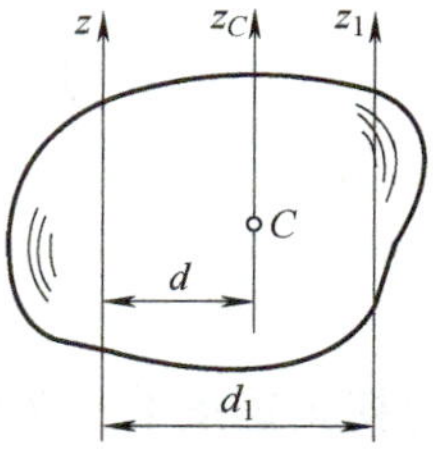

图 7-10　刚体对平行轴的转动惯量

（4）简单几何形状的匀质刚体的转动惯量

图 7-11 与图 7-12 分别表示质量为 m、长为 l 的均质细直杆与质量为 m、半径为 R 的均质圆板。其转动惯量均示于表 7-1 中。

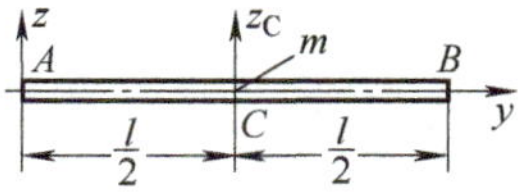

图 7-11　质量为 m、长为 l 的均质细直杆

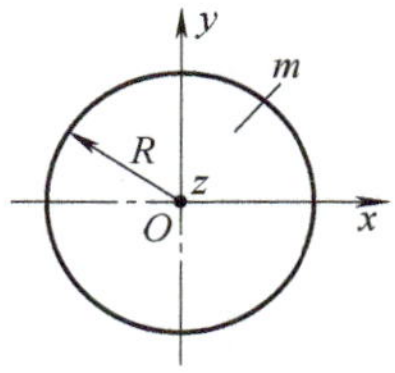

图 7-12　质量为 m、半径为 R 的均质圆板

表 7-1 简单几何形状物体的转动惯量

质量为 m、长为 l 的均质细直杆	$J_z = \frac{1}{3}ml^2$，$J_{zC} = \frac{1}{12}ml^2$
质量为 m、半径为 R 的均质圆板	$J_x = J_y = \frac{1}{4}mR^2$，$J_z = \frac{1}{2}mR^2$

[例题 7-5] 如图 7-13 所示，飞轮以角速度 ω_O 绕轴 O 转动，飞轮对轴 O 的转动惯量为 J_O，当制动时其摩擦阻力矩为 $M = -k\omega$，其中 k 为比例系数。试求飞轮经过多少时间后角速度减少为初角速度的一半，以及在此时间内转过的转数。

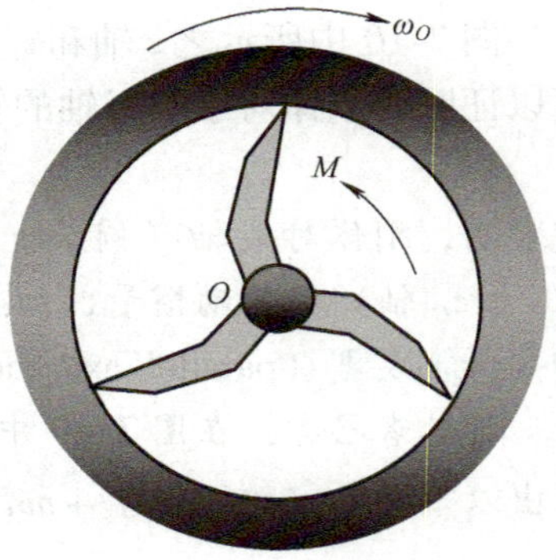

图 7-13 例题 7-5 图

解：1. 求飞轮经过多少时间后角速度减少为初角速度的一半

飞轮绕轴 O 转动的微分方程为

$$J_O \frac{d\omega}{dt} = M$$

将摩擦阻力矩 $M = -k\omega$，代入上式有

$$J_O \frac{d\omega}{dt} = -k\omega$$

采用分离变量法，积分

$$\int_{\omega_O}^{\frac{\omega_O}{2}} J_O \frac{d\omega}{\omega} = -\int_0^t k dt$$

解得时间为

$$t = \frac{J_O}{k}\ln 2$$

2. 求角速度减少为初角速度的一半时飞轮转过的转数

飞轮绕轴 O 转动的微分方程写成

$$J_O \frac{d\omega}{dt} = -k\frac{d\varphi}{dt}$$

方程的两边约去 dt，并积分

$$\int_{\omega_O}^{\frac{\omega_O}{2}} J_O d\omega = \int_0^{\varphi} -k d\varphi$$

解得飞轮转过的角度为

$$\varphi = \frac{J_O\omega_O}{2k}$$

则飞轮转过的转数为

$$n = \frac{\varphi}{2\pi} = \frac{J_O\omega_O}{4\pi k}$$

[例题 7-6] 在重力作用下能绕固定轴摆动的物体称为复摆（compound pendulum）或

物理摆（physical pendulum），如图 7-14 所示。复摆的质心不在悬挂轴上。设摆的质量为 m，质心为 C，物体对通过质心并平行于悬挂轴的回转半径为 ρ_C，d 为质心到悬挂轴的距离。试求复摆做小摆动时的周期。

解：取复摆为研究对象，并规定以逆时针转向为正。

由式（7-31b），复摆的运动微分方程为

$$m(\rho_C^2 + d^2)\ddot{\varphi} = -mgd\sin\varphi$$

$$\ddot{\varphi} + \frac{gd}{\rho_C^2 + d^2}\sin\varphi = 0 \qquad \text{(a)}$$

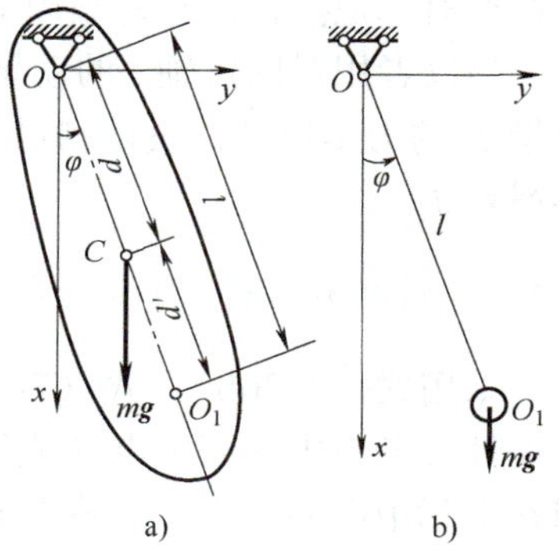

图 7-14　例题 7-6 图

当摆角 φ 很小时，有 $\sin\varphi \approx \varphi$，上式可化为

$$\ddot{\varphi} + \frac{gd}{\rho_C^2 + d^2}\varphi = 0 \qquad \text{(b)}$$

因此复摆做小摆动时的周期为

$$T = 2\pi\sqrt{\frac{\rho_C^2 + d^2}{gd}} \qquad \text{(c)}$$

本例小结：

1. 利用复摆测量物体对轴的转动惯量

将物体悬挂在轴上，并测量出摆的周期后，可按由式（7-34）与本例题式（c）得出的下式计算物体对于通过质心 C 的水平轴的转动惯量：

$$J_C = m\rho_C^2 = mgd\left(\frac{T^2}{4\pi^2} - \frac{d}{g}\right) \qquad \text{(d)}$$

这样，利用转动惯量的平行轴定理，即可求出物体对于过任一点的水平轴的转动惯量。

2. 复摆的简化摆长（或称等价摆长）

由式（b）和式（c）可以看出，复摆与单摆的运动微分方程类同，运动规律类似，故可以找到与复摆的摆动完全一样的等价单摆（图 7-14b）。

质量为 m、长度为 l 的单摆的小幅摆动周期为

$$T = 2\pi\sqrt{\frac{l}{g}}$$

将此式与式（c）相比较可见，若取长度 $l = \dfrac{\rho_C^2 + d^2}{d}$ 作为单摆摆长，则单摆与复摆的运动规律类似，这一摆长称为复摆的简化摆长（或等价摆长）。

3. 用三线摆法测量复杂形状物体的转动惯量

由三根等长的平行线等间距地悬挂，并能绕其对称轴做振动的装置称为三线摆，如图 7-15a 所示。设每根线的长度均为 l，被测转动惯量的圆盘（或其上放置被测转动惯量的复杂形状物体）外径为 R，

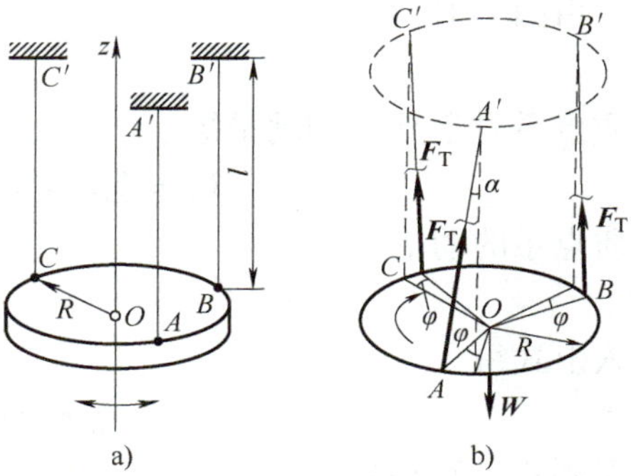

图 7-15　三线摆装置及其在一般位置上的运动与受力分析

三根线对称地拴在圆盘外圆周上，圆盘重（或包含其上放置的复杂形状物体重）W。

请读者用对固定轴 z 的动量矩定理列写三线摆的运动微分方程，说明用它测量物体转动惯量 J_z 的力学原理；设计测量 J_z 的方法与步骤，例如测量对通过汽车质心的铅垂轴 z 的转动惯量 J_z。

7.2.3 质点系对质心的动量矩定理

采用式（7-26b）、式（7-27）表述动量矩定理时，其动量矩和外力矩的矩心（或轴）为惯性参考系中的固定点（或轴）。质点系中各质点的动量也是其质量与绝对速度的乘积。但在实际中需要研究质点系在质心平移系（非惯性参考系）中做相对运动时，对质心的动量矩变化率与外力系主矩之间的关系。例如，运动员腾空后，可通过质心运动定理描述其质心的运动，但相对质心所做的各种转体动作则需采用对质心的动量矩定理描述。

1. 质点系对质心的动量矩

如图7-16所示，$Oxyz$ 为固定参考系，$Cx'y'z'$ 为跟随质心平移的参考系。质点系边界内第 i 个质点的质量为 m_i，$\boldsymbol{r}_i$ 和 $\boldsymbol{r}'_i$ 分别为质点 i 相对于点 O 和质心 C 的位矢，$\boldsymbol{v}_i$ 和 $\boldsymbol{v}_{ir}$ 分别为质点 i 相对于固定参考系 $Oxyz$ 和动系 $Cx'y'z'$ 的速度。

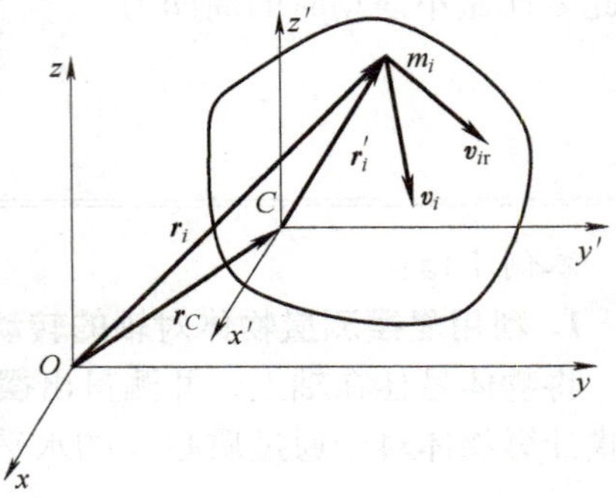

图7-16 质点系对质心的动量矩

质点系中各质点在平移参考系 $Cx'y'z'$ 中的相对运动动量对质心 C 之矩的矢量和，或其相对运动动量的主矩，称为**质点系对质心 C 的动量矩**，即

$$\boldsymbol{L}_C = \sum \boldsymbol{r}'_i \times m_i \boldsymbol{v}_{ir} \tag{7-35}$$

根据

$$\boldsymbol{v}_i = \boldsymbol{v}_{ir} + \boldsymbol{v}_C$$

和

$$\sum(\boldsymbol{r}'_i \times m_i \boldsymbol{v}_C) = \sum(m_i \boldsymbol{r}'_i) \times \boldsymbol{v}_C = 0$$

可以证明

$$\boldsymbol{L}_C = \sum \boldsymbol{r}'_i \times m_i \boldsymbol{v}_i \tag{7-36}$$

注意，$\boldsymbol{L}_C$ 亦为定位矢量，其作用点在矩心，即质心 C 处。

2. 质点系对质心的动量矩定理

由图7-16可见

$$\boldsymbol{r}_i = \boldsymbol{r}_C + \boldsymbol{r}'_i$$

故质点系对定点 O 的动量矩

$$\boldsymbol{L}_O = \sum \boldsymbol{r}_i \times m_i \boldsymbol{v}_i = \boldsymbol{r}_C \times \sum m_i \boldsymbol{v}_i + \sum \boldsymbol{r}'_i \times m_i \boldsymbol{v}_i$$

将质点系的动量

$$\sum m_i \boldsymbol{v}_i = m\boldsymbol{v}_C$$

代入上式得

$$\boldsymbol{L}_O = \sum \boldsymbol{r}_i \times m_i \boldsymbol{v}_i = \boldsymbol{r}_C \times m\boldsymbol{v}_C + \sum \boldsymbol{r}'_i \times m_i \boldsymbol{v}_i$$

注意到式（7-36），得

$$\boldsymbol{L}_O = \sum \boldsymbol{r}_i \times m_i \boldsymbol{v}_i = \boldsymbol{r}_C \times m\boldsymbol{v}_C + \boldsymbol{L}_C \tag{7-37}$$

这表明，质点系对定点 O 的动量矩等于集中于质心 C 的动量对定点 O 的动量矩与质点系对

质心 C 的动量矩的矢量和。

根据质点系对定点 O 的动量矩定理，有

$$\frac{\mathrm{d}}{\mathrm{d}t}(\boldsymbol{r}_C \times m\boldsymbol{v}_C + \boldsymbol{L}_C) = \sum \boldsymbol{r}_i \times \boldsymbol{F}_i^{\mathrm{e}}$$

将 $\boldsymbol{r}_i = \boldsymbol{r}_C + \boldsymbol{r}'_i$ 代入上式得

$$\frac{\mathrm{d}\boldsymbol{r}_C}{\mathrm{d}t} \times m\boldsymbol{v}_C + \boldsymbol{r}_C \times \frac{\mathrm{d}m\boldsymbol{v}_C}{\mathrm{d}t} + \frac{\mathrm{d}\boldsymbol{L}_C}{\mathrm{d}t} = \sum \boldsymbol{r}_C \times \boldsymbol{F}_i^{\mathrm{e}} + \sum \boldsymbol{r}'_i \times \boldsymbol{F}_i^{\mathrm{e}}$$

注意到

$$\frac{\mathrm{d}\boldsymbol{r}_C}{\mathrm{d}t} \times m\boldsymbol{v}_C = \boldsymbol{v}_C \times m\boldsymbol{v}_C = 0$$

$$\boldsymbol{r}_C \times \frac{\mathrm{d}m\boldsymbol{v}_C}{\mathrm{d}t} = \boldsymbol{r}_C \times \sum \boldsymbol{F}_i^{\mathrm{e}} = \sum \boldsymbol{r}_C \times \boldsymbol{F}_i^{\mathrm{e}}$$

于是得

$$\frac{\mathrm{d}\boldsymbol{L}_C}{\mathrm{d}t} = \sum \boldsymbol{r}'_i \times \boldsymbol{F}_i^{\mathrm{e}}$$

或

$$\frac{\mathrm{d}\boldsymbol{L}_C}{\mathrm{d}t} = \boldsymbol{M}_C^{\mathrm{e}} \tag{7-38}$$

这一结果表明，质点系对质心的动量矩对时间的一阶导数，等于作用于质点系上的外力系对质心的主矩。此即质点系对质心的动量矩定理。

3. 关于质点系相对质心动量矩定理的讨论

（1）质点系对质心的动量矩的变化仅取决于外力系的主矩，内力不能改变质点系相对质心的动量矩。

（2）式（7-38）在形式上与质点系对定点的动量矩定理完全相同。需要注意的是，只有动点取为质心时才是如此。这再次显示出质心这个特殊点的动力学性质。

（3）质点系动量定理与相对质心的动量矩定理

$$\frac{\mathrm{d}\boldsymbol{p}}{\mathrm{d}t} = \boldsymbol{F}_{\mathrm{R}}^{\mathrm{e}}, \quad \frac{\mathrm{d}\boldsymbol{L}_C}{\mathrm{d}t} = \boldsymbol{M}_C^{\mathrm{e}}$$

分别描述了质点系质心的运动和相对质心的运动。因此，二定理联合完成了对一般质点系整体运动的动力学描述。二者相辅相成，共同构成质点系普遍定理的动量方法。

（4）若外力系对质心的主矩为零，即 $\boldsymbol{M}_C^{\mathrm{e}} = 0$，则由式（7-38）得

$$\boldsymbol{L}_C = \text{常矢量} \tag{7-39}$$

称为质点系对质心的动量矩守恒。

4. 刚体平面运动微分方程

将质心运动定理与相对质心的动量矩定理应用于刚体平面运动动力学分析，得到用动量法完整描述刚体平面运动的动力学方程。所用方法与所得结果不仅对刚体平面运动动力学，而且对现代多刚体系统动力学都有重要意义，成为现代动力学中与由分析动力学发展的方法相并列的一种重要方法。

图 7-17 中的平面图形 S 是过平面运动刚体的质心 C 的对称平面，在此平面内受外力系

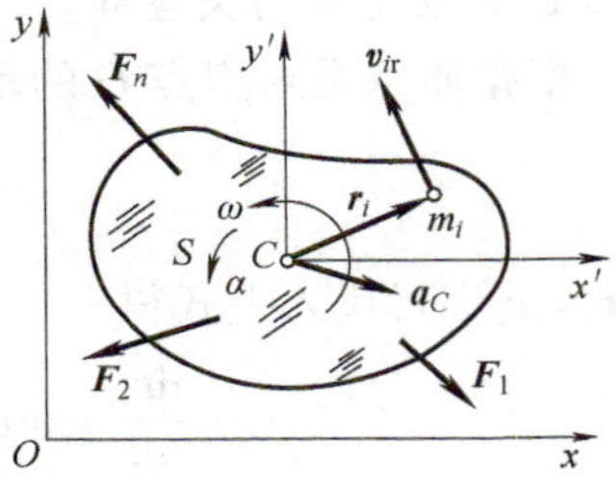

图 7-17　平面图形 S 相对质心运动的动力学分析

$\boldsymbol{F}=(\boldsymbol{F}_1, \boldsymbol{F}_2, \cdots, \boldsymbol{F}_n)$ 作用。设 $Cx'y'$ 为原点固结于质心 C 的平移坐标系，则刚体运动可分解为跟随质心的平移和相对此平移系的转动。

由运动学分析结果，平面图形上任一点相对于质心 C（平移坐标系）的速度大小为

$$v_{ir}=r_i\omega$$

式中，ω 为平面图形的角速度；r_i 为该点到质心 C 的距离。于是刚体相对质心动量矩用代数量表示为

$$L_C=\sum r_i m_i v_{ir}=\sum r_i m_i r_i\omega=\left(\sum m_i r_i^2\right)\omega=J_C\omega$$

式中，J_C 为刚体对于过质心 C 且垂直于运动平面的轴的转动惯量。

当刚体做平面运动时，应用质心运动定理和相对质心的动量矩定理得

$$\begin{cases} m\boldsymbol{a}_C=\sum \boldsymbol{F}^{e} \\ J_C\alpha=\sum M_C(\boldsymbol{F}^{e}) \end{cases} \tag{7-40a}$$

式中，m 为刚体的质量；$\boldsymbol{a}_C$ 为质心的加速度；α 为刚体的角加速度。式（7-40a）也可写为投影形式的微分方程

$$\begin{cases} m\ddot{x}_C=\sum F_x^{e} \\ m\ddot{y}_C=\sum F_y^{e} \\ J_C\ddot{\varphi}=\sum M_C(\boldsymbol{F}^{e}) \end{cases} \tag{7-40b}$$

式（7-40a）与式（7-40b）即为**刚体平面运动微分方程**（differential equation of planar motion of rigid body）。

（1）质点系动量定理与相对质心动量矩定理共同应用于刚体平面运动动力学分析，前者描述了刚体质心的运动，后者描述了刚体相对质心（平移坐标系）的转动。总之，二者联合完成了对刚体平面运动的整体运动也是全部运动的动力学描述。

（2）静力学研究作用于刚体上力系的基本特征量：主矢与主矩。运动学研究将刚体平面运动分解为随基点的平移和相对基点的转动。动力学将上述概念分别联系起来，而且只有对质心这个特殊点才能联系起来。

（3）若式（7-40）等号的左边项均恒等于零，即刚体的动量与动量矩均恒无变化，则得到静力学中平面力系的平衡方程，即外力系的主矢与主矩均等于零。因此，质点系动量定理与动量矩定理还联合完成了对刚体平面运动的特例——平衡情形的静力学描述。这表明，静力学是刚体动力学的特例。

[例题 7-7]　如图 7-18 所示，半径为 r、质量为 m 的均质圆轮从静止开始，沿倾斜角为 θ 的斜面无滑动地滚下。试求：（1）圆轮滚至任意位置时的质心加速度 a_C。（2）圆轮在斜面上不打滑的最小静摩擦因数。

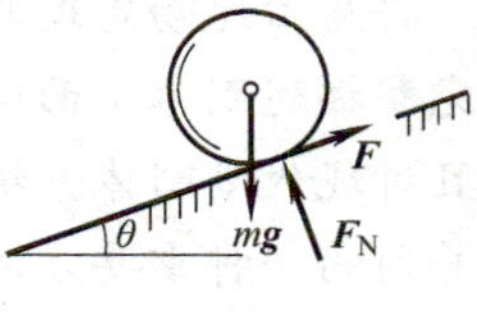

图 7-18　例题 7-7 图

解： 圆轮在任意位置受有重力 $m\boldsymbol{g}$、斜面支承力（约束力）$\boldsymbol{F}_{\mathrm{N}}$ 和静滑动摩擦力 $\boldsymbol{F}$ 作用。不考虑滚动阻力偶。

1. 圆轮质心的加速度

圆轮做平面运动。根据刚体平面运动微分方程（7-40b），有

$$ma_C = mg\sin\theta - F \tag{a}$$

$$0 = mg\cos\theta - F_{\mathrm{N}} \tag{b}$$

$$J_C\alpha = Fr \tag{c}$$

上述三个方程中包含四个未知量：a_C、α、F_{N}和 F，还需根据圆轮做纯滚动这一约束条件，补充运动学关系

$$a_C = r\alpha \tag{d}$$

由式（c）、式（d），得

$$F = J_C\frac{\alpha}{r} = \frac{1}{2}mr^2\frac{a_C}{r^2} = \frac{1}{2}ma_C \tag{e}$$

将式（e）代入式（a），得

$$a_C = \frac{2}{3}g\sin\theta \tag{f}$$

2. 圆轮在斜面上不打滑的最小静摩擦因数

将式（f）代入式（e），再考虑到圆轮在斜面上做纯滚动时，其滑动摩擦力一般小于最大静摩擦力这一性质，有

$$F = \frac{1}{3}mg\sin\theta \leqslant F_{\mathrm{N}}f_{\mathrm{s}} \tag{g}$$

将式（b）代入式（g），得圆轮不打滑的最小静摩擦因数

$$f_{\mathrm{s\,min}} = \frac{1}{3}\tan\theta \tag{h}$$

3. 本例小结

圆轮在地面上从静止开始做纯滚动时，一般既有滚动阻力偶，也有滑动摩擦力。即使忽略前者，也必有后者，因为滑动摩擦力是使圆轮滚动的驱动力。此滑动摩擦力一般为静滑动摩擦力，远小于最大静摩擦力。这正是使物体变滑动为滚动的得益之处。

如果式（h）不满足，则圆轮会产生滑动，图7-18中的 $\boldsymbol{F}$ 变为动摩擦力

$$F = F_{\mathrm{N}}f \tag{i}$$

式中，f 为动摩擦因数。但做此分析时式（a）~式（c）在形式上没有变化，但式（d）不成立。读者可根据有关方程求解圆轮滑动时的质心加速度与角加速度。

［例题7-8］　质量为 m、长为 l 的均质杆 AB，A 端置于光滑水平面上，B 端用铅直绳 BD 连接，如图7-19a所示。试求绳 BD 突然被剪断瞬时，杆 AB 的角加速度和 A 处的约束力。设 $\theta=60°$。

解： 绳被剪断后，杆 AB 做平面运动，受力如图7-19b所示，应用式（7-40），有

$$ma_{Cx} = 0 \tag{a}$$

$$ma_{Cy} = F_A - mg \tag{b}$$

$$J_C\alpha = F_A \frac{l}{2}\cos\theta \tag{c}$$

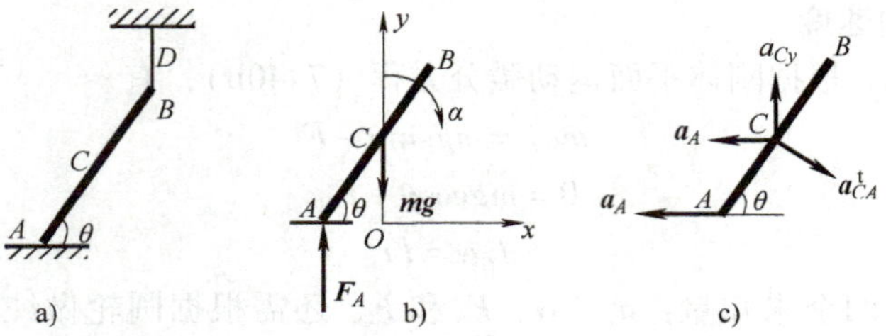

图 7-19 例题 7-8 图

由式（a）可知，杆在水平方向质心守恒，即 $a_C = a_{Cy}$，质心 C 只在铅垂方向运动。式（b）和式（c）中有 a_{Cy}、F_A 和 α 三个未知量，需补充运动学方程。若以 A 为基点（图 7-19c），则根据平面运动刚体的加速度分析基点法，将各加速度在 y 方向投影，有

$$a_{Cy} = -a_{CA}^{t}\cos\theta = -\frac{l}{4}\alpha \tag{d}$$

将式（b）~式（d）联立，解得

$$\alpha = \frac{12g}{7l}$$

$$F_A = \frac{4}{7}mg$$

7.3 本章小结与讨论

7.3.1 本章小结

1. 动量定理

应用牛顿第二定律

$$m\boldsymbol{a} = \boldsymbol{F}$$

可以导出质点系动量定理的微分形式：

$$\frac{\mathrm{d}\boldsymbol{p}}{\mathrm{d}t} = \sum_i \boldsymbol{F}_i^{\mathrm{e}} = \boldsymbol{F}_{\mathrm{R}}^{\mathrm{e}}$$

引入质心的概念将动量表达式

$$\boldsymbol{p} = \sum m_i \boldsymbol{v}_i = M\boldsymbol{v}_C$$

代入上式后，便得到质心运动定理：

$$m\boldsymbol{a}_C = \boldsymbol{F}_{\mathrm{R}}^{\mathrm{e}}$$

比较牛顿第二定律和质心运动定理，可以发现二者具有基本相同的形式。但前者适用于质点，而后者适用于质点系。

2. 动量矩定理

（1）质点系对点 O 的动量矩：$\boldsymbol{L}_O=\sum\boldsymbol{r}_i\times m_i\boldsymbol{v}_i$

质点系对质心 C 的动量矩：$\boldsymbol{L}_C=\sum\boldsymbol{r}_i'\times m_i\boldsymbol{v}_{ir}$

质点系对点 O 的动量矩与质点系对质心 C 的动量矩的关系：$\boldsymbol{L}_O=\boldsymbol{r}_C\times m\boldsymbol{v}_C+\boldsymbol{L}_C$

（2）质点系对定点 O 的动量矩定理：$\dfrac{\mathrm{d}\boldsymbol{L}_O}{\mathrm{d}t}=\boldsymbol{M}_O^{\mathrm{e}}$

质点系对质心 C 的动量矩定理：$\dfrac{\mathrm{d}\boldsymbol{L}_C}{\mathrm{d}t}=\boldsymbol{M}_C^{\mathrm{e}}$

（3）刚体定轴转动微分方程：$J_z\alpha=M_z^{\mathrm{e}}$

刚体平面运动微分方程：$\begin{cases}m\boldsymbol{a}_C=\sum\boldsymbol{F}^{\mathrm{e}}\\J_C\alpha=\sum M_C(\boldsymbol{F}^{\mathrm{e}})\end{cases}$

7.3.2　几个有意义的实例

1. 驱动汽车行驶的力

一辆大马力的汽车，在崎岖不平的山路上可以畅通无阻。一旦开到结冰的光滑河面上，它却寸步难行。同一辆汽车，同样的发动机，为何有不同的结果？不要忘记在汽车的发动机中，气体的压力是汽车行驶的原动力啊。你能解释清楚吗？

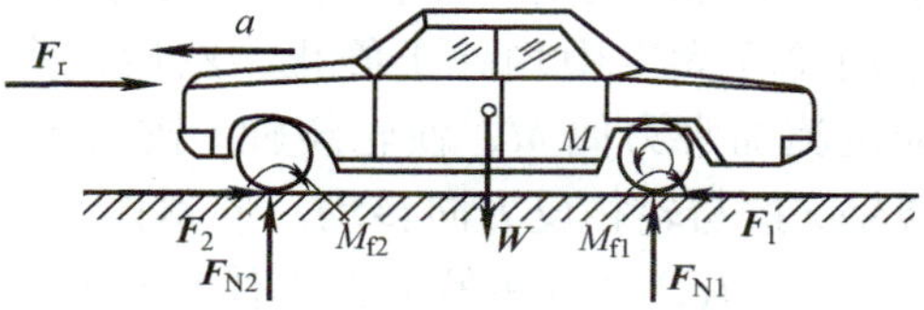

图 7-20　驱动汽车行驶的力

2. 直升机尾桨的平衡作用

直升机的旋翼转动时，空气对飞机产生升力，故它又称为升力螺旋桨。现在假设升力与重力相平衡，即直升机处于悬停状态，旋翼以等角速 ω 绕定轴 z 转动（图 7-21a）。

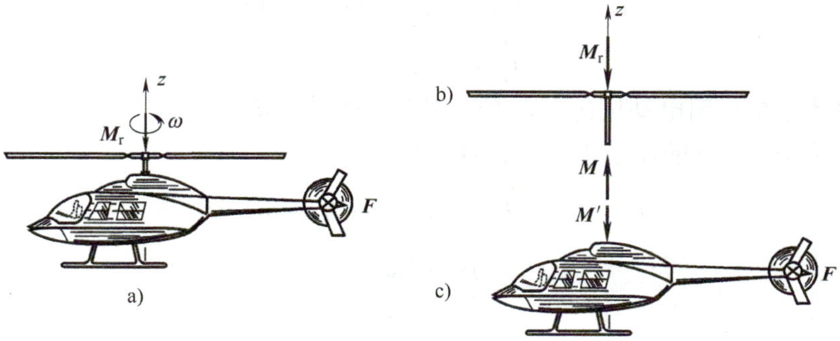

图 7-21　直升机整体系统与旋翼、机身子系统

考察直升机整体系统。空气除对其产生升力外，还产生气动阻力偶 $\boldsymbol{M}_r$。$\boldsymbol{M}_r$ 作用在旋翼上，也是作用在整体系统上，其方向与 ω 相反。这样，根据式（7-27）的第三式，如果没

有尾桨，机身将在 $\boldsymbol{M}_r$ 作用下，产生与角速度 ω 反向的旋转。而尾桨旋转时，空气对其叶片产生垂直于纸面向内的气动力 $\boldsymbol{F}$，并使该力对轴 z 之矩与阻力偶 $\boldsymbol{M}_r$ 大小相等，方向相反，即 $M_z(\boldsymbol{F})=M_r$，以使机身在空中保持平衡。

上述问题还可以将整体系统分为旋翼与机身两个子系统进行分析（图7-21b、c）。旋翼受气动阻力偶 $\boldsymbol{M}_r$ 与发动机的内主动力偶（对现在的考察对象则为外主动力偶）$\boldsymbol{M}$ 作用。因 $\boldsymbol{M}_r=-\boldsymbol{M}$，故据式（7-31a），旋翼以等角速 ω 旋转。另外，机身上受到反作用力偶 $\boldsymbol{M}'$ 的作用，若要维持飞机在空中悬停，即要尾桨提供上述力 $\boldsymbol{F}$，以使 $\boldsymbol{M}'=-\boldsymbol{M}_z(\boldsymbol{F})$。

一般的玩具直升机上没有尾桨。若上紧旋翼的发条，并让旋翼转动的同时置于地上，则尽管地面作用其支承轮以摩擦力，但机身仍然做与旋翼角速度方向相反的转动。

以上只对尾桨产生气动力矩 $M_z(\boldsymbol{F})$ 用以平衡旋翼上的气动阻力偶 M_r 的作用进行了分析。尾桨的其他功能如操纵航向并使其保持稳定等不再赘述。

此外，根据动量定理，作用在尾桨上的气动力 $\boldsymbol{F}$ 会使直升飞机的质心产生由纸面向纸内的运动。这可由倾斜主旋翼轴产生的另一与之相反方向的气动力与之平衡来解决。这里不再详述。

3. 航天器的反作用轮姿态控制系统

航天器中的反作用轮姿态控制系统是根据动量矩守恒原理而设计的一种由飞轮储存动量矩，航天器同时也获得反向动量矩，从而实现姿态控制的装置。

图7-22a 所示为航天器中轴对称结构的本体，其中安装有与本体同轴的反作用轮控制系统。设初瞬时，本体与反作用轮在太空中均处于静止。然后，为实现本体绕轴 z 的姿态改变，与反作用轮同轴的电动机施加常力偶 M，使轮绕轴 z 按图示方向转动。M 的反力偶 M' 则作用在本体上，并使其绕轴 z 按与轮相反方向转动。若本体与反作用轮整体对轴 z 的转动惯量为 J，轮对轴 z 的转动惯量为 J_1，试分析航天器本体在瞬时 t 的角速度 ω 与反作用轮相对航天器的角速度 ω_{1r}。

考察反作用轮的运动。其上只作用有电动机施加的常力偶 M。因其相对角速度大于航天器本体的角速度（牵连角速度），即 $\omega_{1r}>\omega$，且方向相反，故轮的绝对角速度 $\omega_{1a}=\omega_{1r}-\omega$。据刚体定轴转动运动微分方程［式（7-31a）］，有

$$J\frac{\mathrm{d}\omega}{\mathrm{d}t}=M,\quad J_1\int_0^{\omega_{1r}-\omega}\mathrm{d}\omega=\int_0^t M\mathrm{d}t$$

$$J_1(\omega_{1r}-\omega)=Mt$$

再考察整体系统。因电动机包含在系统之中，所以，M、M' 为内力偶，且不考虑该系统的其他受力，系统对轴 z 的动量矩守恒，且为零：

$$L_z=0,\quad (J-J_1)\omega-J_1(\omega_{1r}-\omega)=0$$

$$J\omega=J_1\omega_{1r}$$

联立解出

$$\omega=\frac{Mt}{J-J_1},\quad \omega_{1r}=\frac{JMt}{J_1(J-J_1)}$$

图7-22b 所示为地球扫描卫星以周期 T 沿围绕地球的圆轨道运行。在初瞬时，卫星的角速度 $\omega_x=\omega_z=0$，$\omega_y=2\pi/T$，以保证卫星的轴 x 总是指向地心。为了实现对卫星的全方位姿

态控制，其上装有三个转轴相互正交的反作用轮，以及相应的控制电动机。通过各自的电动机对相应的反作用轮施加变力偶，使之分别以相对卫星本体的角速度 $\boldsymbol{\omega}_x$、$\boldsymbol{\omega}_y$、$\boldsymbol{\omega}_z$ 转动，以完成对地球定向扫描任务。

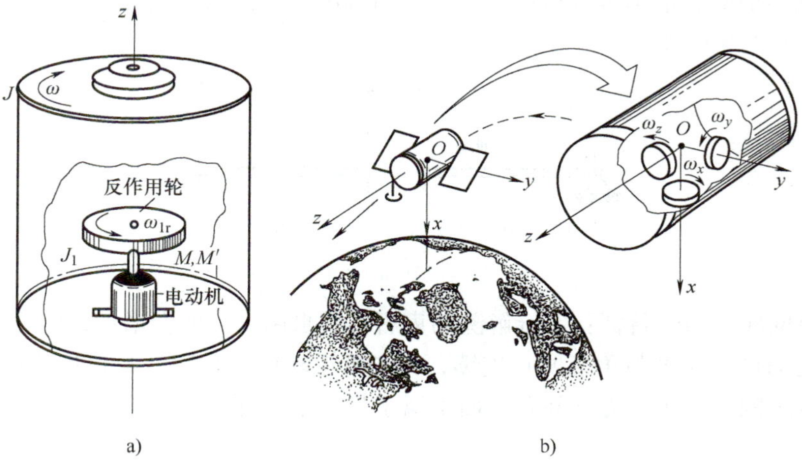

图 7-22　反作用轮姿态控制系统的简单示意图与装配示意图

7.3.3　质点系矢量动力学的两个矢量系（外力系与动量系）及其关系

如图 7-23a 所示，作用在由 n 个质点组成的质点系上的外力系（$\boldsymbol{F}_1$，$\boldsymbol{F}_2$，…，$\boldsymbol{F}_n$），其基本特征量：主矢 $\boldsymbol{F}_R^e=\sum\boldsymbol{F}_i$，对点 O 的主矩 $\boldsymbol{M}_O^e=\sum\boldsymbol{M}_O(\boldsymbol{F}_i^e)$。

如图 7-23b 所示，作用在同一质点系上的动量系（$m_1\boldsymbol{v}_1$，$m_2\boldsymbol{v}_2$，…，$m_n\boldsymbol{v}_n$），其基本特征量：主矢，即质点系动量，$\boldsymbol{p}=\sum m_i\boldsymbol{v}_i$；对点 O 的主矩，即质点系对同点的动量矩，$\boldsymbol{L}_O=\sum\boldsymbol{r}_i\times m_i\boldsymbol{v}_i$。

两个矢量系的关系：

动量系主矢对时间的变化率等于外力系的主矢，即为质点系动量定理 $\dfrac{\mathrm{d}\boldsymbol{p}}{\mathrm{d}t}=\boldsymbol{F}_R^e$。

动量系对定点 O（或质心 C）的主矩对时间的变化率等于外力系对同一点的主矩，即质点系动量矩定理 $\dfrac{\mathrm{d}\boldsymbol{L}_O}{\mathrm{d}t}=\boldsymbol{M}_O^e$ 或 $\dfrac{\mathrm{d}\boldsymbol{L}_C}{\mathrm{d}t}=\boldsymbol{M}_C^e$。

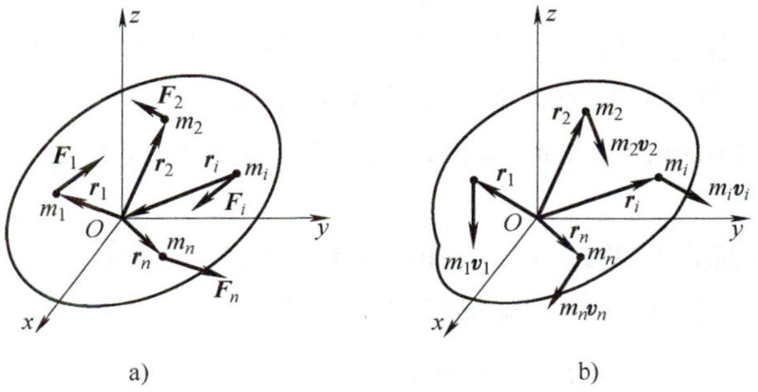

图 7-23　同一质点系的外力系与动量系

7.3.4　突然解除约束问题

图7-24所示为用刚性细绳以不同形式悬挂的匀质杆 AB。杆长均为 z，质量均为 m，若突然将 B 端细绳剪断，请读者分析两种情形下 A 端的约束力。这类问题称为突然解除约束问题，简称突解约束问题。

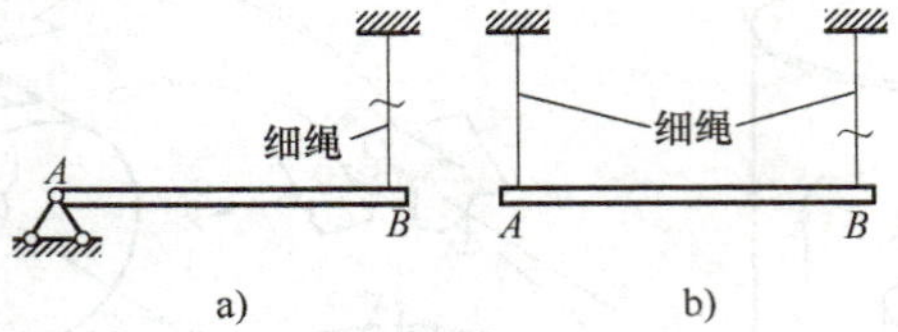

图7-24　突然解除约束问题

突解约束问题的力学特征：系统解除约束后，其自由度一般会增加；解除约束的前后瞬时，其一阶运动量（速度与角速度）连续，但二阶运动量（加速度与角加速度）发生突变。因此，突解约束问题属于动力学问题，而不属于静力学问题。

7.3.5　碰撞与碰撞冲量

1. 基本概念与特点

碰撞（collision）是在极短的时间 t 内（约为 $10^{-3} \sim 10^{-4}$s），使物体之间发生有限量的动量传递。因而，物体上各质点的加速度极大，作用有极大的瞬时碰撞力 $\boldsymbol{F}$（约为一般力的几百倍，甚至上千倍）。

研究碰撞问题通常使用碰撞冲量（impulse of collision），其定义为

$$\boldsymbol{I} = \int_0^t \boldsymbol{F}\mathrm{d}t \tag{7-41}$$

式中，t 为时间。碰撞冲量是碰撞力在碰撞时间内的累积效应。

碰撞时，机械能之间、机械能与其他形式的能量之间产生急剧转换，一般总伴随有机械能损耗，包括物体材料的弹性与塑性变形和变形的恢复，应力波的传播，产生热、光、声等能量形式。

例如，用铁锤打击钢板表面。为了测量碰撞的时间和瞬时碰撞力，在锤头下部安装力传感器，其外壳是用塑料制成的，所以实际上是塑料和钢的碰撞。

碰撞问题的难点是，碰撞过程中碰撞力的变化规律难以确定。通常只能分析碰撞前后物体运动的变化。因此，解决工程问题时，需要根据碰撞的特点，做适当简化，主要包括：

（1）碰撞过程中，由于碰撞力极大，重力等非碰撞力可以忽略不计。

（2）由于碰撞时间极短，物体的位置基本没有改变，故物体的位移可忽略不计。

2. 碰撞的恢复因数

物理学指出，若碰撞前后两球的质心速度矢量方向与两球接触面的公法线共线，则称为正碰撞。碰撞中，变形与恢复阶段的碰撞冲量分别为

$$\boldsymbol{I}_1 = \int_0^{t_1} \boldsymbol{F}\mathrm{d}t,\quad \boldsymbol{I}_2 = \int_{t_1}^{t} \boldsymbol{F}\mathrm{d}t$$

式中，$\boldsymbol{F}$ 为碰撞力；t_1 为变形阶段时间；$t-t_1$ 为恢复阶段时间。

两球变形与恢复阶段的冲量之比，或碰撞后相对分离的速度与碰撞前相对接近的速度之比，称为恢复因数（coefficient of restitution）：

$$e=\frac{I_2}{I_1}=\frac{u_2-u_1}{v_1-v_2}$$

对于刚体，恢复因数应改写为

$$e=\frac{I_2}{I_1}=\frac{u_{2n}-u_{1n}}{v_{1n}-v_{2n}} \tag{7-42}$$

式中，v_{1n}、v_{2n}为刚体碰撞前碰撞点的速度在接触点公法线方向的投影；u_{1n}、u_{2n}为刚体碰撞后碰撞点的速度在接触点公法线方向的投影。

3. 碰撞的基本定理

根据碰撞现象的力学特征，求解碰撞问题，必须应用动力学普遍定理，包括动量定理、动量矩定理或刚体动力学方程的积分形式。

由于碰撞过程中忽略了位移，即 $\boldsymbol{r}_i$ 为常量，应用动量定理和动量矩定理的积分形式可以表示成

$$\boldsymbol{p}_2-\boldsymbol{p}_1=\sum_i\int_0^T\boldsymbol{F}_i^{\mathrm{e}}\mathrm{d}t=\sum_i\boldsymbol{I}_i^{\mathrm{e}} \tag{7-43}$$

$$\boldsymbol{L}_{O2}-\boldsymbol{L}_{O1}=\sum_i^n\int_0^T\boldsymbol{r}_i\times\boldsymbol{F}_i^{\mathrm{e}}\mathrm{d}t=\sum_i^n\boldsymbol{r}_i\times\int_0^T\boldsymbol{F}_i^{\mathrm{e}}\mathrm{d}t=\sum_i^n\boldsymbol{r}_i\times\boldsymbol{I}_i^{\mathrm{e}}=\sum_i^n\boldsymbol{M}_O(\boldsymbol{I}_i^{\mathrm{e}}) \tag{7-44}$$

式中，$\boldsymbol{L}_O$ 为对固定点的动量矩。

定轴转动的物体发生碰撞时，基本定理为

$$\begin{cases} m\boldsymbol{u}_C-m\boldsymbol{v}_C=\sum\boldsymbol{I}_i^{\mathrm{e}} \\ J_O\omega_2-J_O\omega_1=\sum M_O(\boldsymbol{I}_i^{\mathrm{e}}) \end{cases} \tag{7-45}$$

式中，J_O 为刚体对定轴 O 的转动惯量；ω_1、ω_2 分别为碰撞开始和结束时刚体的角速度；$\boldsymbol{v}_C$、$\boldsymbol{u}_C$ 分别为碰撞开始和结束时刚体质心的速度；$M_O(\boldsymbol{I}_i^{\mathrm{e}})$ 为碰撞力对定轴 O 的冲量矩。同样，将上式用于碰撞过程时，不计非碰撞力的冲量矩。

平面运动的物体发生碰撞时，基本定理为

$$\begin{cases} m\boldsymbol{u}_C-m\boldsymbol{v}_C=\sum\boldsymbol{I}_i^{\mathrm{e}} \\ J_C\omega_2-J_C\omega_1=\sum M_C(\boldsymbol{I}_i^{\mathrm{e}}) \end{cases} \tag{7-46}$$

式中，J_C 为刚体对通过质心、且垂直于平面的 C 轴的转动惯量；$\boldsymbol{v}_C$、$\boldsymbol{u}_C$ 分别为碰撞开始和结束时刚体质心的速度；ω_1、ω_2 分别为碰撞开始和结束时刚体的角速度；$M_C(\boldsymbol{I}_i^{\mathrm{e}})$ 为碰撞力对 C 轴的冲量矩。同样，将式（7-46）用于碰撞过程时，不计非碰撞力的冲量矩。

习　题

7-1　两个完全相同的圆盘，放在光滑水平面上，如习题 7-1 图所示。在两个圆盘的不同位置上，分别

作用两个相等的力 $\boldsymbol{F}$ 和 $\boldsymbol{F}'$。设两圆盘从静止开始运动，某瞬时两圆盘动量大小 p_A 和 p_B 的关系是（　　）。

① $p_A < p_B$　　② $p_A > p_B$　　③ $p_A = p_B$　　④ 不能确定

7-2　匀质杆 AB 重 G，其 A 端置于光滑水平面上，B 端用绳子悬挂，如习题 7-2 图所示。取坐标系 Oxy，此时该杆质心 C 的 x 坐标 $x_C=0$。若将绳子剪断，则（　　）。

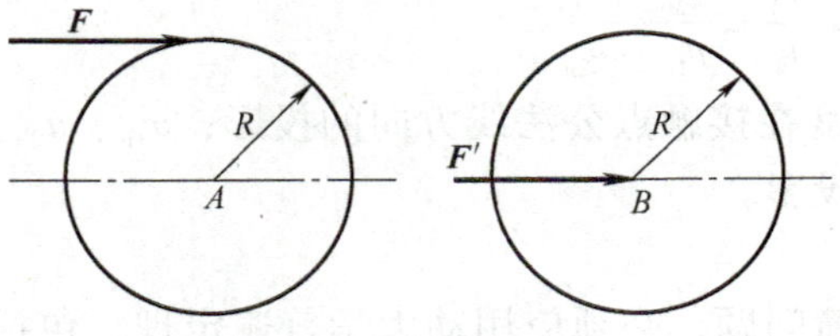

习题 7-1 图

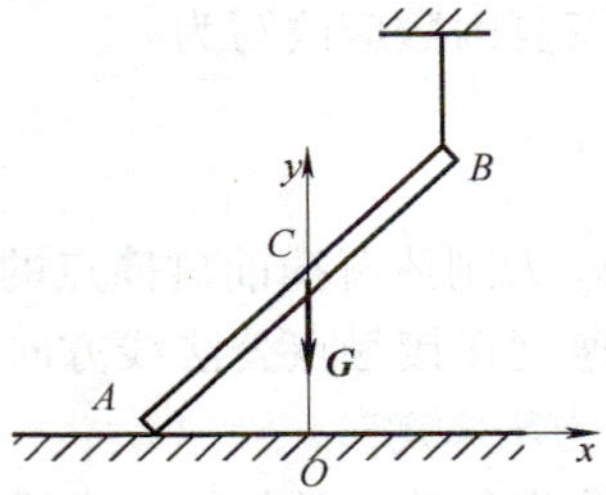

习题 7-2 图

① 杆倒向地面的过程中，其质心 C 运动的轨迹为圆弧

② 杆倒至地面后，$x_C>0$

③ 杆倒至地面后，$x_C=0$

④ 杆倒至地面后，$x_C<0$

7-3　杆 OA 绕轴 O 逆时针转动，均质圆盘沿杆 OA 做纯滚动，如习题 7-3 图所示。已知圆盘的质量 $m=20\text{kg}$，半径 $R=10\text{cm}$。在图示位置时，杆 OA 的倾角为 30°，其转角的角速度 $\omega_1=1\text{rad/s}$，圆盘相对于杆 OA 转动的角速度 $\omega_2=4\text{rad/s}$，$OB=10\sqrt{3}\text{cm}$，则此时圆盘的动量大小为（　　）。

① 6.93N·s　　② 8N·s　　③ 8.72N·s　　④ 4N·s

7-4　习题 7-4 图示平面四连杆机构中，曲柄 O_1A、O_2B 和连杆 AB 皆可视为质量为 m、长为 $2r$ 的均质细杆。图示瞬时，曲柄 O_1A 逆时针转动的角速度为 ω，则该瞬时此系统的动量 $\boldsymbol{p}$ 为（　　）。

① $2mr\omega\boldsymbol{i}$　　② $3mr\omega\boldsymbol{i}$　　③ $4mr\omega\boldsymbol{i}$　　④ $6mr\omega\boldsymbol{i}$

7-5　习题 7-5 图示平面机构中，物块 A 的质量为 m_1，可沿水平直线轨道滑动；均质杆 AB 的质量为 m_2、长为 $2l$，其 A 端与物块铰接，B 端固连一质量为 m_3 的质点。图示瞬时，物块的速度为$\boldsymbol{v}$，杆的角速度为 ω，则此平面机构在该瞬时的动量 $\boldsymbol{p}$ 为（　　）。

① $(m_1+m_2+m_3)v\boldsymbol{i}$

② $[m_1v-(m_2+2m_3)l\omega\cos\theta]\boldsymbol{i}-(m_2+2m_3)l\omega\sin\theta\boldsymbol{j}$

③ $[m_1v-(m_2+2m_3)l\omega\cos\theta]\boldsymbol{i}+(m_2+2m_3)l\omega\sin\theta\boldsymbol{j}$

④ $[(m_1+m_2+2m_3)v-(m_2+2m_3)l\omega\cos\theta]\boldsymbol{i}-(m_2+2m_3)l\omega\sin\theta\boldsymbol{j}$

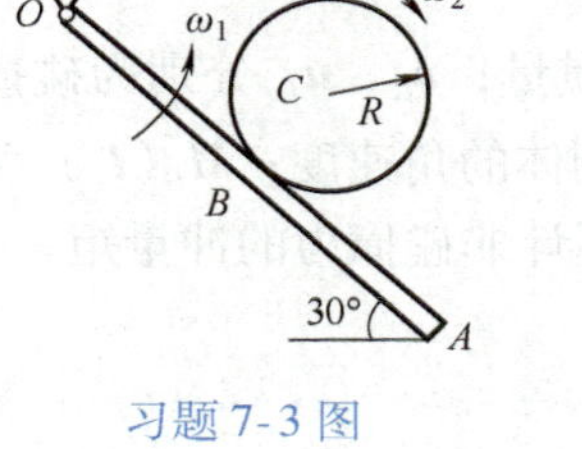

习题 7-3 图

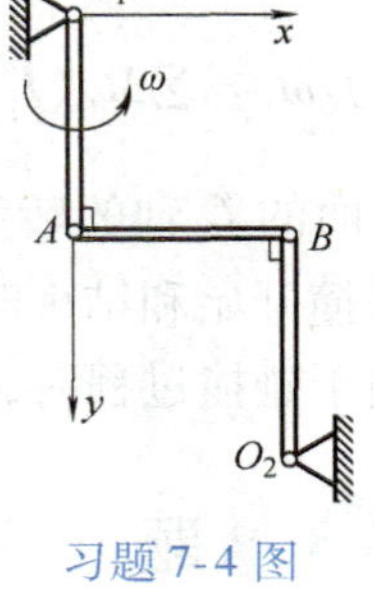

习题 7-4 图

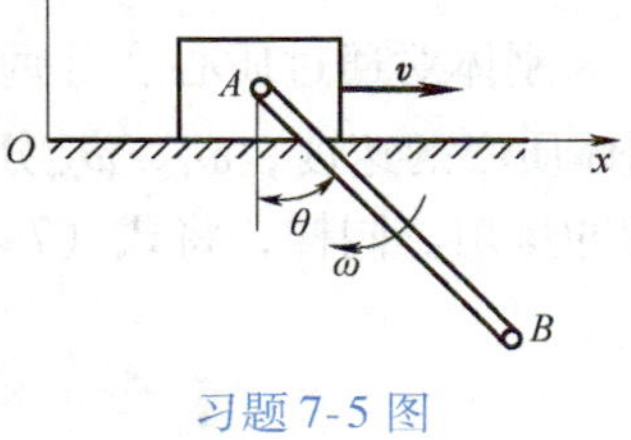

习题 7-5 图

7-6　已知三棱柱体 A 质量为 m_1，物块 B 质量为 m_2，在习题 7-6 图示三种情形下，物块均由三棱柱体

顶端无初速释放。若三棱柱体初始静止，不计各处摩擦，不计弹簧质量，则运动过程中（　　）情形动量守恒。

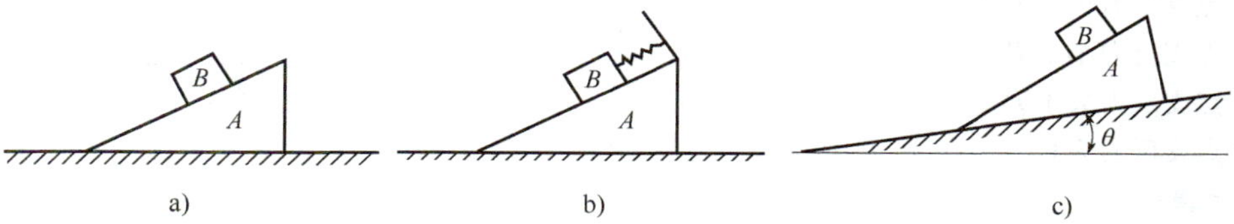

习题 7-6 图

7-7　习题 7-7 图示均质圆环形盘的质量为 m，内、外直径分别为 d 和 D，则此盘对垂直于盘面的中心轴 O 的转动惯量为（　　）。

① $md^2/8$　　② $mD^2/8$　　③ $m(D^2-d^2)/8$　　④ $m(D^2+d^2)/8$

7-8　一均质杆 OA 与均质圆盘在圆盘中心 A 处铰接，在习题 7-8 图示位置时，杆 OA 绕固定轴 O 转动的角速度为 ω，圆盘相对于杆 OA 的角速度也为 ω。设杆 OA 与圆盘的质量均为 m，圆盘的半径为 r，杆长 $l=3r$，则此时该系统对固定轴 O 的动量矩大小为（　　）。

① $L_O=22mr^2\omega$　　② $L_O=12.5mr^2\omega$　　③ $L_O=13mr^2\omega$　　④ $L_O=12mr^2\omega$

7-9　习题 7-9 图 a 所示均质圆盘沿水平地面做直线平移，图 b 所示均质圆盘沿水平直线做纯滚动。设两盘质量皆为 m，半径皆为 r，轮心 C 的速度皆为 $\boldsymbol{v}$，则图示瞬时，它们各自对轮心 C 和对与地面接触点 D 的动量矩分别为

图 a：$L_C=$（　　　　），$L_D=$（　　　　）；

图 b：$L_C=$（　　　　），$L_D=$（　　　　）。

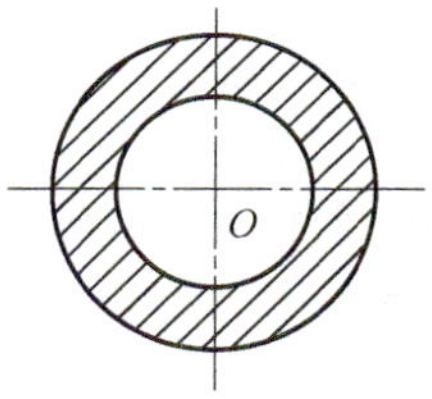

习题 7-7 图

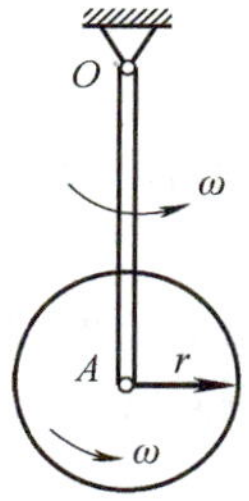

习题 7-8 图

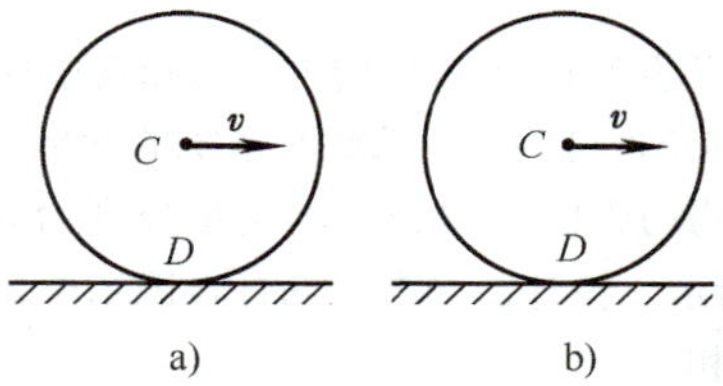

习题 7-9 图

7-10　如习题 7-10 图所示，一半径为 R、质量为 m 的均质圆轮，在下列两种情况下沿平面做纯滚动：（1）轮上作用一顺时针的矩为 M 的力偶；（2）轮心作用一大小等于 M/R 的水平向右的力 $\boldsymbol{F}$。若不计滚动摩擦，则两种情况下（　　）。

① 轮心加速度相等，滑动摩擦力大小相等

② 轮心加速度不相等，滑动摩擦力大小相等

③ 轮心加速度相等，滑动摩擦力大小不相等

④ 轮心加速度不相等，滑动摩擦力大小不相等

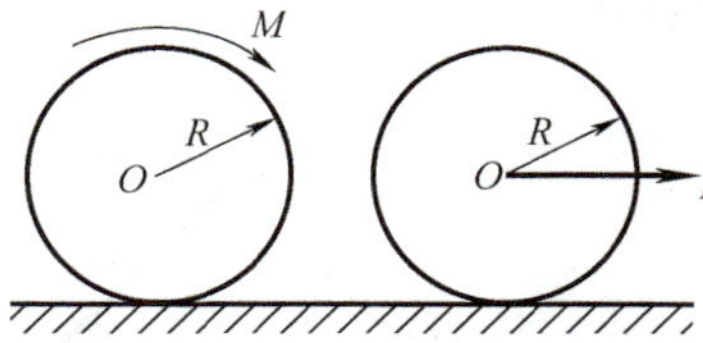

习题 7-10 图

7-11　均质长方形板由 A、B 两处的滑动轮支撑在光滑水平面上。初始板处于静止状态，若突然撤去 B 端的支撑轮，试问此瞬时（　　）。

① A 点有水平向左的加速度　　② A 点有水平向右的加速度

③ A 点加速度方向垂直向上　　④ A 点加速度为零

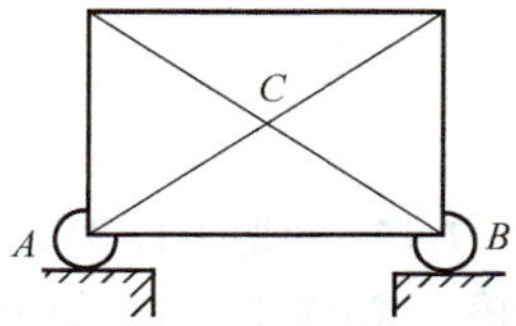

习题 7-11 图

7-12　如习题 7-12 图所示，水平均质杆 OA 重量为 P，细绳 AB 未剪断前

点 O 的支反力为 $P/2$。现将绳剪断，试判断在刚剪断绳 AB 瞬时，下列说法正确的是（　　）。

① O 点支反力仍为 $P/2$

② O 点支反力小于 $P/2$

③ O 点支反力大于 $P/2$

④ O 点支反力为 0

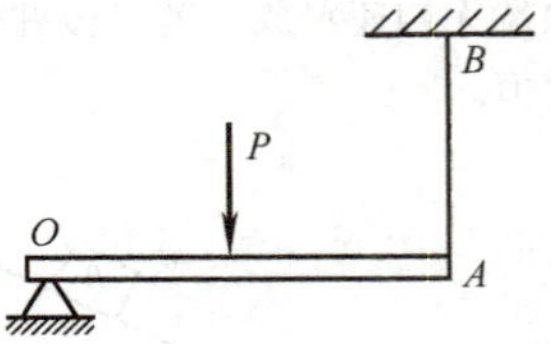

习题 7-12 图

分析计算题

7-13　计算习题 7-13 图示情况下系统的动量。

(1) 已知 $OA=AB=l$，ω 为常量，均质连杆 AB 的质量为 m，而曲柄 OA 和滑块 B 的质量不计（$\theta=45°$）（图 a）。

(2) 质量均为 m 的均质细杆 AB、BC 和均质圆盘 CD 用铰链连接在一起并支承如图。已知 $AB=BC=CD=2R$，图示瞬时 A、B、C 处于同一水平直线位置，而 CD 铅直，杆 AB 以角速度 ω 转动（图 b）。

(3) 图示小球 M 质量为 m_1，固结在长为 l、质量为 m_2 的均质细杆 OM 上，杆的一端 O 铰接在不计质量且以速度 $\boldsymbol{v}$ 运动的小车上，杆 OM 以角速度 ω 绕轴 O 转动（图 c）。

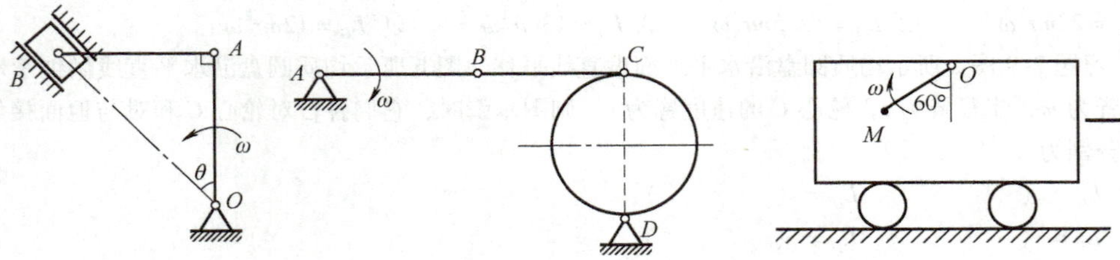

习题 7-13 图

7-14　习题 7-14 图示机构中，已知均质杆 AB 质量为 m，长为 l；均质杆 BC 质量为 $4m$，长为 $2l$。图示瞬时杆 AB 的角速度为 ω，求此时系统的动量。

7-15　两均质杆 AC 和 BC 的质量分别为 m_1 和 m_2，在 C 点用铰链连接，两杆立于铅垂平面内，如习题 7-15 图所示。设地面光滑，两杆在图示位置无初速倒向地面。问：当 $m_1=m_2$ 和 $m_1=2m_2$ 时，C 点的运动轨迹是否相同。

7-16　习题 7-16 图示水泵的固定外壳 D 和基础 E 的质量为 m_1，曲柄 $OA=d$，质量为 m_2，滑道 B 和活塞 C 的质量为 m_3。若曲柄 OA 以角速度 ω 做匀角速转动，试求水泵在汲水时给地面的动压力（曲柄可视为均质杆）。

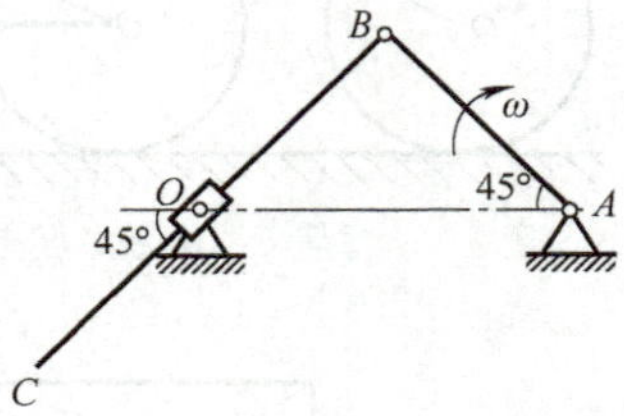

习题 7-14 图

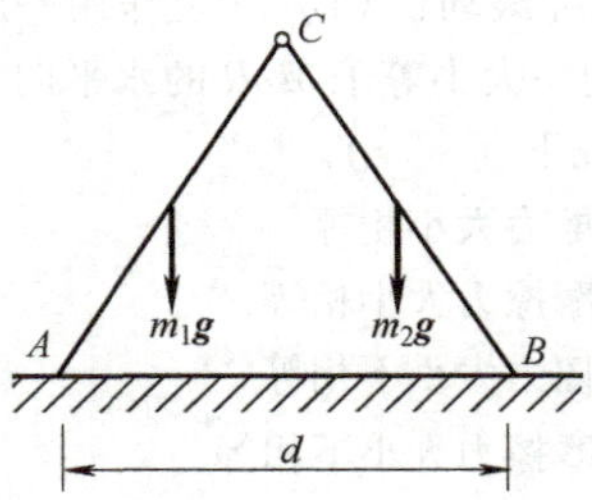

习题 7-15 图

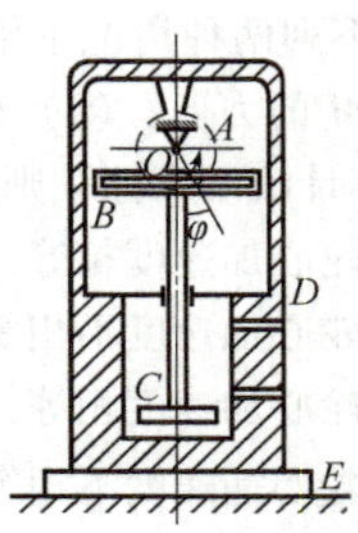

习题 7-16 图

7-17　习题 7-17 图示均质滑轮 A 质量为 m，重物 M_1、M_2 质量分别为 m_1 和 m_2，斜面的倾角为 θ，忽略摩擦。试求重物 M_2 的加速度 $\boldsymbol{a}$ 及轴承 O 处的约束力（表示成 a 的函数）。

7-18　板 AB 质量为 m，放在光滑水平面上，其上用铰链连接四连杆机构 $OCDO_1$，如习题 7-18 图示。

已知 $OC=O_1D=b$，$CD=OO_1$，均质杆 OC、O_1D 质量皆为 m_1，均质杆 CD 质量为 m_2，当杆 OC 从与铅垂线夹角为 θ 由静止开始转到水平位置时，求板 AB 的位移。

7-19　均质杆 AB 长 $2l$，B 端放置在光滑水平面上。杆在习题 7-19 图示位置自由倒下，试求 A 点轨迹方程。

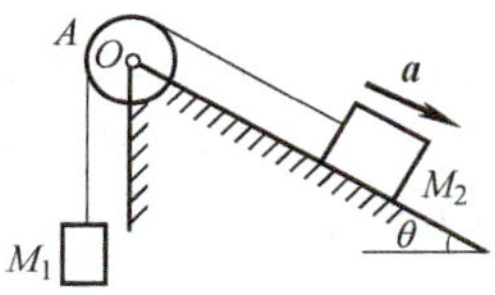

习题 7-17 图

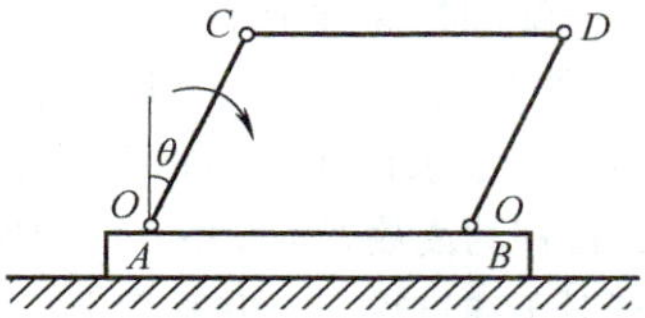

习题 7-18 图

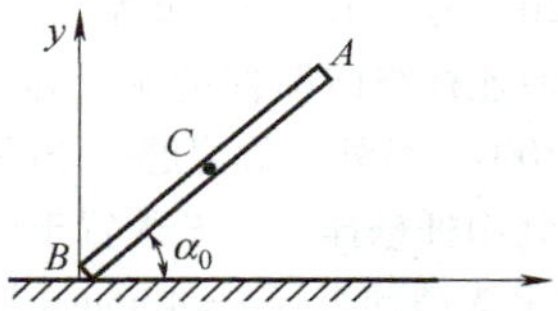

习题 7-19 图

7-20　计算下列情形下系统的动量矩。

1. 圆盘以等角速度 ω 绕轴 O 转动，质量为 m 的小球 M 可沿圆盘的径向凹槽运动，图示瞬时小球以相对于圆盘的速度 $\boldsymbol{v}_r$ 运动到 $OM=s$ 处（习题 7-20 图 a）；

2. 质量为 m 的偏心轮在水平面上做平面运动。轮心为 A，质心为 C，且 $AC=e$；轮子半径为 R，对轮心 A 的转动惯量为 J_A；C、A、B 三点在同一铅垂线上（习题 7-20 图 b）。(1) 当轮子只滚不滑时，若 $\boldsymbol{v}_A$ 已知，求轮子的动量和对 B 点的动量矩；(2) 当轮子又滚又滑时，若 $\boldsymbol{v}_A$、ω 已知，求轮子的动量和对 B 点的动量矩。

7-21　习题 7-21 图示系统中，已知鼓轮以 ω 的角速度绕 O 轴转动，其大、小半径分别为 R、r，对 O 轴的转动惯量为 J_O；物块 A、B 的质量分别为 m_A 和 m_B；试求系统对 O 轴的动量矩。

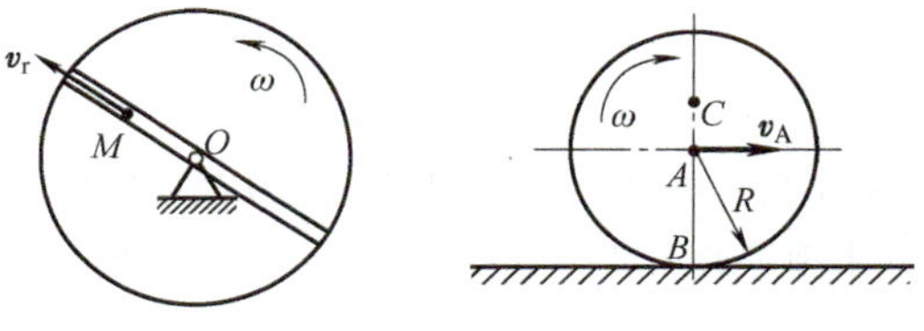

a)　b)

习题 7-20 图

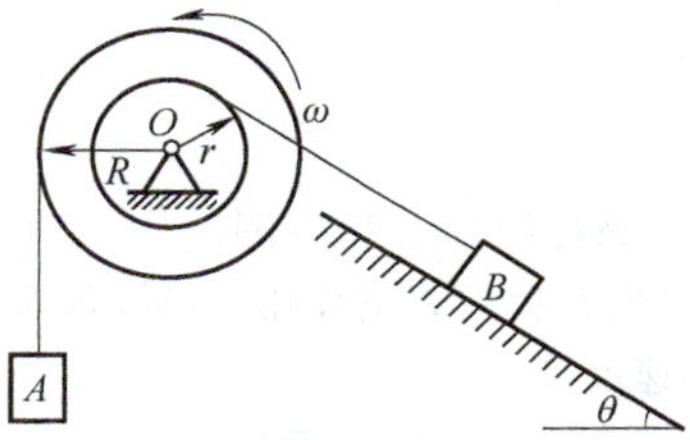

习题 7-21 图

7-22　习题 7-22 图示均质细杆 OA 和 EC 的质量分别为 50kg 和 100kg，并在点 A 焊成一体。若此结构在图示位置由静止状态释放，计算刚释放时，杆的角加速度及铰链 O 处的约束力。不计铰链摩擦。

7-23　卷扬机机构如习题 7-23 图所示。可绕固定轴转动的轮 B、C，其半径分别为 R 和 r，对自身转轴的转动惯量分别为 J_1 和 J_2。被提升重物的质量为 m，作用于轮 C 的主动力偶矩为 M，求重物 A 的加速度。

7-24　习题 7-24 图示电动绞车提升一质量为 m 的物体，在其主动轴上作用一矩为 M 的主动力偶。已知主动轴和从动轴连同安装在这两轴上的齿轮以及其他附属零件对各自转动轴的转动惯量分别为 J_1 和 J_2；传动比 $r_1:r_2=i$；吊索缠绕在鼓轮上，此轮半径为 R。设轴承的摩擦和吊索的质量忽略不计，求重物的加速度。

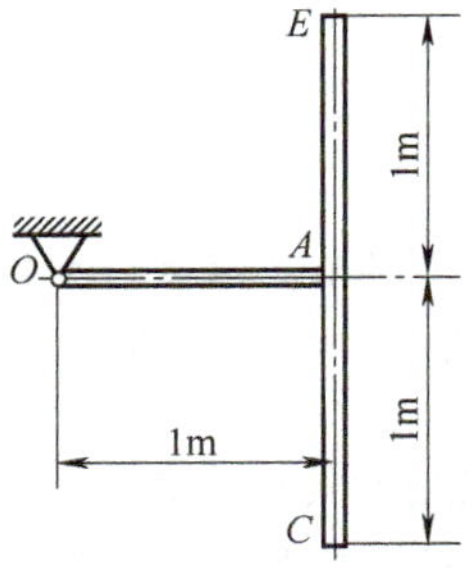

习题 7-22 图

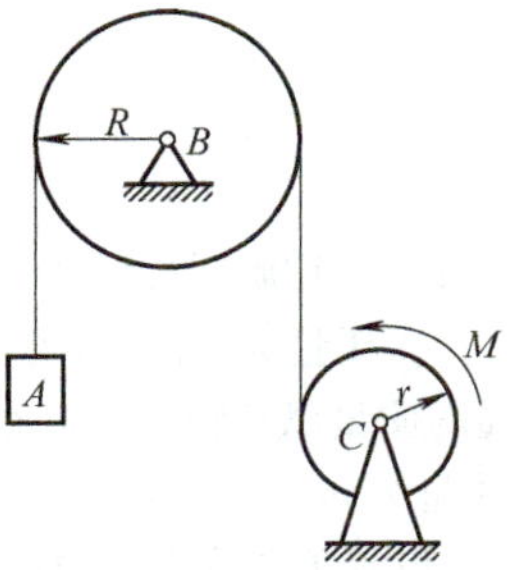

习题 7-23 图

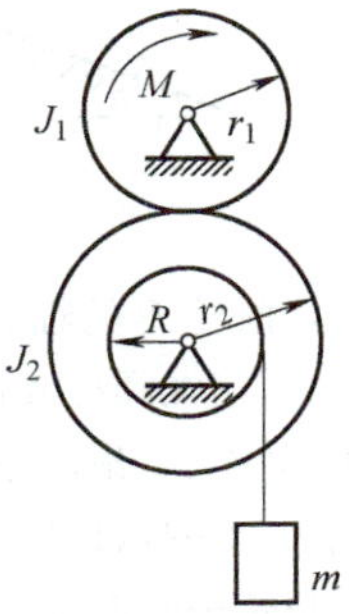

习题 7-24 图

7-25　均质细杆长 $2l$，质量为 m，放在两个支承 A 和 B 上，如习题 7-25 图所示。杆的质心 C 到两支承的距离相等，即 $AC=CB=e$。现在突然移去支承 B，求在刚移去支承 B 瞬时支承 A 上压力的改变量 ΔF_A。

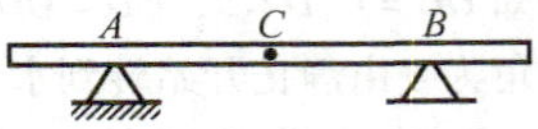

习题 7-25 图

7-26　为了求得连杆的转动惯量，用一细圆杆穿过十字头销 A 处的衬套管，并使连杆绕该细杆的水平轴线摆动，如习题 7-26 图 a、b 所示。摆动 100 次周期 T 所用的时间为 $100T=100\text{s}$。另外，如习题 7-26 图 c 所示，为了求得连杆重心到悬挂轴的距离 $AC=d$，将连杆水平放置，在点 A 处用杆悬挂，点 B 放置于台秤上，台秤的读数 $F=490\text{N}$。已知连杆质量为 80kg，A 与 B 间的距离 $l=1\text{m}$，十字头销的半径 $r=40\text{mm}$。试求连杆对于通过重心 C 并垂直于图面的轴的转动惯量 J_C。

7-27　习题 7-27 图示圆柱体 A 的质量为 m，在其中部绕以细绳，绳的一端 B 固定。圆柱体沿绳子解开从而降落，其初速为零。求当圆柱体的轴降落了高度 h 时圆柱体中心 A 的速度 v 和绳子的拉力 F_T。

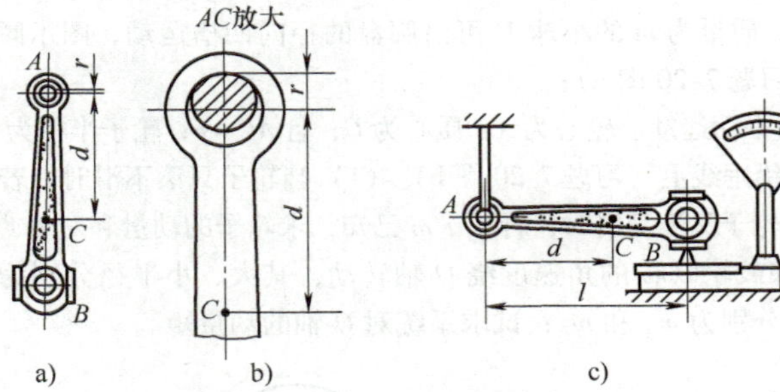

习题 7-26 图

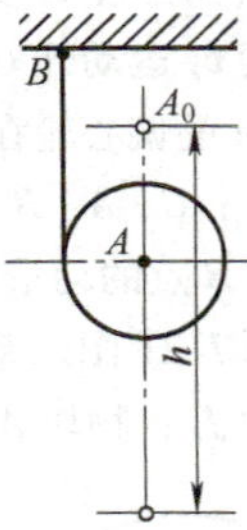

习题 7-27 图

7-28　鼓轮如习题 7-28 图，其外、内半径分别为 R 和 r，质量为 m，对质心轴 O 的回转半径为 ρ，且 $\rho^2=Rr$，鼓轮在拉力 $\boldsymbol{F}$ 的作用下沿倾角为 θ 的斜面往上纯滚动，力 $\boldsymbol{F}$ 与斜面平行，不计滚动摩阻。试求质心 O 的加速度。

7-29　习题 7-29 图示重物 A 的质量为 m，当其下降时，借无重且不可伸长的绳使滚子 C 沿水平轨道滚动而不滑动。绳子跨过定滑轮 D 并绕在滑轮 B 上，滑轮 D 质量不计。滑轮 B 与滚子 C 固结为一体。已知滑轮 B 的半径为 R，滚子 C 的半径为 r，二者总质量为 m'，其对与图面垂直的轴 O 的回转半径为 ρ。试求重物 A 的加速度。

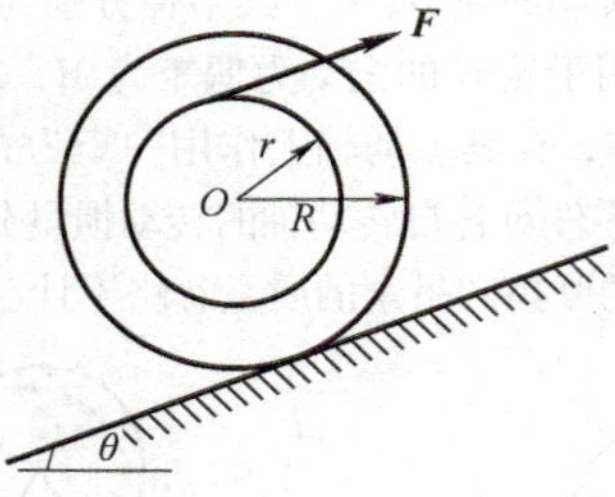

习题 7-28 图

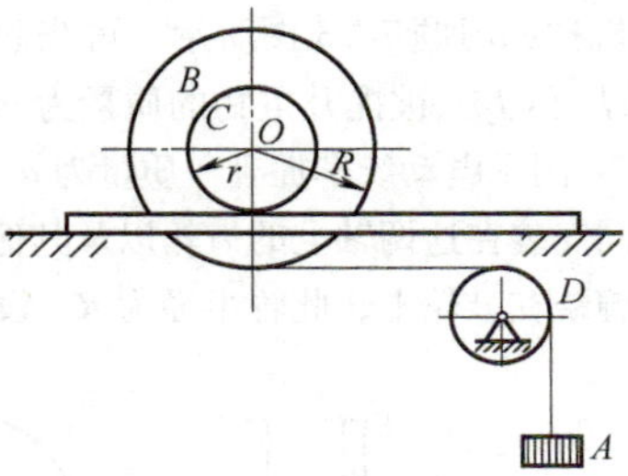

习题 7-29 图

7-30　跨过定滑轮 D 的细绳，一端缠绕在均质圆柱体 A 上，另一端系在光滑水平面上的物体 B 上，如习题 7-30 图所示。已知圆柱 A 的半径为 r，质量为 m_1；物块 B 的质量为 m_2。试求物块 B 和圆柱质心 C 的加速度以及绳索的拉力。滑轮 D 和细绳的质量以及轴承摩擦忽略不计。

7-31　习题 7-31 图示均质圆轮的质量为 m，半径为 r，静止地放置在水平胶带上。若在胶带上作用拉力 $\boldsymbol{F}$，并使胶带与轮子间产生相对滑动。设轮子和胶带间的动滑动摩擦因数为 f。试求轮子中心 O 经过距离 s 所需的时间和此时轮子的角速度。

7-32　习题 7-32 图示均质细杆 AB 质量为 m，长为 l，在图示位置由静止开始运动。若水平和铅垂面的摩擦均略去不计，试求杆的初始角加速度。

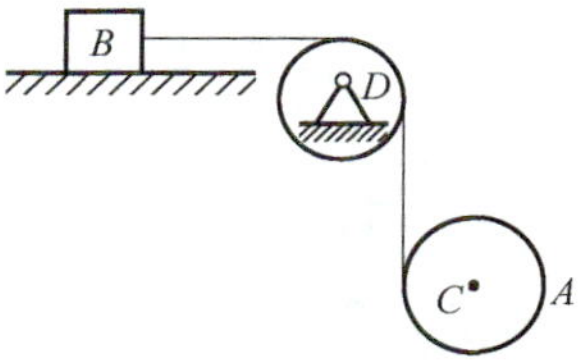

习题 7-30 图

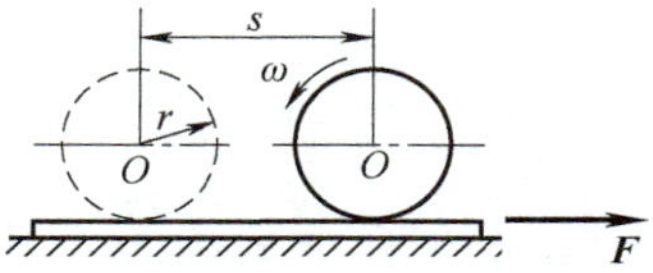

习题 7-31 图

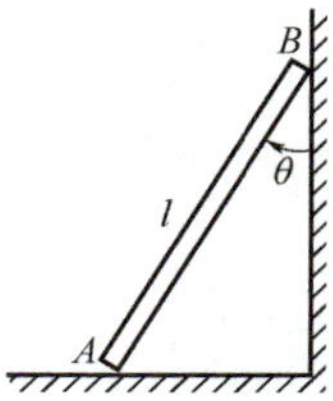

习题 7-32 图

7-33　如习题 7-33 图所示，圆轮 A 的半径为 R，与其固连的轮轴半径为 r，两者的重力共为 $\boldsymbol{W}$，对质心 C 的回转半径为 ρ，缠绕在轮轴上的软绳水平地固定于点 D。均质平板 BE 的重力为 $\boldsymbol{Q}$，可在光滑水平面上滑动，板与圆轮间无相对滑动。若在平板上作用一水平力 $\boldsymbol{F}$，试求平板 BE 的加速度。

7-34　习题 7-34 图示水枪中水平管长为 $2l$，横截面面积为 A，可绕铅直轴 z 转动。水从铅直管流入，以相对速度 $\boldsymbol{v}_r$ 从水平管喷出。设水的密度为 ρ，试求水枪的角速度为 ω 时，流体作用在水枪上的力偶矩 M_z。

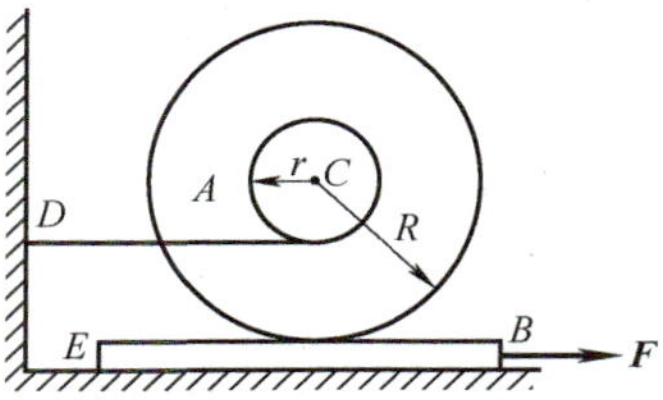

习题 7-33 图

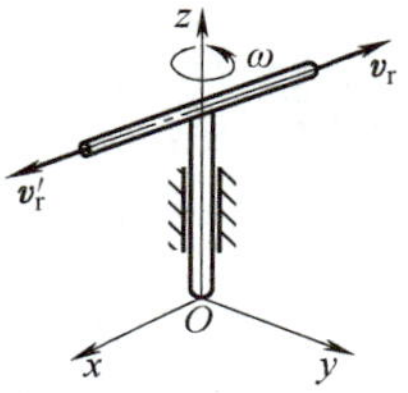

习题 7-34 图

第 8 章 动能定理

动能与动量、动量矩一样，都是动力学普遍定理中的基本概念。本章重点讨论质点系的动能定理。

动量定理、动量矩定理用矢量方程描述，动能定理则用标量方程表示。求解实际问题时，往往需要综合应用动量定理、动量矩定理和动能定理。本章的最后将介绍动力学普遍定理的综合应用。

8.1 力的功

8.1.1 功的定义

设质点系中的第 i 个质点在力 $\boldsymbol{F}_i$ 的作用下沿图 8-1 所示的轨迹运动，$\mathrm{d}\boldsymbol{r}_i$ 是力 $\boldsymbol{F}_i$ 作用点的无限小位移，它在该点沿轨迹的切线方向。

1. 力 $\boldsymbol{F}_i$ 的元功

力 $\boldsymbol{F}_i$ 的元功为

$$\delta W=\boldsymbol{F}_i\cdot\mathrm{d}\boldsymbol{r}_i=F_i\mathrm{d}s\cos(\boldsymbol{F}_i,\boldsymbol{\tau}_i)=F_x\mathrm{d}x+F_y\mathrm{d}y+F_z\mathrm{d}z$$

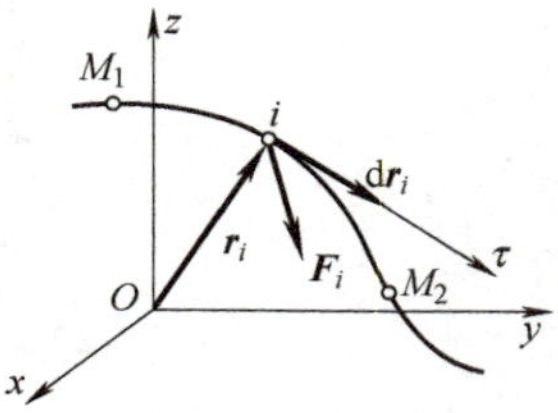

图 8-1　力的功

式中，$\mathrm{d}s$ 为力 $\boldsymbol{F}_i$ 在点 i 沿轨迹方向的弧长微元；$\boldsymbol{\tau}_i$ 为轨迹上点 i 沿切线的基矢量；$\boldsymbol{F}_i=(F_x,\ F_y,\ F_z)$；$\mathrm{d}\boldsymbol{r}_i=(\mathrm{d}x,\ \mathrm{d}y,\ \mathrm{d}z)$。需要注意的是，**一般情形下，$\delta W$ 并不是功函数 W 的全微分，仅是点积 $\boldsymbol{F}_i\cdot\mathrm{d}\boldsymbol{r}_i$ 的记号。**

2. 力 $\boldsymbol{F}_i$ 在点的轨迹上从点 M_1 到点 M_2 所做的功

如图 8-1 所示，力 $\boldsymbol{F}_i$ 在点的轨迹上从点 M_1 到点 M_2 所做的功

$$W_{12}=\int_{M_1}^{M_2}\boldsymbol{F}_i\cdot\mathrm{d}\boldsymbol{r}_i$$

由此得到了两个常用的功的表达式。

(1) 重力的功

对质点

$$W_{12}=mg(z_1-z_2)$$

对质点系

$$W_{12}=Mg(z_{C1}-z_{C2})$$

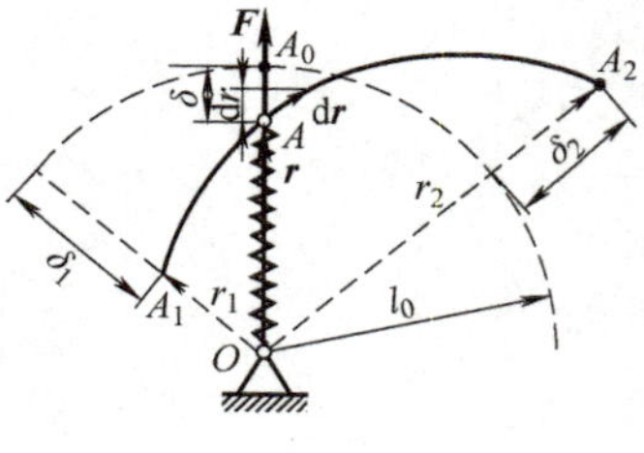

图 8-2　弹性力的功

式中，z_{C1} 和 z_{C2} 为质点系质心的坐标。

（2）弹性力的功

$$W_{12}=\frac{k}{2}[(r_1-l_0)^2-(r_2-l_0)^2]$$

或

$$W_{12}=\frac{k}{2}(\delta_1^2-\delta_2^2)$$

式中，各符号意义示于图 8-2 中。对直线弹簧即为

$$W_{12}=\frac{k}{2}(x_1^2-x_2^2)$$

8.1.2　作用在刚体上力的功　力偶的功

一般情形下，作用在质点系（刚体系）上的力系（包括内力系）非常复杂，需要认真分析哪些力做功。在动量和动量矩定理中，只有外力系起作用，内力不改变系统的动量或动量矩；在能量方法中，内力对系统的能量改变是有影响的，许多内力都可以做功，这是学习本章内容时必须注意的。

1. 定轴转动刚体上外力的功和外力偶的功

如图 8-3 所示，刚体以角速度 $\boldsymbol{\omega}$ 绕定轴 z 转动，其上点 A 作用有力 $\boldsymbol{F}$，则力 $\boldsymbol{F}$ 在点 A 轨迹切线 τ 上的投影为

$$F_t=F\cos\theta$$

定轴转动的转角 φ 和弧长的关系为

$$\mathrm{d}s=R\mathrm{d}\varphi$$

则力 $\boldsymbol{F}$ 的元功为

$$\delta W=\boldsymbol{F}\cdot\mathrm{d}\boldsymbol{r}=F_tR\mathrm{d}\varphi=M_z(\boldsymbol{F})\mathrm{d}\varphi$$

式中，$M_z(\boldsymbol{F})=F_tR$ 为力 $\boldsymbol{F}$ 对轴 z 的矩。于是，力在刚体由角度 φ_1 转到角度 φ_2 时所做的功为

$$W_{12}=\int_{\varphi_1}^{\varphi_2}M_z(\boldsymbol{F})\mathrm{d}\varphi \tag{8-1}$$

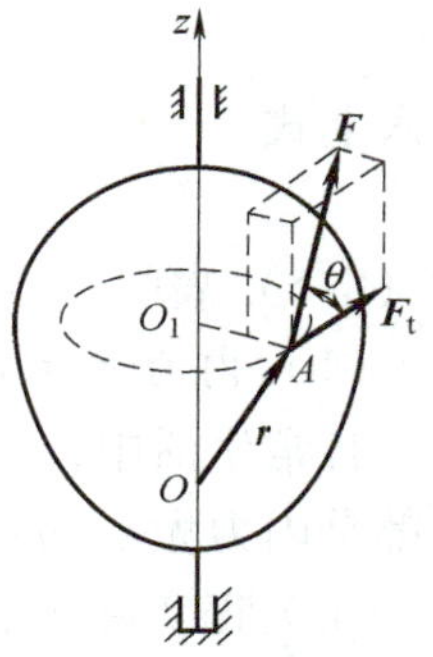

图 8-3　定轴转动刚体上外力的功

据此，可以得到两种常用的功的表达式。

（1）力偶的功

若力偶矩矢 $\boldsymbol{M}$ 与 z 轴平行，则 $\boldsymbol{M}$ 做的功为

$$W_{12}=\int_{\varphi_1}^{\varphi_2}M\mathrm{d}\varphi \tag{8-2}$$

若力偶矩矢 $\boldsymbol{M}$ 为任意矢量，则 $\boldsymbol{M}$ 做的功为

$$W_{12}=\int_{\varphi_1}^{\varphi_2}M_z\mathrm{d}\varphi \tag{8-3}$$

式中，M_z 为力偶矩矢 $\boldsymbol{M}$ 在 z 轴上的投影。

（2）扭转弹簧力矩的功

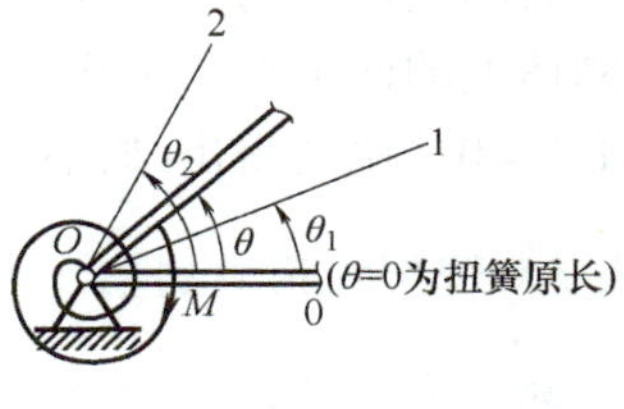

图 8-4　扭转弹簧力矩的功

扭转弹簧如图 8-4 所示，设扭簧水平时未变形，且变形是在弹性范围之内。此时扭簧作用于杆上的力对点 O 的矩为

$$M = -k\theta$$

式中，k 为扭簧的刚度系数。当杆从角度 θ_1 转到角度 θ_2 时，力矩 M 做的功为

$$W_{12} = \int_{\theta_1}^{\theta_2}(-k\theta)\mathrm{d}\theta = \frac{1}{2}k\theta_1^2 - \frac{1}{2}k\theta_2^2 \tag{8-4}$$

2. 质点系内力的功

虽然内力是成对出现的，其矢量和为零，但内力之功可能不等于零。质点系的内力总是成对出现的，且大小相等、方向相反、作用在一条直线上。因此，质点系内力的主矢量等于零，在动量、动量矩定理中，由于内力的合力、合力矩等于零，不会影响质点系动量、动量矩的改变，故无须考虑内力的作用。但不能由此认定内力的功也是零。事实上，在许多情形下，物体的运动是由内力做功而引起的，当然有些内力确实不做功。

如图8-5所示，设两质点 A、B 之间相互作用的内力为 $\boldsymbol{F}_A$、$\boldsymbol{F}_B$，且 $\boldsymbol{F}_A = -\boldsymbol{F}_B$；质点 A、B 相对于固定点 O 的矢径分别为 $\boldsymbol{r}_A$、$\boldsymbol{r}_B$，且 $\boldsymbol{r}_B = \boldsymbol{r}_A + \boldsymbol{r}_{AB}$。若在 $\mathrm{d}t$ 时间内，A、B 两点的无限小位移分别为 $\mathrm{d}\boldsymbol{r}_A$、$\mathrm{d}\boldsymbol{r}_B$，则内力在该位移上的元功之和为

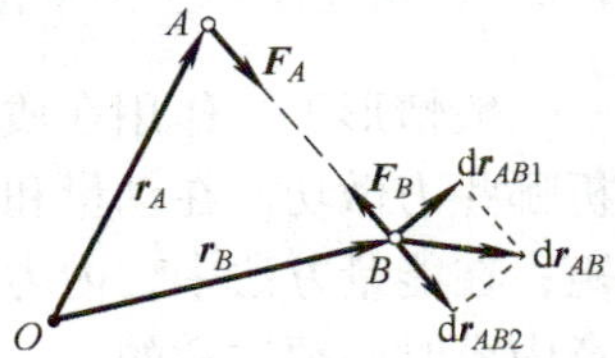

图8-5 内力的功

$$\begin{aligned}\delta W_\mathrm{i} &= \boldsymbol{F}_A \cdot \mathrm{d}\boldsymbol{r}_A + \boldsymbol{F}_B \cdot \mathrm{d}\boldsymbol{r}_B \\ &= \boldsymbol{F}_B \cdot (-\mathrm{d}\boldsymbol{r}_A + \mathrm{d}\boldsymbol{r}_B) = \boldsymbol{F}_B \cdot \mathrm{d}(\boldsymbol{r}_B - \boldsymbol{r}_A) \\ &= \boldsymbol{F}_B \cdot \mathrm{d}\boldsymbol{r}_{AB}\end{aligned}$$

可将 $\mathrm{d}\boldsymbol{r}_{AB}$ 分解为垂直于 $\boldsymbol{F}_B$ 的 $\mathrm{d}\boldsymbol{r}_{AB1}$ 和平行于 $\boldsymbol{F}_B$ 的 $\mathrm{d}\boldsymbol{r}_{AB2}$，即

$$\mathrm{d}\boldsymbol{r}_{AB} = \mathrm{d}\boldsymbol{r}_{AB1} + \mathrm{d}\boldsymbol{r}_{AB2}$$

代入上式

$$\delta W_\mathrm{i} = \boldsymbol{F}_B \cdot (\mathrm{d}\boldsymbol{r}_{AB1} + \mathrm{d}\boldsymbol{r}_{AB2}) = \boldsymbol{F}_B \cdot \mathrm{d}\boldsymbol{r}_{AB2} \tag{8-5}$$

式（8-5）表明，当 A、B 两质点间的相对距离变化时，其内力的元功之和不等于零。

（1）内力做功的情形

日常生活中，人的行走和奔跑是腿的肌肉内力做功；机构内弹簧力也会做功，等等。这些都是内力做功的例子。

在工程实际中，有很多内力做功之和不等于零的情况。例如，汽车在行驶过程中，汽缸内的压缩气体被点燃后，迅速膨胀而对活塞和汽缸壁产生的作用力均为内力，这些内力做功可使汽车的动能增加。又如，在传动机械中，相互接触的齿轮、轴与轴承之间的摩擦力，对于机械整体而言，也都是内力，但它们做负功，使机械的部分动能转化为热能。

（2）刚体的内力不做功

刚体内两质点间的相互作用力，是满足等值、反向、共线条件的一对内力。由于刚体是受力后不变形的物体，故其上任意两点之间的距离始终保持不变。若图8-5中的 A、B 是同一刚体上的两个点，则式（8-5）中的 $\mathrm{d}\boldsymbol{r}_{AB2}=0$，即沿这两点连线的位移必定相等，这样便有 $\delta W=0$。由此得出结论：刚体中所有内力做功之和等于零。

8.1.3 理想约束力的功

约束力不做功或做功之和等于零的约束称为理想约束。下面介绍几种常见的理想约束及其约束力所做的功。

（1）光滑固定面接触、一端固定的柔索、光滑活动铰链支座约束，由于约束力都垂直于力作用点的位移，故约束力不做功。

（2）光滑固定铰支座、固定端等约束，由于约束力所对应的位移为零，故约束力也不做功。

（3）光滑铰链、刚性二力杆等作为系统内的约束时，其约束力总是成对出现的，若其中一个约束力做正功，则另一个约束力必做数值相同的负功，最后约束力做功之和等于零。如图 8-6a 所示的铰链 O 处相互作用的约束力 $\boldsymbol{F}=-\boldsymbol{F}'$，在铰链中心 O 处的任何位移 $\mathrm{d}\boldsymbol{r}$ 上所做的元功之和为

$$\boldsymbol{F}\cdot\mathrm{d}\boldsymbol{r}+\boldsymbol{F}'\cdot\mathrm{d}\boldsymbol{r}=\boldsymbol{F}\cdot\mathrm{d}\boldsymbol{r}-\boldsymbol{F}\cdot\mathrm{d}\boldsymbol{r}=0$$

又如图 8-6b 所示的刚性二力杆对 A、B 两点的约束力 $\boldsymbol{F}_1=-\boldsymbol{F}_2$，两作用点的位移分别为 $\mathrm{d}\boldsymbol{r}_1$、$\mathrm{d}\boldsymbol{r}_2$，因为 AB 是刚性杆，故两端位移在其连线的投影相等，即 $\mathrm{d}r_1'=\mathrm{d}r_2'$，这样约束力所做的元功之和为

$$\boldsymbol{F}_1\cdot\mathrm{d}\boldsymbol{r}_1+\boldsymbol{F}_2\cdot\mathrm{d}\boldsymbol{r}_2=F_1\cdot\mathrm{d}r_1'-F_1\cdot\mathrm{d}r_2'=0$$

（4）光滑面滚动（纯滚动）的约束如图 8-6c 所示。当一圆轮在固定约束面上无滑动滚动时，若滚动摩阻力偶可略去不计，由运动学知，C 为瞬时速度中心，即 C 点的位移 $\mathrm{d}\boldsymbol{r}_C$ 等于零。这样，作用于 C 点的约束力 $\boldsymbol{F}_\mathrm{N}$ 和摩擦力 $\boldsymbol{F}$ 所做的元功之和为

$$\boldsymbol{F}_\mathrm{N}\cdot\mathrm{d}\boldsymbol{r}_C+\boldsymbol{F}\cdot\mathrm{d}\boldsymbol{r}_C=0$$

需要特别指出的是，一般情况下，滑动摩擦力与物体的相对位移反向，摩擦力做负功，不是理想约束，只有纯滚动时的接触点才是理想约束。

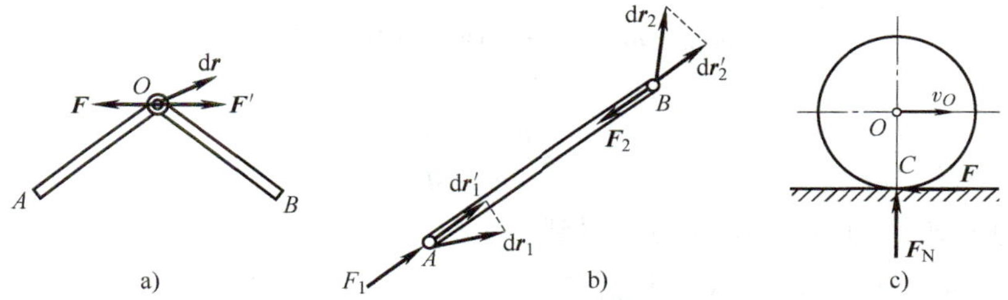

图 8-6 理想约束

8.2 质点系的动能与刚体的动能

物体由于机械运动而具有的能量，称为**动能**（kinetic energy）。动能的概念与计算非常重要，这一节将重点研究。

8.2.1 质点系的动能

物理学已定义质点的动能为

$$T=\frac{1}{2}mv^2$$

式中，m、v 分别为质点的质量和速度。动能是正标量。

质点系的动能为质点系内各质点动能之和，即

$$T = \sum_i \frac{1}{2} m_i v_i^2 \tag{8-6}$$

质点系动能是度量质点系整体运动的又一物理量。质点系动能也是正标量，只取决于各质点的质量和速度大小，而与速度方向无关。

[例题8-1] 如图8-7所示系统，设重物A、B的质量为$m_A = m_B = m$，三角块D的质量为M，置于光滑地面上。圆轮C和绳的质量忽略不计。系统初始静止，求当物块A以相对速度$\boldsymbol{v}_r$下落时系统的动能。

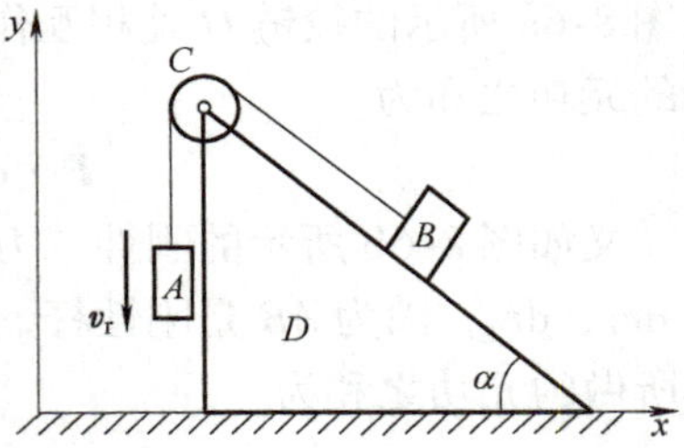

图8-7 例题8-1图

解：开始运动后，系统的动能为

$$T = \frac{1}{2} m_A v_A^2 + \frac{1}{2} m_B v_B^2 + \frac{1}{2} m_D v_D^2 \tag{a}$$

其中

$$\boldsymbol{v}_A = \boldsymbol{v}_D + \boldsymbol{v}_{Ar}, \quad \boldsymbol{v}_B = \boldsymbol{v}_D + \boldsymbol{v}_{Br}$$

或

$$v_A^2 = v_D^2 + v_r^2 \tag{b}$$

$$v_B^2 = v_D^2 + v_r^2 - 2v_D v_r \cos\alpha = (v_D - v_r\cos\alpha)^2 + (v_r \sin\alpha)^2 \tag{c}$$

注意到，系统水平方向上动量守恒，故有

$$m_A v_{Ax} + m_B v_{Bx} + m_D v_{Dx} = 0$$

即

$$m v_D + m(v_D - v_r\cos\alpha) + M v_D = 0$$

也就是

$$v_D = \frac{m v_r \cos\alpha}{2m + M} \tag{d}$$

将式(b)~式(d)代入式(a)，得到

$$\begin{aligned} T &= \frac{1}{2} m(v_D^2 + v_r^2) + \frac{1}{2} m(v_D^2 + v_r^2 - 2v_D v_r \cos\alpha) + \frac{1}{2} M v_D^2 \\ &= \frac{2m(2m+M) - m^2\cos^2\alpha}{2(2m+M)} v_r^2 \end{aligned} \tag{e}$$

本例讨论：通过本例的分析过程可以看出，确定系统动能时，注意以下几点是很重要的：

(1) 系统动能中所用的速度必须是绝对速度。

(2) 正确运用运动学知识，确定各部分的速度。

(3) 往往需要综合应用动量定理、动量矩定理与动能定理。

8.2.2 刚体的动能

刚体的运动形式不同，其动能表达式不同。

1. 平移刚体的动能

刚体平移时，其上各点在同一瞬时具有相同的速度，并且都等于质心速度。因此，平移

刚体的动能

$$T = \sum_i \frac{1}{2} m_i v_i^2 = \frac{1}{2}\left(\sum m_i\right) v_C^2 = \frac{1}{2} M v_C^2 \tag{8-7}$$

式中，M 为刚体的质量。这表明，刚体平移时的动能，相当于将刚体的质量集中于质心时的动能。

2. 定轴转动刚体的动能

刚体以角速度 ω 绕定轴 z 转动时，其上一点的速度为 $v_i = r_i\omega$。因此，定轴转动刚体的动能

$$T = \frac{1}{2}\sum_i m_i (r_i\omega)^2 = \frac{1}{2}\omega^2\left(\sum_i m_i r_i^2\right) = \frac{1}{2} J_z \omega^2 \tag{8-8}$$

式中，J_z 为刚体对定轴 z 的转动惯量。

3. 平面运动刚体的动能

刚体的平面运动可分解为随质心的平移和绕质心的相对转动，由式（8-7）、式（8-8）即可得平面运动刚体的动能

$$T = \frac{1}{2} M v_C^2 + \frac{1}{2} J_C \omega^2 \tag{8-9}$$

式中，v_C为刚体质心的速度；J_C 为刚体对通过质心且垂直于运动平面的轴的转动惯量。式（8-9）表明，刚体平面运动的动能等于随质心平移的动能与相对于质心转动的动能之和。

请读者证明：刚体平面运动的动能还可以写为 $T = \frac{1}{2} J_{C^*z}\omega^2$，其中 J_{C^*z}为刚体对通过速度瞬心 C^* 且垂直于运动平面的轴的转动惯量。

［例题 8-2］ 如图 8-8 所示，均质轮 I 的质量为 m_1，半径为 r_1，在曲柄 O_1O_2 的带动下绕轴 O_2 转动，并沿轮 II 的轮缘只滚动而不滑动；轮 II 固定不动，半径为 r_2；曲柄的质量为 m_2，长度为 $l = r_1 + r_2$，角速度为 ω。试求系统的动能。

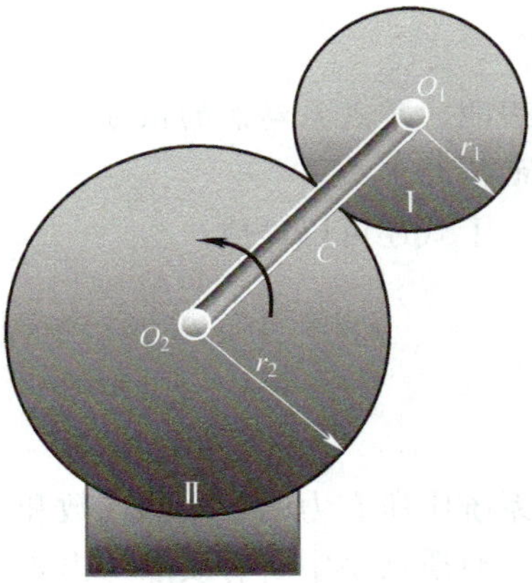

图 8-8　例题 8-2 图

解：因为曲柄 O_1O_2 做定轴转动，轮 I 做平面运动，所以系统的动能由 3 部分组成：曲柄定轴转动动能、轮 I 转动与平移的动能。于是，当曲柄 O_1O_2 转过 φ 角时系统的动能为

$$T = \frac{1}{2}\left(\frac{1}{3} m_2 l^2\right)\omega^2 + \frac{1}{2} m_1 v_{O_1}^2 + \frac{1}{2}\left(\frac{1}{2} m_1 r_1^2\right)\omega_1^2 \tag{a}$$

其中

$$\omega_1 = \frac{v_{O_1}}{r_1} = \frac{\omega l}{r_1}$$

代入式（a），得到

$$T = \frac{1}{2}\left(\frac{m_2}{3} + \frac{3m_1}{2}\right)\omega^2 l^2 \tag{b}$$

8.3 动能定理

8.3.1 质点和质点系的动能定理

1. 质点动能定理

物理学中已经由牛顿第二定律推导出

$$d\left(\frac{1}{2}mv^2\right) = \delta W = \boldsymbol{F} \cdot d\boldsymbol{r} \tag{8-10}$$

式中，$\boldsymbol{F}$ 为作用在质点上的合力。式（8-10）表明，质点动能的微分等于作用在质点上合力的元功。这就是质点的动能定理的微分形式。

将式（8-10）积分，得到

$$\frac{1}{2}mv_2^2 - \frac{1}{2}mv_1^2 = W_{12} = \int_1^2 \boldsymbol{F} \cdot d\boldsymbol{r} \tag{8-11}$$

这表明，质点从初位置1到末位置2的运动过程中，其动能的改变量等于作用在质点上的合力所做的功。这就是质点动能定理的积分形式。

2. 质点系动能定理

对质点系中所有质点写出式（8-10）并求和，再交换等号左边项的求和与微分运算符号，得到

$$d\left(\sum\frac{1}{2}m_iv_i^2\right) = \sum\delta W_i = \sum\boldsymbol{F}_i \cdot d\boldsymbol{r}_i \tag{8-12a}$$

或简写为

$$dT = \delta W \tag{8-12b}$$

这表明，质点系动能的微分，等于作用在质点系上所有力的元功之和。这就是质点系动能定理的微分形式。

上式还可以写成

$$\frac{dT}{dt} = \frac{\delta W}{dt} = P \tag{8-13}$$

$$P = \sum_i \frac{\delta W_i}{dt} = \sum_i P_i$$

为系统中所有力的功率的代数和。力的功率为单位时间内该力所做的功。

对质点系中所有质点写出式（8-11）并求和，得到

$$T_2 - T_1 = W_{12} \tag{8-14}$$

这表明，质点系从初位形1到末位形2的运动过程中，其动能的改变量等于作用在质点系上所有力所做功的代数和。这就是质点系动能定理的积分形式。

需要注意的是，上式等号右侧的功 W_{12} 为系统全部力所做功的总和，它包括外力功和内力功，并且这些力可能是主动力也可能是约束力，只有在理想约束系统中，约束力才不做功。

8.3.2　动能定理的应用举例

［例题 8-3］　平面机构由两质量均为 m、长均为 l 的均质杆 AB、BO 组成。在杆 AB 上作用一不变的力偶矩 M，从图 8-9a 所示位置由静止开始运动。不计摩擦，试求当杆 AB 的 A 端运动到铰支座 O 瞬时，A 端的速度。（θ 为已知）

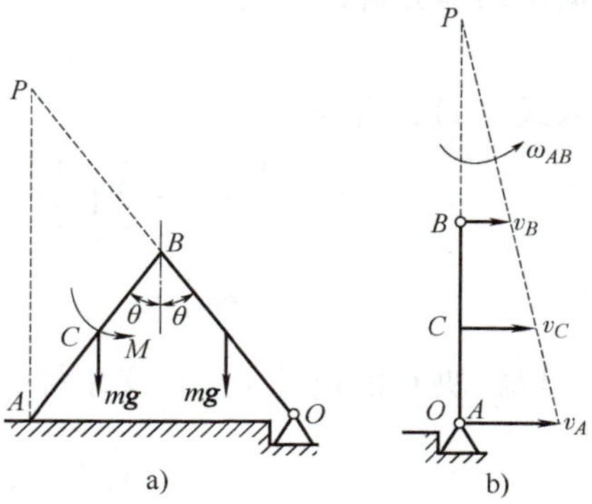

图 8-9　例题 8-3 图

解：选杆 AB、OB 这一整体为研究对象，其约束均为理想约束，可应用动能定理求解。

1. 计算动能

设系统由静止运动到图 8-9b 所示位置时杆 AB、OB 的角速度分别为 ω_{AB}、ω_{OB}，且杆 AB 做平面运动，杆 OB 做定轴转动，系统的动能为

$$T_1 = 0$$

$$T_2 = \frac{1}{2}mv_C^2 + \frac{1}{2}J_C\omega_{AB}^2 + \frac{1}{2}J_O\omega_{OB}^2$$

在图 8-9a 所示位置，杆 AB 速度瞬心 P 到点 A 的距离 $AP = 2l\cos\theta$，到图 8-9b 所示位置 $\theta = 0°$ 时，$AP = 2l$，则 $\omega_{AB} = \frac{v_B}{l} = \omega_{OB}$，$v_C = \frac{3}{2}l\omega_{AB}$，代入 T_2 表达式，有

$$T_2 = \frac{1}{2}\left[m\left(\frac{3}{2}l\right)^2 + \frac{1}{12}ml^2 + \frac{1}{3}ml^2\right]\omega_{AB}^2 = \frac{4}{3}ml^2\omega_{AB}^2$$

2. 计算功

做功的力有两杆的重力和外力偶矩，所以有

$$W_{12} = M\theta - 2mg\frac{l}{2}(1 - \cos\theta)$$

3. 应用动能定理求 *A* 点速度

$$\frac{4}{3}ml^2\omega_{AB}^2 = M\theta - 2mg\frac{l}{2}(1 - \cos\theta)$$

$$v_A = 2l\omega_{AB} = \sqrt{\frac{3}{m}[M\theta - mgl(1 - \cos\theta)]}$$

［例题 8-4］　均质圆轮 A、B 的质量均为 m，半径均为 r，轮 A 沿斜面做纯滚动，轮 B 做定轴转动，B 处摩擦不计。物块 C 的质量也为 m。A、B、C 用轻绳（质量不计）相连。在圆盘 A 的质心处有一不计质量的弹簧，其刚度系数为 k，初始时系统处于静平衡状态，如图 8-10 所示。求系统的等效质量、等效刚度系数与系统的固有频率。

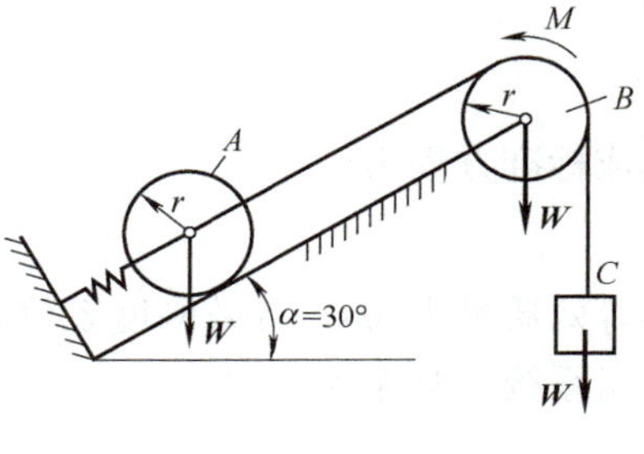

图 8-10　例题 8-4 图

解：这是一个单自由度振动的刚体系统，现研究怎样将其简化为弹簧- 质量模型。

可以根据动能定理建立系统的运动微分方程，从而得到系统的等效质量和等效刚度系数。

1. 分析运动，确定各部分的速度、角速度，写出系统的动能表达式

注意到轮 A 做平面运动；轮 B 做定轴转动；物块 C 做平移。于是，系统的动能

$$T=\left[\frac{1}{2}mv_A^2+\frac{1}{2}J_A\omega_A^2\right]+\frac{1}{2}J_B\omega_B^2+\frac{1}{2}mv_C^2 \tag{a}$$

根据运动学分析，得到

$$v_A=r\omega_A,\quad v_C=r\omega_B,\quad v_A=v_C \tag{b}$$

代入式（a），得到

$$\begin{aligned}T&=\frac{1}{2}mv_A^2+\frac{1}{2}\left(\frac{1}{2}mr^2\right)\left(\frac{v_A}{r}\right)^2+\frac{1}{2}\left(\frac{1}{2}mr^2\right)\left(\frac{v_A}{r}\right)^2+\frac{1}{2}mv_A^2\\&=\frac{3}{2}mv_A^2\end{aligned} \tag{c}$$

以物块 C 的位移 x 为广义坐标，则

$$v_C=\dot{x},\quad \omega_B=\frac{\dot{x}}{r},\quad v_A=v_C=\dot{x},$$

则动能表达式（a）可以写为

$$T=\frac{3}{2}m\dot{x}^2 \tag{d}$$

2. 计算外力的功

作用在系统上的外力（轮 A 的重力和物块 C 的重力）所做之功为

$$W=mgx-mgx\cos60°-\frac{k}{2}[(x+\delta_{st})^2-\delta_{st}^2] \tag{e}$$

由于系统初始处于静平衡状态，对轮 A、轮 B 和物块 C 分别列出静力平衡方程，整理后，有

$$mg-mg\cos60°-k\delta_{st}=0$$

将其代入功的表达式（e），得到

$$W=-\frac{1}{2}kx^2 \tag{f}$$

根据动能定理的微分形式，有

$$\frac{\mathrm{d}\left(\frac{3}{2}m\dot{x}^2\right)}{\mathrm{d}t}=\frac{\mathrm{d}\left(-\frac{1}{2}kx^2\right)}{\mathrm{d}t}$$

即

$$3m\ddot{x}=-kx \tag{g}$$

化成标准方程为

$$3m\ddot{x}+kx=0 \tag{h}$$

即等效质量为 $3m$，等效刚度系数就是弹簧的刚度系数 k。于是，刚体系统便简化为一弹簧-质量系统。其振动方程为

$$\ddot{x}+\frac{k}{3m}x=0 \tag{i}$$

据此，系统的固有频率为

$$\omega_n = \sqrt{\frac{k}{3m}} \tag{j}$$

8.4 势能的概念与机械能守恒定律

8.4.1 有势力和势能

1. 有势力的概念

如果作用在物体上的力所做之功仅与力作用点的起始位置和终了位置有关，而与其作用点经过的路径无关，这种力称为有势力或保守力。重力、弹性力等都具有这一特征，因而都是有势力。

2. 势能

受有势力作用的质点系，其势能的表达式为

$$V = \int_M^{M_0} \boldsymbol{F} \cdot \mathrm{d}\boldsymbol{r} = \int_M^{M_0} (F_x \mathrm{d}x + F_y \mathrm{d}y + F_z \mathrm{d}z) \tag{8-15}$$

式中，M_0 为势能等于零的位置（点），称为零势位置（零势点）；M 为所要考察的任意位置（点）。式（8-15）表明，势能是质点系（质点）从某位置（点）M 运动到任选的零势位置（零势点）M_0 时，有势力所做的功。

由于零势位置（零势点）可以任选，所以，对于同一个所考察的位置的势能，将因零势位置（零势点）的不同而有不同的数值。

为了使分析和计算过程简单、方便，对零势位置（零势点）要加以适当的选择。例如对常见的弹簧-质量系统，往往以其静平衡位置为零势能位置，这样可以使势能的表达式更简洁、明了。

需要指出的是，这里的“零势位置（零势点）”与物理学中的“零势点”的关系：物理学中的零势点是针对质点的，零势位置其实是组成质点系的每一个质点的零势点的集合。例如，质点系在重力场中的零势能位置是质点系中各质点在同一时刻的 z 坐标 z_{10}，z_{20}，…，z_{n0}的集合。因此，质点系在各质点的 z 坐标分别为 z_1，z_2，…，z_n 时的势能为

$$V = \sum m_i g(z_i - z_{i0}) = mg(z_C - z_{C0})$$

3. 有势力的功与势能的关系

根据有势力的定义和功的概念，可得到有势力的功和势能的关系

$$W_{12} = V_1 - V_2 \tag{8-16}$$

这一结果表明，有势力所做的功等于质点系在运动过程的起始位置与终了位置的势能差。这一关系可以更好地帮助理解功和势能的概念。

8.4.2 机械能守恒定律

物理学指出，质点系在某瞬时动能和势能的代数和称为机械能（mechanical energy）。当对系统做功的力均为有势力时，其机械能保持不变（这类系统称为保守系统）。这就是机械

能守恒定律（theorem of conservation of mechanical energy），其数学表达式为

$$T_1 + V_1 = T_2 + V_2 \tag{8-17}$$

事实上，在很多情形下，质点系会受到非保守力作用，此时系统成为非保守系统。于是只要在动能定理中加上非保守力的功 W'_{12} 即可，即

$$T_2 - T_1 = V_1 - V_2 + W'_{12}$$

或者

$$(T_2 + V_2) - (T_1 + V_1) = W'_{12} \tag{8-18}$$

如果系统上除了保守力外还有摩擦力做功，则 W'_{12} 就是摩擦力的功。式（8-17）、式（8-18）都是由动能定理导出的，有兴趣的读者不妨一试。

［例题 8-5］　为使质量 $m = 10\text{kg}$、长 $l = 1.2\text{m}$ 的均质细杆（图 8-11）刚好能达到水平位置（$\theta = 90°$），杆在初始铅垂位置（$\theta = 0°$）时的初角速度 ω_0 应为多少？设各处摩擦忽略不计。弹簧在初始位置时未发生变形，且其刚度系数 $k = 200\text{N/m}$。

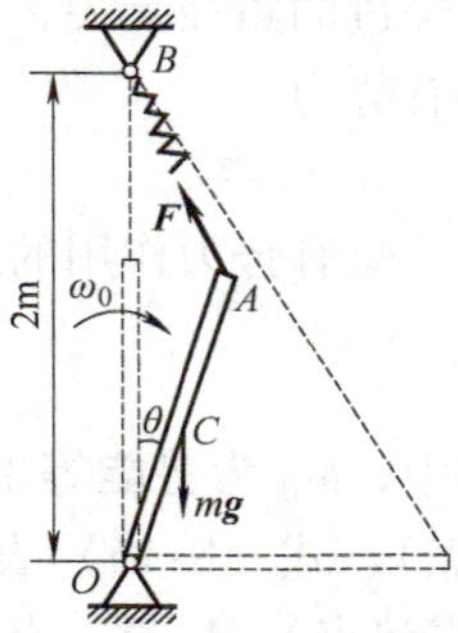

图 8-11　例题 8-5 图

解：以杆 OA 为研究对象，其上作用的重力和弹性力是有势力，轴承 O 处的约束力不做功，所以杆的机械能守恒。

1. 计算始、末位置的动能

杆在初始铅垂位置的角速度为 ω_0，而在末了水平位置时角速度为零，所以始、末位置的动能分别为

$$T_1 = \frac{1}{2}J_O\omega_0^2 = \frac{1}{2} \times \frac{1}{3}ml^2\omega_0^2 = \frac{1}{6} \times 10 \times 1.2^2\omega_0^2 = 2.4\omega_0^2$$

$$T_2 = 0$$

2. 计算始、末位置的势能

设水平位置为杆重力势能的零位置，则始、末位置的重力势能分别为

$$V'_1 = \frac{l}{2}mg = \left(\frac{1.2}{2} \times 10 \times 9.8\right)\text{J} = 58.8\text{J}$$

$$V'_2 = 0$$

设初始铅垂位置弹簧自然长度为弹性力势能的零位置，则始、末位置的弹性力势能分别为

$$V''_1 = 0$$

$$V''_2 = \frac{1}{2}k(\delta_2^2 - \delta_1^2)$$

其中

$$\delta_1 = 0,\quad \delta_2 = [\sqrt{2^2 + 1.2^2} - (2 - 1.2)]\text{m} = 1.532\text{m}$$

代入上式，得

$$V''_2 = \frac{200}{2}(1.532^2 - 0^2)\text{J} = 234.7\text{J}$$

3. 应用机械能守恒定律求杆的初角速度

由于系统在运动过程中机械能守恒，即

$$T_1 + V_1' + V_1'' = T_2 + V_2' + V_2''$$

由此式解得杆的初角速度为

$$\omega_0 = \sqrt{\frac{6(234.7 - 58.8)}{10 \times 1.2^2}} \text{rad/s} = 8.56 \text{rad/s} \quad (\text{顺时针方向})$$

8.5 动力学普遍定理的综合应用

动量定理、动量矩定理与动能定理统称为动力学普遍定理。动力学的三个定理包括了矢量方法和能量方法。动量定理给出了质点系动量的变化与外力主矢之间的关系，可以用于求解质心运动或某些外力。动量矩定理描述了质点系动量矩的变化与主矩之间的关系，可以用于具有转动特性的质点系，求解角加速度等运动量和外力。动能定理建立了做功的力与质点系动能变化之间的关系，可用于复杂的质点系、刚体系求运动。在很多情形下，需要综合应用这三个定理，才能得到问题的解答。正确分析问题的性质，灵活应用这些定理，往往会达到事半功倍的效果。此外，这三个定理都存在不同形式的守恒形式，分析问题时也要给予特别的重视。

[例题 8-6]　图 8-12a 所示均质圆盘，可绕轴 O 在铅垂平面内转动。圆盘的质量为 m，半径为 R，在其质心 C 上连接一刚度系数为 k 的水平弹簧，弹簧的另一端固定在 A 点，$CA = 2R$ 为弹簧的原长。圆盘在常力偶 M 的作用下，由最低位置无初速地绕轴 O 逆时针方向转动。试求圆盘到达最高位置时，轴承 O 的约束力。

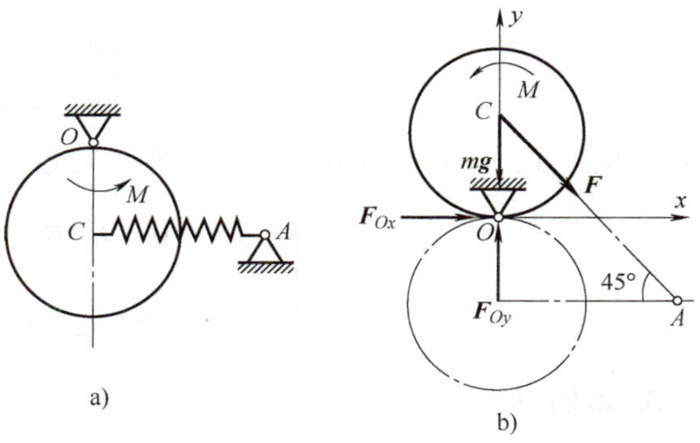

图 8-12　例题 8-6 图

解：选择圆盘为研究对象，其运动为绕轴 O 的定轴转动，圆盘的质心 C 做圆周运动。

对圆盘进行受力分析，其受力图如图 8-12b 所示，圆盘受重力 $m\boldsymbol{g}$、弹簧力 $\boldsymbol{F}$、外力偶矩 M 和轴 O 处的约束力 $\boldsymbol{F}_{Ox}$、$\boldsymbol{F}_{Oy}$。为求圆盘到达最高位置时，轴承 O 的约束力，需采用质心运动定理，即

$$\begin{cases} ma_{Cx} = F\cos45° + F_{Ox} \\ ma_{Cy} = F_{Oy} - mg - F\sin45° \end{cases} \tag{a}$$

由于圆盘做定轴转动，为求质心的加速度，需先求出刚体转动的角速度和角加速度。

1. 应用质点系动能定理确定角速度

定轴转动刚体的动能为

$$T_1 = 0$$

$$T_2=\frac{1}{2}J_O\omega^2=\frac{1}{2}\left(\frac{1}{2}mR^2+mR^2\right)\omega^2$$

力的功为

$$W_{12}=M\varphi-mgh+\frac{1}{2}k(\delta_1^2-\delta_2^2)$$

$$=M\pi-mg\cdot 2R+\frac{1}{2}k[0-(2\sqrt{2}R-2R)^2]$$

由动能定理 $T_2-T_1=W_{12}$，可求得圆盘的角速度为

$$\omega^2=\frac{4}{3mR^2}(M\pi-2Rmg-0.343kR^2) \tag{b}$$

2. 应用定轴转动微分方程求角加速度

$$J_O\alpha=M-FR\cos45°$$

$$\frac{3}{2}mR^2\alpha=M-k(2\sqrt{2}-2)R^2\frac{1}{\sqrt{2}}$$

圆盘的角加速度 α 为

$$\alpha=\frac{2(M-0.586kR^2)}{3mR^2} \tag{c}$$

圆盘在图 8-12b 位置，质心 C 的加速度为

$$\begin{cases}a_{Cx}=-R\alpha\\a_{Cy}=-R\omega^2\end{cases} \tag{d}$$

将式（b）、式（c）代入式（d）后再代入式（a），可得轴 O 处的约束力为

$$\begin{cases}F_{Ox}=-0.195kR-0.667\dfrac{M}{R}\\F_{Oy}=3.667mg+1.043kR-4.189\dfrac{M}{R}\end{cases}$$

3. 本例讨论

（1）本例用动能定理求得的 ω，是圆盘特定位置时的角速度，故不可用 $\frac{d\omega}{dt}$ 来求角加速度。若求一般位置的 ω，计算弹性力的功比较复杂。因此在求角加速度时，本题应用了定轴转动微分方程，而没有采用对角速度求导的方法。

（2）定轴转动刚体的轴承约束力一般应设为两个分力 $\boldsymbol{F}_{Ox}$、$\boldsymbol{F}_{Oy}$，不可无根据地设为一个。

[例题 8-7] 图 8-13a 所示均质圆盘 A 和滑块 B 质量均为 m，圆盘半径为 r，杆 AB 质量不计，平行于斜面，斜面倾角为 θ。已知斜面与滑块间摩擦因数为 f，圆盘在斜面上做纯滚动。系统在斜面上无初速运动，求滑块的加速度。

解： 本例所涉及的是刚体系统，所要求的是运动量（加速度），故应用动能定理求解最为适宜。可在一般位置上建立动能定理的方程，求得速度，然后将其对时间求导数，得到加速度。

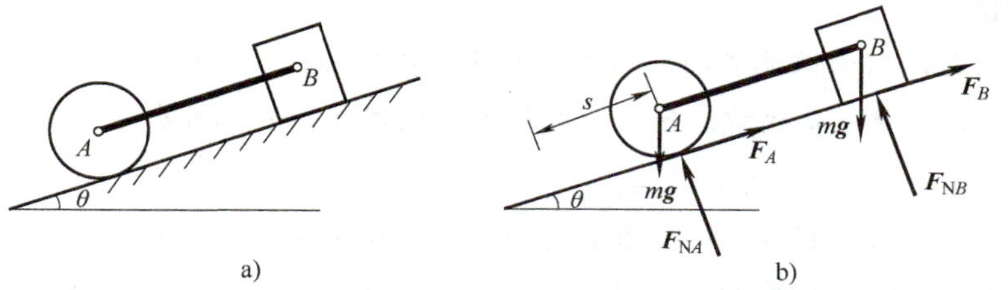

图 8-13　例题 8-7 图

1. 选系统整体作为研究对象，进行受力分析

系统受力图如图 8-13b 所示。由于 A、B 两光滑铰链的约束力做功之和为零，与将系统拆开来分析相比，选择整体要简便得多。又由于圆盘做纯滚动，斜面固定不动，故摩擦力 $\boldsymbol{F}_A$，法向约束力 $\boldsymbol{F}_{NA}$、$\boldsymbol{F}_{NB}$均不做功。

设圆盘质心沿斜面下滑距离为 s（s 为时间的函数），则重力的功为

$$W_1 = 2mgs\sin\theta \tag{a}$$

摩擦力 $\boldsymbol{F}_B$的功为

$$W_2 = -F_B s = -fF_{NB}s \tag{b}$$

2. 对系统进行运动分析

设圆盘质心沿斜面下滑 s 距离时，其速度为 v（滑块速度亦同），圆盘转动角速度为 ω，则系统的动能为

$$T_1 = 0$$

$$T_2 = 2 \times \frac{1}{2}mv^2 + \frac{1}{2}J_A\omega^2 \tag{c}$$

由于圆盘在斜面上做纯滚动，由运动学关系

$$\omega = \frac{v}{r}$$

将其代入式（c），并考虑到

$$J_A = \frac{1}{2}mr^2$$

则系统任意瞬时的动能为

$$T_2 = \frac{5}{4}mv^2 \tag{d}$$

将式（a）、式（b）、式（d）代入动能定理表达式 $T_2 - T_1 = W_1 + W_2$，可得

$$\frac{5}{4}mv^2 = mgs(2\sin\theta - f\cos\theta)$$

将上式对时间求一次导数，得

$$\frac{5}{2}mv\dot{v} = mg\dot{s}(2\sin\theta - f\cos\theta)$$

注意到运动学关系 $\dot{v} = a$，$\dot{s} = v$，代入上式，可解得滑块的加速度为

$$a = \frac{2}{5}g(2\sin\theta - f\cos\theta)$$

3. 本例讨论

(1) 由于圆盘沿斜面做纯滚动，二者接触点处无相对滑动，故摩擦力 $\boldsymbol{F}_A$ 做功为零。

(2) 系统下滑距离 s 是变量，代表一般位置，故建立的方程可求导。由于圆盘质心和滑块是直线运动，才有 $\dot{v}=a$，否则 $\dot{v}=a_t$。

[例题 8-8] 均质杆 AB 长为 l，质量为 m，上端 B 靠在光滑墙上，另一端 A 用光滑铰链与车轮轮心相连接。已知车轮质量为 M，半径为 R，在水平面上做纯滚动，滚阻不计，如图 8-14a 所示。设系统从图示位置（$\theta=45°$）无初速开始运动，求该瞬时轮心 A 的加速度。

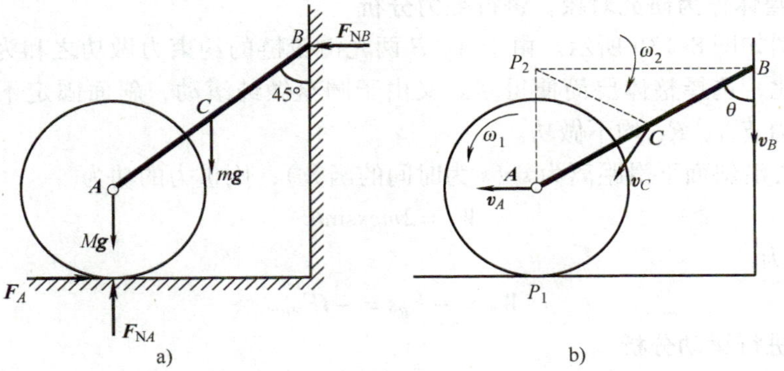

图 8-14 例题 8-8 图

解： 本例为刚体系统，所要求的量为加速度，可应用动能定理求解。同时，由于系统中只有有势力做功，故也可用机械能守恒定律求解。

在一般位置上建立动能定理（机械能守恒定律）的方程，通过对时间求导数得到加速度。

1. 选系统整体作为研究对象，进行受力分析

系统受力图如图 8-14a 所示。考察杆 AB 由图 8-14a 所示位置（$\theta=45°$）运动到图 8-14b 所示位置（$\theta>45°$）。

以水平面为零势位置，则两位置系统的势能分别为

$$V_1=\text{常量}$$

$$V_2=mg\left(R+\frac{l}{2}\cos\theta\right)+MgR$$

2. 对系统进行运动分析

设在任意位置时，轮心速度为 $\boldsymbol{v}_A$（水平向左），由于墙面约束的关系，B 点速度铅直向下。车轮做纯滚动，其速度瞬心为 P_1；而杆 AB 做平面运动，其速度瞬心为 P_2，如图 8-14b 所示，其中

$$CP_2=\frac{l}{2}$$

于是，可得到下列运动学关系式：

$$\omega_1=\frac{v_A}{R},\qquad \omega_2=\frac{v_A}{l\cos\theta},\qquad v_C=\frac{l}{2}\omega_2=\frac{v_A}{2\cos\theta}$$

据此，得到系统在两位置的动能分别为

$$T_1 = 0$$

$$T_2 = \frac{1}{2}Mv_A^2 + \frac{1}{2}J_A\omega_1^2 + \frac{1}{2}mv_C^2 + \frac{1}{2}J_C\omega_2^2$$

将运动学关系代入动能 T_2 表达式，考虑到

$$J_A = \frac{1}{2}MR^2, \qquad J_C = \frac{1}{12}ml^2$$

则有

$$T_2 = \left(\frac{3}{4}M + \frac{1}{6\cos^2\theta}m\right)v_A^2$$

3. 应用机械能守恒定律

将上述结果代入机械能守恒定律表达式

$$T_1 + V_1 = T_2 + V_2$$

得到

$$V_1 = \left(\frac{3}{4}M + \frac{1}{6\cos^2\theta}m\right)v_A^2 + mg\left(R + \frac{l}{2}\cos\theta\right) + MgR$$

将上式对时间求一次导数，有

$$\left(\frac{3}{2}M + \frac{1}{3\cos^2\theta}m\right)v_A\dot{v}_A + \left(\frac{\sin\theta\dot{\theta}}{3\cos^3\theta}m\right)v_A^2 - mg\frac{l}{2}\sin\theta\dot{\theta} = 0$$

注意到

$$\dot{v}_A = a_A, \qquad \dot{\theta} = \omega_2 = \frac{v_A}{l\cos\theta}$$

则

$$\left(\frac{3}{2}M + \frac{1}{3\cos^2\theta}m\right)a_A + \left(\frac{\sin\theta}{3l\cos^4\theta}m\right)v_A^2 - mg\frac{1}{2}\tan\theta = 0$$

上式对 $\theta \geqslant 45°$ 到 B 端离开墙面之前的全过程均成立。

当 $\theta = 45°$时，$v_A = 0$，代入上式有

$$a_A = \frac{3mg}{9M + 4m}$$

4. 本例讨论

(1) 本例也可应用积分形式的动能定理求解，所得结果是一致的。读者可自行验证。

(2) 当系统从静止开始运动瞬时，物体上各点的速度、刚体的角速度均为零，要想求该瞬时的加速度，须首先考察系统在任意位置的动能和势能，然后才可以对机械能守恒定律的表达式求导数。

(3) 因为机械能守恒定律给出的是一个标量方程，只能解一个未知量，因此对于本例中两个平面运动的刚体，要应用刚体平面运动的速度分析方法，将所有的运动量用一个未知量表示。

[例题 8-9]　图 8-15a 所示滚轮 C 由半径为 r_1 的轴和半径为 r_2 的圆盘固结而成，其重力为 $\boldsymbol{F}_{P3}$，对质心 C 的回转半径为 ρ，轴沿 AB 做无滑动滚动；均质滑轮 O 的重力为 $\boldsymbol{F}_{P2}$，半径为 r；物块 D 的重力 $\boldsymbol{F}_{P1}$。求：(1) 物块 D 的加速度；(2) EF 段绳的张力；(3) O_1 处摩擦力。

解： 将滚轮 C、滑轮 O、物块 D 所组成的刚体系统作为研究对象，系统具有理想约束，由动能定理建立系统的运动与主动力之间的关系。

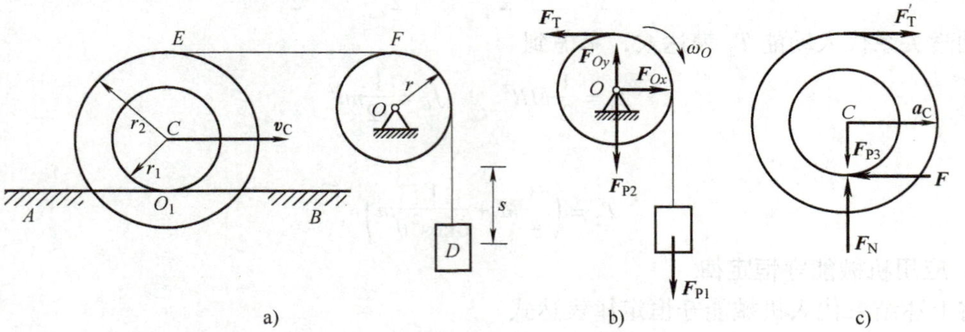

图 8-15 例题 8-9 图

1. 系统在物块下降任意距离 s 时的动能

$$T=\frac{1}{2}\frac{F_{P1}}{g}v_D^2+\frac{1}{2}J_O\omega_O^2+\frac{1}{2}\frac{F_{P3}}{g}v_C^2+\frac{1}{2}J_C\omega_C^2$$

其中

$$\omega_O=\frac{v_D}{r},\qquad \omega_C=\frac{v_D}{r_1+r_2},\qquad v_C=\frac{r_1}{r_1+r_2}v_D,\qquad J_O=\frac{1}{2}\frac{F_{P2}}{g}r^2,\qquad J_C=\frac{F_{P3}}{g}\rho^2$$

所以

$$T=\frac{1}{2}\left[\frac{F_{P1}}{g}+\frac{1}{2}\frac{F_{P2}}{g}+\frac{F_{P3}}{g}\left(\frac{r_1}{r_1+r_2}\right)^2+\frac{F_{P3}}{g}\left(\frac{\rho}{r_1+r_2}\right)^2\right]v_D^2$$

若令

$$m_{eq}=\frac{F_{P1}}{g}+\frac{1}{2}\frac{F_{P2}}{g}+\frac{F_{P3}}{g}\left(\frac{r_1}{r_1+r_2}\right)^2+\frac{F_{P3}}{g}\left(\frac{\rho}{r_1+r_2}\right)^2$$

称为当量质量或折合质量，则有

$$T=\frac{1}{2}m_{eq}v_D^2$$

由动能定理

$$T-T_0=\sum W_{12}$$

$$\frac{1}{2}m_{eq}v_D^2-T_0=F_{P1}s$$

将上式对时间求导数，有

$$m_{eq}v_Da_D=F_{P1}\dot{s}=F_{P1}v_D$$

求得物块的加速度，为

$$a_D = \frac{F_{P1}}{m_{eq}} = \frac{F_{P1}}{\frac{F_{P1}}{g} + \frac{1}{2}\frac{F_{P2}}{g} + \frac{F_{P3}}{g}\left(\frac{r_1}{r_1+r_2}\right)^2 + \frac{F_{P3}}{g}\left(\frac{\rho}{r_1+r_2}\right)^2}$$

$$= \frac{2(r_1+r_2)^2 F_{P1} g}{(2F_{P1}+F_{P2})(r_1+r_2)^2 + 2F_{P3}(r_1^2+\rho^2)}$$

2. 考察滑轮与物块组成的系统

将绳 EF 剪断，考虑滑轮与物块组成的系统，如图 8-14b 所示。系统对轴 O 的动量矩和力矩分别为

$$L_O = J_O\omega_O + \frac{F_{P1}}{g} r v_D = \frac{1}{2}\frac{F_{P2}}{g} r^2 \frac{v_D}{r} + \frac{F_{P1}}{g} r v_D$$

$$M_O = F_{P1} r - F_T r$$

代入动量矩定理表达式

$$\frac{dL_O}{dt} = M_O$$

有

$$\frac{d}{dt}\left(\frac{1}{2}\frac{F_{P2}}{g} r^2 \frac{v_D}{r} + \frac{F_{P1}}{g} r v_D\right) = F_{P1} r - F_T r$$

由此得到绳子的张力为

$$F_T = F_{P1} - \left(\frac{1}{2}\frac{F_{P2}}{g} + \frac{F_{P1}}{g}\right) a_D$$

$$= \frac{2(r_1^2+\rho^2) F_{P1} F_{P3}}{(2F_{P1}+F_{P2})(r_1+r_2)^2 + 2F_{P3}(r_1^2+\rho^2)}$$

3. 以滚轮为研究对象，应用质心运动定理

滚轮受力如图 8-15c 所示。由质心运动定理，有

$$\frac{F_{P3}}{g} a_C = F'_T - F$$

可得

$$F = F'_T - \frac{F_{P3}}{g} a_C$$

$$= F_T - \frac{F_{P3}}{g}\frac{r_1}{r_1+r_2} a_D$$

$$= \frac{2(\rho^2 - r_1 r_2) F_{P1} F_{P3}}{(2F_{P1}+F_{P2})(r_1+r_2)^2 + 2F_{P3}(r_1^2+\rho^2)}$$

4. 本例讨论

（1）对于具有理想约束的一个自由度系统，一般以整体系统作为分析研究对象，应用动能定理直接建立主动力的功与广义速度之间的关系，在方程式中不涉及未知的约束力。对时间 t 求一次导数，可得到作用在系统上的主动力与加速度之间的关系。

待运动确定后，再选择不同的分析研究对象，应用动量或动量矩定理求解未知的约束力。

（2）特别需要指出的是：采用只能求解一个未知量的动能定理来解决多个物体组成的刚体系统，必须附加运动学的补充方程，因此各物体速度间的运动学关系一定要明确。如本题中v_C、v_D、ω_C、ω_O的关系。

（3）若一开始就将系统拆开，以单个刚体作为研究对象，则需分别应用刚体平面运动微分方程、动量矩定理（定轴转动微分方程）、牛顿第二定律等，分别建立动力学方程，然后联立求解。读者可试用此方法求解后与本例中的方法相比较，自行得出采用何种方法更为简便易算的结论。

［例题 8-10］ 图 8-16a 所示平面机构中，沿斜面做纯滚动的轮 A 和轮 O 可视为均质圆盘，质量均为 m，半径均为 R。斜面倾角 $\theta=30°$，绳 BD 段与斜面平行，绳子质量不计。若在轮 O 上作用一力偶矩为 $M=mgR$ 的常力偶，试求：（1）轮 O 的角加速度；（2）绳子的拉力；（3）斜面作用在轮 A 上的摩擦力。

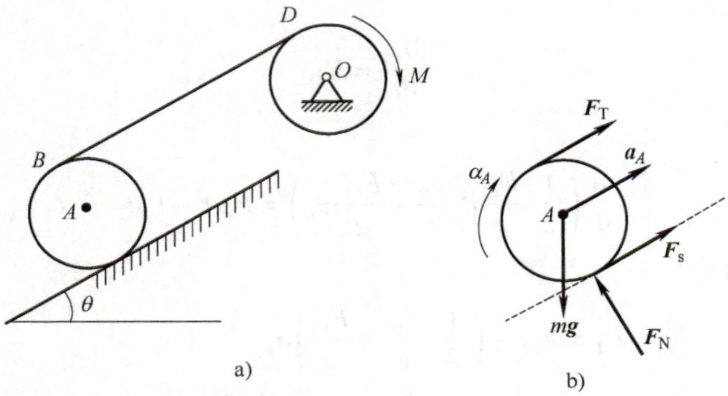

图 8-16 例题 8-10 图

解：1. 以整体为研究对象

当鼓轮转过 φ 角，外力所做的功以及动能分别为

$$W_{12}=\frac{1}{2}(2M-mgR\sin\theta)\varphi=\frac{3}{4}mgR\varphi$$

$$T_1=C(C\text{ 为常数}),\qquad T_2=\frac{1}{2}mv_A^2+\frac{1}{2}J_A\omega_A^2+\frac{1}{2}J_O\omega_O^2=\frac{7}{16}mR^2\omega_O^2$$

应用动能定理，有

$$\frac{7}{16}mR^2\omega_O^2-C=\frac{3}{4}mgR\varphi$$

等式两边求导数，得到

$$\alpha_O=\frac{6g}{7R}$$

2. 以轮 A 为研究对象

轮 A 的受力如图 8-16b 所示。由刚体平面运动微分方程，有

$$ma_A=F_T+F_s-mg\sin\theta$$

$$\frac{1}{2}mR^2\alpha_A=(F_T-F_s)R$$

将

$$a_A = \frac{\alpha_O R}{2}, \qquad \alpha_A = \frac{\alpha_O}{2}$$

代入上式后，解得

$$F_T = \frac{4}{7}mg$$

$$F_s = \frac{5}{14}mg \qquad (\nearrow)$$

［例题 8-11］　质量为 m_1、杆长 $OA = l$ 的均质杆 OA 一端铰支，另一端用铰链连接一可绕轴 A 自由旋转、质量为 m_2 的均质圆盘，如图 8-17a 所示。初始时，杆处于铅垂位置，圆盘静止，设杆 OA 无初速度释放，不计摩擦，求当杆转至水平位置时，杆 OA 的角速度和角加速度及铰链 O 处的约束力。

解：取整体为研究对象，系统为理想约束系统。

1. 运动分析

杆 OA 做定轴转动；为分析圆盘的运动，取圆盘为研究对象（图 8-17b），应用相对质心的动量矩定理。

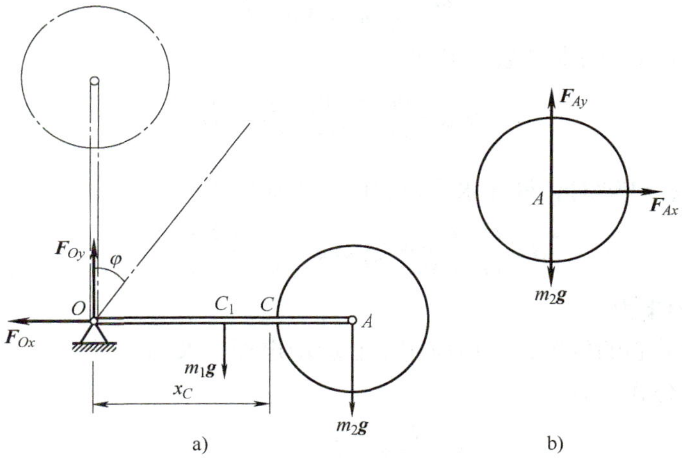

图 8-17　例题 8-11 图

设圆盘的角加速度为 α，则圆盘绕质心 A 的转动微分方程

$$J_A\alpha = 0$$

据此

$$\alpha = 0$$

又因为无初速度释放，故有

$$\omega = \omega_0 = 0$$

这表明，圆盘在杆下摆过程中角速度始终为零，圆盘做平移。

2. 应用动能定理

系统在初始位置和任意位置时的动能分别为

$$T_1 = 0$$

$$T_2 = \frac{1}{2}J_O\omega^2 + \frac{1}{2}m_2 v_A^2$$

$$= \frac{1}{2}\frac{1}{3}m_1 l^2\omega^2 + \frac{1}{2}m_2 l^2\omega^2 = \frac{m_1 + 3m_2}{6}l^2\omega^2$$

杆在角度 φ 位置时，重力的功为

$$W = m_1 g\left(\frac{l}{2} - \frac{l}{2}\cos\varphi\right) + m_2 g(l - l\cos\varphi) = \left(\frac{m_1}{2} + m_2\right)gl(1 - \cos\varphi)$$

应用动能定理，有

$$\frac{m_1 + 3m_2}{6}l^2\omega^2 = \left(\frac{m_1}{2} + m_2\right)gl(1 - \cos\varphi)$$

解得

$$\omega^2 = \frac{m_1 + 2m_2}{m_1 + 3m_2}\frac{3g}{l}(1 - \cos\varphi) \tag{a}$$

当 $\varphi = 90°$时，杆在水平位置的角速度为

$$\omega = \sqrt{\frac{m_1 + 2m_2}{m_1 + 3m_2}\frac{3g}{l}} \tag{b}$$

将式（a）等号两端对时间求导数，得到

$$2\omega\alpha = \frac{m_1 + 2m_2}{m_1 + 3m_2}\frac{3g}{l}\sin\varphi\dot{\varphi}$$

因为 $\dot{\varphi} = \omega$，所以 $\varphi = 90°$时，杆在水平位置的角加速度为

$$\alpha = \frac{m_1 + 2m_2}{m_1 + 3m_2}\frac{3g}{2l}\sin\varphi = \frac{m_1 + 2m_2}{m_1 + 3m_2}\frac{3g}{2l} \tag{c}$$

3. 确定 O 处约束力

首先确定系统质心的位置，然后应用质心运动定理，求解 O 处约束力。

根据质心坐标公式，有

$$x_C = \frac{m_1\frac{l}{2} + m_2 l}{m_1 + m_2} = \frac{m_1 + 2m_2}{m_1 + m_2}\frac{l}{2} \tag{d}$$

代入质心运动定理表达式，有

$$\begin{aligned}(m_1 + m_2)x_C\omega^2 &= F_{Ox}\\ -(m_1 + m_2)x_C\alpha &= F_{Oy} - (m_1 + m_2)g\end{aligned} \tag{e}$$

将式（b）~式（d）代入式（e），最后得到

$$\begin{aligned}F_{Ox} &= \frac{(m_1 + 2m_2)^2}{(m_1 + 3m_2)}\frac{3g}{2}\\ F_{Oy} &= -\frac{(m_1 + 2m_2)^2}{(m_1 + 3m_2)}\frac{3g}{4} + (m_1 + m_2)g\end{aligned} \tag{f}$$

4. 本例讨论

（1）如果圆盘有初始角速度，在随杆下摆时，角速度将保持不变，这种情形下计算动

能时需要加上圆盘绕质心转动的动能。

(2) 为求角加速度 α，可将角速度 ω 对时间求一次导数，但此时的 ω 一定是一般位置 φ 时的角速度，不能用某个特定位置（例如水平位置）时的 ω 求导数，否则导数必为零。

(3) 采用质心运动定理求约束力时，不一定先求系统质心的位置，也可以将每个物体质心的位置找到（不必计算）代入质心运动定理的另一种表达式：$\sum m_i \boldsymbol{a}_{Ci} = \boldsymbol{F}_R^e$，同样会得到相同的结果，建议读者结合本例自行验证。

8.6 本章小结与讨论

8.6.1 本章小结

1. 力的功是力对物体作用的累积效应的度量

$$W_{12} = \int_{12} \boldsymbol{F} \cdot \mathrm{d}\boldsymbol{r} = \int_s F\cos(\boldsymbol{F},\boldsymbol{\tau})\,\mathrm{d}s = \int_{12} (F_x\mathrm{d}x + F_y\mathrm{d}y + F_z\mathrm{d}z)$$

弹簧力的功 $W_{1-2} = \frac{1}{2}k(x_1^2 - x_2^2)$ （直线弹簧）

$W_{1-2} = \frac{1}{2}k(\theta_1^2 - \theta_2^2)$ （扭转弹簧）

刚体上力偶的功 $W_{1-2} = \int_{\varphi_1}^{\varphi_2} M\mathrm{d}\varphi$

2. 动能是物体机械运动的一种度量

质点系的动能 $T = \sum \frac{1}{2} m_i v_i^2$

平移刚体的动能 $T = \frac{1}{2} m v_C^2$

定轴转动刚体的动能 $T = \frac{1}{2} J_z \omega^2$

平面运动刚体的动能 $T = \frac{1}{2} m v_C^2 + \frac{1}{2} J_{Cz}\omega^2 = \frac{1}{2} J_{C^*z}\omega$

式中，J_{C^*z}为相对于过速度瞬心轴的转动惯量。

3. 动能定理

微分形式 $\mathrm{d}T = \delta W$

积分形式 $T_2 - T_1 = W_1$

4. 有势力的功

有势力在有限路程上所做的功仅与其起点和终点的位置有关，而与其作用点所经过的路径无关。

势能等于系统从这一位置到势能零点时，其上有势力所做的功。

机械能守恒：系统仅在有势力作用下运动时，其机械能保持不变，即

$$T + V = E \text{（常数）}$$

8.6.2　功率方程的概念

根据动能定理的微分形式式（8-13）

$$\frac{\mathrm{d}T}{\mathrm{d}t}=\frac{\mathrm{d}W}{\mathrm{d}t}=P$$

式中，P 为功率。功率由下式计算：

$$P=\frac{\mathrm{d}W}{\mathrm{d}t}=\boldsymbol{F}\cdot\frac{\mathrm{d}\boldsymbol{r}}{\mathrm{d}t}=F_{\mathrm{t}}v$$

作用在转动刚体上力的功率为

$$P=\frac{\mathrm{d}W}{\mathrm{d}t}=M_z\frac{\mathrm{d}\varphi}{\mathrm{d}t}=M_z\omega$$

工程上，机器的功率可分为三部分，即：输入功率、输出功率、损耗功率。其中输出功率是对外做功的有用功率；而损耗功率是摩擦、热能损耗等不可避免的无用功率。这样，式（8-13）可以改写为

$$\frac{\mathrm{d}T}{\mathrm{d}t}=P_{输入}-P_{输出}-P_{损耗}$$

或

$$P_{输入}=\frac{\mathrm{d}T}{\mathrm{d}t}+P_{输出}+P_{损耗}$$

任何机器在工作时都需要从外界输入功率，同时也不可避免地要消耗一些功率，消耗越少则机器性能越好。工程上，定义机械效率为

$$\eta=\frac{P_{有用}}{P_{输入}}\times100\%=\frac{P_{输出}+\dfrac{\mathrm{d}T}{\mathrm{d}t}}{P_{输入}}\times100\%<1$$

这是衡量机器性能的指标之一。若机器有多级（假设为 n 级）传动，机械效率为

$$\eta=\eta_1\eta_2\cdots\eta_n$$

8.6.3　应用动力学普遍定理时的运动分析

在动量、动量矩、动能定理的应用中，运动学方程起着非常重要的作用。很多情形下，动力学关系非常容易得到，但运动学关系却很复杂。这时正确地进行运动分析以及建立运动学补充方程显得尤为重要。

以图8-18a 所示问题为例，均质杆 AB 重力为 $\boldsymbol{W}$，A、B 处均为光滑面约束，杆在铅垂位置时，无初速度开始下滑，求图示位置时 A、B 二处的约束力。

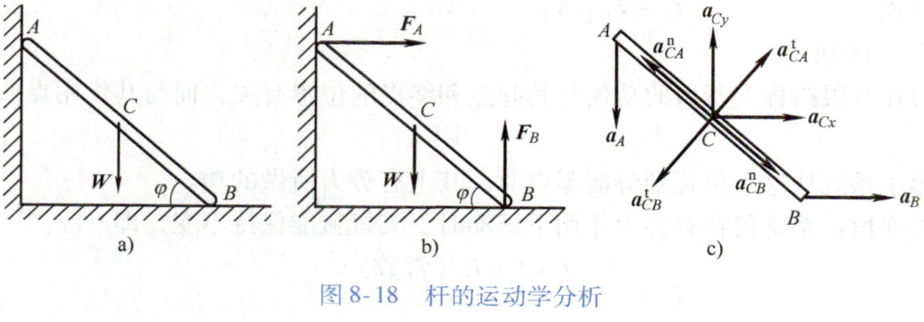

图8-18　杆的运动学分析

对于杆 AB，其动量、动量矩、动能的表达式都很容易写出。为了确定约束力，可以采用质心运动定理，即

$$\begin{cases}\dfrac{W}{g}a_{Cx}=F_A\\ \dfrac{W}{g}a_{Cy}=F_B-W\end{cases}\tag{a}$$

方程简洁明了，关键是质心加速度 a_{Cx}、a_{Cy}如何确定，也就是如何建立相关的运动学方程。

杆端 A 和 B 的加速度方向已知，故分别取其为基点，可得

$$\boldsymbol{a}_C=\boldsymbol{a}_A+\boldsymbol{a}_{CA}^{\mathrm{n}}+\boldsymbol{a}_{CA}^{\mathrm{t}}\tag{b}$$

$$\boldsymbol{a}_C=\boldsymbol{a}_B+\boldsymbol{a}_{CB}^{\mathrm{n}}+\boldsymbol{a}_{CB}^{\mathrm{t}}\tag{c}$$

注意到 $\boldsymbol{a}_A$ 方向铅垂向下，$\boldsymbol{a}_B$ 方向水平向右，得到

$$\begin{cases}a_{Cx}=-a_{CA}^{\mathrm{n}}\cos\varphi+a_{CA}^{\mathrm{t}}\sin\varphi\\ a_{Cy}=-a_{CB}^{\mathrm{n}}\sin\varphi-a_{CB}^{\mathrm{t}}\cos\varphi\end{cases}$$

加速度一旦确定，其余问题便迎刃而解。可见，正确建立运动学方程至关重要。

习题

8-1 如习题 8-1 图所示，三棱柱 B 沿三棱柱 A 的斜面运动，三棱柱 A 沿光滑水平面向左运动。已知 A 的质量为 m_1，B 的质量为 m_2；某瞬时 A 的速度为 $\boldsymbol{v}_1$，B 沿斜面的速度为 $\boldsymbol{v}_2$。则此时三棱柱 B 的动能为（　　）。

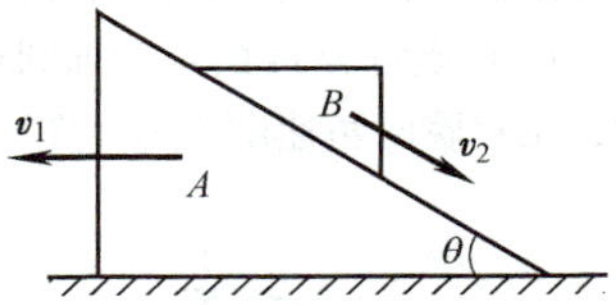

习题 8-1 图

① $\dfrac{1}{2}m_2v_2^2$　　② $\dfrac{1}{2}m_2(v_1-v_2)^2$

③ $\dfrac{1}{2}m_2(v_1^2-v_2^2)$　　④ $\dfrac{1}{2}m_2[(v_1-v_2\cos\theta)^2+v_2^2\sin^2\theta]$

8-2 一质量为 m、半径为 r 的均质圆轮以匀角速度 ω 沿水平面做纯滚动，均质杆 OA 与圆轮在轮心 O 处铰接，如习题 8-2 图所示。设杆 OA 长 $l=4r$，质量 $M=m/4$。在图示杆与铅垂线的夹角 $\varphi=60°$时，其绝对角速度 $\omega_{OA}=\omega/2$，则此时该系统的动能为（　　）。

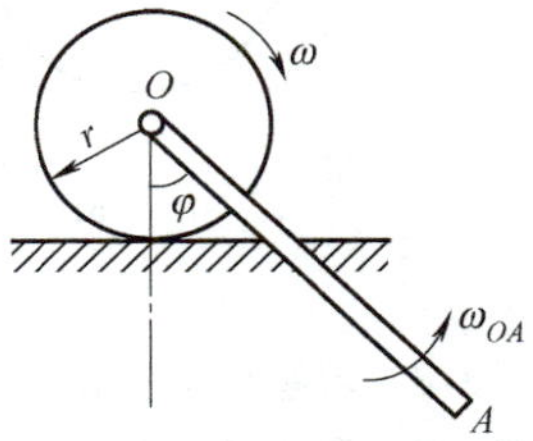

习题 8-2 图

① $T=\dfrac{25}{24}mr^2\omega^2$　　② $T=\dfrac{11}{12}mr^2\omega^2$

③ $T=\dfrac{7}{6}mr^2\omega^2$　　④ $T=\dfrac{2}{3}mr^2\omega^2$

8-3 均质圆盘 A，半径为 r，质量为 m，在半径为 R 的固定圆柱面内做纯滚动，如习题 8-3 图所示。则圆盘的动能为（　　）。

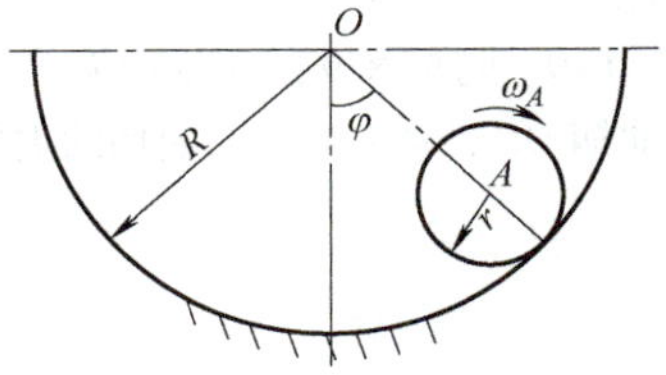

习题 8-3 图

① $T=\dfrac{3}{4}mr^2\dot{\varphi}^2$　　② $T=\dfrac{3}{4}mR^2\dot{\varphi}^2$

③ $T=\dfrac{1}{2}m(R-r)^2\dot{\varphi}^2$　　④ $T=\dfrac{3}{4}m(R-r)^2\dot{\varphi}^2$

8-4 习题 8-4 图示均质圆盘沿水平直线轨道做纯滚动，在盘心移动了距离 s 的过程中，水平常力 $\boldsymbol{F}_{\mathrm{T}}$ 的功为（　　）；轨道给圆轮的摩擦力 $\boldsymbol{F}_{\mathrm{f}}$ 的功为（　　）。

① $F_{\mathrm{T}}s$　　② $2F_{\mathrm{T}}s$　　③ 0　　④ $-F_{\mathrm{f}}s$

8-5 习题8-5图示两均质圆盘A和B质量相等，半径相同，各置于光滑水平面上，分别受到$\boldsymbol{F}$和$\boldsymbol{F}'$的作用，由静止开始运动。若$\boldsymbol{F}=\boldsymbol{F}'$，则在运动开始以后到相同的任一瞬时，两圆盘动能$T_A$和$T_B$的关系为（　　）。

① $T_A=T_B$　　② $T_A=2T_B$　　③ $2T_A=T_B$　　④ $3T_A=T_B$

8-6 如习题8-6图所示，轮Ⅱ由系杆O_1O_2带动在固定轮Ⅰ上无滑动滚动，两轮半径分别R_1、R_2。若轮Ⅱ的质量为m，系杆的角速度为ω，则轮Ⅱ的动能为（　　　　　　　　），轮Ⅱ对固定轴O_1的动量矩为（　　　　　　）。

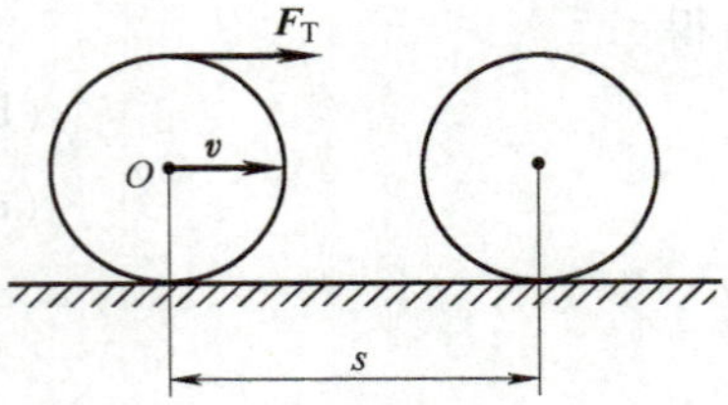

习题8-4图

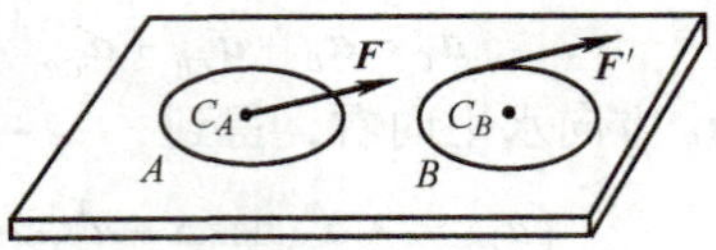

习题8-5图

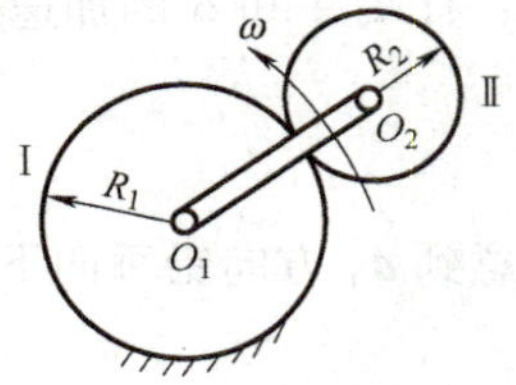

习题8-6图

8-7 计算习题8-7图示各系统的动能：

（1）质量为m、半径为r的均质圆盘在其自身平面内做平面运动。在图示位置时，若已知圆盘上A、B两点的速度方向如图示，B点的速度为$\boldsymbol{v}_B$，$\theta=45°$（图a）。

（2）图示质量为m_1的均质杆OA，一端铰接在质量为m_2的均质圆盘中心，另一端放在水平面上，圆盘在地面上做纯滚动，圆心速度为$\boldsymbol{v}$（图b）。

（3）质量为m的均质细圆环半径为R，其上固结一个质量也为m的质点A。细圆环在水平面上做纯滚动，图示瞬时角速度为ω（图c）。

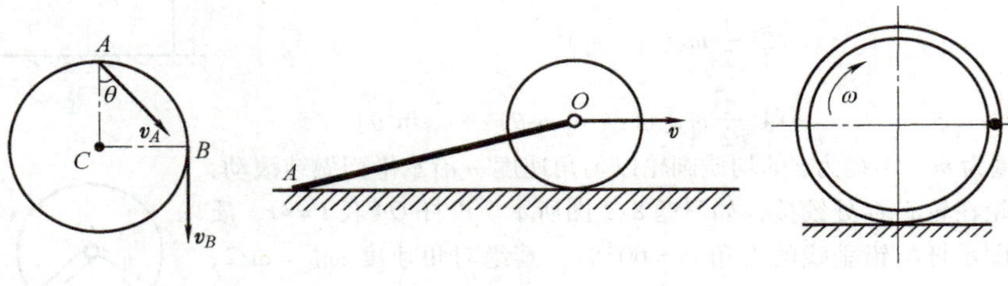

习题8-7图

8-8 习题8-8图示滑块A重为W_1，可在滑道内滑动，与滑块A用铰链连接的是重为W_2、长为l的匀质杆AB。现已知滑块沿滑道的速度为v_1，杆AB的角速度为ω_1。当杆与铅垂线的夹角为φ时，试求系统的动能。

8-9 习题8-9图所示重为F_P、半径为r的齿轮Ⅱ与半径为$R=3r$的固定内齿轮Ⅰ相啮合。齿轮Ⅱ通过均质的曲柄OC带动而运动。曲柄的重量为F_Q，角速度为ω，齿轮可视为均质圆盘。试求行星齿轮机构的动能。

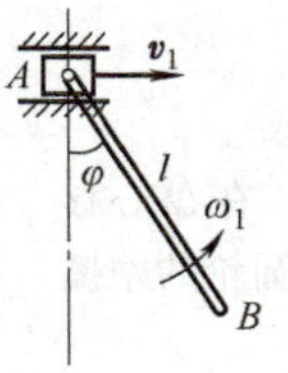

习题8-8图

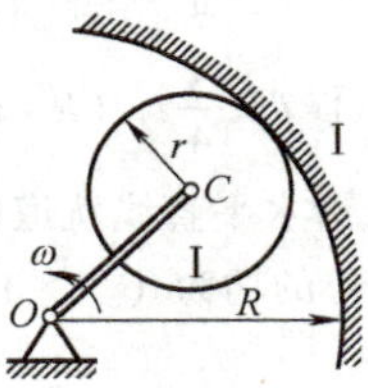

习题8-9图

8-10　习题 8-10 图示一重物 A 质量为 m_1，当其下降时，借一无重且不可伸长的绳索使滚子 C 沿水平轨道滚动而不滑动。绳索跨过一不计质量的定滑轮 D 并绕在滑轮 B 上。滑轮 B 的半径为 R，与半径为 r 的滚子 C 固结，两者总质量为 m_2，其对 O 轴的回转半径为 ρ。试求重物 A 的加速度。

8-11　习题 8-11 图示机构中，均质杆 AB 长为 l，质量为 $2m$，两端分别与质量均为 m 的滑块铰接，两光滑直槽相互垂直。设弹簧刚度系数为 k，且当 $\theta = 0°$ 时，弹簧为原长。若机构在 $\theta = 60°$ 时无初速开始运动，试求当杆 AB 处于水平位置时的角速度和角加速度。

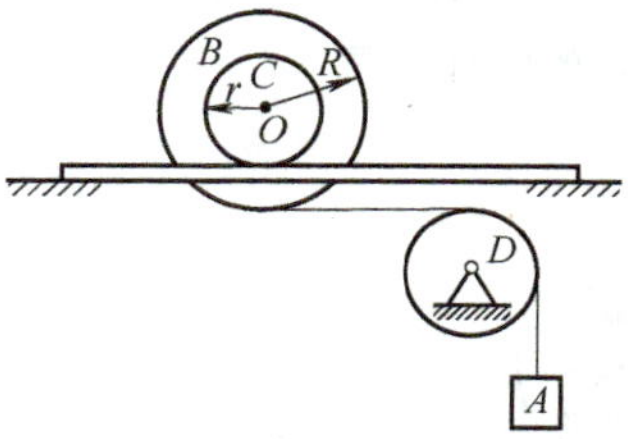

习题 8-10 图

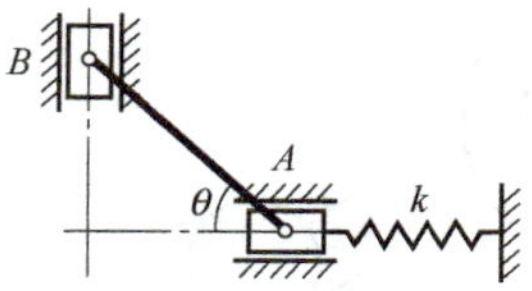

习题 8-11 图

8-12　习题 8-12 图 a、b 所示分别为圆盘与圆环，二者质量均为 m，半径均为 r，均置于距地面为 h 的斜面上，斜面倾角为 α，盘与环都从时间 $t = 0$ 开始，在斜面上做纯滚动。分析圆盘与圆环哪一个先到达地面？

8-13　两均质杆 AC 和 BC 质量均为 m，长度均为 l，在 C 点由光滑铰链相连接，A、B 端放置在光滑水平面上，如习题 8-13 图所示。杆系在铅垂面内的图示位置由静止开始运动，试求铰链 C 落到地面时的速度。

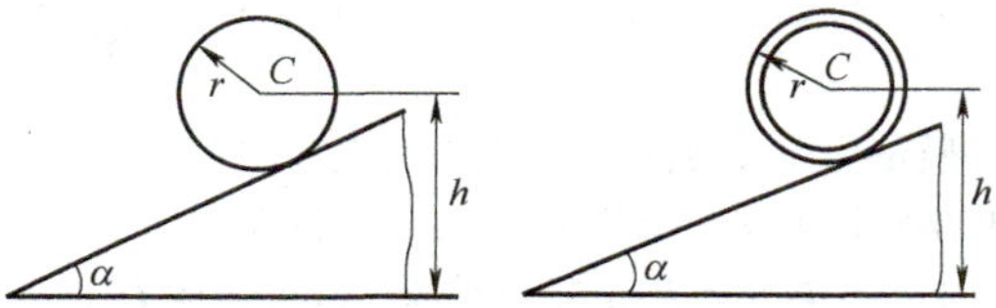

a)　　b)

习题 8-12 图

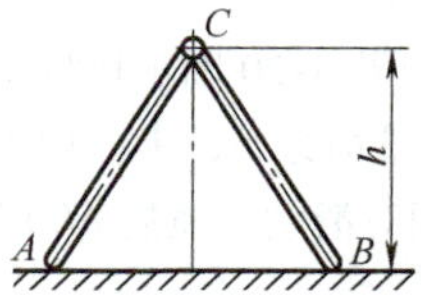

习题 8-13 图

8-14　习题 8-14 图示质量为 15kg 的细杆可绕轴转动，杆端 A 连接刚度系数为 $k = 50\text{N/m}$ 的弹簧。弹簧另一端固结于点 B，弹簧原长 1.5m。试求杆从水平位置以初角速度 $\omega_0 = 0.1\text{rad/s}$ 落到图示位置时的角速度。

8-15　在习题 8-15 图示机构中，已知均质圆盘的质量为 m，半径为 r，可沿水平面做纯滚动。刚度为 k 的弹簧一端固定于 B，另一端与圆盘中心 O 相连。运动开始时，弹簧处于原长，此时圆盘角速度为 ω，试求：(1) 圆盘向右运动到达最右位置时，弹簧的伸长量；(2) 圆盘到达最右位置时的角加速度 α 及圆盘与水平面间的摩擦力。

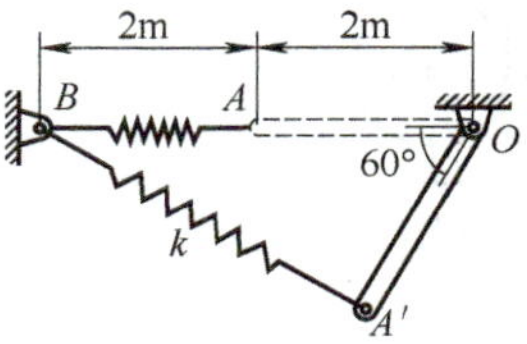

习题 8-14 图

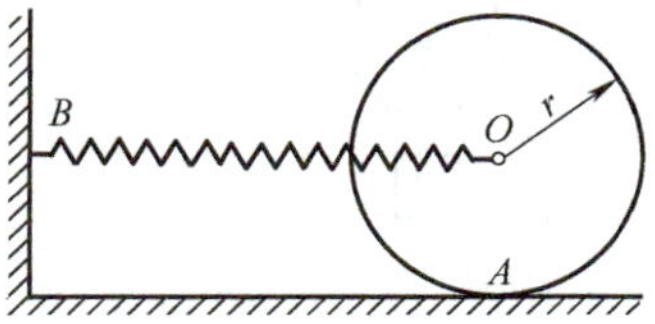

习题 8-15 图

8-16　在习题8-16图示机构中，鼓轮 B 质量为 m，内、外半径分别为 r 和 R，对转轴 O 的回转半径为 ρ，其上绕有细绳，一端吊一质量为 m 的物块 A，另一端与质量为 M、半径为 r 的均质圆轮 C 相连，斜面倾角为 φ，绳的倾斜段与斜面平行。试求：(1) 鼓轮的角加速度 α；(2) 斜面的摩擦力及连接物块 A 的绳子的张力。

8-17　如习题8-17图所示，均质圆盘的质量为 m_1，半径为 r，圆盘与处于水平位置的弹簧一端铰接且可绕固定轴 O 转动，以起吊重物 A。若重物 A 的质量为 m_2，弹簧刚度系数为 k，试求系统的固有频率。

8-18　习题8-18图示圆盘质量为 m，半径为 r，在中心处与两根水平放置的弹簧固结，且在水平面上做无滑动滚动。弹簧刚度系数均为 k_0。试求系统做微振动的固有频率。

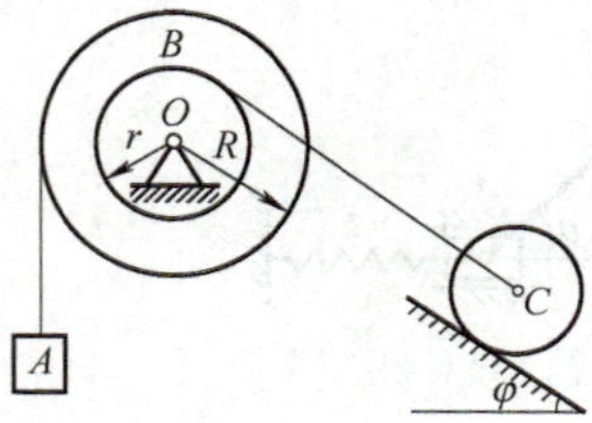

习题8-16图

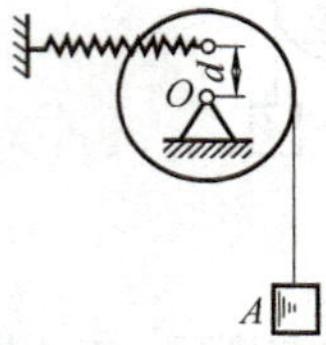

习题8-17图

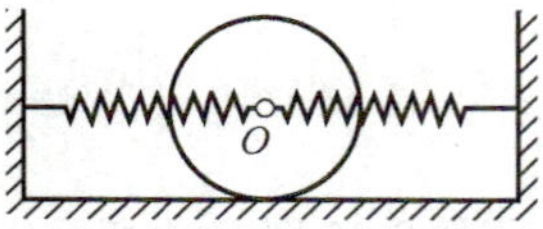

习题8-18图

8-19　测量机器功率的功率计，由带 $ACDB$ 和一杠杆 BOF 组成，如习题8-19图所示。带具有铅垂的两段 AC 和 DB，并套住试验机器滑轮 E 的下半部，杠杆则以刀口搁在支点 O 上，借升高或降低支点 O，可以变更带的拉力，同时变更带与滑轮间的摩擦力。在 F 处挂一重锤 P，杠杆 BF 即可处于水平平衡位置。若用来平衡带拉力的重锤的质量 $m=3\text{kg}$，$L=500\text{mm}$，试求发动机的转速 $n=240\text{r/min}$ 时发动机的功率。

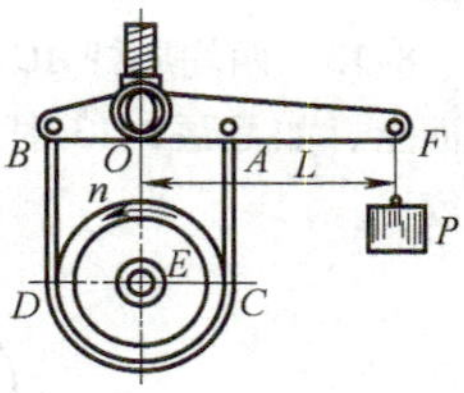

习题8-19图

8-20　在习题8-20图示机构中，物体 A 质量为 m_1，放在光滑水平面上。均质圆盘 C、B 质量均为 m，半径均为 R，物体 D 质量为 m_2。不计绳的质量，设绳与滑轮之间无相对滑动，绳的 AE 段与水平面平行，系统由静止开始释放。试求物体 D 的加速度以及 BC 段绳的张力。

8-21　如习题8-21图示机构中，物块 A、B 质量均为 m，均质圆盘 C、D 质量均为 $2m$，半径均为 R。C 轮铰接于长为 $3R$ 的无重悬臂梁 CK 上，D 为动滑轮，绳与轮之间无相对滑动。系统由静止开始运动，试求：(1) 物块 A 上升的加速度；(2) HE 段绳的张力；(3) 固定端 K 处的约束力。

8-22　两个相同的滑轮，视为均质圆盘，质量均为 m，半径均为 R，用绳缠绕连接，如习题8-22图所示。如系统由静止开始运动，试求动滑轮质心 C 的速度 v 与下降距离 h 的关系，并确定 AB 段绳子的张力。

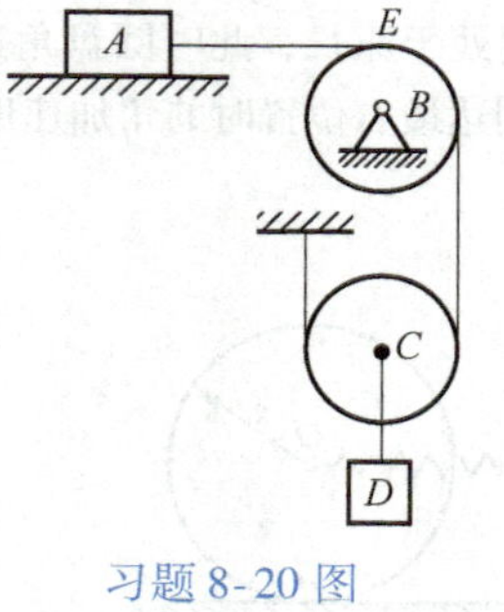

习题8-20图

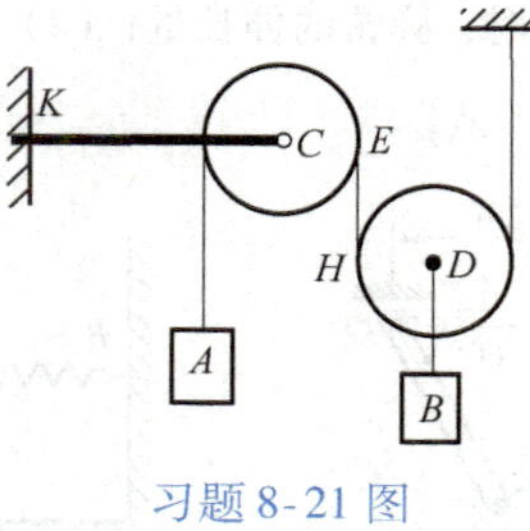

习题8-21图

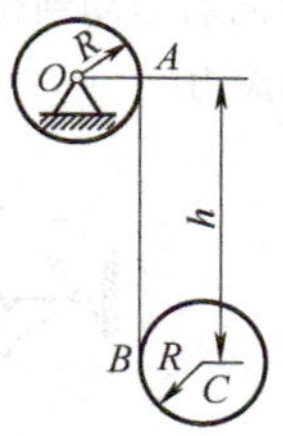

习题8-22图

第 9 章 达朗贝尔原理

牛顿运动定律是牛顿在伽利略研究自由落体、开普勒研究行星等工作的基础上创立的。当时，这些定律（主要是第二定律）的研究范围仅限于单个自由质点运动。56 年后，法国科学家达朗贝尔于 1743 年将牛顿的工作推广至受约束质点，提出求解受约束质点动力学问题的一个原理，即达朗贝尔原理（d'Alembert principle），这个原理为非自由质点系动力学的发展奠定了基础。达朗贝尔原理引入惯性力概念，用静力学中研究平衡问题的方法研究动力学中不平衡问题的思想，将这一原理发展成为求解非自由质点系动力学的普遍而有效的方法。这一方法称为动静法（methods of kineto statics）。由于静力学的方法简单直观，易于掌握，因而动静法在工程技术中得到了普遍应用。

达朗贝尔原理虽然与动力学普遍定理具有不同的思路，但却获得了与动量定理、动量矩定理在形式上等价的动力学方程。

9.1 惯性力与达朗贝尔原理

9.1.1 质点的达朗贝尔原理

考察惯性参考系 $Oxyz$ 中的非自由质点 M。设质点 M 的质量为 m，加速度为 $\boldsymbol{a}$，质点在主动力 $\boldsymbol{F}$、约束力 $\boldsymbol{F}_N$ 作用下运动。根据牛顿第二定律，有

$$m\boldsymbol{a} = \boldsymbol{F} + \boldsymbol{F}_N$$

若将上式左端的 $m\boldsymbol{a}$ 移至右端，则上式可以改写成

$$\boldsymbol{F} + \boldsymbol{F}_N + (-m\boldsymbol{a}) = 0 \tag{9-1}$$

令

$$\boldsymbol{F}_I = -m\boldsymbol{a}$$

$\boldsymbol{F}_I$ 称为达朗贝尔惯性力（d'Alembert inertial force），简称为惯性力（inertial force）。该式表明，质点惯性力的大小等于质点的质量与加速度的乘积，方向与质点加速度方向相反。

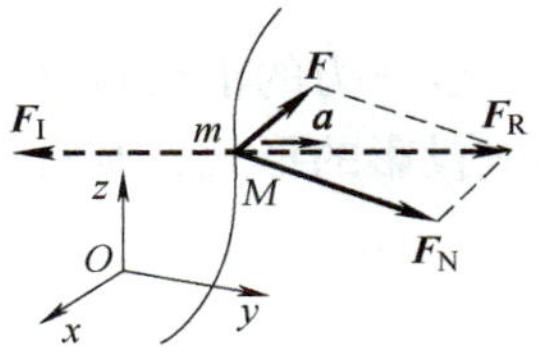

图 9-1 质点的达朗贝尔原理

将上式代入式（9-1），则式（9-1）可以写成

$$\boldsymbol{F} + \boldsymbol{F}_N + \boldsymbol{F}_I = 0 \tag{9-2}$$

形式上这是一静力学平衡方程，该方程表明，质点运动的每一瞬时，作用在质点上的主动力、约束力和质点的惯性力组成一形式上的平衡力系。此即达朗贝尔原理（d'Alembert principle）。

于是，应用惯性力的概念和达朗贝尔原理，质点动力学问题便转化为形式上的静力学平衡问题。这种方法称为**动静法**（methods of kineto statics）。

需要指出的是，实际质点上只受主动力和约束力的作用，而惯性力是为了用静力学方法求解动力学问题而假设的虚拟力。式（9-2）反映的仍然是实际受力与运动之间的动力学关系。

达朗贝尔原理的矢量方程式（9-2）在直角坐标系中的投影形式为

$$\begin{cases} F_x + F_{Nx} + F_{Ix} = 0 \\ F_y + F_{Ny} + F_{Iy} = 0 \\ F_z + F_{Nz} + F_{Iz} = 0 \end{cases} \tag{9-3}$$

应用上述方程时，除了要分析主动力、约束力外，还必须分析惯性力，并假想地加在质点上。其余过程与求解静力学平衡问题完全相同。

［例题 9-1］ 圆锥摆如图 9-2 所示。其中质量为 m 的小球 M，系于长度为 l 的细线一端，细线另一端固定于点 O，与铅垂线的夹角为 θ。小球在垂直于铅垂线的平面内做匀速圆周运动。已知 $m=1\text{kg}$，$l=300\text{mm}$，$\theta=60°$。求小球的速度和细线所受的拉力。

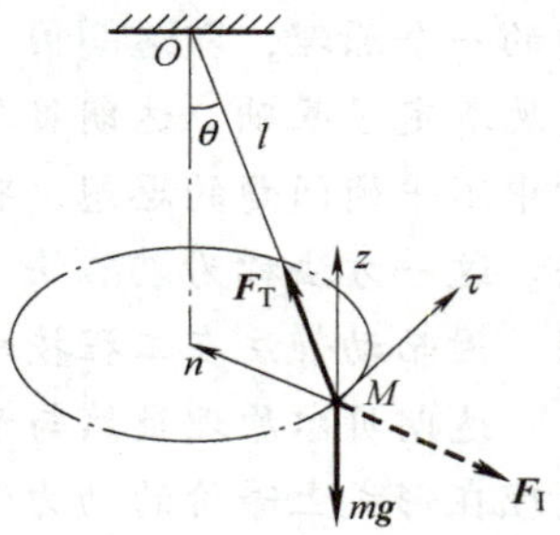

图 9-2 例题 9-1 图

解： 以小球为研究对象。作用在小球上的力有：主动力，小球重力 $m\boldsymbol{g}$；约束力，细线对小球的拉力 $\boldsymbol{F}_T$，数值等于细线所受的拉力。

由于小球做匀速圆周运动，故小球只有向心的法向加速度 $\boldsymbol{a}_n$；切向加速度 $\boldsymbol{a}_t=0$。

惯性力的大小为

$$F_I = ma_n = m\frac{v^2}{r} = m\frac{v^2}{l\sin\theta} \tag{a}$$

方向与 $\boldsymbol{a}_n$ 相反。

对小球应用动静法，$m\boldsymbol{g}$、$\boldsymbol{F}_T$、$\boldsymbol{F}_I$ 构成形式上的平衡力系，即

$$m\boldsymbol{g} + \boldsymbol{F}_T + \boldsymbol{F}_I = 0 \tag{b}$$

以三力的汇交点（小球）M 为原点，建立 $M\tau nz$ 坐标系如图 9-2 所示。将平衡方程（b）写成投影的形式，则有

$$\begin{cases} \sum F_t = 0 & \text{自然满足} \\ \sum F_n = 0 & F_T\sin\theta - F_I = 0 \\ \sum F_z = 0 & F_T\cos\theta - mg = 0 \end{cases} \tag{c}$$

由此解得细线所受拉力为

$$F_T = \frac{mg}{\cos\theta} = \frac{1\times9.8}{\cos60°}\text{N} = 19.6\text{N}$$

由式（c）知惯性力 $F_I = F_T\sin\theta$，利用式（a），可求得小球速度 $\boldsymbol{v}$ 的大小为

$$v = \sqrt{\frac{F_T l\sin^2\theta}{m}} = \sqrt{\frac{19.6\times0.3\times\sin^2 60°}{1}}\text{m/s} = 2.1\text{m/s}$$

9.1.2　质点系的达朗贝尔原理

质点的达朗贝尔原理可以扩展到质点系。

考察由 n 个质点组成的非自由质点系，对每个质点都施加惯性力，则 n 个质点上所受的全部主动力、约束力和假想的惯性力均形成空间一般力系。

对于每个质点，达朗贝尔原理均成立，即认为作用在质点上的主动力、约束力和惯性力组成形式上的平衡力系，则由 n 个质点组成的质点系上的主动力、约束力和惯性力，也组成形式上的平衡力系。

根据静力学中力系的平衡条件和平衡方程，空间一般力系平衡时，力系的主矢和对任意一点的主矩必须同时等于零。

为方便起见，将真实力分为内力和外力（各自包含主动力和约束力）。于是，主矢、主矩同时等于零可以表示为

$$\begin{cases}\boldsymbol{F}_{\mathrm{R}}=\sum\boldsymbol{F}_i^{\mathrm{e}}+\sum\boldsymbol{F}_i^{\mathrm{i}}+\sum\boldsymbol{F}_{\mathrm{I}i}=0\\ \boldsymbol{M}_O=\sum\boldsymbol{M}_O(\boldsymbol{F}_i^{\mathrm{e}})+\sum\boldsymbol{M}_O(\boldsymbol{F}_i^{\mathrm{i}})+\sum\boldsymbol{M}_O(\boldsymbol{F}_{\mathrm{I}i})=0\end{cases}\tag{9-4}$$

注意到质点系中各质点间的内力总是成对出现，且等值、反向，故式（9-4）中

$$\sum\boldsymbol{F}_i^{\mathrm{i}}=0,\quad \sum\boldsymbol{M}_O(\boldsymbol{F}_i^{\mathrm{i}})=0$$

据此，式（9-4）可写为

$$\begin{cases}\sum\boldsymbol{F}_i^{\mathrm{e}}+\sum\boldsymbol{F}_{\mathrm{I}i}=0\\ \sum\boldsymbol{M}_O(\boldsymbol{F}_i^{\mathrm{e}})+\sum\boldsymbol{M}_O(\boldsymbol{F}_{\mathrm{I}i})=0\end{cases}\tag{9-5}$$

由这两个矢量式可以写出 6 个投影方程。

根据上述原理，只要在质点系上正确施加惯性力，就可以应用平衡方程式（9-5）求解动力学问题，这就是质点系的动静法。

［例题 9-2］　半径为 r、质量为 m 的滑轮可绕固定轴 O（垂直于图平面）转动。缠绕在滑轮上的绳两端分别悬挂质量为 m_1、m_2 的重物 A 和 B（图 9-3）。若 $m_1>m_2$，并设滑轮的质量均匀分布在轮缘上，即将滑轮简化为均质圆环。求滑轮的角加速度。

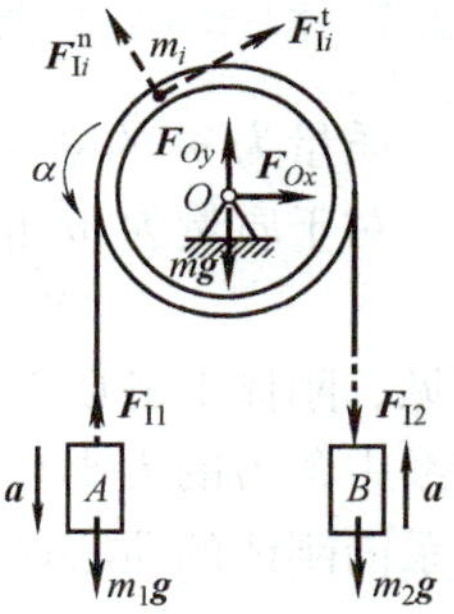

图 9-3　例题 9-2 图

解： 以重物 A、B 以及滑轮组成的质点系作为研究对象，其受力如图 9-3 所示。其中滑轮的质量分布在周边上，若设滑轮以 ω 的角速度和 α 的角加速度转动，则对于质量为 m_i 的质点，其切向惯性力和法向惯性力的大小分别为

$$F_{\mathrm{I}i}^{\mathrm{t}}=m_ia_{it}=m_i\alpha r$$
$$F_{\mathrm{I}i}^{\mathrm{n}}=m_ia_{in}=m_i\omega^2r\tag{a}$$

重物的惯性力分别为 $\boldsymbol{F}_{\mathrm{I}1}$ 和 $\boldsymbol{F}_{\mathrm{I}2}$，其大小分别为

$$F_{\mathrm{I}1}=m_1a=m_1r\alpha,\quad F_{\mathrm{I}2}=m_2a=m_2r\alpha\tag{b}$$

二者方向均与加速度的方向相反。

应用动静法，作用在系统上的所有主动力、约束力和惯性力组成形式上的平衡力系。故

所有力对滑轮的转轴之矩的平衡条件为

$$\sum M_O(\boldsymbol{F})=0$$

$$(m_1g-F_{I1}-F_{I2}-m_2g)r-\sum F_{Ii}^{t}r=0 \tag{c}$$

将式（a）、式（b）代入式（c），有

$$(m_1g-m_1\alpha r-m_2\alpha r-m_2g)r-\sum m_i\alpha r\cdot r=0$$

因为

$$\sum m_i\alpha r\cdot r=m\alpha r^2$$

从而解得滑轮的角加速度为

$$\alpha=\frac{m_1-m_2}{m_1+m_2+m}\frac{g}{r}$$

9.2 刚体惯性力系的简化

9.2.1 惯性力系的主矢与主矩

与一般力系一样，所有惯性力组成的力的系统，称为惯性力系。惯性力系中所有惯性力的矢量和称为惯性力系的主矢：

$$\boldsymbol{F}_{IR}=\sum\boldsymbol{F}_{Ii}=\sum(-m_i\boldsymbol{a}_i)=-m\boldsymbol{a}_C$$

惯性力系的主矢与刚体的运动形式无关。

惯性力系中所有力向同一点简化，所得力偶的力偶矩矢量的矢量和，称为惯性力系的主矩：

$$\boldsymbol{M}_{IO}=\sum\boldsymbol{M}_O(\boldsymbol{F}_{Ii})$$

惯性力系的主矩与刚体的运动形式有关。

下面分别介绍刚体做平移、定轴转动和平面运动时惯性力系的简化结果。

9.2.2 刚体平移时惯性力系的简化

质量为 m 的刚体平移时，其上各点在同一瞬时具有相同的加速度，设质心的加速度为 $\boldsymbol{a}_C$。对于质量为 m_i 的任意质点 M_i，其惯性力为

$$\boldsymbol{F}_{Ii}=-m_i\boldsymbol{a}_i=-m_i\boldsymbol{a}_C$$

可见，刚体上各质点的惯性力组成平行力系（图 9-4），力系中各力的大小与质点各自的质量成正比。将惯性力系向刚体的质心简化，注意到

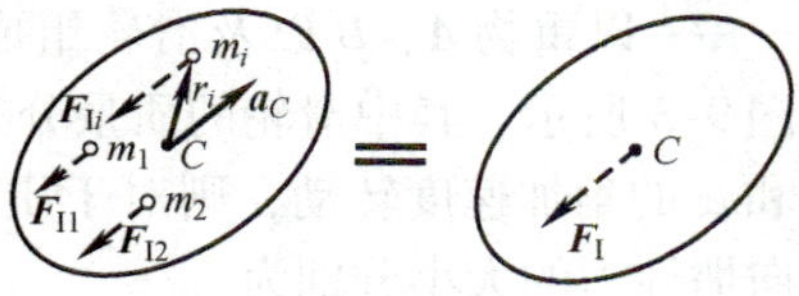

图 9-4 刚体时平移惯性力系的简化

$$\sum m_i\boldsymbol{r}_i=0,\qquad \sum m_i=m$$

则惯性力系的主矢和主矩分别为

$$\boldsymbol{F}_I=\sum\boldsymbol{F}_{Ii}=\sum(-m_i\boldsymbol{a}_C)=-m\boldsymbol{a}_C \tag{9-6}$$

$$\boldsymbol{M}_{IC}=\sum\boldsymbol{M}_C(\boldsymbol{F}_{Ii})=\sum r_i\times(-m_i\boldsymbol{a}_C)=-(\sum m_i\boldsymbol{r}_i)\times\boldsymbol{a}_C=0 \tag{9-7}$$

上述结果表明，在任一瞬时，平移刚体惯性力系均可简化为一通过质心的合力，合力的大小等于刚体的质量与加速度的乘积，方向与加速度方向相反。

9.2.3 刚体做定轴转动时惯性力系的简化

仅考察刚体具有质量对称平面、转轴垂直于对称平面的情形，如图 9-5 所示。此时，当刚体绕定轴转动时，可先将惯性力系简化为位于质量对称面内的平面力系，再将平面力系做进一步的简化。

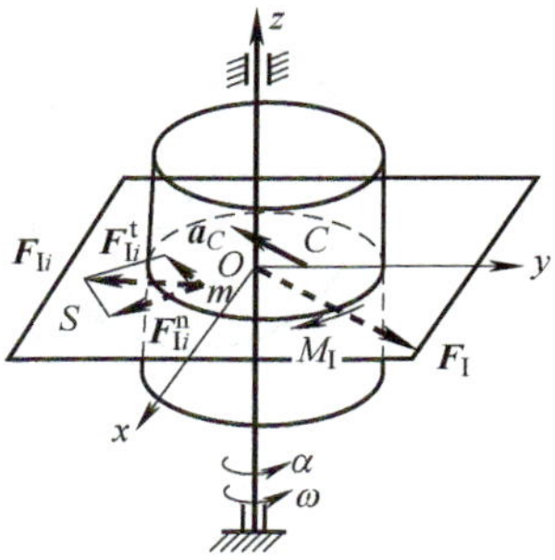

图 9-5 刚体做定轴转动

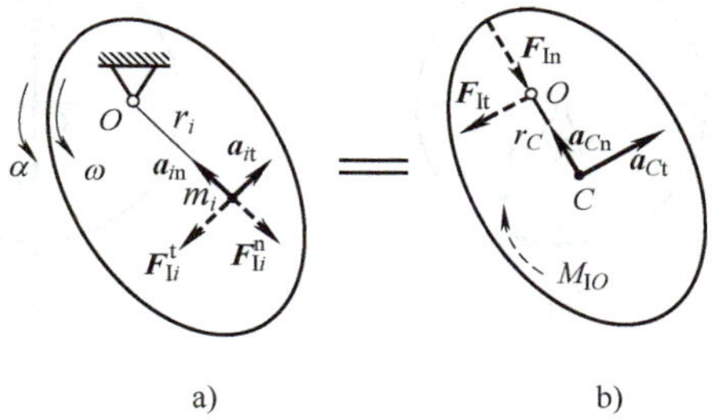

图 9-6 刚体做定轴转动时

下面讨论这一平面惯性力系向对称面与转轴交点 O（称为轴心）简化的结果。设质量为 m 的刚体其角速度为 ω，角加速度为 α，转向如图 9-6a 所示。考察质量为 m_i、距点 O 为 r_i 的对称平面内的质点，其切向和法向加速度分别为

$$\boldsymbol{a}_{it} = \alpha \times \boldsymbol{r}_i$$

$$\boldsymbol{a}_{in} = \boldsymbol{\omega} \times (\boldsymbol{\omega} \times \boldsymbol{r}_i)$$

则质点的切向和法向惯性力分别为

$$\boldsymbol{F}_{\mathrm{I}i}^{\mathrm{t}} = -m_i \boldsymbol{a}_{it}$$

$$\boldsymbol{F}_{\mathrm{I}i}^{\mathrm{n}} = -m_i \boldsymbol{a}_{in}$$

方向如图 9-6a 所示。

将惯性力系向轴心 O 简化，考虑到

$$\sum m_i \boldsymbol{a}_i = m\boldsymbol{a}_C$$

惯性力系的主矢为

$$\boldsymbol{F}_{\mathrm{I}} = \sum(-m_i \boldsymbol{a}_i) = -m\boldsymbol{a}_C = -m(\boldsymbol{a}_{Ct} + \boldsymbol{a}_{Cn}) = \boldsymbol{F}_{\mathrm{It}} + \boldsymbol{F}_{\mathrm{In}} \tag{9-8}$$

考虑到各法向惯性力均通过转轴 O，对转轴之矩为零，故惯性力系的主矩为

$$\boldsymbol{M}_{\mathrm{I}O} = \sum \boldsymbol{r}_i \times \boldsymbol{F}_{\mathrm{I}i}^{\mathrm{t}} = \sum \boldsymbol{r}_i \times (-m_i \boldsymbol{\alpha} \times \boldsymbol{r}_i) = -\sum(m_i r_i^2)\alpha$$

上式可表示为

$$\boldsymbol{M}_{\mathrm{I}O} = -J_O \boldsymbol{\alpha} \tag{9-9}$$

式（9-8）和式（9-9）表明：具有质量对称面的刚体绕垂直于对称面的轴转动时，其惯性力系向轴心简化，得到一主矢和一主矩。主矢的大小等于刚体的质量与质心加速度的乘积，其方向与质心加速度方向相反。主矩的大小等于刚体对转轴的转动惯量与刚体转动角加速度的乘积，其转向与转动角加速度转向相反（图 9-6b）。

下列特殊情形下，问题可以得到进一步简化：

(1) 转轴通过质心，角加速度 $\alpha \neq 0$（图9-7a），由于质心加速度 $\boldsymbol{a}_C = 0$，惯性力系简化为一力偶，其力偶矩为 $\boldsymbol{M}_{IC} = -J_C\boldsymbol{\alpha}$。

(2) 刚体做匀角速度转动，即角加速度 $\alpha = 0$，但转轴不通过质心 C（图9-7b），则惯性力系简化为一合力 $\boldsymbol{F}_I = -m\boldsymbol{a}_{Cn}$，其大小为 $F_I = mr_C\omega^2$。

(3) 转轴通过质心，且角加速度 $\alpha = 0$（图9-7c），则惯性力系的主矢和主矩均为零。

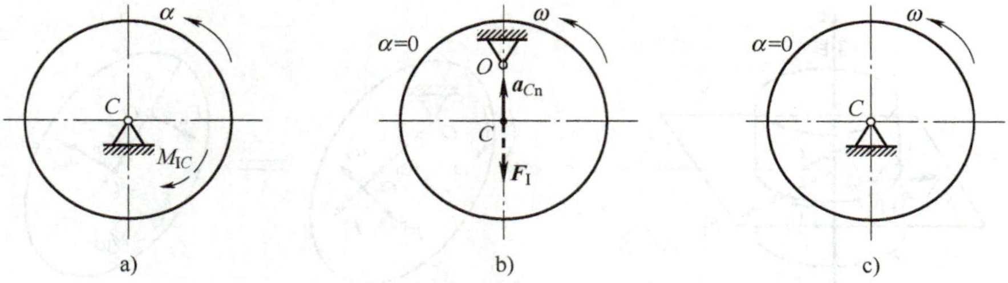

图9-7 转动刚体惯性力系简化的特殊情形

9.2.4 刚体做平面运动时惯性力系的简化

在工程构件中，做平面运动的刚体往往都具有质量对称面，而且刚体在平行于这一平面的平面内运动。因此，仍先将惯性力系简化为对称面内的平面力系，然后再做进一步简化。

以质心 C 为基点，平面运动可分解为跟随质心的平移和相对于质心的转动。

将惯性力系向质心 C 简化，平移部分与本节刚体做平移的情形相同，简化结果为一通过质心 C 的力 $\boldsymbol{F}_I$，相当于惯性力系的主矢；转动部分与图9-7a所示情形相同，简化结果为一力偶矩为 M_{IC} 的惯性力偶，相当于惯性力系对质心 C 的主矩，如图9-8所示。

设质量为 m 的刚体，质心 C 的加速度为 $\boldsymbol{a}_C$，转动的角加速度为 α，对通过质心 C 且垂直于对称平面轴的转动惯量为 J_C，则有

$$\begin{cases}\boldsymbol{F}_I = -m\boldsymbol{a}_C \\ \boldsymbol{M}_{IC} = -J_C\boldsymbol{\alpha}\end{cases} \tag{9-10}$$

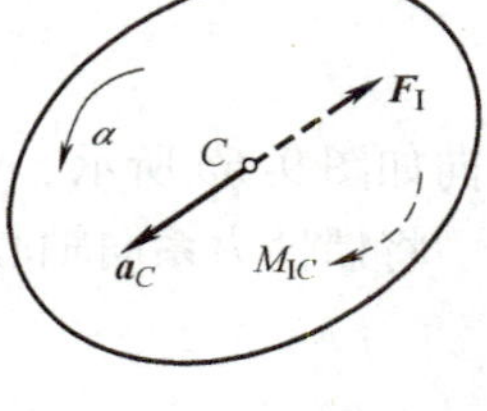

图9-8 刚体做平面运动时惯性力系的简化

式(9-10)表明：在任一瞬时，平面运动刚体惯性力系向质心简化，得到在质量对称面内的一个力和一个力偶。该力通过质心，大小等于刚体的质量与加速度的乘积，方向与质心加速度方向相反；其力偶的力偶矩的大小等于刚体对通过质心且垂直于质量对称面的轴的转动惯量与刚体转动角加速度的乘积，其转向与转动角加速度转向相反。

9.2.5 达朗贝尔原理的应用示例

将达朗贝尔原理即动静法应用于分析和求解刚体动力学问题，一般应按以下步骤进行。

(1) 受力分析——先分析主动力和约束力，再根据刚体的运动，对惯性力系加以简化。

(2) 画受力图——分别画出真实力和惯性力。

(3) 列平衡方程，求解。

[例题9-3] 图9-9a所示质量为 m、半径为 R 的均质圆盘可绕轴 O 转动。已知 $OB = l$，圆盘初始静止，试用动静法求撤去 B 处约束瞬时，质心 C 的加速度和 O 处约束力。

解：1. 运动与受力分析

圆盘在撤去 B 处约束瞬时，以角加速度 α 绕轴 O 做定轴转动，质心的加速度 $a_C=R\alpha$，这一瞬时圆盘的角速度 $\omega=0$。受力如图 9-9b 所示。

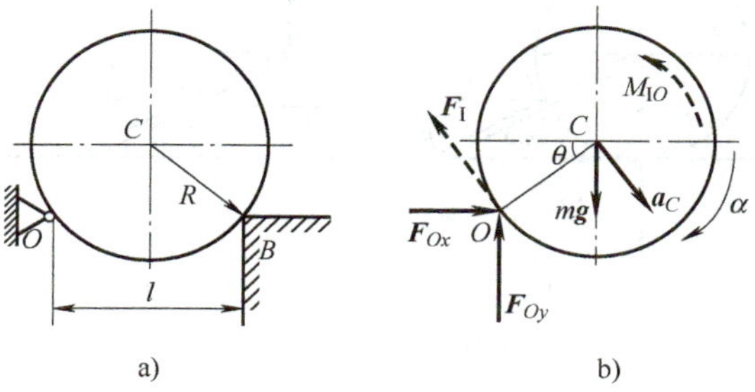

图 9-9　例题 9-3 图

按定轴转动刚体惯性力系的简化结果，将惯性力画在图上。此外，圆盘还受到重力 mg 和 O 处约束力 F_{Ox}、F_{Oy} 作用。

2. 确定惯性力

根据式（9-8）、式（9-9），惯性力的大小为

$$F_{\mathrm{I}}=ma_C$$

$$M_{\mathrm{I}C}=J_O\alpha=\left(\frac{1}{2}mR^2+mR^2\right)\frac{a_C}{R}=\frac{3}{2}mRa_C$$

3. 建立平衡方程，确定质心加速度及 O 处约束力

应用动静法，建立下列平衡方程：

$$\sum M_O(\boldsymbol{F})=0,\quad M_{\mathrm{I}O}-mg\frac{l}{2}=0$$

$$\sum F_x=0,\quad F_{Ox}-F_{\mathrm{I}}\sin\theta=0$$

$$\sum F_y=0,\quad F_{Oy}+F_{\mathrm{I}}\cos\theta-mg=0$$

其中

$$\sin\theta=\frac{\sqrt{4R^2-l^2}}{2R},\qquad \cos\theta=\frac{l}{2R}$$

由上述方程联立解得

$$a_C=\frac{gl}{3R}$$

$$F_{Ox}=\frac{mgl}{6R^2}\sqrt{4R^2-l^2}$$

$$F_{Oy}=mg\left(1-\frac{l^2}{6R^2}\right)$$

4. 本例讨论

若将惯性力系向质心 C 简化，其受力图及惯性力的主矢和主矩将有何变化？建议读者通过具体分析，比较两种简化方式的利弊。

[例题 9-4]　均质圆轮质量为 m_A，半径为 r。细长杆长 $l=2r$，质量为 m。杆端 A 点与轮心为光滑铰接，如图 9-10a 所示。如在 A 处加一水平拉力 $\boldsymbol{F}$，使圆轮沿水平面做纯滚动。试

分析：（1）施加多大的力 $\boldsymbol{F}$ 才能使杆的 B 端刚离开地面？（2）为保证圆盘做纯滚动，轮与地面间的静摩擦因数应为多大？

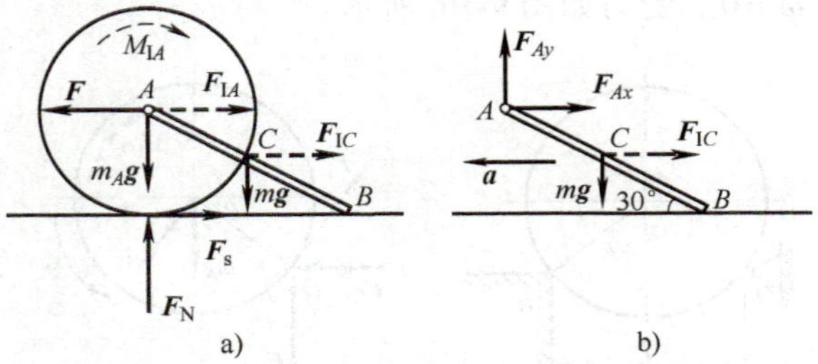

图 9-10 例 9-4 图

解：1. 确定轮与地面之间的静摩擦因数

细杆 B 端刚离开地面的瞬时，仍为平行移动，地面 B 处约束力为零，设此时杆的加速度为 $\boldsymbol{a}$。杆承受的主动力、其他约束力及惯性力如图 9-10b 所示，其中

$$F_{IC}=ma$$

由平衡方程

$$\sum M_A(\boldsymbol{F})=0,\quad F_{IC}r\sin30°-mgr\cos30°=0$$

解出

$$a=\sqrt{3}g$$

整个系统承受的力以及惯性力如图 9-10a 所示，其中

$$F_{IA}=m_Aa$$

$$M_{IA}=\frac{1}{2}m_Ar^2\ \frac{a}{r}$$

由平衡方程

$$\sum F_y=0,\quad F_N-(m_A+m)g=0$$

解得地面的摩擦力

$$F_s\leqslant f_sF_N=f_s(m_A+m)g$$

再以圆轮为研究对象，由平衡方程

$$\sum M_A(\boldsymbol{F})=0,\quad F_sr-M_{IA}=0$$

解得

$$F_s=\frac{1}{2}m_Aa=\frac{\sqrt{3}}{2}m_Ag$$

据此，轮与地面之间的静摩擦因数为

$$f_s=\frac{F_s}{F_N}=\frac{\sqrt{3}m_A}{2(m_A+m)}$$

2. 确定水平力的大小

以整个系统为研究对象，根据图 9-10a 建立平衡方程

$$\sum F_x=0,\quad F-F_{IA}-F_{IC}-F_s=0$$

解出水平力

$$F=\left(\frac{3m_A}{2}+m\right)\sqrt{3}g$$

[例题 9-5]　如图 9-11a 所示均质圆轮在无自重的斜置悬臂梁上自上而下做纯滚动。已知圆轮半径 $R=100\text{mm}$，质量 $m=18\text{kg}$；AB 长 $l=800\text{mm}$；斜置悬臂梁与铅垂线的夹角 $\theta=60°$。求圆轮到达 B 端的瞬时，A 端的约束力。

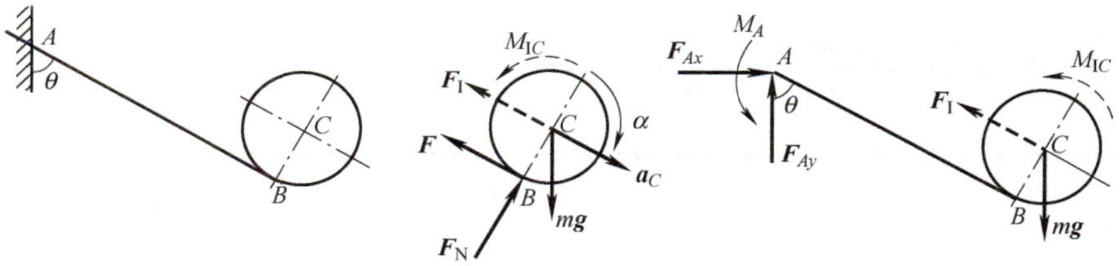

图 9-11　例题 9-5 图

解：1. 运动与受力分析

以圆轮为研究对象，并设圆轮到达 B 端瞬时的角加速度为 α。由于圆轮做纯滚动，其质心加速度的大小为 $a_C=R\alpha$。按平面运动刚体惯性力系简化的结果施加惯性力 $\boldsymbol{F}_I$、$\boldsymbol{M}_I$，受力图如图 9-11b 所示。

2. 确定惯性力

圆轮做平面运动，其惯性力可表示为

$$F_I=ma_C=mR\alpha \tag{a}$$

$$M_{IC}=J_C\alpha=\frac{1}{2}mR^2\alpha \tag{b}$$

3. 建立平衡方程，求角加速度及惯性力

以圆轮为研究对象，根据

$$\sum M_B(\boldsymbol{F})=0$$

有

$$F_IR+M_{IC}-(mg\cos\theta)R=0 \tag{c}$$

将式 (a)、式 (b) 代入式 (c)，解得圆轮的角加速度

$$\alpha=\frac{(2\cos\theta)g}{3R} \tag{d}$$

将其代入式 (a)、式 (b)，得到惯性力

$$F_I=\frac{2\cos\theta}{3}mg \tag{e}$$

$$M_{IC}=\frac{\cos\theta}{3}Rmg \tag{f}$$

4. 求 A 端约束力

以圆轮和杆组成的整体作为研究对象，其受力如图 9-11c 所示。建立平衡方程

$$\sum M_A(\boldsymbol{F})=0,\quad M_{IC}+F_IR-mgR\cos\theta-mgl\sin\theta+M_A=0$$
$$\sum F_x=0,\quad F_{Ax}-F_I\sin\theta=0$$
$$\sum F_y=0,\quad F_I\cos\theta-mg+F_{Ay}=0$$

据此，解得悬臂梁固定端的约束力分别为

$$M_A = mg\left(R\cos\theta + l\sin\theta - \frac{\cos\theta}{3}R - \frac{2\cos\theta}{3}R\right) = mgl\sin\theta = 122.2\text{N}\cdot\text{m}$$

$$F_{Ax} = \frac{2\cos\theta\sin\theta}{3}mg = 50.9\text{N}$$

$$F_{Ay} = mg - \frac{2\cos^2\theta}{3}mg = \frac{5}{6}mg = 147\text{N}$$

9.3 本章小结与讨论

9.3.1 本章小结

(1) 质点的达朗贝尔原理：若假想地在运动质点上施加惯性力 $\boldsymbol{F}_{\mathrm{I}} = -m\boldsymbol{a}$，则可以认为作用在质点上的主动力 $\boldsymbol{F}$、约束力 $\boldsymbol{F}_{\mathrm{N}}$ 和惯性力 $\boldsymbol{F}_{\mathrm{I}}$ 在形式上组成平衡力系，即

$$\boldsymbol{F} + \boldsymbol{F}_{\mathrm{N}} + \boldsymbol{F}_{\mathrm{I}} = 0$$

(2) 质点系的达朗贝尔原理：作用于质点系上的外力系与惯性力系在形式上组成平衡力系，即

$$\begin{cases} \sum \boldsymbol{F}_i^{\mathrm{e}} + \boldsymbol{F}_{\mathrm{I}i} = 0 \\ \sum \boldsymbol{M}_O(\boldsymbol{F}_i^{\mathrm{e}}) + \sum \boldsymbol{M}_O(\boldsymbol{F}_{\mathrm{I}i}) = 0 \end{cases}$$

(3) 刚体惯性力系的简化结果：

1) 刚体平移：惯性力系向质心 C 简化，主矢和主矩分别为

$$\boldsymbol{F}_{\mathrm{IR}} = -m\boldsymbol{a}_C,\quad \boldsymbol{M}_{\mathrm{I}C} = 0$$

2) 刚体定轴转动：假设刚体有质量对称平面且转轴 z 垂直于质量对称平面，惯性力系向质量对称平面与转轴 z 的交点 O 简化，主矢和主矩分别为

$$\boldsymbol{F}_{\mathrm{IR}} = -m\boldsymbol{a}_C,\quad M_{\mathrm{I}O} = -J_z\alpha$$

3) 刚体平面运动：假设刚体有质量对称平面且运动平面与质量对称平面平行，惯性力系向质心 C 简化，主矢和主矩分别为

$$\boldsymbol{F}_{\mathrm{IR}} = -m\boldsymbol{a}_C,\quad M_{\mathrm{I}C} = -J_C\alpha$$

9.3.2 正确施加与简化惯性力系是应用达朗贝尔原理的关键

只要对质点系正确施加与简化惯性力系，则用静力学方法就可求解它的动力学关系。读者注意掌握以下两种运动形式的惯性力系简化。

1. 刚体有质量对称面且转轴垂直于该对称面的定轴转动情形

如图9-12所示，长为 l、重为 W 的均质杆 OA 绕轴 O 做定轴转动，其角速度 ω 与角加速度 α 均为已知。请读者判断惯性力简化的两种结果（图9-12a、b）的正确性。

2. 刚体有质量对称面且运动平面与质量对称平面平行的平面运动情形

图 9-13 所示为做平面运动的刚体质量对称平面，其角速度为 ω，角加速度为 α，质量为 m，对通过平面上任一点 A（非质心 C）且垂直于对称平面的轴的转动惯量为 J_A。若将刚体的惯性力向该点简化，试分析图示的结果的正确性。

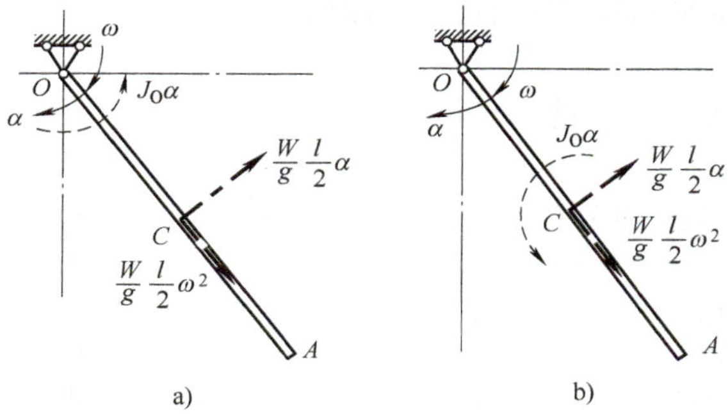

图 9-12 直杆做定轴转动的两种惯性力系简化结果判断

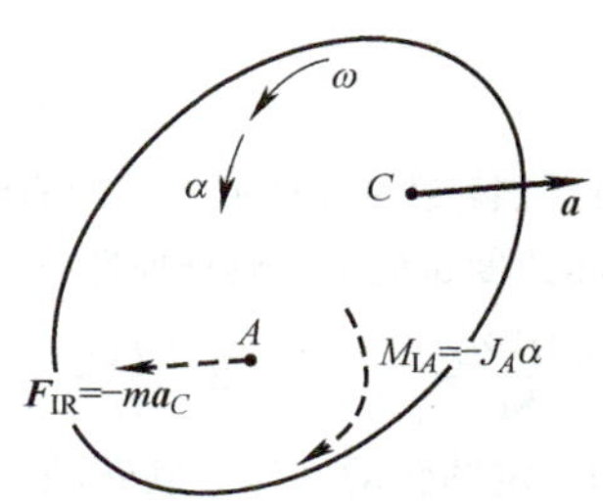

图 9-13 刚体平面运动的惯性力系向非质心点 A 简化结果判断

9.3.3 惯性力系的主矢与主矩的物理意义

(1) 将惯性力系主矢与主矩和动量与动量矩对时间的变化率相比较，不难发现：惯性力系的主矢与质点系的动量对时间的变化率相比，二者仅相差一负号，即

$$\boldsymbol{F}_{IR} = -m\boldsymbol{a}_C = -\frac{d\boldsymbol{p}}{dt} \tag{9-10}$$

(2) 有质量对称平面的刚体做定轴转动，且转轴垂直于质量对称平面时，惯性力系向转轴点 O 简化的主矩与刚体对同点的动量矩对时间的变化率相比，也只相差一负号，即

$$M_{IO} = -J_O\alpha = -\frac{dL_O}{dt} \tag{9-11}$$

(3) 有质量对称平面的刚体做平面运动，且运动平面平行于此对称平面时，惯性力系向质心 C 简化的主矩与刚体对质心动量矩对时间的变化率相比，也只相差一负号，即

$$M_{IC} = -J_C\alpha = -\frac{dL_C}{dt} \tag{9-12}$$

9.3.4 动能定理与达朗贝尔原理综合应用

动力学普遍定理综合应用的要点是：对单自由度的理想约束系统，先用动能定理求运动，再用动量或动量矩定理求约束力。由于应用达朗贝尔原理可将动力学问题变为静力学问题求解，并且没有取矩点的限制条件，因此，上述综合应用的要点也可叙述为：对单自由度的理想约束系统，先用动能定理求运动，再用达朗贝尔原理求约束力。

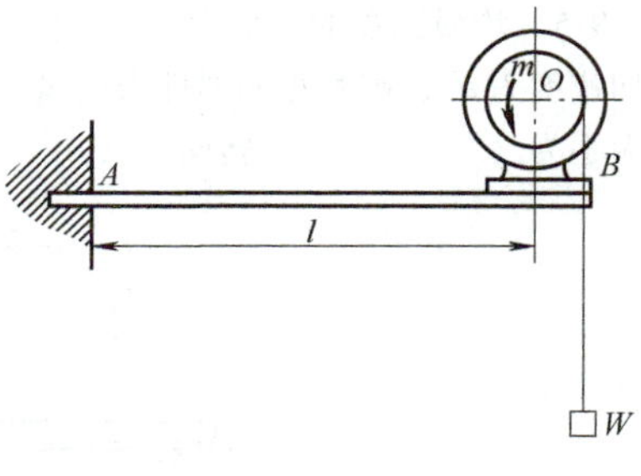

图 9-14 安装在悬臂梁端的电动机提升设备

请读者分析图 9-14 所述问题：

悬臂梁 AB 的一端固定安装电动机提升设备。电动机

重 W_1，梁不计重，与电机转子同轴安装的滑轮重 W_2。认为转子与滑轮半径相同，均为 R，二者对轴 O 的回转半径为 ρ，轴 O 至悬臂梁另一端 A 的距离为 l。转子与滑轮在电磁力偶 m 的作用下，加速提升重物 W。试求 A 处的约束力。

读者可以考察整体系统分析这一问题，并与全部应用动力学普遍定理求解的方法进行比较，从而体会本小节提出动能定理与达朗贝尔原理综合应用的优点。

习 题

9-1 如习题 9-1 图所示，均质细杆 AB 长为 l，重为 P，与铅垂轴固结成角 $\alpha = 30°$，并以匀角速度 ω 转动，则杆惯性力系的合力的大小等于（ ）。

① $\dfrac{\sqrt{3}l^2P\omega^2}{8g}$ ② $\dfrac{l^2P\omega^2}{2g}$ ③ $\dfrac{lP\omega^2}{2g}$ ④ $\dfrac{lP\omega^2}{4g}$

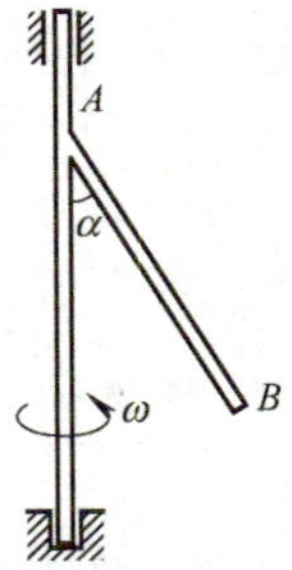

习题 9-1 图

9-2 定轴转动刚体，其转轴垂直于质量对称平面，且不通过质心 C，设转轴与质量对称平面的交点为 O。当角速度 $\omega = 0$、角加速度 $\alpha \neq 0$ 时，其惯性力系的合力大小为 $F_{IR} = ma_C$，合力作用线的位置是（ ）。

① 合力作用线通过转轴轴心，且垂直于 OC

② 合力作用线通过质心，且垂直于 OC

③ 合力作用线至轴心的垂直距离为 $h = J_O\alpha / ma_C$

④ 合力作用线至轴心的垂直距离为 $h = J_C\alpha / ma_C$

9-3 质量为 m、半径为 r 的均质圆柱体，沿半径为 R 的圆弧面做纯滚动，其瞬时角速度 ω 及角加速度 α 方向如习题 9-3 图所示，将其上的惯性力系向其质心简化，所得惯性力的主矢、主矩大小分别为：

主矢切向 =（ ），

主矢法向 =（ ）；

主矩 =（ ）。

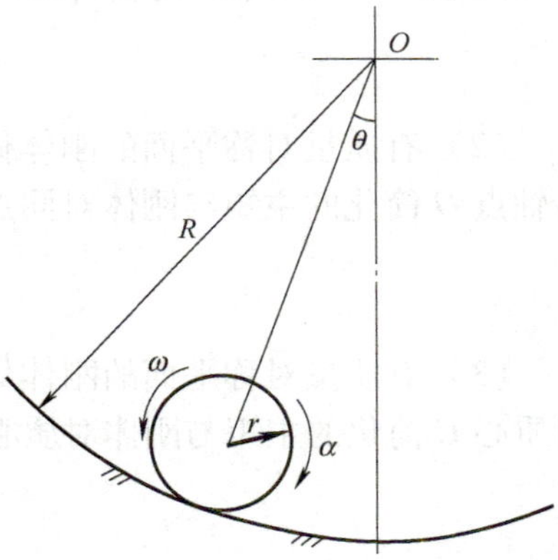

习题 9-3 图

9-4 均质圆柱体质量为 m，半径为 r，相对于一运动的平板做纯滚动，其角速度与角加速度的方向如习题 9-4 图所示，且平板的速度与加速度都是水平向右。将圆柱体上的惯性力系向其质心简化时，其惯性力的主矢、主矩的大小分别为

主矢 =（ ），

主矩 =（ ）。

9-5 均质圆盘的质量为 m，半径为 r，在水平直线轨道上做纯滚动，如习题 9-5 图所示。若圆盘中心 C 的加速度为 $\boldsymbol{a}_C$，则圆盘的惯性力向盘上最高点 A 简化的主矢大小为（ ），方向为（ ）；主矩大小为（ ），转向为（ ）。

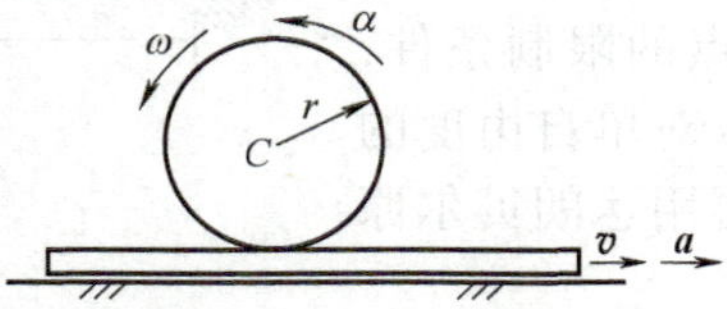

习题 9-4 图

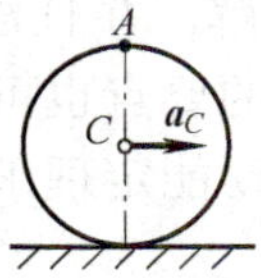

习题 9-5 图

9-6 均质杆 AB 的质量为 m，由三根等长细绳悬挂在水平位置，在习题 9-6 图示位置突然割断 O_1B，则该瞬时杆 AB 的加速度为（　　　　）。（表示为 θ 的函数，方向在图中画出）

9-7 矩形均质平板尺寸如习题 9-7 图所示，质量 27kg，由两个销子 A、B 悬挂。若突然撤去销子 B，求在撤去的瞬时平板的角加速度和销子 A 的约束力。

9-8 在均质直角构件 ABC 中，AB、BC 两部分的质量各为 3.0kg，用连杆 AD、BE 以及绳子 AE 保持在习题 9-8 图示位置。若突然剪断绳子，求此瞬时连杆 AD、BE 所受的力。连杆的质量忽略不计，已知 $l=1.0\text{m}$，$\varphi=30°$。

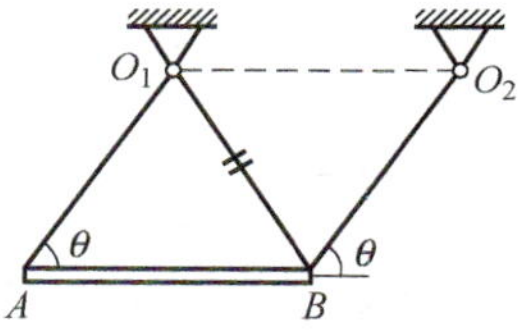

习题 9-6 图

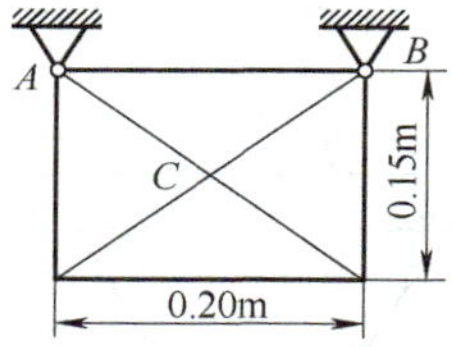

习题 9-7 图

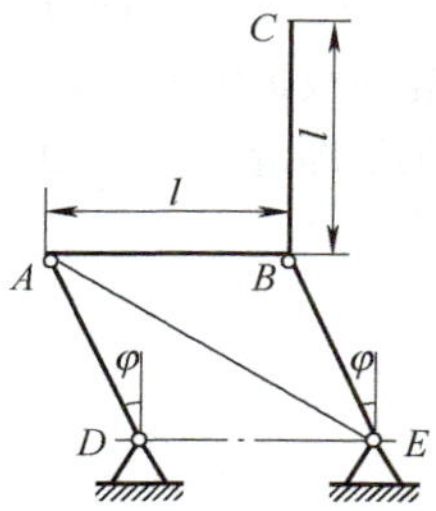

习题 9-8 图

9-9 习题 9-9 图示两种情形的定滑轮质量均为 m，半径均为 r。图 a 中的绳所受拉力为 $\boldsymbol{W}$；图 b 中物块重为 W。试分析两种情形下定滑轮的角加速度、绳中拉力和定滑轮轴承处的约束力是否相同。

9-10 习题 9-10 图示调速器由两个质量各为 m_1 的圆柱状的均质盘所构成，两圆盘被偏心地悬挂于与调速器转动轴相距 a 的十字形框架上，而此调速器则以等角速度 ω 绕铅垂轴转动。圆盘的中心到悬挂点的距离为 l，调速器的外壳质量为 m_2，放在这两个圆盘上并可沿铅垂轴上下滑动。如不计摩擦，试求调速器的角速度 ω 与圆盘偏离铅垂线的角度 φ 之间的关系。

9-11 习题 9-11 图示两重物通过无重滑轮用绳连接，滑轮又铰接在无重支架上。已知物块 G_1、G_2 的质量分别为 $m_1=50\text{kg}$，$m_2=70\text{kg}$，杆 AB 长 $l_1=1200\text{mm}$，A、C 间的距离 $l_2=800\text{mm}$，夹角 $\theta=30°$。试求杆 CD 所受的力。

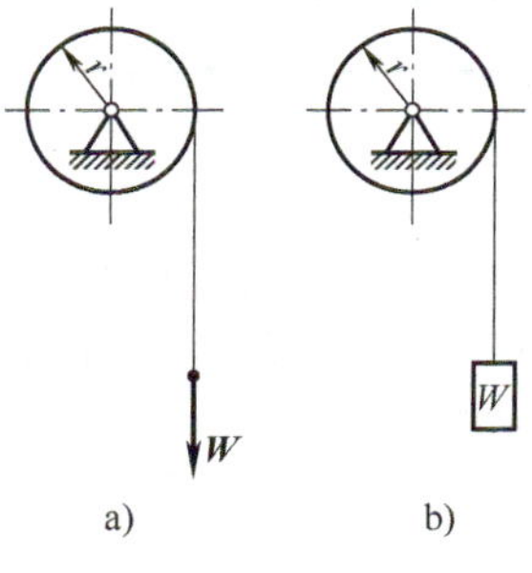

习题 9-9 图

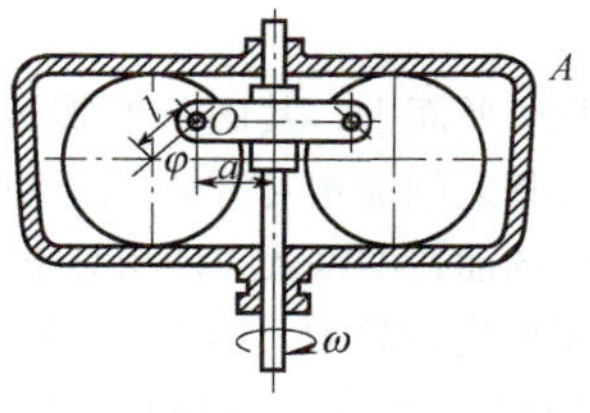

习题 9-10 图

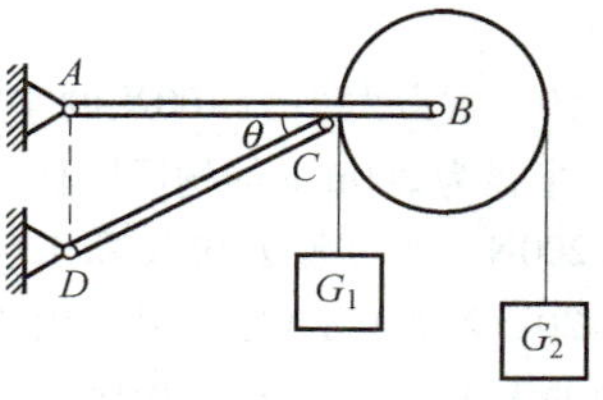

习题 9-11 图

9-12 直径为 1.22m、重 890N 的均质圆柱以习题 9-12 图示方式放置在卡车的箱板上，为防止运输时圆柱前后滚动，在其底部垫上高 10.2cm 的小木块，试求圆柱不致产生滚动时，卡车最大的加速度？

习题 9-12 图

9-13　两均质杆焊成习题9-13图示形状，绕水平轴 A 在铅垂平面内做等角速度转动。在图示位置时，角速度 $\omega=\sqrt{0.3}\mathrm{rad/s}$。设杆的单位长度重量为100N/m。试求轴承 A 的约束力。

9-14　习题9-14图示均质圆轮铰接在支架上。已知轮半径 $r=0.1\mathrm{m}$，重力的大小 $Q=20\mathrm{kN}$，重物 G 重力的大小 $P=100\mathrm{N}$，支架尺寸 $l=0.3\mathrm{m}$，不计支架质量，轮上作用一常力偶，其矩 $M=32\mathrm{kN\cdot m}$。试求：(1) 重物 G 上升的加速度；(2) 支座 B 的约束力。

9-15　习题9-15图示系统位于铅垂面内，由鼓轮 C 与重物 A 组成。已知鼓轮质量为 m，小半径为 r，大半径 $R=2r$，对过 C 且垂直于鼓轮平面的轴的回转半径 $\rho=1.5r$，重物 A 质量为2m。试求：(1) 鼓轮中心 C 的加速度；(2) AB 段绳与 DE 段绳的张力。

9-16　凸轮导板机构中，偏心轮的偏心距 $OA=e$。偏心轮绕轴 O 以匀角速度 ω 转动。当导板 CD 在最低位置时弹簧的压缩量为 b，导板质量为 m。为使导板在运动过程中始终不离开偏心轮，试求弹簧刚度系数的最小值。

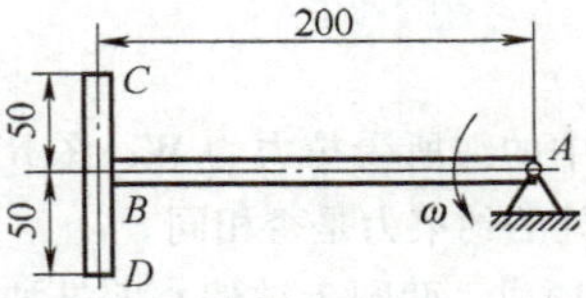

习题9-13图

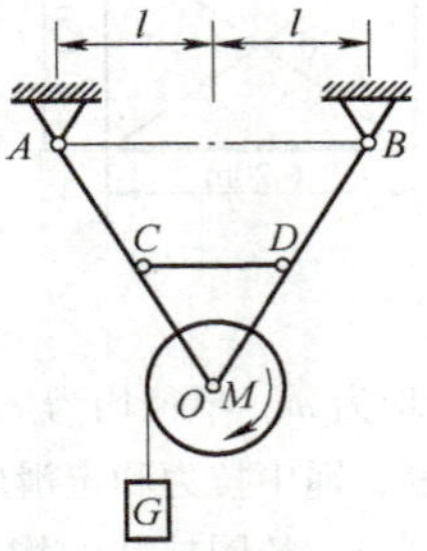

习题9-14图

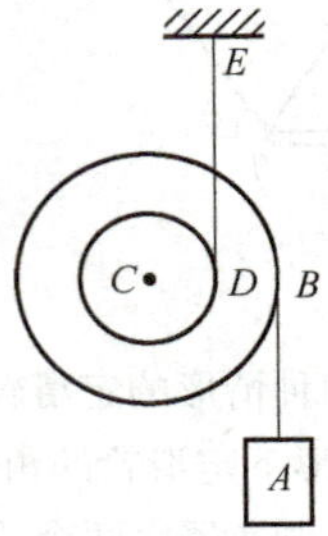

习题9-15图

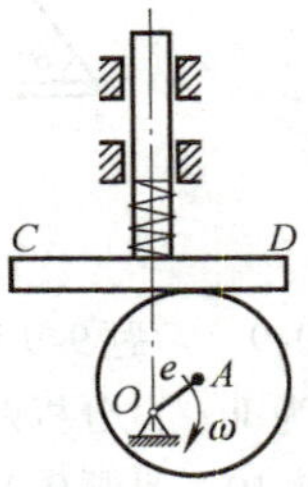

习题9-16图

9-17　习题9-17图示小车在力 $\boldsymbol{F}$ 作用下沿水平直线行驶，均质细杆 A 端铰接在小车上，另一端靠在车的光滑竖直壁上。已知杆质量 $m=5\mathrm{kg}$，倾角 $\theta=30°$，车的质量 $M=50\mathrm{kg}$。车轮质量及地面与车轮间的摩擦不计。试求水平力 F 多大时，杆 B 端的受力为零。

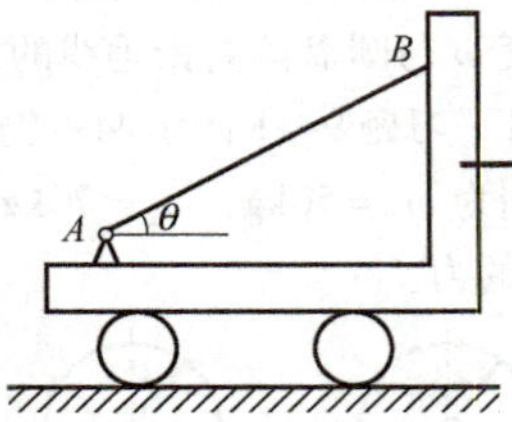

习题9-17图

9-18　习题9-18图示系统位于铅垂面内，由均质细杆及均质圆盘铰接而成。已知杆长为 l，质量为 m；圆盘半径为 r，质量亦为 m。试求杆在 $\theta=30°$ 位置开始运动瞬时：(1) 杆 AB 的角加速度；(2) 支座 A 处的约束力。

9-19　重力大小为100N的平板置于水平面上，其间的摩擦因数 $f=0.20$，板上有一重力的大小为300N、半径为200mm的均质圆柱。圆柱与板之间无相对滑动，滚动摩阻可略去不计。若平板上作用一水平力 $F=200\mathrm{N}$，如习题9-19图所示。求平板的加速度以及圆柱相对于平板滚动的角加速度。

9-20　习题9-20图示系统由不计质量的定滑轮 O、均质动滑轮 C 和重物 A、B 用绳连接而成。已知轮 C 重力的大小 $F_Q=200\mathrm{N}$，物块 A、B 重力的大小均为 $F_P=100\mathrm{N}$，B 与水平支承面间的静摩擦因数 $f_s=0.2$。试求系统由静止开始运动瞬时，D 处绳子的张力。

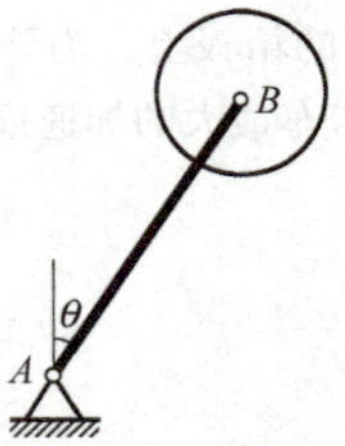

习题9-18图

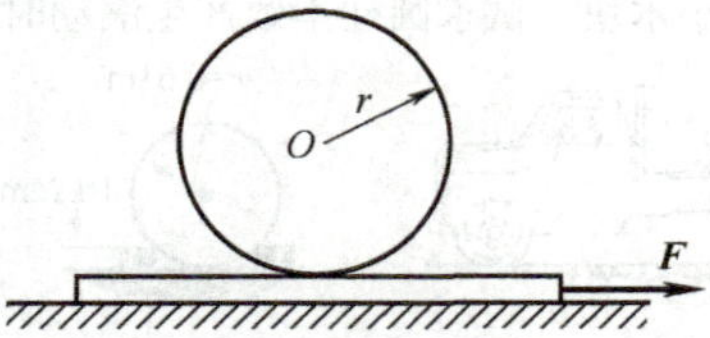

习题9-19图

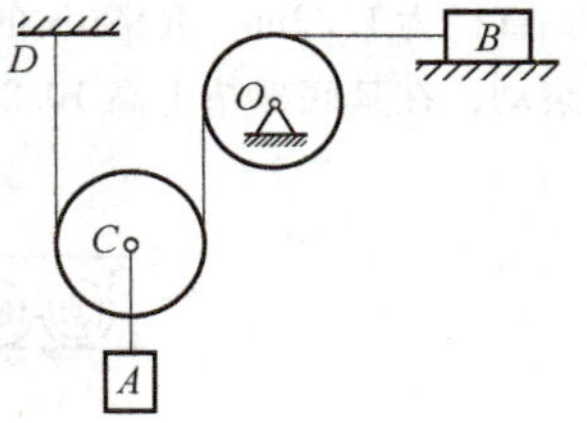

习题9-20图

第 10 章 虚位移原理

静力学研究物体或物体系统处于平衡状态时，作用在物体或物体系统上的所有外力（包括全部主动力与约束力）之间的相互关系，即仅仅研究力系平衡的充分与必要条件，并不涉及平衡的性质。

虚位移原理则是应用虚功的概念，研究受力物体或物体系统平衡的普遍规律，又称为虚功原理。根据虚位移原理，不仅可以得到物体或物体系统的平衡条件和平衡方程，而且还能判别系统平衡的稳定性。

虽然都是研究平衡问题，但是虚位移原理的分析方法不同于静力学方法。

10.1 分析力学的基本概念

分析静力学的基本思想早在 13 世纪约丹努（Jordanus de Nemore）思考杠杆的平衡时就已萌发。16 世纪荷兰力学家斯蒂文（S. Simon Stevin）研究滑轮系统的平衡时，17 世纪伽利略（Galileo）研究滑轮组与斜面上重物的平衡时都有提及分析静力学的基本原理——虚位移原理（principle of virtual displacement），又称虚功原理（principle of virtual work）。1717 年约翰第一·伯努利（Johann I Bemoulli）在给伐里农（Pierre Varignon）的信中提出了虚位移原理。他定义了约束允许的虚速度，定义力在虚速度方向投影与虚速度的乘积为能量，给出平衡条件为正能量与负能量之和为零，这已经非常接近虚位移原理的现代表述。

1788 年，法国科学家拉格朗日发表了著名的《分析力学》一书，完善了虚位移原理，并提出了解决动力学问题的新观点与新方法。在拉格朗日之后，英国数学家、力学家哈密顿将动力学的基本定律归纳为原理，进一步完善了动力学理论。由拉格朗日和哈密顿奠基的力学研究被称为分析动力学。

分析力学的研究对象是物体系统的动能、势能及力系之功等标量，因此可以使用纯粹数学分析的方法进行研究。

10.1.1 约束的解析表达

1. 约束的定义

刚体静力学中，约束定义为对物体运动预加限制的其他物体。分析力学中，对质点系中各质点位置或速度的限制条件称为约束，约束条件的数学表达式称为约束方程。

图 10-1a 所示为长为 l 的刚性杆单摆，摆锤 A 的约束方程为

$$x^2+y^2=l^2$$

图 10-1b 中运动小球 A 尽管与弹簧相连，但是却写不出类似的约束方程，因此它是平面内的自由质点。

图 10-2 所示为一曲柄-滑块机构，可简化为 A、B 两质点通过光滑铰链、滑道及不可伸长的轻质杆等约束组成的非自由质点系，其约束方程为

$$\begin{cases}\text{曲柄 } OA\text{：} x_A^2+y_A^2=R^2\\ \text{滑块 } B\text{：} y_B=0\\ \text{连杆 } AB\text{：} (x_B-x_A)^2+y_A^2=l^2\end{cases}$$

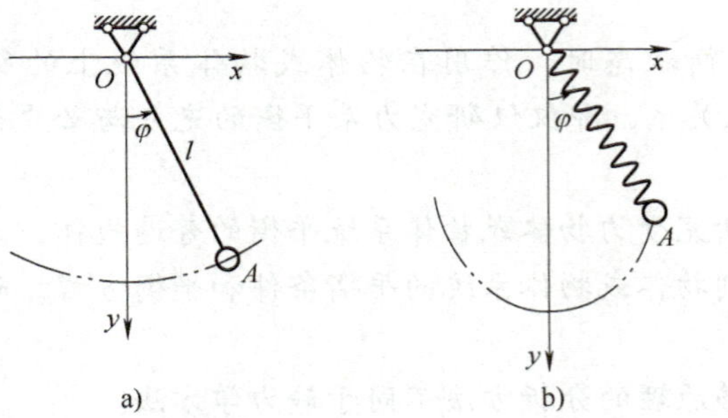

图 10-1 用刚性杆悬挂的单摆与弹簧-质点二维系统

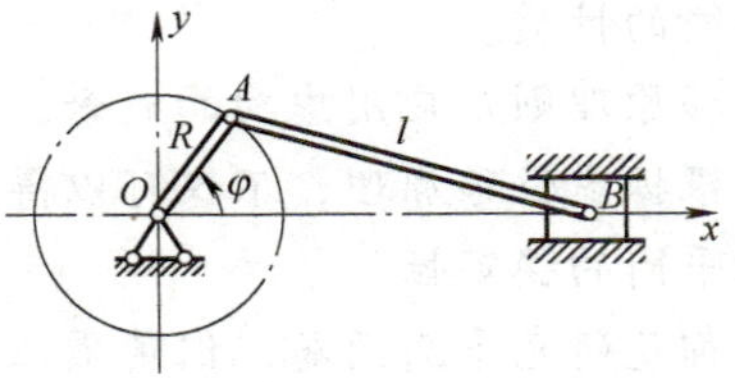

图 10-2 曲柄-滑块机构

这种限制质点系位形的约束称为几何约束；对由 N 个质点组成的质点系，几何约束方程的一般形式记为

$$f_\alpha(\boldsymbol{r}_1,\boldsymbol{r}_1,\cdots,\boldsymbol{r}_n,t)=0,\quad \alpha=1,2,\cdots,s \tag{10-1a}$$

或

$$f_\alpha(x_1,y_1,z_1;x_2,y_2,z_2;\cdots;x_n,y_n,z_n,t)=0 \tag{10-1b}$$

式中，$\boldsymbol{r}_i=(x_i,y_i,z_i)(i=1,2,\cdots,n)$ 为第 i 个质点的位置矢量；α 为约束数。

2. 约束的分类

(1) 定常与非定常约束

若约束方程中不显含时间 t，则称为定常约束（steady constraint）。反之，若约束方程中显含时间 t，则称为非定常约束（unsteady constraint），如式（10-1）。

例如，图 10-3 所示为安装在弹性基础上的电动机。若转子以等角速度 ω 旋转，这将给系统施加非定常约束，约束方程可用转子的转角表示为

$$\varphi-\omega t=0$$

式中，t 为时间。对电动机的约束就是非定常约束。

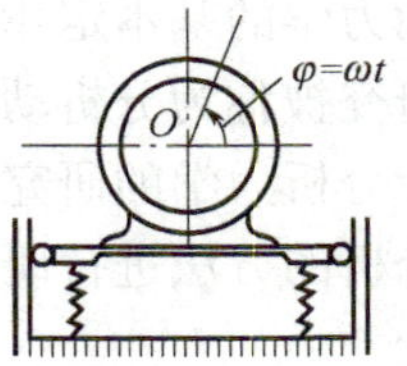

图 10-3 安装在弹性基础上的电动机

(2) 双面与单面约束

若约束方程为等式，则称为双面约束（bilateral constraint），如式（10-1）。反之，若约束方程为不等式，则称为单面约束（unilateral constraint）。

例如，图 10-4a、b 所示分别为滑块 B 被约束在两种不同滑道中运动的情形，其约束方

程分别为

$$y_B = 0\ (\text{双面约束}),\qquad y_B \geqslant 0\ (\text{单面约束})$$

再如，用刚性杆悬挂的单摆（图 10-1a）为双面约束；而用细绳悬挂的单摆（图 10-5）则为单面约束，其约束方程为

$$x^2 + y^2 \leqslant l^2$$

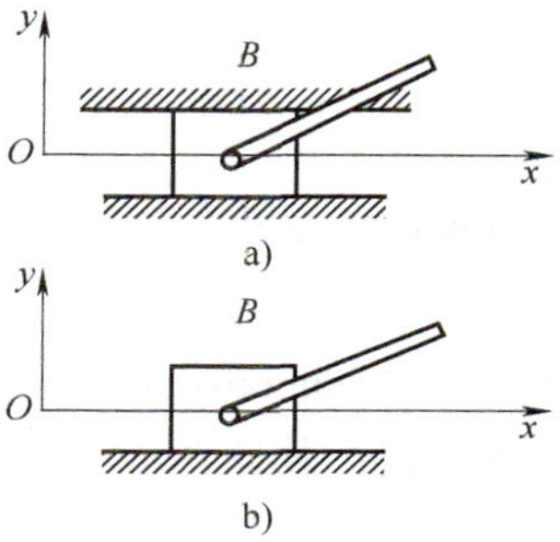

图 10-4　约束滑块的两种滑道

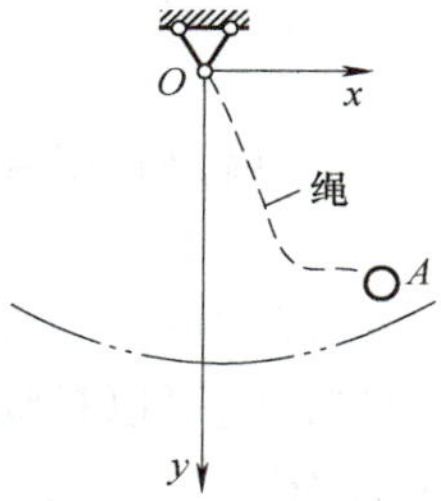

图 10-5　用细绳悬挂的单摆

(3) 完整与非完整约束

若约束方程不包含速度，或者虽然包含速度，但约束方程可以积分，这类约束称为**完整约束**（holonomic constraint），也就是说，几何约束及能化为几何约束的其他运动约束称为完整约束；若约束方程包含速度，且不可解析积分，则称为**非完整约束**（nonholonomic constraint）。

例如，图 10-6 所示为沿直线轨道做纯滚动的圆轮，C^* 为圆轮的速度瞬心。圆轮的约束为

$$\begin{cases} y_C = R \\ \dot{x}_C - R\dot{\varphi} = 0 \end{cases}$$

式中，$\dot{x}_C$ 为轮心的速度；R 为轮半径；$\dot{\varphi}$ 为圆轮的角速度。第一式是完整约束；第二式是包含速度和角速度的约束方程，但这并不是非完整约束，因为该式可积分。

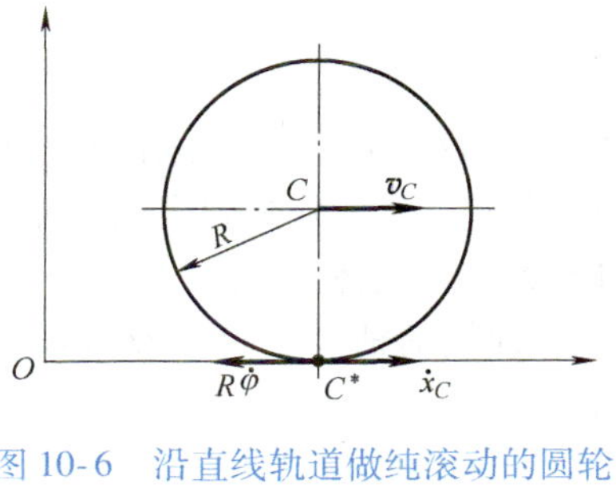

图 10-6　沿直线轨道做纯滚动的圆轮

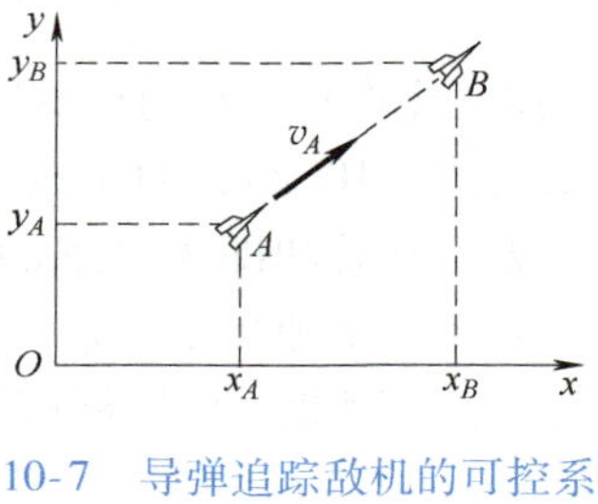

图 10-7　导弹追踪敌机的可控系统

再如，图 10-7 所示为导弹追踪敌机的可控系统，要求导弹 A 的速度 $\boldsymbol{v}_A$ 永远指向敌机 B，即 $\boldsymbol{v}_A$ 沿 AB，故约束方程为

$$\frac{\dot{x}_A}{\dot{y}_A} = \frac{x_B - x_A}{y_B - y_A}$$

该式不符合微分方程的可积条件，因此导弹所受的约束为非完整约束。

本例中，导弹与敌机之间无物体联系，当然也不存在刚体静力学中定义的约束力。但按分析力学观点，存在限制导弹运动的预加条件，即存在约束。由此可见，只有写出约束条件的表达式，约束概念才更具一般性。

需要注意的是，实际约束往往是上述定义的几种约束的组合。本章主要研究完整、定常和双面约束。

10.1.2 广义坐标与自由度

分析力学的特点之一，就是在研究力学系统运动时采用广义坐标概念，而它与系统的自由度又密不可分。

唯一确定质点系在空间位形的独立参数称为广义坐标（generalized coordinates），记为 q。广义坐标必须是独立变量；它可以是线坐标、角坐标或其他；其选择不是唯一的，可视求解问题的性质与难易程度而定。

对完整约束系统而言，广义坐标个数称为该系统的自由度[㊀]（degree of freedom）。

设系统由 n 个质点组成，受 s 个完整约束，则系统的自由度，亦即广义坐标个数为

$$N=3n-s \tag{10-2}$$

式（10-2）表明，研究由 n 个质点组成的系统时，一般用 $3n$ 个直角坐标确定它的位形，但由于系统还受完整约束，这 $3n$ 个直角坐标不是完全独立的。广义坐标的引入，将确定位形的坐标数目减少到最小。因此，描述一个力学系统的数学方程数目，对静力学来说是平衡方程数目，对动力学而言是运动微分方程数目，将与位形坐标的数目相同。

如图 10-8 所示的曲柄-滑块机构，系统的约束数 $s=3$，又因为质点只能在平面内运动，由式（10-2）可得其自由度 $N=2\times2-3=1$。选广义坐标 $q=\varphi$，相互不独立的直角坐标（x_A，y_A，x_B）均可用广义坐标 φ 表示为

$$\begin{cases} x_A=R\cos\varphi \\ y_A=R\sin\varphi \\ x_B=R\cos\varphi+\sqrt{l^2-R^2\sin^2\varphi} \end{cases}$$

图 10-9 所示的抓举工件 E 的机械臂由刚体 A、B、C、D 组成。这类刚体系统的自由度判断，一般不采用式（10-2），而是按照系统中物体的顺序，逐个分析确定其在空间的位置所需的独立变量数，其总和即为系统的自由度。图 10-9 中，刚体 A 绕铅垂轴 O_1 做定轴转动，描述其位置需要一个独立变量 q_1；刚体 B、C、D 分别绕动轴 O_2、O_3、O_4 转动，各需一独立变量 q_2、q_3、q_4。因此，该机械臂共有 4 个自由度。

㊀ 对非完整约束系统而言，由于广义坐标的变分（也称广义虚位移）δq_j（$j=1, 2, \cdots, N$）还要满足非完整约束方程，所以定义质点系独立的虚位移个数为自由度。在完整约束系统中，广义坐标数等于自由度数；在非完整约束系统中，广义坐标数大于自由度数。

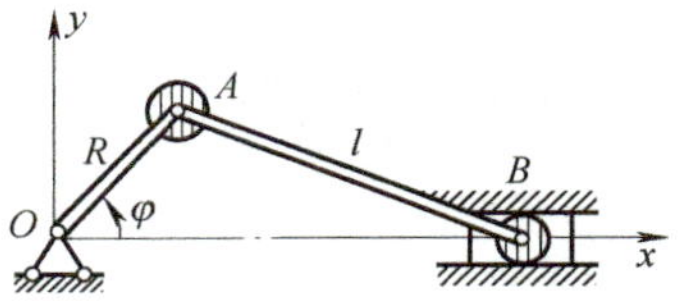

图 10-8　简化为二质点系统的曲柄-滑块机构

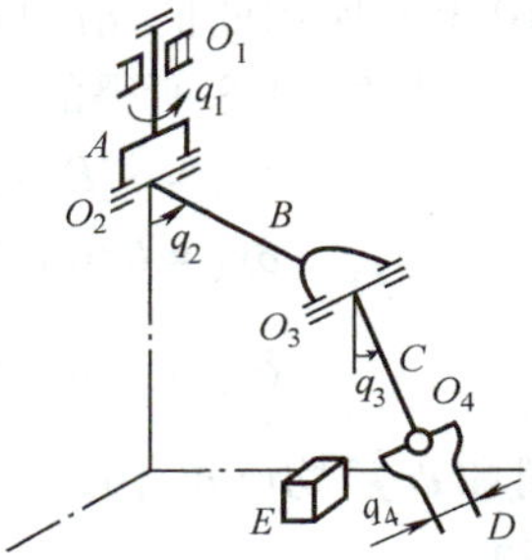

图 10-9　四自由度的机械臂

10.1.3　虚位移与虚功

虚位移和虚功是分析静力学，乃至整个分析力学的核心概念。

1. 虚位移（virtual displacement）

在给定瞬时，质点（或质点系）符合约束的无限小假想位移称为该质点（或质点系）的虚位移，记作 $\delta \boldsymbol{r}_i$（$i=1, 2, \cdots, n$）。虚位移 $\delta \boldsymbol{r}_i$ 与实位移 $\mathrm{d}\boldsymbol{r}_i$ 既有区别，又有联系。二者都要符合约束条件，但是，$\mathrm{d}\boldsymbol{r}_i$ 是在一定主动力作用时、一定初始条件下和一定的时间间隔 $\mathrm{d}t$ 内发生的真实位移，其方向是唯一的；而 $\delta \boldsymbol{r}_i$ 则不涉及有无主动力，也与初始条件无关，是假想发生、而实际并未发生的位移，所以它不需经历时间过程，其方向至少有两组，甚至无穷多组。

图 10-10 所示为三种质点系：其中图 10-10a 为放置于二维固定斜面上的质点 P，其虚位移可以是 $\delta \boldsymbol{r}_1$ 或 $\delta \boldsymbol{r}_2$；图 10-10b 为简化成二质点系统的曲柄-滑块机构，其虚位移可以是 $\delta \boldsymbol{r}_{A1}$ 和 $\delta \boldsymbol{r}_{B1}$，或 $\delta \boldsymbol{r}_{A2}$ 和 $\delta \boldsymbol{r}_{B2}$；图 10-10c 为放置于三维固定曲面上的质点 P，其虚位移可以是 $\delta \boldsymbol{r}_1$，或 $\delta \boldsymbol{r}_2$……或 $\delta \boldsymbol{r}_n$。三种系统分别在一定的主动力作用下，对于一定的起始条件，在 $\mathrm{d}t$ 时间间隔内，只可能产生一组真实位移，它是各虚位移中的一组。但是，若为非定常约束，例如图 10-10a 中，若二维斜面也有运动，则点 P 的实位移将不再是两组虚位移中的任何一组。

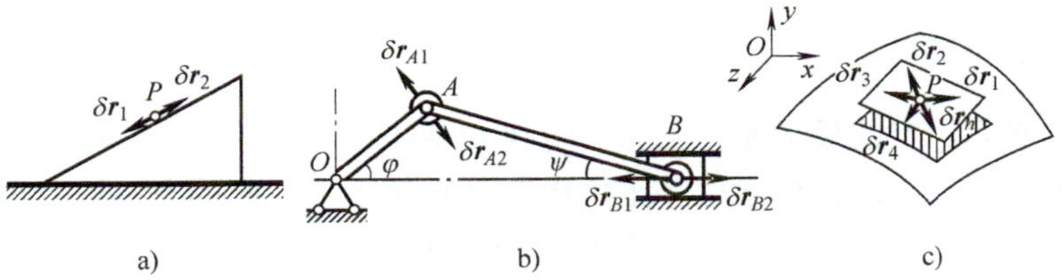

图 10-10　三种质点系统的虚位移分析

应该说明，虚位移记号"δ"是数学上的变分符号。在本书所讨论的问题中，**变分**（variation）运算与**微分**（differential）运算相类似。

质点系（包括刚体）的虚位移也可表示成**广义坐标的变分**（variation of generalized coodinate）δq_j（$j=1, 2, \cdots, N$）的关系，δq_j 称为**广义虚位移**（generalized virtual displacement）。对一个质点系统来说，广义坐标 q_j 是独立变量。对完整约束系统而言，δq_j 是独立的虚位移。

将图 10-10b 所示曲柄-滑块机构中非独立的虚位移 $\delta \boldsymbol{r}_A$ 和 $\delta \boldsymbol{r}_B$ 用广义坐标 φ 的变分 $\delta\varphi$ 表示。为此，对由图 10-8 所得的三个约束方程分别取变分

$$\delta x_A = -R\sin\varphi\delta\varphi$$

$$\delta y_A = R\cos\varphi\delta\varphi$$

$$\delta x_B = -R\left(\sin\varphi + \frac{\sin\psi\cos\varphi}{\cos\psi}\right)\delta\varphi = -R\frac{\sin(\varphi+\psi)}{\cos\psi}\delta\varphi$$

式中，φ 角和 ψ 角均已示于图 10-10b 中。

2. 虚功

作用在质点系上的力在相应虚位移上所做的功称为虚功（virtual work）。虚功与实功的计算方法类似。若力 $\boldsymbol{F}_i$ 的作用点的虚位移为 $\delta \boldsymbol{r}_i$，则力 $\boldsymbol{F}_i$ 所做的虚功为

$$\delta W = \boldsymbol{F}_i \cdot \delta \boldsymbol{r}_i \tag{10-3}$$

若力偶 M_i 作用的刚体的虚角位移为 $\delta\theta_i$，则力偶 M_i 所做的虚功为

$$\delta W = M_i \cdot \delta\theta_i \tag{10-4}$$

虚功与虚位移一样，也是假想发生而实际并未发生的。

10.1.4 理想约束

若约束力在质点系的任一组虚位移上所做虚功之和等于零，则此类约束称为理想约束（ideal constraint），记为

$$\sum \boldsymbol{F}_{Ni} \cdot \delta \boldsymbol{r}_i = 0 \tag{10-5}$$

式中，$\boldsymbol{F}_{Ni}$ 为作用在第 i 个质点上的约束力。

上述关于理想约束的分析力学概念，深刻揭示了约束的动力学性质，使约束力有可能在质点系动力学的力学模型中（对于静力学，就是在平衡方程中）不出现。分析力学在处理约束问题上的这一创造性的特点具有重要的理论和实际意义。

10.2 虚位移原理

10.2.1 虚位移原理定义

具有理想、双面约束的质点系，其某一符合约束的位形是平衡位形的充要条件是：在此位形上，主动力系在系统的任何虚位移上的虚功之和等于零。此即虚位移原理，可以表示为

$$\sum \boldsymbol{F}_i \cdot \delta \boldsymbol{r}_i = 0 \tag{10-6}$$

或

$$\sum (F_{xi} \cdot \delta x_i + F_{yi} \cdot \delta y_i + F_{zi} \cdot \delta z_i) = 0 \tag{10-7}$$

式中，$\boldsymbol{F}_i$ 为作用在第 i 个质点上的主动力；$\delta \boldsymbol{r}_i$ 为该质点的虚位移。

所谓平衡位形是指，系统在初始时刻处于这一位形且各点速度为零，且以后的任意时刻里恒处于这一位形。

10.2.2 虚位移原理应用概述

根据以上分析，应用虚位移原理可以求解静力学的若干问题。其过程大致如下。

（1）判断约束性质和自由度，选择广义坐标。

（2）写出主动力系在虚位移 $\delta \boldsymbol{r}_i$（$i=1, 2, \cdots, n$）上的虚功关系式。

（3）将不独立的 $\delta \boldsymbol{r}_i$ 表示为广义坐标的变分 $\delta q_j (i=1, 2, \cdots, N)$，具体有以下三种方法（参见例题 10-1）：

几何法——根据几何关系建立 $\delta \boldsymbol{r}_i$ 与 $\delta q_j (i=1, 2, \cdots, N)$ 之间的关系。

解析法——先写出直角坐标与广义坐标的关系，再求变分。

虚速度法——根据速度关系建立 $\delta \boldsymbol{r}_i$ 与 $\delta q_j (i=1, 2, \cdots, N)$ 之间的关系。

（4）根据 δq_i 的独立性，在方程中消去虚位移，得到平衡方程并求解。

［例题 10-1］　图 10-11a 所示顶重装置中，$OA=OB=l$。若在点 A 作用水平力 $\boldsymbol{F}$，试求当 $\angle AOB=\theta$ 时顶重装置所能顶起的重物重量 W。

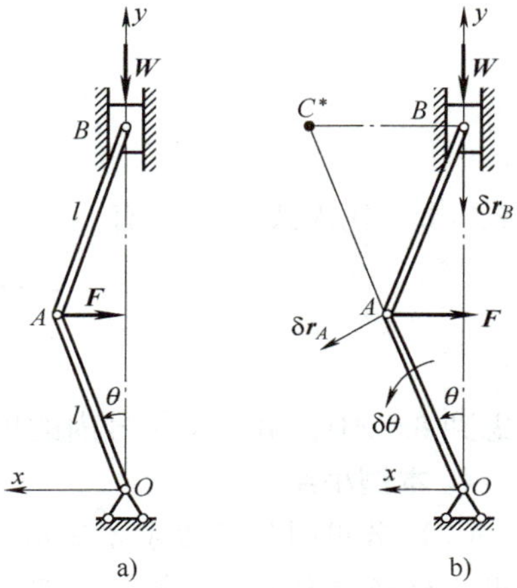

图 10-11　例题 10-1 图

解：本例中的约束为理想、双面约束，自由度数 $N=1$，取广义坐标 $q=\theta$。主动力系的虚功为

$$\boldsymbol{W} \cdot \delta \boldsymbol{r}_B + \boldsymbol{F} \cdot \delta \boldsymbol{r}_A = 0 \tag{a}$$

1. 几何法

假设杆 OA 有虚转角 $\delta\theta$，则点 A 和点 B 有相应方向的虚位移 $\delta \boldsymbol{r}_A$ 和 $\delta \boldsymbol{r}_B$，如图 10-11b 所示，且

$$\delta r_A = OA \cdot \delta\theta \tag{b}$$

又因为 AB 为刚性杆，所以，$\delta \boldsymbol{r}_A$ 在 AB 上的投影等于 $\delta \boldsymbol{r}_B$ 在 AB 上的投影，即

$$\delta r_A \sin 2\theta = \delta r_B \cos\theta$$

$$\delta r_B = 2\delta r_A \sin\theta = 2OA\sin\theta \cdot \delta\theta \tag{c}$$

由式（a）可得

$$-F\cos\theta \cdot \delta r_A + W\delta r_B = 0 \tag{d}$$

将式（b）、式（c）代入上式，得

$$W = \frac{F}{2}\cot\theta \tag{e}$$

2. 解析法

本例中的 θ 为一般角度，适宜采用解析法。在图 10-11 的坐标系中，将式（a）写成分量形式：

$$-W\delta y_B - F\delta x_A = 0 \tag{f}$$

在图示坐标系中，根据几何关系有

$$\begin{cases} x_A = l\sin\theta \\ y_B = 2l\cos\theta \end{cases}$$

将上式求变分后得

$$\begin{cases} \delta x_A = l\cos\theta\delta\theta \\ \delta y_B = -2l\sin\theta\delta\theta \end{cases} \tag{g}$$

将式（g）代入式（f），有

$$(-Fl\cos\theta + W \cdot 2l\sin\theta)\delta\theta = 0$$

由于 $\delta\theta$ 的独立性，式中带括号的项必为零，于是，同样得到式（e）。

3. 虚速度法

在定常约束条件下，实位移是虚位移中的一组。例如，本例题的一组虚位移 $\delta \boldsymbol{r}_A$ 和 $\delta \boldsymbol{r}_B$ 就对应一组实位移 $\mathrm{d}\boldsymbol{r}_A$ 和 $\mathrm{d}\boldsymbol{r}_B$。又由运动学知，点的实位移与其速度成正比，即 $\mathrm{d}\boldsymbol{r}_A=\boldsymbol{v}_A\mathrm{d}t$，$\mathrm{d}\boldsymbol{r}_B=\boldsymbol{v}_B\mathrm{d}t$，故可用求各点的速度关系的方法，求定常约束系统中虚位移之间的关系。于是，由点 A 与点 B 的速度 $\boldsymbol{v}_A$ 与 $\boldsymbol{v}_B$，可确定平面运动刚体 AB 的速度瞬心 C^*，如图 10-11b 所示，并且有

$$\frac{v_A}{AC^*}=\frac{v_B}{BC^*}$$

于是可得 δr_A 与 δr_B 的关系

$$\frac{\delta r_A}{AC^*}=\frac{\delta r_B}{BC^*}$$

即

$$\delta r_B=2\sin\theta\cdot\delta r_A \tag{h}$$

将式（h）代入式（d），有

$$-F\cos\theta\cdot\delta r_A+W\cdot 2\sin\theta\cdot\delta r_A=0$$

$$(F\cos\theta-2W\sin\theta)\delta r_A=0$$

考虑到 $\delta r_A\neq 0$，由式中括号内的项必为零，即得与式（e）完全相同的结果。

4. 本例小结

（1）若用刚体静力学方法求解本例，则必须将系统拆开，势必会出现未知的内约束力；而用分析静力学方法求解，只需考虑整体系统，故在求解过程中不会出现与之无关的未知内约束力。

（2）当用解析法将虚位移变换为广义坐标的变分，即 $\delta r_i=f(\delta q_i)$（$i=1, 2, \cdots, n$；$j=1, 2, \cdots, N$）之后，借助 δq_j 的独立性，便能得到不含虚位移的结果。这是引入广义坐标概念的重要意义之一。

（3）本例已知平衡位形，求主动力之间关系。反之，若已知主动力之间的关系，亦可确定平衡位形。

本例表明，刚体静力学所能解决的问题，分析静力学也都能解决。

［例题 10-2］ 桁架结构及所受载荷如图 10-12a 所示。若已知水平载荷 $\boldsymbol{F}_{\mathrm{P}}$，试求 1、2 两杆的内力。

解：本例为桁架结构，自由度 $N=0$。对于这种无自由度的系统，为了应用虚位移原理，必须应用解除约束原理。

所谓解除约束原理，是指若将非自由质点系的约束解除，并代之以相应的约束力，则解除约束后的系统与原系统等效。在刚体静力学中取隔离体、画受力图，实际上就是应用了这一原理。

为求杆 1 内力，将杆 1 除去，并代之以相应的内力 $\boldsymbol{F}_{\mathrm{T1}}$、$\boldsymbol{F}'_{\mathrm{T1}}$，如图 10-12b 所示。这样，原结构部分 $A_1A_2A_3A$ 即成为可绕点 A 做定轴转动的机构。令加力点 A_2 处有位于结构平面内、垂直于直线 A_2A 的虚位移 $\delta \boldsymbol{r}_{\mathrm{P}}$，则 $\boldsymbol{F}_{\mathrm{T1}}$ 作用点的虚位移为

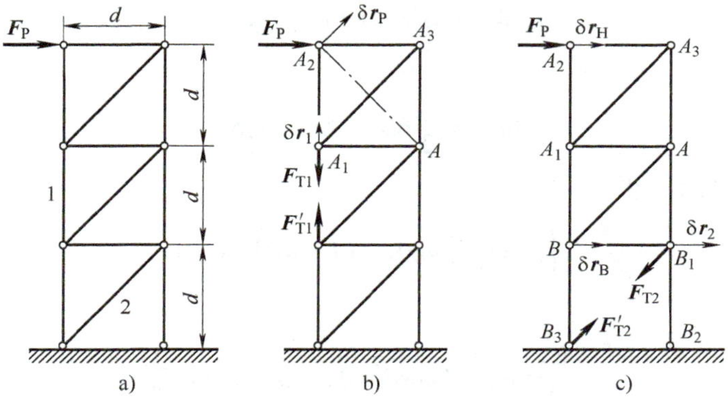

图 10-12　例题 10-2 图

$$\delta r_1 = \delta r_P \cos 45° \tag{a}$$

根据虚位移原理，可以写出图 10-12b 系统的虚功关系

$$F_P \delta r_P \cos 45° - F_{T1} \delta r_1 = 0 \tag{b}$$

考虑到式（a），得

$$F_{T1} = F_P (拉)$$

为求杆 2 内力，同样要将杆 2 解除，并代之以相应的内力 $\boldsymbol{F}_{T2}$、$\boldsymbol{F}'_{T2}$（图 10-12c）。这样，原结构的部分 $BB_1B_2B_3$ 变成了平行四边形机构，而 $A_1A_2A_3AB_1B$ 部分将做平移。若令 $\boldsymbol{F}_P$ 的加力点有一水平方向虚位移 $\delta \boldsymbol{r}_H$，则有

$$\delta r_B = \delta r_2 = \delta r_H \tag{c}$$

应用虚位移原理写出图 10-12c 所示系统的虚功关系

$$F_P \delta r_H - F_{T2} \cos 45° \delta r_2 = 0 \tag{d}$$

将式（c）代入式（d），得

$$F_{T2} = \sqrt{2} F_P (拉)$$

本例小结：应用虚位移原理求结构的内、外约束力时，由于系统无自由度，因而无法给出符合约束的虚位移。为此，可应用解除约束原理，根据不同要求，将结构化为机构求解。

［例题 10-3］　图 10-13a 所示为平面双摆，均质杆 OA 与 AB 用铰链 A 连接。两杆长度分别为 l_1 与 l_2，重量分别为 W_1 与 W_2。若杆端 B 承受水平力 $\boldsymbol{F}$，试求平衡位置的角度 α 与 β。

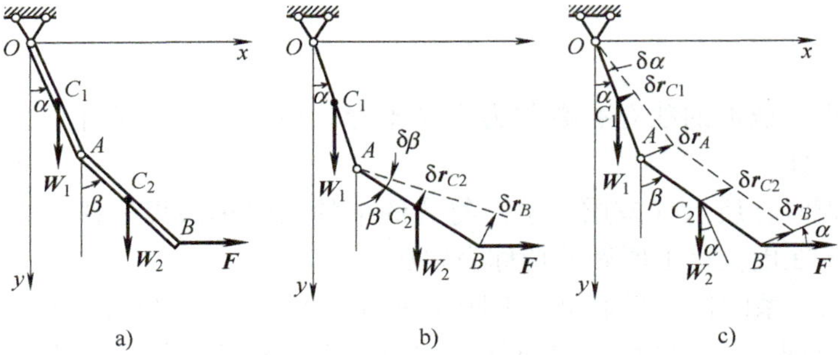

图 10-13　例题 10-3 图

解： 双摆的自由度 $N=2$，选广义坐标 $q_1=\alpha$，$q_2=\beta$。用几何法求解，取 $\delta\alpha=0$，$\delta\beta\neq0$（图 10-13b），根据虚位移原理，虚功表达式为

$$-W_2\delta r_{C2}\sin\beta+F\delta r_B\cos\beta=0 \tag{a}$$

其中

$$\delta r_{C2}=\frac{l_2}{2}\delta\beta,\quad \delta r_B=l_2\delta\beta \tag{b}$$

将式（b）代入式（a），得

$$\left(-W_2\frac{l_2}{2}\sin\beta+Fl_2\cos\beta\right)\delta\beta=0$$

因为 $\delta\beta\neq0$,得

$$-\frac{W_2}{2}\sin\beta+F\cos\beta=0,\quad \beta=\arctan\frac{2F}{W_2} \tag{c}$$

再取 $\delta\alpha\neq0$，$\delta\beta=0$（图 10-13c），注意此情形下，杆 OA 为虚定轴转动，而杆 AB 做虚平移。由虚位移原理有

$$-W_1\delta r_{C1}\sin\alpha-W_2\delta r_{C2}\sin\alpha+F\delta r_B\cos\alpha=0 \tag{d}$$

其中

$$\delta r_B=\delta r_C=2\delta r_{C1}=2\times\frac{l_1}{2}\delta\alpha \tag{e}$$

将式（e）代入式（d），得

$$\left(-\frac{1}{2}W_1\sin\alpha-W_2\sin\alpha+F\cos\alpha\right)\delta\alpha=0$$

由于 $\delta\alpha\neq0$，得

$$-\frac{1}{2}W_1\sin\alpha-W_2\sin\alpha+F\cos\alpha=0,\quad \alpha=\operatorname{arccot}\frac{\frac{W_1}{2}+W_2}{F} \tag{f}$$

请读者注意，本例是应用虚位移原理求解两个及两个以上自由度系统的一种典型解法。若同时给定系统的虚位移 $\delta\alpha\neq0$，$\delta\beta\neq0$，则如何求解本题，请读者思考。

10.3 本章小结与讨论

10.3.1 本章小结

（1）确定质点系位形的独立参数称为广义坐标。在完整约束条件下，广义坐标的数目等于系统的自由度数。

（2）在给定瞬时，质点（或质点系）符合约束的无限小假想位移称为该质点（或质点系）的虚位移。力在虚位移上所做的功称为虚功。

若约束力在质点系的任一组虚位移上所做虚功之和等于零，则此类约束称为理想约束。

（3）虚位移原理：具有理想、双面约束的质点系，其某一符合约束的位形是平衡位形的充要条件是，在此位形上，主动力系在系统的任何虚位移上的虚功之和等于零。即

$$\sum\boldsymbol{F}_i\cdot\delta\boldsymbol{r}_i=0$$

或

$$\sum(F_{xi}\cdot\delta x_i+F_{yi}\cdot\delta y_i+F_{zi}\cdot\delta z_i)=0$$

10.3.2 确定给定系统的自由度与广义坐标

这是对给定的质点系统进行力学分析的首要一步。一般的系统由质点和刚体组成。例如，图 10-14 所示的刚性直管 AB 在平面 Oxy 内自由运动。管内弹簧的一端固定在管的 A 端，另一端连接在管内自由运动的质点 P 上。为了确定这类系统的自由度与广义坐标，读者首先要对运动学中单个质点与刚体在各种形式下的自由度与广义坐标描述加以总结；然后，对如图 10-14 所示系统，按照组成物体系统的次序，逐个分析，确定其在空间的位置所需的独立变量与数目，其总和即为系统的广义坐标与自由度。

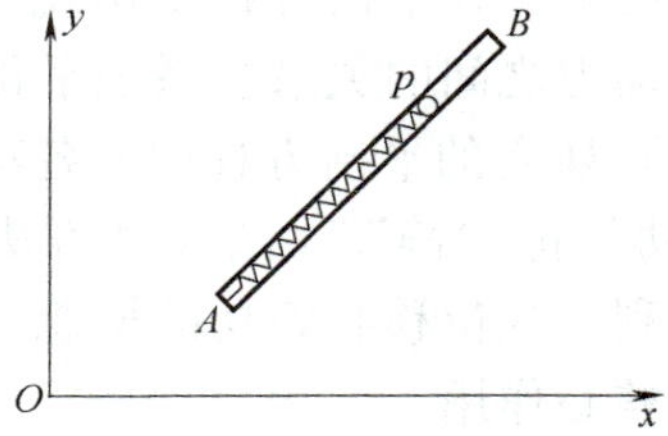

图 10-14 刚体-质点系统的自由度分析与广义坐标选用

10.3.3 确定虚位移之间的关系

找出各主动力作用点的虚位移之间的关系，即将不独立的虚位移用独立的广义坐标变分表示，是应用虚位移原理解题的关键。确定虚位移之间的关系有三种方法：几何法、解析法和虚速度法。

请读者分析图 10-15a、b、c 所示的三个例子，为了求得两主动力（或主动力偶）与广义坐标的关系式，各应该采用以上什么方法？其中，图 10-15a 中，滑块 A 可自由地在直杆 OC 上滑动，若已知角 φ，可求主动力 $\boldsymbol{F}_B$ 和 $\boldsymbol{F}_C$ 之间的关系，或已知 $\boldsymbol{F}_B$ 和 $\boldsymbol{F}_C$，求平衡位置 φ；图 10-15b 中，当用主动力偶 M 拧紧螺杆时，因螺母 A、B 分别为左旋和右旋螺纹，故它们相互靠近，从而压紧重物，可求关系式 $f(M、F、\theta)=0$；图 10-15c 所示为已知平衡位置（杆 OA 水平，角 θ 已知），求解关系式 $f(M,F_D)=0$。

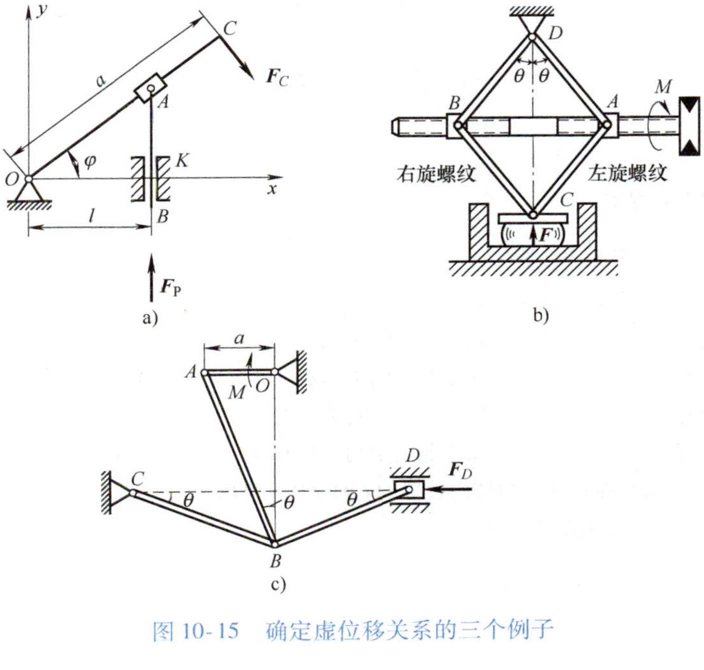

图 10-15 确定虚位移关系的三个例子

10.3.4 虚位移和虚功是分析力学的核心概念

用刚体静力学解决刚体平衡问题的观点是孤立静止地“以静论静”，因而难以避免未知约束力在平衡方程中出现。这对于刚体所受约束力的求解固然有利，但对于求解所受主动力之间的关系与系统平衡时的位置却会带来很大麻烦。基于分析静力学（虚位移原理）建立的平衡方程中，各项均为质点系所受各主动力在给定虚位移上的虚功，这种以“动”论“静”的思想和方法对求解系统所受主动力之间的关系与系统平衡时的位置非常有利。虚位移和虚功的概念，为分析力学巧妙而有效地处理非自由质点系的约束问题起了核心作用。

掌握和运用虚位移概念的要点是，“虚位移必须为系统约束所允许”。图 10-16 所示为一曲柄-滑块机构，现对该机构中的点 A、B 给出 4 组不同的虚位移。请读者判断哪些组是正确的？为什么？

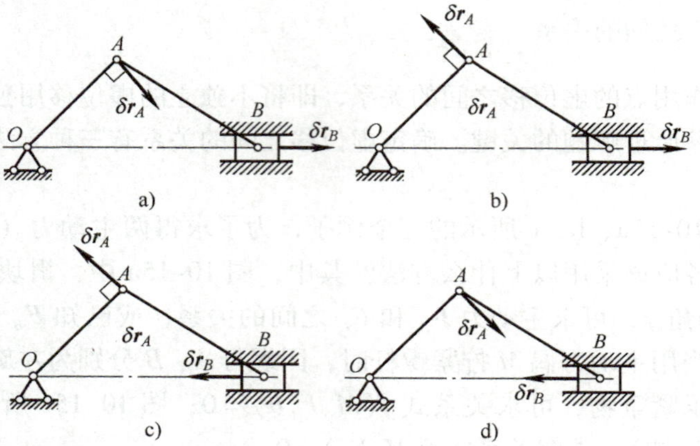

图 10-16 曲柄-滑块机构的 4 组不同虚位移

习题

选择填空题

10-1 在以下约束方程中

① $x^2+y^2=4$ ② $x^2+y^2\leqslant 4$ ③ $\dot{x}-r\dot{\varphi}=0$

④ $x^2+y^2=10t$ ⑤ $(\dot{x}_1+\dot{x}_2)(y_1-y_2)=(\dot{y}_1+\dot{y}_2)(x_1-x_2)$

属于几何约束的有（ ），属于运动约束的有（ ）；

属于单面约束的有（ ），属于双面约束的有（ ）；

属于完整约束的有（ ），属于非完整约束的有（ ）；

属于定常约束的有（ ），属于非定常约束的有（ ）。

10-2 习题 10-2 图示平面系统，圆环内放置的直杆 AB 可自由运动，圆环在水平面上做纯滚动，则该系统的自由度数为（ ）。

① 3 ② 1

③ 4 ④ 2

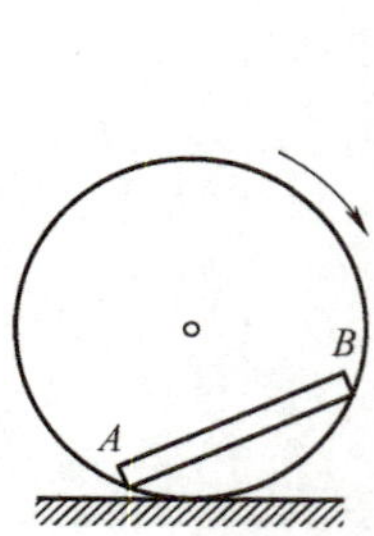

习题 10-2 图

10-3　习题 10-3 图示平面机构，CD 连线铅垂，杆长 $BC = BD$。在图示瞬时，角 $\varphi = 30°$，杆 AB 水平，则该瞬时点 A 和点 C 的虚位移大小之间的关系为（　　）。并在图上画出虚位移 $\delta\boldsymbol{r}_A$、$\delta\boldsymbol{r}_B$、$\delta\boldsymbol{r}_C$。

① $\delta r_A = \frac{3}{2}\delta r_C$　　　② $\delta r_A = \sqrt{3}\delta r_C$

③ $\delta r_A = \frac{\sqrt{3}}{2}\delta r_C$　　　④ $\delta r_A = \frac{1}{2}\delta r_C$

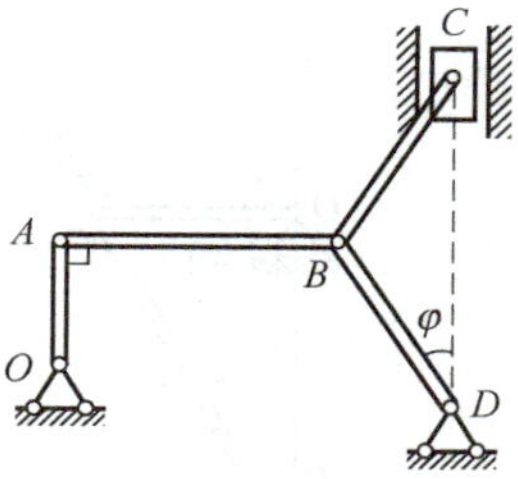

习题 10-3 图

10-4　在习题 10-4 图示平面机构中，A、B、O_2 和 O_1、C 分别在两水平线上，O_1A 和 O_2C 分别在两铅垂线上，$\alpha = 30°$，$\beta = 45°$，点 A 和 C 虚位移大小之间的关系为（　　　　　　　）。

10-5　如习题 10-5 图所示，为了用虚位移原理求解系统 B 处约束力，需将支座 B 解除，代以适当的约束力，则此时 B、D 两点虚位移大小之比值 $\delta r_B : \delta r_D =$（　　　　）。

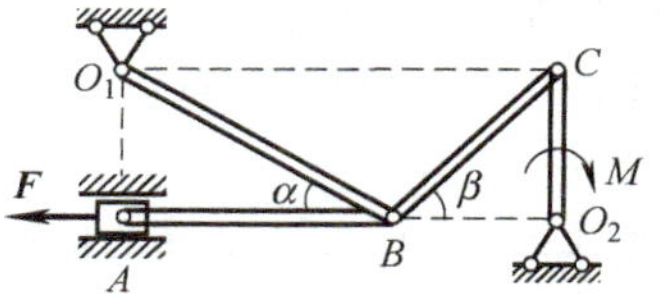

习题 10-4 图

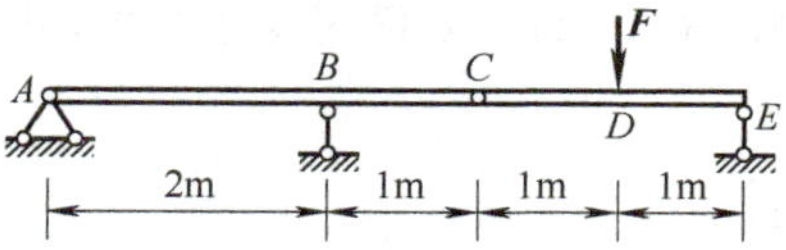

习题 10-5 图

分析计算题

10-6　曲柄-滑块机构的均质杆 $AB = BC = 1\text{m}$，所受载荷如习题 10-6 图所示，两杆的质量均为 10kg。当 $\theta = 45°$时，弹簧没有变形。试求系统的平衡位形 θ 角。

10-7　习题 10-7 图示为一医疗用的辐射器支架，C 为固定铰链，B 为活动螺母，调节螺杆上 BC 的距离可改变辐射器 A 的位置高低。已知辐射器的质量为 m，各杆长如图，螺杆的螺距为 h，忽略杆的质量和各接触点的摩擦。试求系统在任意角度 θ 位置处于平衡时加在螺杆手轮上的力偶 M。

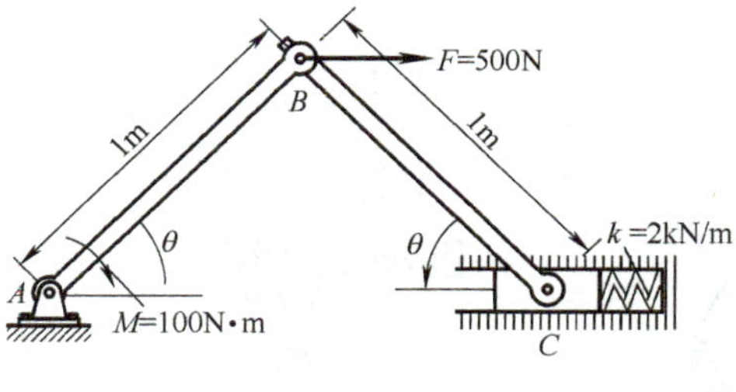

习题 10-6 图

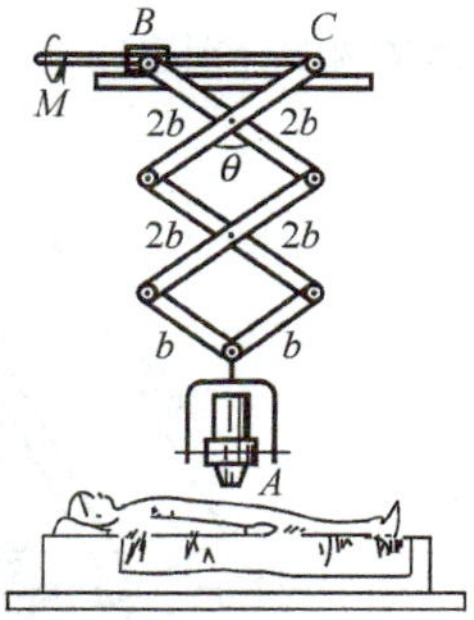

习题 10-7 图

10-8　两摇杆机构分别如习题 10-8 图 a、b 所示，图 a 中 $OA = R$，$\angle AOO_1 = \pi/2$，$\angle OO_1A = 30°$；图 b 中 $OB = R$，$\angle BOO_1 = \pi/2$，$\angle OO_1B = 30°$。今在杆 OA 上均施加力偶 M_1，试求系统保持平衡时，各需在 O_1B 上施加的力偶 M_2。

10-9　习题 10-9 图示为相互铰接的三片拉门的门板，其中上片为水平，下片铅垂，中片与水平线成 45°角，每片拉门重 W。试求使系统在图示位置处于平衡时所需的水平拉力 $\boldsymbol{F}$。

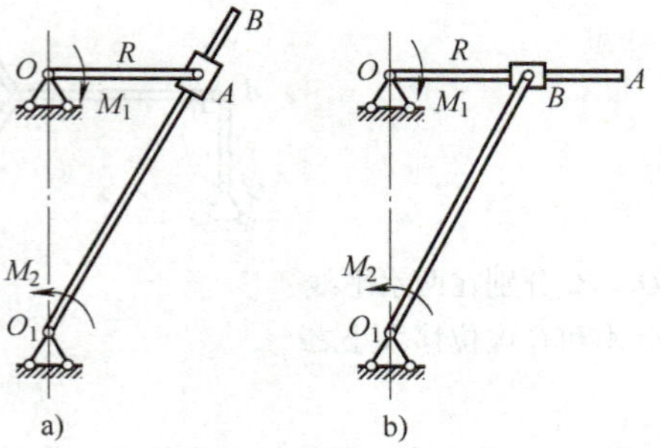

习题 10-8 图

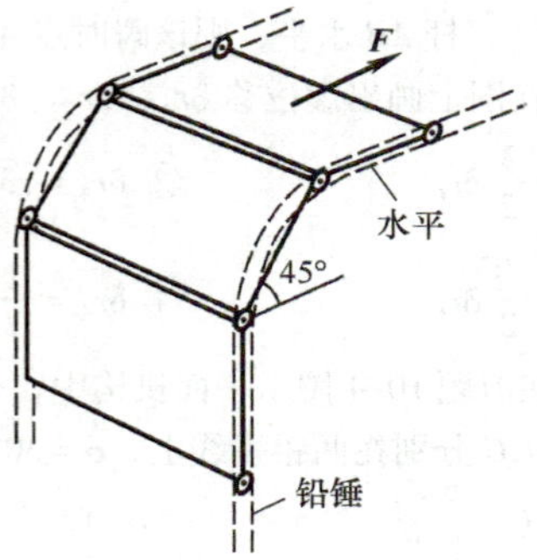

习题 10-9 图

10-10　试求习题 10-10 图示连续梁各支座的约束力。图中载荷、各尺寸均为已知。

10-11　试求习题 10-11 图示梁-桁架组合结构中 1、2 两杆的内力。已知 $F_1=4\text{kN}$，$F_2=5\text{kN}$。

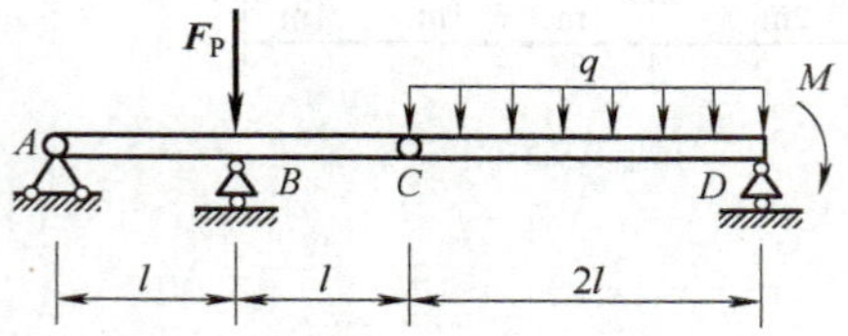

习题 10-10 图

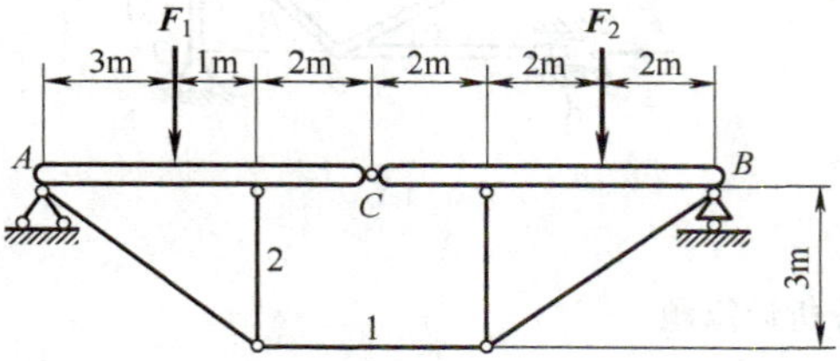

习题 10-11 图

10-12　习题 10-12 图示机构中，圆盘 B 的质量为 20kg，当 $\theta=90°$ 时，弹簧为原长，不计杆重。试求其系统平衡位形 θ 角，并研究该平衡位形的稳定性。

10-13　习题 10-13 图示机构中，杆 AO 与 BC 在点 B 铰接组成曲柄-滑块机构。杆 DG 的 D 端与杆 AO 铰接，G 端自由，中间穿过铰接于杆 BC 上的套筒 E，并可在其中自由滑动。$OB=BC=AB=2BD=2BE=2a$，已知水平力 $\boldsymbol{F}$，弹簧两端分别连接于 G 和套筒 E 上，其刚度系数为 k，当 $\theta=0$ 时，弹簧为原长。试求系统平衡时的 θ 角。

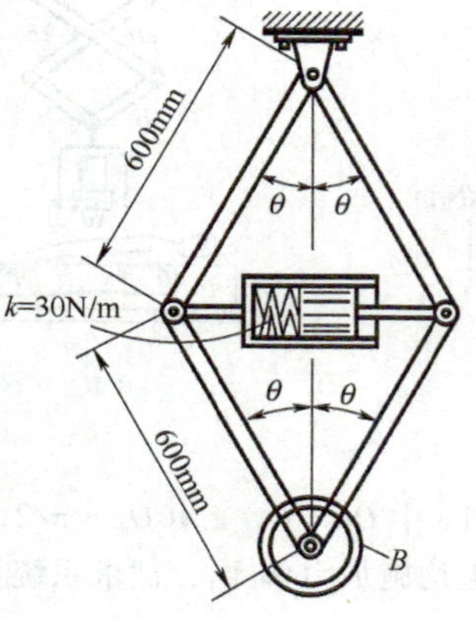

习题 10-12 图

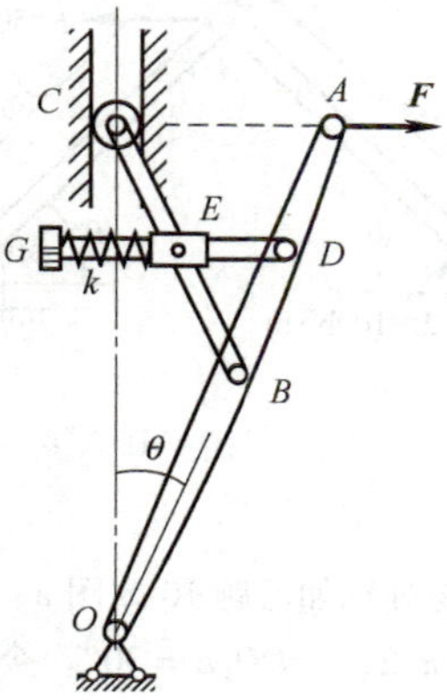

习题 10-13 图

10-14　移动式汽车起重机如习题 10-14 图所示，活动部分借两等长连杆 AB 和 CD 与底部相连，$ABCD$

构成一平行四边形，利用油压力作用在杆 BC 上而使汽车被举起。当汽车的质量为 1.0×10^3kg 时，试求活塞上所受的油压力为多大才能将汽车举起。设此时 CD 和 AC 与水平线的夹角均为 45°，$AB=CD=5$m，$AC=BD=1.7$m。

10-15　两均质杆的质量均为 m，杆长均为 $2l$，其上连有滚轮 A、C 和 D，分别置于铅垂和水平的光滑滑槽内，如习题 10-15 图所示。在杆的一端施加有力偶，其力偶矩为 M。试求系统平衡时的 θ 角。

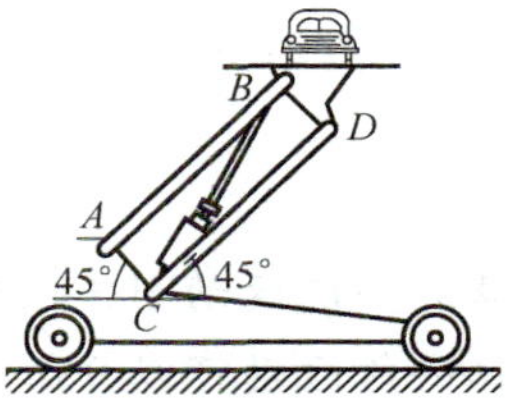

习题 10-14 图

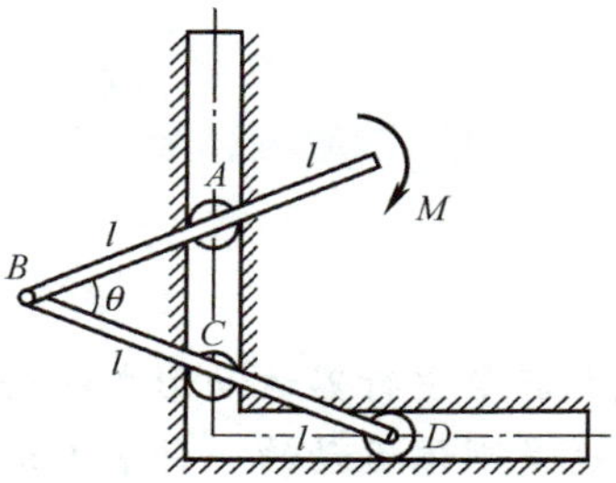

习题 10-15 图

*第 11 章 刚体空间运动概述

为了展示机械尤其是飞行器运动形式的全貌，本章对一般运动刚体动力学做简单介绍。

刚体定点运动也是刚体运动的一种基本形式，刚体一般运动可以分解为跟随任选基点的平移和相对于基点的定点转动。

刚体定点转动是刚体的三维运动，它与二维的平面运动既有一定联系，又有较大区别。另一方面，它在航空航天的迅猛发展中正得到广泛的应用，成为现代动力学的重要基础。

本章主要在定参考系中研究刚体定点转动的整体运动描述和性质。另外，还将介绍陀螺近似理论。

11.1 刚体定点运动

11.1.1 刚体定点运动力学模型

研究刚体定点转动与研究刚体平面运动相类似，需对刚体的模型进行简化。图 11-1 所示为绕定点 O 转动的一般刚体。以点 O 为球心作球，球面与刚体相交出**球面图形**（spherical section）S。若在 S 上任取两点 A 和 B，则连接该两点且位于 S 上的圆弧 $\overset{\frown}{AB}$ 可以表示球面图形。球面图形上圆弧的运动即为该刚体的运动。这样，做定点转动的一般刚体模型便进一步简化为球面图形或图形上的圆弧 $\overset{\frown}{AB}$。

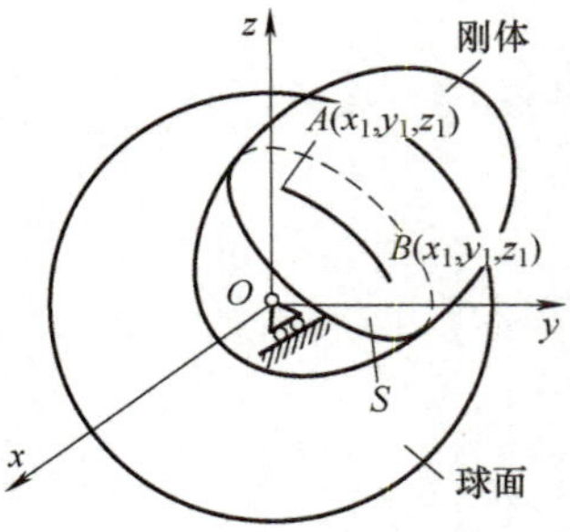

图 11-1 做定点运动的一般刚体的力学模型

A、B 两点的直角坐标分别为 $A(x_1, y_1, z_1)$、$B(x_2, y_2, z_2)$，同时有三个约束方程

$$\begin{cases} x_1^2 + y_1^2 + z_1^2 = OA^2 \\ x_2^2 + y_2^2 + z_2^2 = OB^2 \\ (x_2 - x_1)^2 + (y_2 - y_1)^2 + (z_2 - z_1)^2 = AB^2 \end{cases} \tag{11-1}$$

因此刚体定点转动的自由度 $N = 3 \times 2 - 3 = 3$。

11.1.2　用欧拉角描述刚体定点转动

1. 欧拉角

刚体定点转动可以用瑞士数学家、力学家欧拉（L. Euler）提出的三个相互独立的角度予以解析描述，这就是通常所说的欧拉角（Eulerian angle）。

在图 11-2 中，$O\xi\eta\zeta$ 为定参考系，$Oxyz$ 为刚体的连体坐标系。$Oxyz$ 表示了刚体在任一瞬时的位置或运动。将动坐标面 Oxy 与定坐标面 $O\xi\eta$ 的交线 ON 称为节线（line of nodes）。

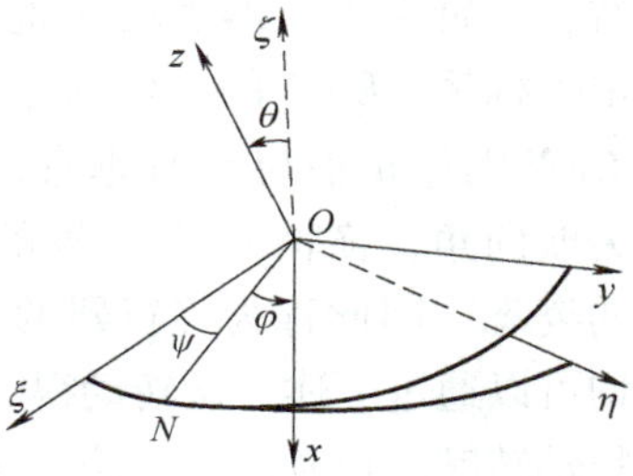

图 11-2　欧拉角的定义

定义欧拉角如下：

进动角（angle of precession）：定坐标轴 $O\xi$ 与节线 ON 之间的夹角，$\psi = \angle \xi ON$。

章动角（angle of nutation）：定坐标轴 $O\zeta$ 与动坐标轴 Oz 之间的夹角，$\theta = \angle \zeta Oz$。

自转角（angle of rotation）：节线 ON 与动坐标轴 Ox 之间的夹角 $\varphi = \angle NOx$。

2. 运动方程

用欧拉角描述刚体定点转动，其运动方程为

$$\begin{cases} \psi = f_1(t) \\ \theta = f_2(t) \\ \varphi = f_3(t) \end{cases} \tag{11-2}$$

3. 用欧拉角速度表示刚体的角速度

如图 11-3 所示，若在初瞬时 t，与刚体固结的动参考系 $Oxyz$ 与定参考系 $O\xi\eta\zeta$ 重合，则在时间间隔 Δt 后，刚体绕轴 ζ 转过进动角的增量为 $\Delta\psi$；绕轴 N 转过章动角的增量为 $\Delta\theta$；绕轴 z 转过自转角的增量为 $\Delta\varphi$。

定义　**进动角速度**　$\boldsymbol{\omega}_\psi = \lim\limits_{\Delta t \to 0} \dfrac{\Delta\psi}{\Delta t}\boldsymbol{k}_0$

章动角速度　$\boldsymbol{\omega}_\theta = \lim\limits_{\Delta t \to 0} \dfrac{\Delta\theta}{\Delta t}\boldsymbol{i}_1$

自转角速度　$\boldsymbol{\omega}_\varphi = \lim\limits_{\Delta t \to 0} \dfrac{\Delta\varphi}{\Delta t}\boldsymbol{k}_2$

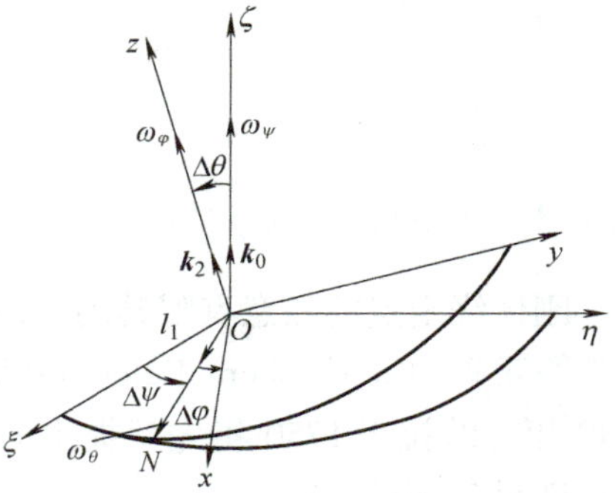

图 11-3　欧拉角与欧拉角速度

式中，$\boldsymbol{k}_0$、$\boldsymbol{i}_1$ 与 $\boldsymbol{k}_2$ 分别为轴 ζ、轴 N 与轴 z 方向的单位矢量。刚体在 t 瞬时绕瞬时轴转动的角速度 $\boldsymbol{\omega}$ 与三个欧拉角速度的关系为 $\boldsymbol{\omega} = \boldsymbol{\omega}_\psi + \boldsymbol{\omega}_\theta + \boldsymbol{\omega}_\varphi$。

4. 姿态角

采用上述欧拉角描述刚体的定点运动将会遇到“奇点”问题，因此必须将欧拉角稍加变化。通常把与欧拉角定义不同、转序不同的绕坐标轴的三个独立坐标称为广义欧拉角，如卡尔丹角、姿态角等。下面介绍姿态角。

刚体动力学的一个重要的背景是对飞机、火箭及卫星等飞行器，或其他对象运动姿态的研究。飞行器的姿态通过与飞行器固连动坐标系和与质心固连随质心平移的定坐标系（此处定坐标系往往相对于地面是运动的）之间的夹角表示，两坐标系的原点均取飞行器的质心。定坐标系的一种取法是：一轴水平指东，一轴沿铅垂线指向天顶，一轴水平指北。这样的坐标系称为地理坐标系或东北天坐标系。与飞行器相固结的坐标系称为机体坐标系，它的一轴沿飞行器纵轴指向前方，一轴沿飞行器的横轴（通过质心垂直于飞行器的对称面）指向右，一轴沿飞行器竖轴（垂直于前两轴）指向上，见图 11-4。机体坐标系 $Cx_Cy_Cz_C$ 为相对于定坐标系 $CENZ$ 的方位确定：将纵轴 y_C 向坐标平面 CEN（水平面）上投影得 m 轴，在平面 CEN 内作 n 轴与 m 轴垂直，则纵轴 y_C 与 m 轴的夹角 θ 称为俯仰角，m 轴与 N 轴的夹角 ψ 称为航向角，横轴 x_C 与 n 轴的夹角 γ 称为横滚角（倾斜角）。角 ψ、θ、γ 完全确定了飞行器的姿态，因此称为飞行器的姿态角（Attitude angle）。根据图 11.4 可知，飞行器的任意姿态均可以通过下述三次转动得到。设机体坐标系在初始时与定坐标系重合，三次转动为：(1) 沿竖轴转航向角 ψ，(2) 绕横轴转俯仰角 θ，(3) 绕纵轴转倾斜角 γ。由此可得机体坐标系的方向余弦矩阵与三个姿态角的关系，进而求得飞行器角速度与姿态角及其导数的关系。

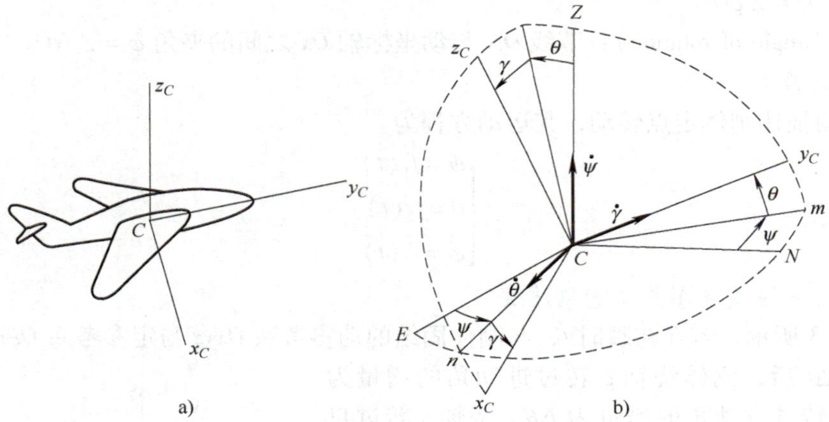

图 11-4　姿态角的定义

11.1.3　达朗贝尔-欧拉位移定理

刚体绕定点的任意有限转动可由绕过该定点的某轴的一次转动实现，此即达朗贝尔-欧拉位移定理（d'Alembert-Euler displacement theorem）或称欧拉定理。它是由达朗贝尔于1749 年、欧拉于 1750 年先后提出的。上述“一次转动”也称为达朗贝尔-欧拉转动。

达朗贝尔-欧拉位移定理的几何证明如下。

如前所述，用球面图形上的圆弧描述其所属的刚体定点转动。图 11-5 所示为圆弧 $\overset{\frown}{AB}$ 从 t 到 $t+\Delta t$ 瞬时做任意有限转动时的初、末两个位置 $\overset{\frown}{AB}$ 和 $\overset{\frown}{A'B'}$。以圆弧分别连接点 A、A' 和点 B、B'，并各作其垂直平分圆弧 $\overset{\frown}{NC}$ 和 $\overset{\frown}{MC}$，其中 C 点是这两个圆弧在球面上的交点。再各作圆弧 $\overset{\frown}{AC}$、$\overset{\frown}{BC}$、$\overset{\frown}{A'C}$ 和 $\overset{\frown}{B'C}$，从而得球

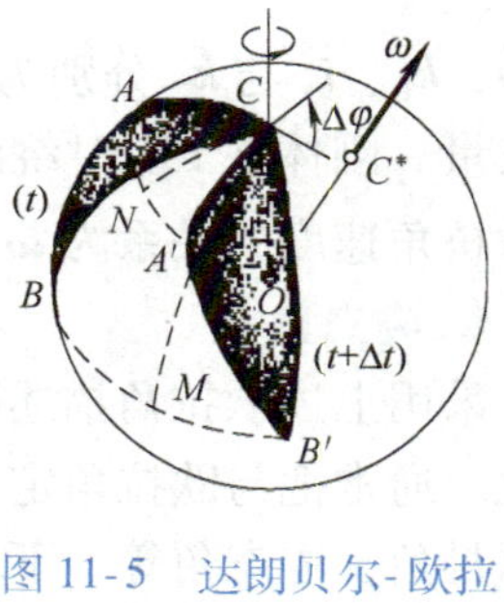

图 11-5　达朗贝尔-欧拉位移定理的几何证明

面三角形$\triangle ABC$和$\triangle A'B'C$。由于二者的对应弧长相等，故这两个球面三角形全等，即

$$\triangle ABC \cong \triangle A'B'C$$

对应的球面角亦相等，即

$$\angle ACB = \angle A'CB'$$

如上式两边都加上球面角$\angle BCA'$，则得

$$\angle ACA' = \angle BCB' = \Delta\varphi$$

因此，在刚体绕连接O、C两点所形成的有限转动轴转过角$\Delta\varphi$后，球面三角形$\triangle ABC$就与$\triangle A'B'C$重合，圆弧$\overset{\frown}{AB}$就转到位置$\overset{\frown}{A'B'}$。上述达朗贝尔-欧拉位移定理得证。

11.1.4　转动瞬轴、瞬时角速度与角加速度

刚体在时间间隔Δt内做有限转动时，其上点A和点B的运动轨迹一般都不是图 11-5 所示的圆弧$\overset{\frown}{AA'}$和$\overset{\frown}{BB'}$，而是复杂的球面曲线，因此，达朗贝尔-欧拉位移定理只是非常粗略地描述了有限转动。但是在无限小时间间隔内应用该定理，可以精确描述刚体瞬时转动的性质。

如图 11-5 所示，当$\Delta t \to 0$时，有限转动轴即趋近于仍然通过定点O的极限轴线OC^*，即

$$\lim_{\Delta t \to 0} OC = OC^* \tag{11-3}$$

式中，OC^*称为**刚体定点转动的转动瞬轴**，简称为**瞬轴**。不难看出，刚体在不同瞬时，瞬轴恒通过定点O，但位置不同，即瞬轴在空间的方位是不断变化的。为讨论刚体绕瞬轴做瞬时转动的运动性质，定义刚体绕瞬轴转动的**瞬时角速度矢量**（instantaneous angular velocity vector）$\boldsymbol{\omega}$的大小为

$$\omega = \lim_{\Delta t \to 0} \frac{\Delta\varphi}{\Delta t} \tag{11-4}$$

式中，$\Delta\varphi$是Δt时间间隔内刚体绕有限转动轴转过的角位移。$\boldsymbol{\omega}$的方向沿瞬轴，指向按右手法则确定，即右手弯曲的四指顺着刚体绕瞬轴的转动方向，则大拇指的指向即为$\boldsymbol{\omega}$的方向。

定义刚体的**瞬时角加速度矢量**（instantaneous angular acceleration vector）为瞬时角速度矢量对时间的一阶导数，即

$$\boldsymbol{\alpha} = \frac{\mathrm{d}\boldsymbol{\omega}}{\mathrm{d}t} = \dot{\boldsymbol{\omega}} \tag{11-5}$$

注意到，角速度$\boldsymbol{\omega}$与角加速度$\boldsymbol{\alpha}$是矢量导数关系。图 11-6a 所示的刚体在绕定点O转动中，瞬轴即角速度矢量在空间的方位不断变化。$\boldsymbol{\omega}$端点的轨迹即为**角速度端图**（hodograph of angular velocity）（图 11-6b）。根据变矢量对时间的导数的几何解释，角加速度$\boldsymbol{\alpha}$就是角速度$\boldsymbol{\omega}$端点的速度，它应沿角速度端图在该端点的切线方向。

此外，刚体定点转动的角速度$\boldsymbol{\omega}$与角加速度$\boldsymbol{\alpha}$一般并不共线。这与读者所熟悉的刚体定轴转动情形（$\boldsymbol{\omega}$与$\boldsymbol{\alpha}$共线）有很大差异。

根据以上分析，刚体定点转动具有下列性质：

（1）刚体的定点转动在每一瞬时都存在一根过定点的转动瞬轴。刚体的瞬时运动为绕瞬时轴、以瞬时角速度$\boldsymbol{\omega}$做瞬时转动。

（2）刚体的连续运动为绕一系列的瞬时轴、以不同的瞬时角速度做连续瞬时转动。

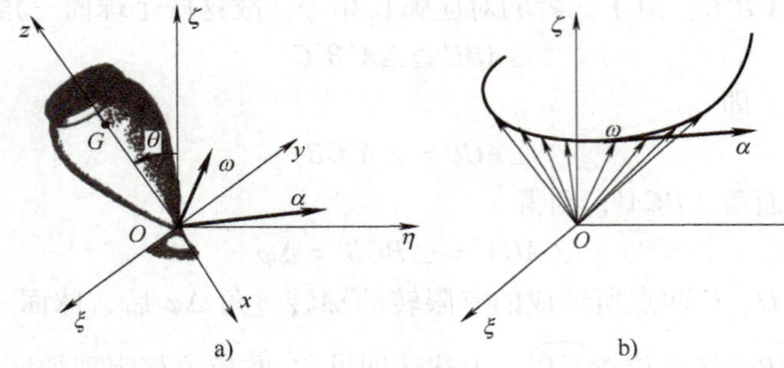

图 11-6 刚体的角速度端图与角加速度

11.1.5 定点转动刚体上各点的速度和加速度分析

1. 定点转动刚体上各点的速度分析

如图 11-7 所示，刚体绕定点 O 转动，图示瞬时角速度矢量和角加速度矢量分别为 $\boldsymbol{\omega}$ 和 $\boldsymbol{\alpha}$。

刚体上任一点 P 相对定点 O 的位置矢径为 $\boldsymbol{r}$，点 P 到 $\boldsymbol{\omega}$ 和 $\boldsymbol{\alpha}$ 的垂直距离分别为 h_1 和 h_2，则点 P 的速度为

$$\boldsymbol{v}=\frac{\mathrm{d}\boldsymbol{r}}{\mathrm{d}t}=\boldsymbol{\omega}\times\boldsymbol{r} \tag{11-6}$$

其大小为 $\omega r\sin(\boldsymbol{\omega},\ \boldsymbol{r})=\omega h_1$，方向垂直于 $\boldsymbol{\omega}$ 和 $\boldsymbol{r}$ 构成的平面，并指向转动前进的方向，如图 11-7 所示。

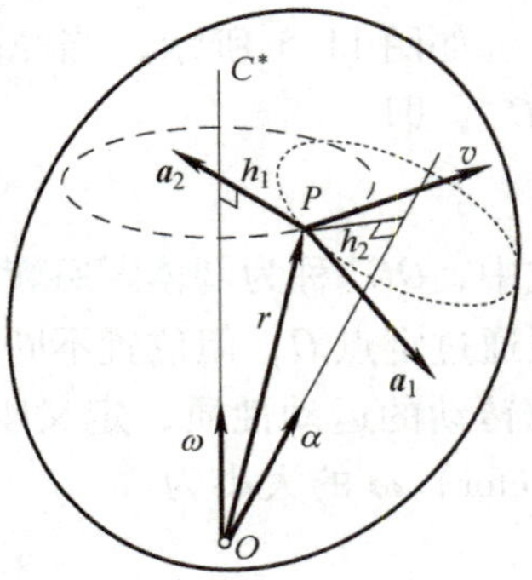

图 11-7 定点转动刚体上点 P 的速度和加速度

2. 定点转动刚体上各点的加速度分析

将式（11-6）对时间求导，得点 P 的加速度为

$$\boldsymbol{a}=\frac{\mathrm{d}\boldsymbol{v}}{\mathrm{d}t}=\frac{\mathrm{d}\boldsymbol{\omega}}{\mathrm{d}t}\times\boldsymbol{r}+\boldsymbol{\omega}\times\frac{\mathrm{d}\boldsymbol{r}}{\mathrm{d}t}$$

由于 $\frac{\mathrm{d}\boldsymbol{\omega}}{\mathrm{d}t}=\boldsymbol{\alpha}$，$\frac{\mathrm{d}\boldsymbol{r}}{\mathrm{d}t}=\boldsymbol{v}$，上式可写为

$$\boldsymbol{a}=\boldsymbol{\alpha}\times\boldsymbol{r}+\boldsymbol{\omega}\times\boldsymbol{v} \tag{11-7}$$

式（11-7）右端第一项

$$\boldsymbol{a}_1=\boldsymbol{\alpha}\times\boldsymbol{r}$$

称为**转动加速度**，其大小为 $\alpha r\sin(\boldsymbol{\alpha},\boldsymbol{r})=\alpha h_2$，方向垂直于 $\boldsymbol{\alpha}$ 和 $\boldsymbol{r}$ 构成的平面，并指向 $\boldsymbol{\alpha}$ 转动的方向，如图 11-7 所示。

式（11-7）右端第二项

$$\boldsymbol{a}_2=\boldsymbol{\omega}\times\boldsymbol{v}=\boldsymbol{\omega}\times(\boldsymbol{\omega}\times\boldsymbol{r})$$

称为**向轴加速度**，其大小为 $\omega v\sin(\boldsymbol{\omega},\boldsymbol{v})=\omega v=\omega^2 h_1$，方向垂直于 $\boldsymbol{\omega}$ 和 $\boldsymbol{v}$ 构成的平面，指向瞬轴，如图 11-7 所示。

式（11-7）表明，**刚体做定点转动时，其上任一点的加速度等于转动加速度与向轴加速度的矢量和。**

需要指出的是，式（11-6）和式（11-7）虽然形式上与定轴转动刚体上点的速度和加速度表达式完全相同，但实质上是有区别的。刚体做定轴转动时，角速度矢量 $\boldsymbol{\omega}$ 和角加速度矢量 $\boldsymbol{\alpha}$ 都沿着固定的轴线。而刚体做定点转动时，角速度矢量 $\boldsymbol{\omega}$ 的方向是不断变化的，

角加速度矢量 $\boldsymbol{\alpha}$ 沿角速度矢量 $\boldsymbol{\omega}$ 矢端曲线的切向，一般情况下不与角速度矢量 $\boldsymbol{\omega}$ 共线。由图 11-7 可见，转动加速度 $\boldsymbol{a}_1$ 既不沿速度 $\boldsymbol{v}$ 的方向，也不与向轴加速度 $\boldsymbol{a}_2$ 垂直。因此转动加速度 $\boldsymbol{a}_1$ 不是点 P 的切向加速度，向轴加速度 $\boldsymbol{a}_2$ 也不是点 P 的法向加速度。

［例题 11-1］ 人造卫星以恒定的角速度 $\omega_1=0.5\text{rad/s}$ 绕其轴 z 转动，太阳能电池板以恒定角速度 $\omega_2=0.25\text{rad/s}$ 绕轴 y 转动。坐标轴 $Oxyz$ 固结在卫星上，尺寸如图 11-8 所示。图示瞬时 $\theta=30°$，不考虑点 O 的运动，求此瞬时电池板上点 A 的速度和加速度。

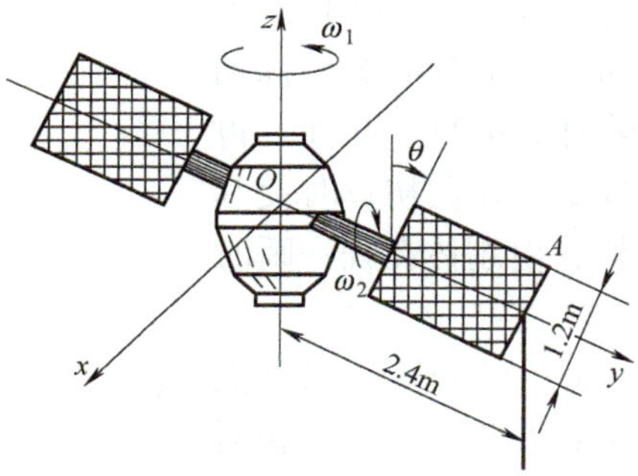

图 11-8　例题 11-1 图

解：坐标系 $Oxyz$ 固结于卫星，假设 x、y、z 方向的单位矢量分别为 $\boldsymbol{i}$、$\boldsymbol{j}$、$\boldsymbol{k}$，太阳能电池板绕点 O 做定点运动，其角速度为

$$\begin{aligned}\boldsymbol{\omega}&=\boldsymbol{\omega}_1+\boldsymbol{\omega}_2\\&=\omega_1\boldsymbol{k}-\omega_2\boldsymbol{j}\\&=-0.25\boldsymbol{j}+0.5\boldsymbol{k}\end{aligned}$$

当 $\theta=30°$时，点 A 的矢径为

$$\boldsymbol{r}_A=-0.6\sin30°\boldsymbol{i}+2.4\boldsymbol{j}+0.6\cos30°\boldsymbol{k}$$

因此点 A 的速度为

$$\begin{aligned}\boldsymbol{v}_A&=\boldsymbol{\omega}\times\boldsymbol{r}_A\\&=(-0.25\boldsymbol{j}+0.5\boldsymbol{k})\times(-0.6\sin30°\boldsymbol{i}+2.4\boldsymbol{j}+0.6\cos30°\boldsymbol{k})\\&=-(1.33\boldsymbol{i}+0.15\boldsymbol{j}+0.075\boldsymbol{k})\end{aligned}$$

太阳能电池板的角加速度为

$$\begin{aligned}\boldsymbol{\alpha}&=\frac{\mathrm{d}\boldsymbol{\omega}}{\mathrm{d}t}=\frac{\mathrm{d}}{\mathrm{d}t}(-0.25\boldsymbol{j}+0.5\boldsymbol{k})\\&=-0.25\frac{\mathrm{d}\boldsymbol{j}}{\mathrm{d}t}+0.5\frac{\mathrm{d}\boldsymbol{k}}{\mathrm{d}t}=-0.25\boldsymbol{\omega}_1\times\boldsymbol{j}+0.5\boldsymbol{\omega}_1\times\boldsymbol{k}=0.125\boldsymbol{i}\ \text{rad/s}^2\end{aligned}$$

或
$$\boldsymbol{\alpha}=\boldsymbol{\omega}_1\times\boldsymbol{\omega}_2=0.5\boldsymbol{k}\times(-0.25)\boldsymbol{j}=0.125\boldsymbol{i}\ \text{rad/s}^2$$

因此点 A 的加速度为

$$\begin{aligned}\boldsymbol{a}_A&=\boldsymbol{\alpha}\times\boldsymbol{r}_A+\boldsymbol{\omega}\times\boldsymbol{v}_A\\&=0.125\boldsymbol{i}\times(-0.6\sin30°\boldsymbol{i}+2.4\boldsymbol{j}+0.6\cos30°\boldsymbol{k})-\\&\quad(-0.25\boldsymbol{j}+0.5\boldsymbol{k})\times(1.33\boldsymbol{i}+0.15\boldsymbol{j}+0.075\boldsymbol{k})\\&=0.093\,75\boldsymbol{i}-0.73\boldsymbol{j}-0.032\,5\boldsymbol{k}(\text{m/s}^2)\end{aligned}$$

11.2 刚体一般运动

11.2.1 一般运动分解为平移与定点运动

对于图11-9所示的刚体一般运动，若采用复合运动方法进行分析，则研究方法与所得结论均与研究平面运动相类似。

在刚体上任选一点 O'（称为基点），以此为坐标原点，建立平移坐标系 $O'\xi'\eta'\zeta'$，并使其各坐标轴分别与定坐标系 $Oxyz$ 的坐标轴对应平行。此外，再在刚体上建立连体坐标系 $O'x'y'z'$，并在初瞬时使其与平移系 $O'\xi'\eta'\zeta'$ 相重合。这样，由刚体在任一瞬时 t 的运动可得出以下结论：

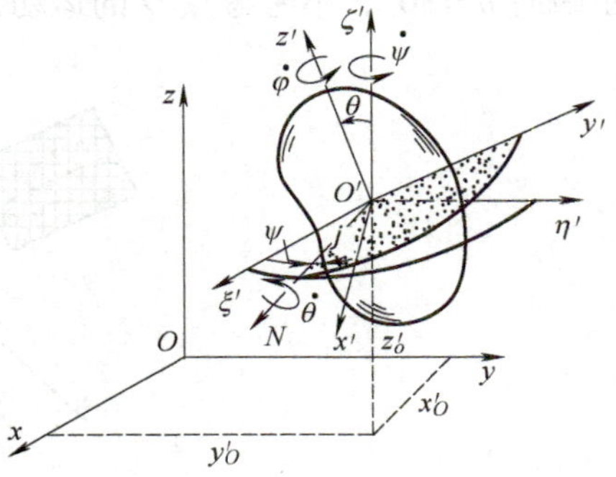

图11-9 刚体的一般运动

刚体的一般运动（绝对运动）可分解为以基点 O'为原点的平移坐标系的平移（牵连运动）和相对此平移系的定点转动（相对运动）。

因此，表示刚体一般运动的物理量为基点 O'的速度 $\boldsymbol{v}_{O'}$，以及刚体相对此平移系做定点转动的瞬时角速度 $\boldsymbol{\omega}$。

11.2.2 自由度、广义坐标和运动方程

上述分析表明，表示平移系 $O'\xi'\eta'\zeta'$在定系 $Oxyz$ 中的位置需要三个独立变量，而表示连体系 $O'x'y'z'$相对此平移系的姿态也需要三个独立变量。若用欧拉角表示这三个独立变量，则刚体一般运动的自由度为

$$N=3+3=6 \tag{11-8}$$

刚体一般运动的广义坐标为

$$\boldsymbol{q}=(x_{O'},y_{O'},z_{O'},\psi,\theta,\varphi) \tag{11-9}$$

刚体一般运动的运动方程为

$$\begin{cases} x_{O'}=f_1(t) \\ y_{O'}=f_2(t) \\ z_{O'}=f_3(t) \\ \psi=f_4(t) \\ \theta=f_5(t) \\ \varphi=f_6(t) \end{cases} \tag{11-10}$$

11.2.3 空间一般运动刚体上各点的速度和加速度分析

由上面的讨论可知，刚体的空间一般运动（绝对运动）可以看成随基点 O'的平移和绕

基点 O' 的定点转动的复合运动。

下面应用第 5 章点的复合运动理论求空间一般运动刚体上任一点 P 的速度和加速度。如图 11-9 所示，选择随基点 O' 平移的参考系 $O'\xi'\eta'\zeta'$ 为动系，$Oxyz$ 为定系，刚体上任一点 P 相对基点 O' 的位置矢径为 $\boldsymbol{r}'$，则由点的复合运动的速度合成定理，有

$$\boldsymbol{v}_a = \boldsymbol{v}_e + \boldsymbol{v}_r$$

由于牵连运动为随基点 O' 的平移，有

$$\boldsymbol{v}_e = \boldsymbol{v}_{O'}$$

又由于相对运动为绕基点 O' 的定点转动，根据式（11-6），有

$$\boldsymbol{v}_r = \boldsymbol{\omega} \times \boldsymbol{r}'$$

其中 $\boldsymbol{\omega}$ 为刚体绕基点 O' 转动的角速度。于是点 P 的速度为

$$\boldsymbol{v}_P = \boldsymbol{v}_{O'} + \boldsymbol{\omega} \times \boldsymbol{r}' \tag{11-11}$$

式（11-11）表明，**刚体做空间一般运动时，其上任一点的速度等于基点的速度与刚体绕基点转动的速度的矢量和。**

由于牵连运动为平移，则由点的复合运动的加速度合成定理，有

$$\boldsymbol{a}_a = \boldsymbol{a}_e + \boldsymbol{a}_r$$

其中 $\boldsymbol{a}_e = \boldsymbol{a}_{O'}$，根据式（11-7），$\boldsymbol{a}_r = \boldsymbol{\alpha} \times \boldsymbol{r}' + \boldsymbol{\omega} \times (\boldsymbol{\omega} \times \boldsymbol{r}')$，其中 $\boldsymbol{\alpha}$ 为刚体绕基点 O' 转动的角加速度。因此点 P 的加速度为

$$\boldsymbol{a}_P = \boldsymbol{a}_{O'} + \boldsymbol{\alpha} \times \boldsymbol{r}' + \boldsymbol{\omega} \times (\boldsymbol{\omega} \times \boldsymbol{r}') \tag{11-12}$$

式（11-12）表明，**刚体做空间一般运动时，其上任一点的加速度等于基点的加速度与刚体绕基点转动的转动加速度及向轴加速度的矢量和。**

11.3 陀螺运动近似理论

在日常生活中，经常可以观察到许多有趣的现象。例如当玩具陀螺静立在地面上时，稍有一点扰动，陀螺就会由于重力而倒下。但是，当陀螺绕其对称轴高速转动时，受扰动后陀螺不会倒下，但其对称轴将绕空间中固定轴转动，如图 11-10 所示。这些现象称为**陀螺现象**。

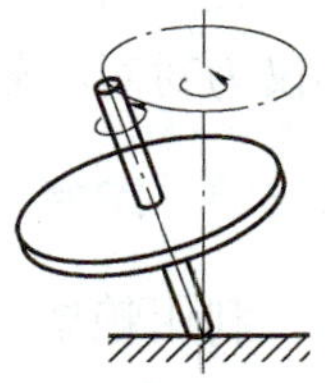

图 11-10 玩具陀螺

工程中把具有一个固定点，并绕自身的对称轴高速转动的刚体称为**陀螺**。陀螺被广泛应用于工程中，例如指向用的陀螺罗盘、航空地平仪、鱼雷的定向装置、船舶的稳定器等等。陀螺现象有时会是有害的，例如安装在船舶上的汽轮机、电动机，当船发生摆动或转弯时，支承转子的轴承将受到附加的动压力，严重时将造成破坏。

研究陀螺动力学的理论基础是刚体相对定点的动量矩定理。由于陀螺动力学问题十分复杂，本节只讨论陀螺运动近似理论。

11.3.1 赖柴定理

刚体定点转动的动量矩矢在惯性参考系中的端点速度等于外力系对同一点的主矩矢，这称为**赖柴定理**（Resal theorem）。即

$$\frac{\mathrm{d}\boldsymbol{L}_O}{\mathrm{d}t}=\boldsymbol{u}=\boldsymbol{M}_O^{\mathrm{e}} \tag{11-13}$$

证明：如图11-11所示，在惯性参考系 $O\xi\eta\zeta$ 中，当刚体绕定点 O 转动时，其动量矩矢 $\boldsymbol{L}_O$ 也绕点 O 转动，据此可以画出动量矩矢端图。根据变矢量对时间导数的几何解释，动量矩矢的导数 $\frac{\mathrm{d}\boldsymbol{L}_O}{\mathrm{d}t}$ 等于该矢端速度 $\boldsymbol{u}$。又根据质点系动量矩定理，$\boldsymbol{u}$ 也等于外力系对点 O 主矩 $\boldsymbol{M}_O^{\mathrm{e}}$。式（11-13）得证。

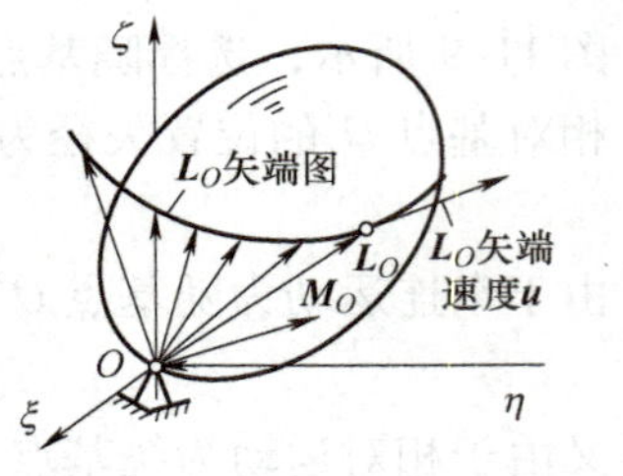

图11-11 动量矩矢 $\boldsymbol{L}_O$ 的端图与矢端速度 $\boldsymbol{u}$

赖柴定理为质点系动量矩定理做了形象的几何解释。

11.3.2 陀螺运动的近似分析

陀螺一般具有三个自由度，故称为三自由度陀螺。在图11-12中，$O\xi\eta\zeta$ 为定系，$Oxyz$ 为与三自由度陀螺固连的动系。在11.1节中定义了描述刚体定点转动的三个欧拉角，即进动角 ψ、章动角 θ 和自转角 φ，以及与三个欧拉角对应的欧拉角速度，即进动角速度 $\boldsymbol{\omega}_\psi$、章动角速度 $\boldsymbol{\omega}_\theta$ 和自转角速度 $\boldsymbol{\omega}_\varphi$，则刚体绕瞬轴转动的瞬时角速度 $\boldsymbol{\omega}$ 可表示为 $\boldsymbol{\omega}=\boldsymbol{\omega}_\psi+\boldsymbol{\omega}_\theta+\boldsymbol{\omega}_\varphi$。

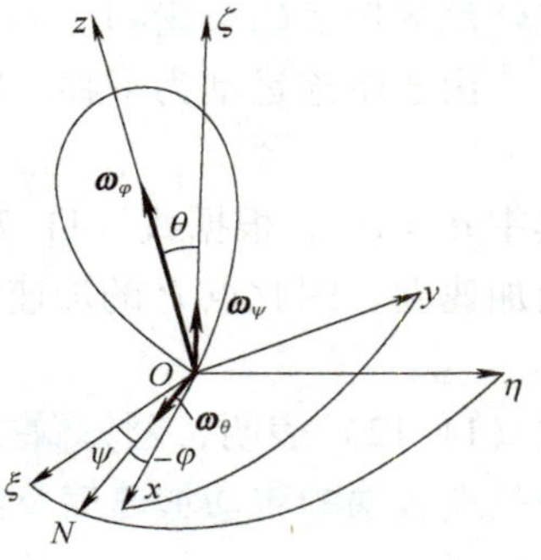

图11-12 与三个欧拉角对应的欧拉角速度

若陀螺绕其对称轴高速旋转，则有

$$\omega_\varphi \gg \omega_\psi+\omega_\theta,\quad \boldsymbol{\omega}\approx\boldsymbol{\omega}_\varphi \tag{11-14}$$

即可近似认为陀螺的瞬时角速度 $\boldsymbol{\omega}$ 由自转角速度 $\boldsymbol{\omega}_\varphi$ 组成。因此，陀螺对定点 O 的动量矩矢可近似写成

$$\boldsymbol{L}_O\approx J_z\omega_\varphi\boldsymbol{k} \tag{11-15}$$

式中，J_z 为陀螺对其对称轴 z 的转动惯量；$\boldsymbol{k}$ 为沿对称轴 z 的单位矢量。

式（11-15）表明，对高速自转的陀螺而言，可近似认为其动量矩矢沿陀螺对称轴，大小仅为对对称轴的主转动惯量乘以自转角速度。这就是陀螺运动近似理论的基本假定。

11.3.3 陀螺运动的力学特性

利用赖柴定理和陀螺运动的基本假定，可以得到陀螺运动的三个重要力学特性。

- 陀螺运动的力学特性之一：定轴性　若作用在陀螺上的外力矩为零，即 $\boldsymbol{M}_O^{\mathrm{e}}=0$，则陀螺的自转轴在惯性空间保持方向不变，这种特性称为定轴性（conservation of gyro axis）。

如图11-13所示，当陀螺的质心 C 位于支点上，重力 $\boldsymbol{W}$ 对点 C 之矩为零，又不计空气阻力与支承处的摩擦力，故有 $\boldsymbol{M}_C^{\mathrm{e}}=0$。此时陀螺对 C 点的动量矩守恒，即 $\boldsymbol{L}_C$ 为常矢量。

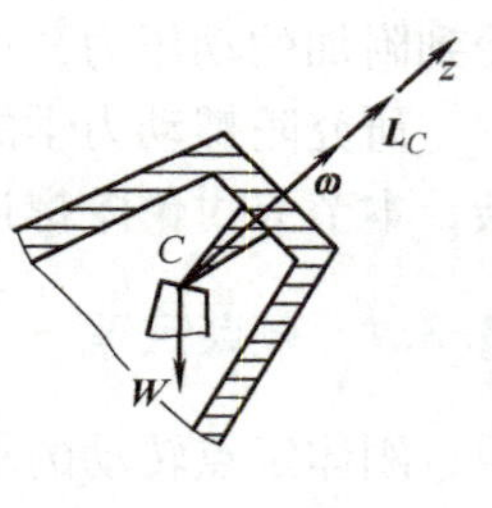

图11-13 质心为支点的陀螺

实际上，图11-13所示的陀螺不做高速转动时，其对称轴在惯性空间的方向也保持不变。但工程陀螺与它的重要区别是具有极大的抗干扰能力，不会像它那样在冲击后获得角速度，并沿干扰方向偏离过去，而是基本上维持在原动量矩的方向上高速转动。

陀螺的定轴性可用于惯性导航等。若将无力矩陀螺仪装在航海、航空或航天器等载体上，并让其自转轴指向某个恒星，则当载体的姿态产生变化时，陀螺装置系统即可对其进行测量和控制。

● **陀螺运动的力学特性之二：进动性**　若对陀螺施加不为零的外力矩，即 $\boldsymbol{M}_O^{\mathrm{e}} \neq 0$，则陀螺在惯性空间产生规则进动，这一性质称为**进动性**（precession of gyro）。

陀螺的进动性可以从一个有趣的演示中看出。将自行车轮的轮轴外端用绳系住作为支点 O，一人用左手握住绳的一端，再用右手握住车轮，如图 11-14 所示。当车轮不转动时，松掉右手，车轮将沿重力 $\boldsymbol{W}$ 对点 O 之矩 $\boldsymbol{M}_O(\boldsymbol{W})$ 的转动方向倒下。但当车轮以一定转速 $\boldsymbol{\omega}_\varphi$ 自转时，再松掉右手，车轮将朝 $\boldsymbol{W}$ 对点 O 的力矩矢 $\boldsymbol{M}_O(\boldsymbol{W})$ 的方向运动。对于图 11-14 所示的自转角速度方向，轮将向图面内运动。这是因为此瞬时 $\boldsymbol{M}_O(\boldsymbol{W})$ 垂直于图面向内，根据赖柴定理式（11-16），车轮的动量矩矢 $\boldsymbol{L}_O$ 的端点 A（亦即轮轴上一点）将有与之同向的速度 $\boldsymbol{u}$。而当轮轴绕点 O 产生一个微小的角位移后，由于 $\boldsymbol{M}_O(\boldsymbol{W})$ 的方向也随之改变，所以，必另有相应的 $\boldsymbol{u}$。如此不断，就形成轮的规则进动。

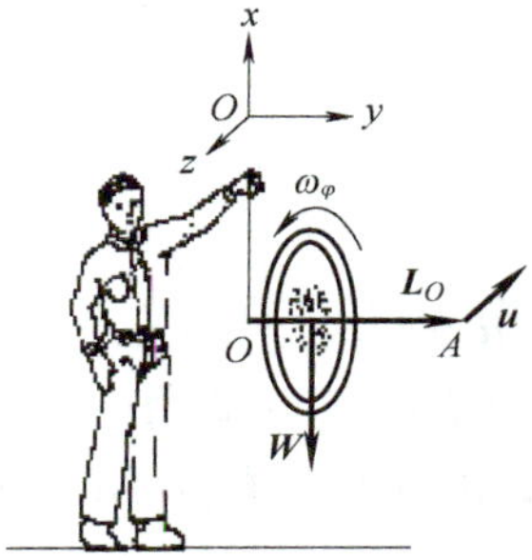

图 11-14　陀螺进动性示例

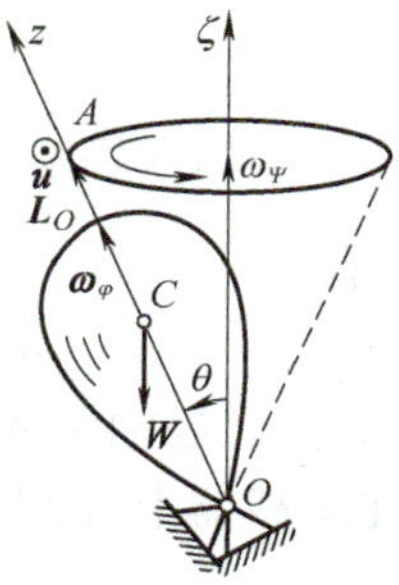

图 11-15　例题 11-2 图

[例题 11-2]　图 11-15 所示的陀螺重 W，对自身对称轴的转动惯量为 J_z，自转角速度为 ω_φ，定点 O 至陀螺质心 C 的距离 $OC = l$。初始时刻陀螺对称轴 z 与固定轴 ζ 夹角为 θ，求此后的规则进动角速度 ω_ψ。

解： 根据赖柴定理与陀螺的进动性，有

$$\frac{\mathrm{d}\boldsymbol{L}_O}{\mathrm{d}t} = \boldsymbol{u} = \boldsymbol{M}_O^{\mathrm{e}}$$

即

$$\boldsymbol{\omega}_\psi \times \boldsymbol{L}_O = \boldsymbol{M}_O^{\mathrm{e}} \tag{a}$$

式（a）中等号左边项是根据陀螺做规则进动时，$\boldsymbol{L}_O$ 端点 A 做圆周运动写出的。式（a）用标量式表示为

$$\omega_\psi J_z \omega_\varphi \sin\theta = Wl\sin\theta \tag{b}$$

$$\omega_\psi = \frac{Wl}{J_z \omega_\varphi} \tag{c}$$

式（c）表明，自转角速度 ω_φ 越高，进动角速度 ω_ψ 越低。ω_ψ 与运动初始时刻的章动角 θ 无关。

● **陀螺运动的力学特性之三：陀螺效应**　若环境迫使陀螺的对称轴改变方向，产生进动，则陀螺必对迫使其运动的物体施加一力矩，这一力矩称为**陀螺力矩**（gyromement），这种力学现象称为**陀螺效应**（gyro effect）。

图 11-16a 所示为安装在运载器轴承 A、B 上的高速转子，其对对称轴 AB 的转动惯量为 J_{AB}。自转角速度为 $\boldsymbol{\omega}_\varphi$，$AB=l$。运载器原在惯性空间 $O\xi\eta\zeta$ 中沿 $O\xi$ 轴方向做直线平移，现外界使之产生绕铅垂轴的转动，角速度为 $\boldsymbol{\omega}_\psi$（如为航海器，则是海浪的作用；如为航空、航天器，则是空气动力作用或航行需要的机动转向）。这样，高速转子对其质心 C 的动量矩 $\boldsymbol{L}_C$ 被迫改变方向，并在质心平移系中产生矢端速度 $\boldsymbol{u}$。

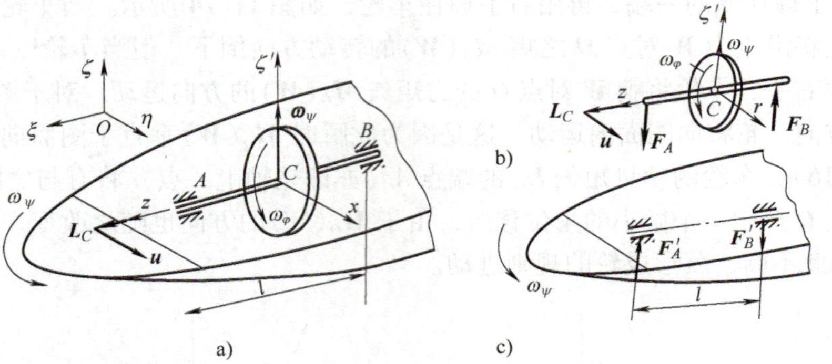

图 11-16 安装在运载器上的高速转子

根据式（11-13），有

$$\boldsymbol{\omega}_\psi \times \boldsymbol{L}_O = F_A l\boldsymbol{i} = F_B l\boldsymbol{i}$$

式中，$(\boldsymbol{F}_A,\ \boldsymbol{F}_B)$ 是运载器通过轴承 A、B 作用在转子上的动约束力（图 11-16b），其反作用力 $(\boldsymbol{F}'_A,\ \boldsymbol{F}'_B)$ 作用在运载器上（图 11-16c），由 $(\boldsymbol{F}'_A,\ \boldsymbol{F}'_B)$ 组成的力偶的矩即为陀螺力矩，有

$$\boldsymbol{M}_g = -\boldsymbol{M}_O^e = J_{AB}\boldsymbol{\omega}_\varphi \times \boldsymbol{\omega}_\psi \tag{11-16}$$

故

$$F'_A = F'_B = \frac{J_{AB}\omega_\varphi\omega_\psi}{l} \tag{11-17}$$

$(\boldsymbol{F}'_A,\ \boldsymbol{F}'_B)$ 构成陀螺力矩。陀螺力矩中的力与高速自转角速度 ω_φ 成正比，因而往往可以达到由转子重力引起的静反力的几倍甚至十几倍，并使运载器在转向的同时，产生像本例中那样的“抬头”运动。陀螺力矩是动约束力。

上述陀螺力学特性之二与之三，实际上是一个问题的两个方面：当给陀螺输入外力矩时，陀螺输出进动运动，这是特性之二；相反则为力学特性之三。

注意到，陀螺运动的三个力学特性都未出现章动运动。这说明陀螺运动近似理论的近似之处就在于忽略了章动，而刚体定点转动的稳定性问题恰恰是研究章动角 $\theta(t)$ 的变化，所以，近似理论不能用于研究稳定性问题。

［例题 11-3］ 图 11-17 所示均质圆盘的转子绕其对称轴高速转动，角速度 $\omega_1=600\pi$ rad/s，机座以角速度 $\omega_2=0.1\pi$ rad/s 的转速改变方向，两角速度矢量方向如图所示。若转子的质量 $m=100$kg，半径 $R=0.8$m，转子在机座 A 与 B 的中间，机座 A 与 B 的距离为 2m，求机座轴承上受到的附加动压力。

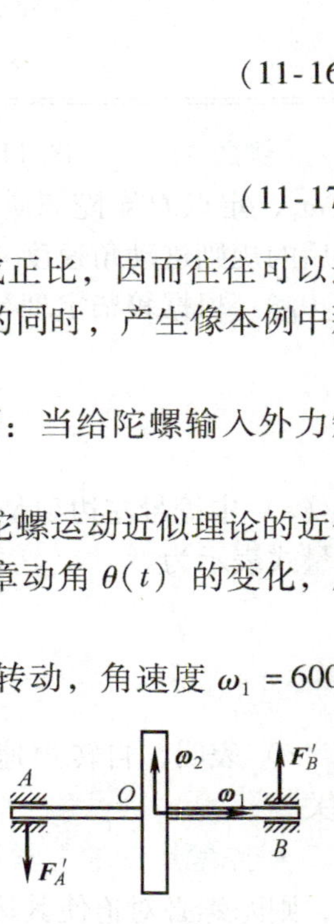

图 11-17 例题 11-3 图

解：由已知条件，转子对对称轴的转动惯量为

$$J_{AB}=0.5mR^2=40\text{kg}\cdot\text{m}^2$$

由式（11-17），作用于机座上的陀螺力矩的方向垂直纸面向外，故机座轴承上受到的附加动压力为

$$F'_A=F'_B=\frac{J_{AB}\omega_1\omega_2}{l}=11843.52\text{N}$$

可见陀螺效应非常强烈。

11.4 本章讨论与小结

11.4.1 刚体定点转动的瞬时轴

这是刚体三维运动最基本、最重要的性质。

如图 11-18 所示，半径为 r 的圆轮在半径为 R 的水平圆周上做纯滚动，其运动可以视为绕折杆 CO 的转动与 CO 绕铅垂轴转动的合成，若 CO 绕铅垂轴转动的角速度为 $\boldsymbol{\omega}_1$，请读者求出圆轮做定点转动的瞬时轴与瞬时角速度。圆轮 O 做定点转动的瞬时轴是否为 CA？

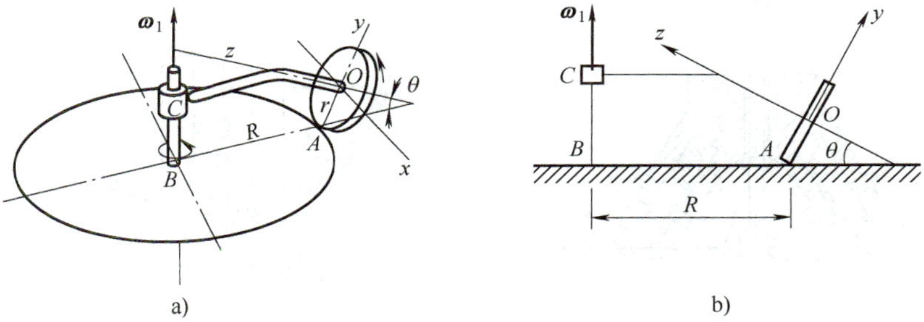

图 11-18　做定点转动的圆轮

11.4.2 本章小结

（1）定点转动的刚体具有 3 个自由度，常用 3 个欧拉角决定其位置，即进动角 ψ、章动角 θ 和自转角 φ。刚体定点转动的运动方程为

$$\psi=f_1(t),\quad \theta=f_2(t),\quad \varphi=f_3(t)$$

（2）刚体定点转动为绕过定点的一系列瞬时轴以瞬时角速度做瞬时转动。瞬时角速度 $\boldsymbol{\omega}$ 与瞬时轴重合，指向符合右手法则。瞬时轴的位置在运动过程中是变化的。

（3）刚体定点转动的角加速度 $\boldsymbol{\alpha}=\dfrac{\mathrm{d}\boldsymbol{\omega}}{\mathrm{d}t}=\dot{\boldsymbol{\omega}}$，通常 $\boldsymbol{\alpha}$ 与 $\boldsymbol{\omega}$ 不重合。

（4）刚体的一般运动（绝对运动）可分解为以基点 O' 为原点的平移坐标系的平移（牵连运动）和相对此平移系的定点转动（相对运动）。刚体的一般运动具有 6 个自由度，其运动方程为

$$\begin{cases}x_{O'}=f_1(t),\quad y_{O'}=f_2(t),\quad z_{O'}=f_3(t)\\ \psi=f_4(t),\quad \theta=f_5(t),\quad \varphi=f_6(t)\end{cases}$$

(5) 刚体定点转动的动量矩矢在惯性参考系中的端点速度等于外力系对同一点的主矩矢，这称为赖柴定理，即

$$\frac{\mathrm{d}\boldsymbol{L}_O}{\mathrm{d}t}=\boldsymbol{u}=\boldsymbol{M}_O^{\mathrm{e}}$$

习题

分析计算题

11-1 习题11-1图示桥支承的转动部分放在锥齿轮形的滚子 K 上，滚子的轴安装在环形框 L 内，这些轴的延长线相交于平面支承齿轮的几何中心上，滚子 K 即在此支承齿轮上滚动。若滚子的大圆半径 $r=25\text{mm}$，顶角为 2α，$\cos\alpha=\frac{84}{85}$，试求锥形滚子的角速度、角加速度以及 A、B、C 三点的速度、加速度。环形框绕铅垂轴转动的角速度 $\omega_0=0.1\text{rad/s}$。

11-2 习题11-2图示矿石磨碎机中的转磨为具有钢制轮缘的铸铁轮，此轮在固定的开口锥形容器的底部滚动。转磨绕水平轴 AOB 转动，此轴又绕与之连成一体的铅垂轴 OO_1 转动。假定转磨的转动瞬轴通过轮缘与容器底部切线中点 C，试求转磨边缘上点 D 和点 E 的绝对速度。已知绕铅垂轴转动的角速度 $\omega_e=1\text{rad/s}$，转磨的厚度 $\delta=500\text{mm}$，转磨平均半径 $R=1\text{m}$，平均转动半径 $r=60\text{mm}$，$\tan\alpha=0.2$。

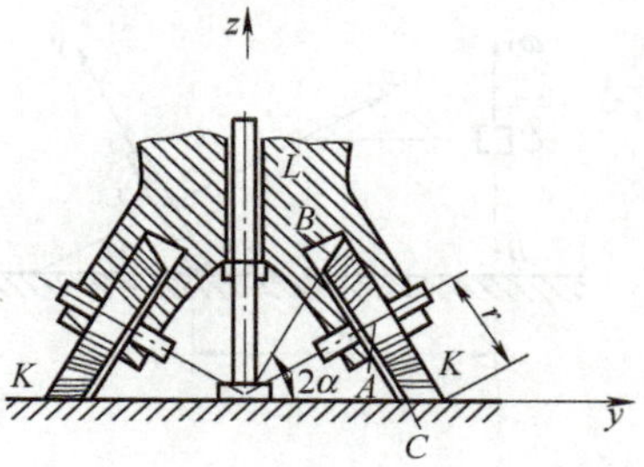

习题11-1图

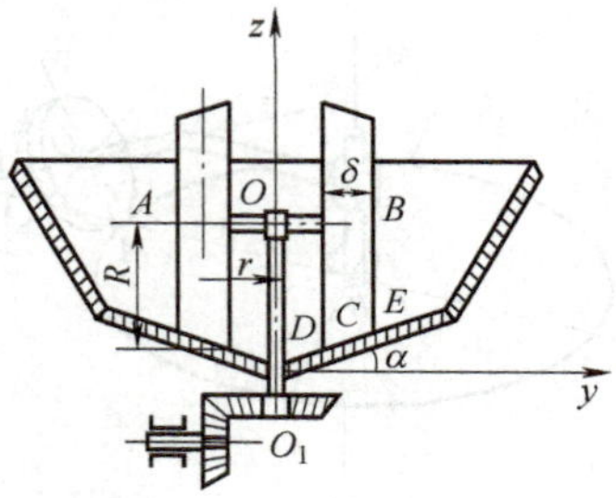

习题11-2图

11-3 半径 $R=40\sqrt{3}$ 的圆盘在绕固定点 O 转动时还在顶角等于60°的固定圆锥上滚动，如习题11-3图所示。已知圆盘边缘上点 A 的加速度大小不变且等于 480mm/s^2。试求此圆盘绕自身对称轴的转动角速度大小。

11-4 习题11-4图示宇宙航行器的太阳能电池帆板，希望经过一次旋转由位置 A 转到位置 B，即原来面向 x 轴的平面，转动后面向 z 轴。试用单位矢量表示旋转轴所在位置，并问绕此轴应转动多大角度？

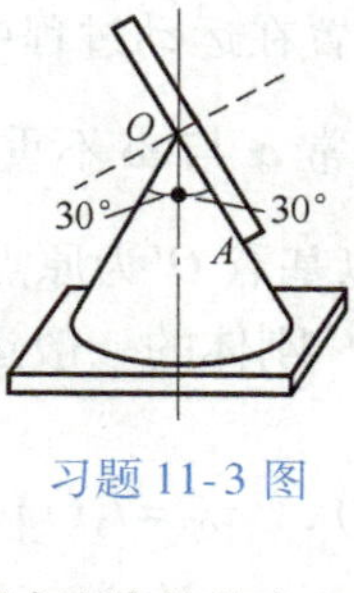

习题11-3图

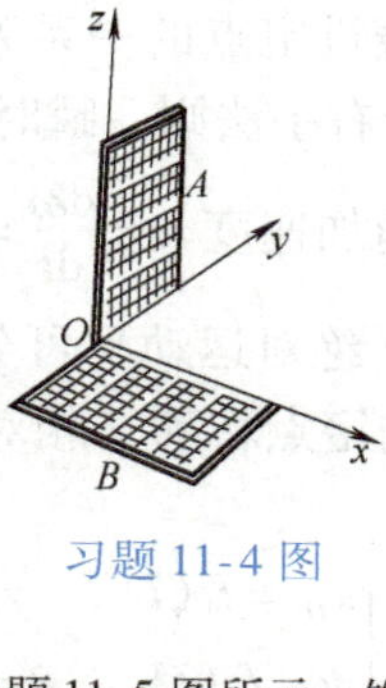

习题11-4图

11-5 锥齿轮的轴通过平面支座齿轮的中心 O，如习题11-5图所示。锥齿轮在支座齿轮上滚动，每分

钟绕铅垂轴转 5 周。如 $R=2r$，求锥齿轮绕其本身轴 OC 转动的角速度 ω_r 和绕瞬时轴转动的角速度 ω。

11-6　如习题 11-6 图所示，飞机发动机的涡轮转子对其转轴的转动惯量 $J=22\mathrm{kg\cdot m^2}$，转速 $n=10000\mathrm{r/min}$，轴承 A、B 间的距离 $l=0.6\mathrm{m}$。若飞机以角速度 $\omega=0.25\mathrm{rad/s}$ 在水平面内绕铅垂轴 x 按图示方向旋转，求发动机转子的陀螺力矩和轴承 A、B 上的附加动压力。

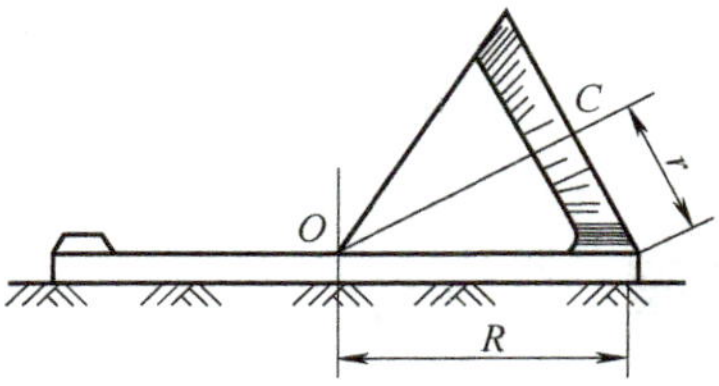

习题 11-5 图

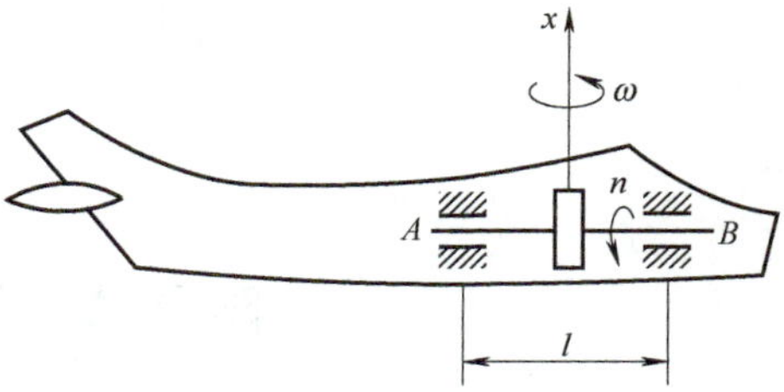

习题 11-6 图

附　　录

附录 A　习题答案

第 1 章

1-1　①，③，④

1-2　②

1-3　④

1-4　③

1-5　③

1-6　①，②

1-7　③

1-8　④

1-9　（滑移）

1-10 ~ 1-16　（略）

第 2 章

2-1　①

2-2　②

2-3　④

2-4　③

2-5　④

2-6　④

2-7　②

2-8　②

2-9　①

2-10　①

2-11　②

2-12　③

2-13　（一力和一力偶，$F'_R = 2\sqrt{2}F$，$M_A = 2Fa$）；（合力，$F_R = 2\sqrt{2}F$）

2-14　（$b = a + c$）

2-15　$\left(F_z = \frac{\sqrt{14}}{7}F\right)$；$\left(M_z(\boldsymbol{F}) = \frac{3\sqrt{14}}{14}F\right)$

2-16　$\theta = \arctan\frac{d_2}{d_1}$

2-17　$\sum M_O(\boldsymbol{F})=(-260,328,88)\text{N}\cdot\text{m}$

2-18　$M=78.3\text{N}\cdot\text{m}$

2-19　$M=(3.6,12\sin 40°,0)\text{kN}\cdot\text{m}$

2-20　合力大小 F，方向同 $2\boldsymbol{F}$，在 $2\boldsymbol{F}$ 外侧，距离为 d

2-21　合力 $F=\frac{25}{6}\text{kN}$，$\boldsymbol{F}=-\frac{5}{2}\boldsymbol{i}-\frac{10}{3}\boldsymbol{j}\text{kN}$，作用线 $y=\frac{4}{3}x+4\text{m}$

2-22　$\boldsymbol{F}=(0,-4,-8)\text{N}$，$\boldsymbol{M}_O=(0,24,-12)\text{N}\cdot\text{m}$

2-23　$\boldsymbol{F}=(-120,0,-160)\text{N}$，$\boldsymbol{M}_A=(-7.0,9,24.0)\text{N}\cdot\text{m}$

2-24　应满足条件 $\boldsymbol{F}_\text{R}\cdot\boldsymbol{M}_O=0$，得 $l_1+l_2+l_3=0$，合力 $F_\text{R}=\sqrt{3}F_O$，方向余弦 α，β，$\gamma=1/\sqrt{3}$，F_R 与原点的垂直距离 $d=M_O/F_\text{R}=\sqrt{l_1^2+l_2^2+l_3^2}/\sqrt{3}$

2-25　a）$F_{\text{R}A}=F_{\text{R}B}=\frac{M}{2l}$；b）$F_{\text{R}A}=F_{\text{R}B}=\frac{M}{l}$；c）$F_{\text{R}A}=F_{\text{R}B}=\frac{M}{l}$

2-26　$F_{\text{R}A}=F_{\text{R}C}=2694\text{N}$

2-27　$F_{\text{R}A}=750\text{N}$（向下），$F_{\text{R}B}=750\text{N}$（向上）

2-28　$F_{\text{N}A}=F_{\text{N}B}=0.75\text{kN}$

2-29　$F_1=\frac{M}{d}$（拉），$F_2=0$，$F_3=\frac{M}{d}$（压）

2-30　$M=4.5\text{kN}\cdot\text{m}$

2-31　a）$F_{\text{R}A}=F_{\text{R}C}=\frac{\sqrt{2}M}{d}$；b）$F_{\text{R}A}=F_{\text{R}C}=\frac{M}{d}$

2-32　$M_1=M_2$

2-33　$M=dF$

2-34　$F_{\text{R}A}=F_{\text{R}B}=\frac{M}{d}$

第3章

3-1　④

3-2　③

3-3　①

3-4　④

3-5　③

3-6　②

3-7　②

3-8　①，③，④；②

3-9　③

3-10　（两力矩方程的矩心的连线不与投影方程的投影轴垂直）；（三力矩方程的矩心不在同一直线上）

3-11　（5）；（3）；（5）。

3-12　（2）；（1）；（2）；（3）；（3）；（3）；（3）；（6）

3-13　（$2F$）；（向上）

3-14　（$3n-2n_1-n_2-n_3$）

3-15　a）$F_1=F_3=\frac{\sqrt{2}}{2}F$（拉），$F_2=F$（压）；　b）$F_1=F_3=0$，$F_2=F$（拉）

3-16　$F_\text{T}=80\text{kN}$

3-17　$\beta = \arctan\left(\frac{1}{2}\tan\theta\right)$

3-18　a）$F_{Ax}=0$，　$F_{Ay}=20\text{kN}$（向下），　$F_{RB}=40\text{kN}$（向上）

b）$F_{Ax}=0$，　$F_{Ay}=15\text{kN}$（向上），　$F_{RB}=21\text{kN}$（向上）

3-19　$F_{Ax}=0$，　$F_{Ay}=F$（向上），　$M_A=Fd-M$（逆时针）

3-20　$F_{NA}=6.4\text{kN}$，　$F_{NB}=13.6\text{kN}$

3-21　$F_{RA}=6.7\text{kN}$（向左），$F_{Bx}=6.7\text{kN}$（向右），$F_{By}=13.5\text{kN}$（向上）

3-22　$F_{NA}=\dfrac{M}{\sqrt{d_1^2+d_2^2}}$，　$F_{NB}=\dfrac{Md_1}{d_1^2+d_2^2}$，　$F_{NC}=\dfrac{Md_2}{d_1^2+d_2^2}$

3-23　$l_{\max}=1\text{m}$

3-24　$F_{Ax}=0$，$F_{Ay}=\left(\frac{1}{2}+\tan\alpha\right)W$，$F_{Bx}=W\tan\alpha$，$F_{By}=\left(\frac{1}{2}-\tan\alpha\right)W$

3-25　a）$M_A=2qd^2$（逆时针），$F_{Ay}=2qd$（向上），$F_{By}=F_{Cy}=0$；

b）$M_A=2qd^2$（逆时针），$F_{Ay}=2qd$（向上），$F_{By}=qd$（对 BC，向上），$F_{Cy}=qd$（向上）；

c）$M_A=3qd^2$（逆时针），$F_{Ay}=\frac{7}{4}qd$（向上），$F_{By}=\frac{3}{4}qd$（对 BC，向上），$F_{Cy}=\frac{1}{4}qd$（向上）；

d）$M_A=M$（顺时针），$F_{Ay}=\frac{M}{2d}$（向下），$F_{By}=\frac{M}{2d}$（向上）；

e）$M_A=M$（逆时针），$F_{Ay}=F_{By}=F_{Cy}=0$

3-26　$F_{DE}=F_{FG}=14.1\text{kN}$（压），$F_{Ax}=10\text{kN}$（向左），$F_{Ay}=5\text{kN}$（向下），

$F_{Cx}=10\text{kN}$（向右），$F_{Cy}=5\text{kN}$（向下）

3-27　$F_T=107\text{N}$，$F_{RA}=525\text{N}$，$F_{RB}=375\text{N}$

3-28　l，$\frac{l}{2}$，$\frac{l}{3}$，$\frac{l}{4}$，$\frac{l}{5}$，…，依此类推

3-29　$F_{Ax}=594\text{kN}$（向右），$F_{Ay}=104\text{N}$（向上），$F_{Cx}=594\text{N}$（向左），

$F_{Cy}=386\text{N}$（向上）

3-30　$F_{Ax}=12.5\text{N}$（向右），$F_{Ay}=106\text{N}$（向上），$F_{Bx}=22.5\text{kN}$（向左），

$F_{By}=94.2\text{kN}$（向上）

3-31　$W_2=\frac{l}{a}W_1$

3-32　$F_x=\frac{W}{2}\tan\theta$（向左），$F_y=\frac{W-W_1}{2}$（向上），$M=\frac{(l-d)}{4}\left(W-\frac{W_1}{2}\right)$

3-33　$P_{\min}=2W\left(1-\frac{r}{R}\right)$

3-34　$F_{s1}=367\text{kN}$（拉），$F_{s2}=82\text{kN}$（压），$F_{s3}=358\text{kN}$（拉）

3-35　$F_{Ax}=F_P$，$F_{Ay}=\frac{3}{2}F_P$，$F_{Bx}=-F_P$，$F_{By}=-\frac{1}{2}F_P$（对 AB），$F_{Cx}=F_P$，

$F_{Cy}=-\frac{1}{2}F_P$（对 CD），$F_{Dx}=-F_P$，$F_{Dy}=\frac{1}{2}F_P$，$F_{MD}=F_Pd$（逆时针）

3-36　$F_{TC}=813\text{N}$，$F_{TD}=862\text{N}$，$F_{TB}=693.7\text{N}$，$\delta_{st}=0.462\text{m}$

3-37　$F_T=1.134W$，$F_R=0.378W$

3-38　$F=70.9\text{N}$，$\boldsymbol{F}_{RA}=(-68.4\boldsymbol{i}-47.6\boldsymbol{j})\text{N}$，$\boldsymbol{F}_{RB}=(-207\boldsymbol{i}-19.04\boldsymbol{j})\text{N}$

3-39　$F_{RA}=183.8\text{kN}$，$F_{RB}=424\text{kN}$

3-40　$F_{NB}=\left(0,\ \frac{W_1+W_2}{2},\ 0\right)$，$F_{NA}=\left(0,\ -\frac{W_1+W_2}{2},\ W_1+\frac{W_2}{2}\right)$，$F_{NC}=\left(0,\ 0,\ \frac{W_2}{2}\right)$

第4章

4-1 ③

4-2 ③

4-3 0，$2m/s^2$，4m

4-4 ④

4-5 $40mm/s^2$，↓，$8mm/s^2$，←

4-6 50

4-7 a）减速曲线运动；b）匀速曲线运动；c）不可能，因为全加速度应该指向曲线凹的一侧；d）加速曲线运动；e）不可能，$v \neq 0$ 时，$a_n \neq 0$，此时 $\boldsymbol{a}$ 应该指向曲线凹的一侧，而不能只有切向加速度。

4-8 1. ④③　2. ④①　3. ④②

4-9 （1）$y = \frac{3}{4}x$，$v = 5 - 5t$，$a = -5$，为匀减速直线运动，轨迹、速度、加速度略。

（2）$y = 2 - \frac{4}{9}x^2$，$v = \sqrt{9\cos^2 t + 16\sin^2 2t}$，$a = \sqrt{9\sin^2 t + 64\cos^2 2t}$，做简谐运动，轨迹、速度、加速度略。

4-10 $x = v_C t - R\sin\frac{v_C}{R}t$，$y = R\left(1 - \cos\frac{v_A}{R}t\right)$，$v = 2v_C\left|\sin\frac{v_C}{2R}t\right|$，$a = \frac{v_C^2}{R}$，$\rho = 2PC^*$

4-11 $v_P = \frac{v}{\sqrt{2}}$，$a_P = \frac{v^2}{2\sqrt{2}h}$，$\ddot{\theta} = -\frac{v^2}{2h^2}$（顺）

4-12 $x = R(1 + 2\cos 2\omega t)$，$y = R\sin 2\omega t$，$s = 2R\omega t$

4-13 $y = R + e\sin\omega t$，$\dot{y} = e\omega\cos\omega t$，$\ddot{y} = -e\omega^2\sin\omega t$

4-14 $\omega_2 = 0$，$\alpha_2 = -\frac{lb\omega^2}{r_2}$

4-15 $d = 46.17m$

第5章

5-1 ②

5-2 ②，①

5-3 ②

5-4 ③

5-5 $\sqrt{2}R\omega^2$，$M \to O$，$R\omega^2$，$M \to O_1$

5-6 $\omega(r\cos\varphi + l\cos\theta)$，↑，$\omega^2(r\cos\varphi + l\cos\theta)$，←

5-7 否

5-8 提示：a）选物块 B 上的 C 点为动点；b）选杆 OA 上的 A 点为动点

5-9 $x_1 = \sqrt{d^2 + r^2 + 2dr\cos\omega t}$，$\tan\varphi = \frac{r\sin\omega t}{d + r\cos\omega t}$

5-10 a）1.5rad/s；b）2rad/s

5-11 $v = 0.942m/s$

5-12 $v_s = 3.06m/s$

5-13 $v = 0.1m/s$，$a = 0.346m/s^2$

5-14 $v_M = 0.173m/s$，$a_M = 0.35m/s^2$

5-15 $v_a = 20.3\text{m/s}$，$a_a = 114\text{m/s}^2$

5-16 $v_{AB} = \dfrac{2\sqrt{3}}{3}e\omega$（↑），$a_{AB} = \dfrac{2}{9}e\omega^2$（↓）

5-17 $\omega_1 = \dfrac{\omega}{2}$（逆时针），$\alpha_1 = \dfrac{\sqrt{3}}{12}\omega^2$（逆时针）

5-18 $\boldsymbol{v}_P = (-5.49\boldsymbol{i} + 137.2\boldsymbol{j} + 1.22\boldsymbol{k})\text{m/s}$，$\boldsymbol{a}_P = (-247\boldsymbol{i} - 4.94\boldsymbol{j} - 24\,687\boldsymbol{k})\text{m/s}^2$

第6章

6-1 ②，④

6-2 ③，①，②

6-3 ③

6-4 ②

6-5 $\dfrac{v_C^2}{R-r} + \dfrac{v_C^2}{r}$

6-6 2rad/s，$4\sqrt{3}\text{rad/s}^2$

6-7 $x_A = (R+r)\cos\dfrac{at^2}{2}$，$y_A = (R+r)\sin\dfrac{at^2}{2}$，$\varphi = \dfrac{1}{2r}(R+r)\alpha t^2$

6-8 $\dfrac{v_0\cos^2\theta}{h}$

6-9 $\omega_A = 2\omega_B$

6-10 速度瞬心 C^* 的位置在过点 O 的铅垂线上，且在点 O 下方，$OC^* = \dfrac{v}{\omega} = 222\text{m}$，与角 θ 无关。

6-11 $\omega_{AB} = 3\text{rad/s}$，$\omega_{O_1B} = 5.2\text{rad/s}$

6-12 $v_O = 1.2\text{m/s}$，$\omega = 1.33\text{rad/s}$，卷轴向右滚动

6-13 曲柄 OA 在铅垂位置时，$v_{DE} = 0$；曲柄 OA 在水平位置时，$v_{DE} = 4\text{m/s}$，方向与$\boldsymbol{v}_A$ 相同

6-14 $\omega_B = 1\text{rad/s}$，$v_D = 0.06\text{m/s}$

6-15 $\omega_{OB} = 3.75\text{rad/s}$，$\omega_1 = 6\text{rad/s}$

6-16 $v_G = 0.397\text{m/s}$（→），$v_F = 0.397\text{m/s}$（←）

6-17 $\omega_{AB} = 2\text{rad/s}$，$\alpha_{AB} = 16\text{rad/s}^2$，$a_B = 5.66\text{m/s}^2$

6-18 $v_B = 2\text{m/s}$，$v_C = 2.828\text{m/s}$；$a_B = 8\text{m/s}^2$，$a_C = 11.31\text{m/s}^2$

6-19 $v_C = \dfrac{3}{2}r\omega_O$，$a_C = \dfrac{\sqrt{3}}{12}r\omega_O^2$

6-20 a) $a_C = r\omega^2\left(1 + \dfrac{r}{R-r}\right)$，指向 O；b) $a_C = r\omega^2\left(1 - \dfrac{r}{R+r}\right)$，指向 O

6-21 $a_B = 2.08\text{m/s}^2$，$\omega_{O_1D} = 7.5\text{rad/s}$

6-22 $\omega_D = 0$，$\alpha_D = 1409\text{rad/s}$

第7章

7-1 ③

7-2 ③

7-3 ①

7-4 ③

7-5 ④

7-6 图 a、b 所示系统水平方向

7-7　④

7-8　③

7-9　0，mvr；　$\frac{1}{2}mvr$，$\frac{3}{2}mvr$

7-10　③

7-11　①

7-12　②

7-13　（1）$\frac{\sqrt{5}}{2}mL\omega$；（2）$2R\omega m$（↓）

（3）$\boldsymbol{p}=\left[(m_1+m_2)v-\frac{2m_1+m_2}{4}l\omega\right]\boldsymbol{i}+\left(\frac{2m_1+m_2}{4}\sqrt{3}l\omega\right)\boldsymbol{j}$

7-14　$p=\frac{9}{2}ml\omega$（垂直于 AB 斜向上）

7-15　不同

7-16　$F_y=(m_1+m_2+m_3)g+\frac{m_2+2m_3}{2}d\omega^2\sin\omega t$，$F_x=-\frac{d}{2}m_2\omega^2\sin\omega t$

7-17　$a=\frac{2(m_2\sin\theta-m_1)}{m+2(m_1+m_2)}g$

7-18　$\frac{m_1+m_2}{2m_1+m_2+m}b$（$1-\sin\theta$）（←）

7-19　$(x_A-l\cos\alpha_0)^2+\frac{y_A^2}{4}=l^2$，此为椭圆方程。

7-20　1. $ms^2\omega$（逆时针），

2.（1）$p=\frac{R+e}{R}mv_A$，$L_B=[J_A-me^2+m(R+e)^2]\frac{v_A}{R}$

（2）$p=m(e\omega+v_A)$，$L_B=(J_A+meR)\omega+m(R+e)v_A$

7-21　$L_O=(m_AR^2+m_Br^2+J_O)\omega$

7-22　$\alpha=8.17\text{rad/s}$，$F_{Oy}=449\text{N}$（↑），$F_{Ox}=0$

7-23　$a=\frac{(M-mgr)R^2r}{J_1r^2+mr^2R^2+J_2R^2}$

7-24　$a=\frac{(Mi-mgR)R}{mR^2+J_1i^2+J_2}$

7-25　$\Delta F_A=\frac{l^2-3e^2}{2(l^2+3e^2)}mg$

7-26　$J_C=17.45\text{kg}\cdot\text{m}^2$

7-27　$v_A=\sqrt{2a_Ah}=\frac{2}{3}\sqrt{3gh}$（↓），$F_T=\frac{1}{3}mg$（拉）

7-28　$a=\frac{F(R+r)R-mgR^2\sin\theta}{m(R^2+\rho^2)}$

7-29　$a_A=\frac{g}{\frac{m'}{m}\frac{(\rho^2+r^2)}{(R-r)^2}+1}$

7-30　$a_B=\frac{m_1}{m_1+3m_2}g$，$a_C=\frac{m_1+2m_2}{m_1+3m_2}g$，$F_T=\frac{m_1m_2}{m_1+3m_2}g$

7-31　$t=\sqrt{\frac{2s}{fg}}$，$\omega=\alpha t=\frac{2}{r}\sqrt{2fgs}$（逆）

7-32 $\alpha=\dfrac{3g\sin\theta}{2l}$

7-33 $a_{BE}=\dfrac{F(R-r)^2}{Q(R-r)^2+W(r^2+\rho^2)}g$

7-34 $M_z=2\rho l^2A\omega v_r$

第8章

8-1 ④

8-2 ③

8-3 ④

8-4 ②；③

8-5 ④

8-6 $\dfrac{3}{4}m(R_1+R_2)^2\omega^2$，$m\omega(R_1+R_2)\left(R_1+\dfrac{3}{2}R_2\right)$

8-7 （1）$\dfrac{3}{16}mv_B^2$；（2）$\dfrac{1}{2}m_1v^2+\dfrac{3}{4}m_2v^2$；（3）$2mR^2\omega^2$

8-8 $T=\dfrac{1}{2g}\left[(W_1+W_2)v_1^2+\dfrac{1}{3}W_2l^2\omega_1^2+W_2l\omega_1v_1\cos\varphi\right]$

8-9 $T=\dfrac{r^2\omega^2}{3g}(2F_Q+9F_P)$

8-10 $a_A=\dfrac{m_1(R-r)^2}{m_1(R-r)^2+m_2(\rho^2+r^2)}g$

8-11 $\omega=\sqrt{\dfrac{6\sqrt{3}mg+3kl}{20ml}}$，$\alpha=\dfrac{3g}{10l}$

8-12 $t_1=\sqrt{\dfrac{2s}{a_C}}=\sqrt{\dfrac{2s}{g\sin\alpha}}$，$t_2=\sqrt{\dfrac{2s}{a_C}}=\sqrt{\dfrac{4s}{g\sin\alpha}}$；圆盘先到达地面。

8-13 $v=\sqrt{3gh}$

8-14 $\omega=1.93\text{rad/s}$

8-15 （1）$\delta=r\omega\sqrt{\dfrac{3m}{2k}}$；（2）$\alpha=2\omega\sqrt{\dfrac{k}{6m}}$，$F=r\omega\sqrt{\dfrac{mk}{6}}$

8-16 （1）$\alpha=\dfrac{2g(Mr\sin\varphi-mR)}{2m(R^2+\rho^2)+3Mr^2}$；（2）摩擦力 $F=\dfrac{Mr\alpha}{2}$；绳张力 $F_T=m(g+R\alpha)$

8-17 $\omega_n=\dfrac{d}{r}\sqrt{\dfrac{2k}{m_1+2m_2}}$

8-18 $\omega_n=\sqrt{\dfrac{4k}{3m}}$

8-19 $P=0.369\text{kW}$

8-20 $a_D=\dfrac{2(m+m_2)g}{7m+8m_1+2m_2}$，$F_{BC}=\dfrac{2(m+m_2)(m+2m_1)g}{7m+8m_1+2m_2}$

8-21 （1）$a_A=\dfrac{1}{6}g$；（2）$F_{HE}=\dfrac{4}{3}mg$；（3）$F_{Kx}=0$，$F_{Ky}=4.5mg$，$M_K=13.5mgR$

8-22 $v_C=2R\omega$，$\omega=\dfrac{1}{5R}\sqrt{10gh}$；$F_T=\dfrac{1}{5}mg$

第9章

9-1 ④

9-2 ③

9-3 $m\alpha r$，$\dfrac{m\omega^2 r^2}{R-r}$，$\dfrac{1}{2}mr^2\alpha$

9-4 $m(a-\alpha r)$，$\dfrac{1}{2}mr^2\alpha$

9-5 ma_C，水平向左；$\dfrac{1}{2}ma_C r$，顺时针

9-6 $g\cos\theta$

9-7 $\alpha=47.04\text{rad/s}^2$；$F_{Ax}=95.26\text{N}$，$F_{Ay}=137.6\text{N}$

9-8 $F_A=5.38\text{N}$，$F_B=45.5\text{N}$

9-9 a)：① $\alpha_a=\dfrac{2W}{mr}$；② 绳中拉力为 W；③ 轴承约束力 $\sum F_x=0$，$F_{Ox}=0$，$\sum F_y=0$，$F_{Oy}=W$

b)：① $\alpha_b=\dfrac{2Wg}{r(mg+2W)}$；② 绳中拉力，$T_b=\dfrac{mg}{mg+2W}W$；③ 轴承约束力：$\sum F_x=0$，$F_{Ox}=0$，

$\sum F_y=0$，$F_{Oy}=\dfrac{mgW}{mg+2W}$

9-10 $\omega^2=\dfrac{2m_1+m_2}{2m_1(a+l\sin\varphi)}g\tan\varphi$

9-11 $F_{CD}=3.43\text{kN}$

9-12 $a_{\max}=a=6.51\text{m/s}^2$

9-13 $F_{Ax}=0.122\text{N}$，$F_{Ay}=30\text{N}$

9-14 （1）$a=310.4\text{m/s}^2$；（2）$F_B=11.64\text{kN}$

9-15 （1）$a_C=\dfrac{4}{21}g$；（2）$F_{AB}=\dfrac{34}{21}mg$，$F_{DE}=\dfrac{59}{21}mg$

9-16 $k_{\min}=\dfrac{m(e\omega^2-g)}{2e+b}$

9-17 $F=933.6\text{N}$

9-18 （1）$\alpha=\dfrac{9g}{16l}$；（2）$F_{Ax}=\sqrt{3}mg$（由 A 指向 B），$F_{Ay}=\dfrac{5}{32}mg$（垂直 AB 向上）

9-19 $a=5.88\text{m/s}^2$，$\alpha=19.6\text{rad/s}^2$

9-20 $F_D=117.5\text{N}$

第 10 章

10-1 ①②④，③⑤；①②③④，⑤；①②，④

10-2 ④

10-3 ③

10-4 $\delta r_A=\dfrac{\sqrt{2}}{4\cos15°}\delta r_C$

10-5 4 : 3

10-6 $\theta=36.1°$

10-7 $M=\dfrac{5mgh}{2\pi}\tan\dfrac{\theta}{2}$

10-8 a）$M_2=4M_1$；b）$M_2=M_1$

10-9 $F=\dfrac{3}{2}W$

10-10 $F_D=\frac{M}{2l}+ql$（向上），$F_B=F_P+2ql-\frac{M}{l}$（向上），$F_A=\frac{M}{2l}-ql$（向上）

10-11 $F_{N1}=\frac{11}{3}\text{kN}$（拉），$F_{N2}=\frac{11}{2}\text{kN}$（压）

10-12 $\theta=36.6°$

10-13 $\sin\theta=\frac{F}{ak}$

10-14 $\cos\frac{\theta}{2}=\frac{M}{4mgl}$

10-15 $k=mg/d$

第11章

11-1 $\boldsymbol{\omega}=-0.6462\boldsymbol{j}\ \text{rad/s}$，$\boldsymbol{\alpha}=0.0646\boldsymbol{i}\ \text{rad/s}^2$

$\boldsymbol{v}_A=-159.6\boldsymbol{i}\ \text{mm/s}$，$\boldsymbol{v}_B=-319.2\boldsymbol{i}\ \text{mm/s}$，$\boldsymbol{v}_C=0$

$\boldsymbol{a}_A=-15.96\boldsymbol{j}\ \text{mm/s}^2$，$\boldsymbol{a}_B=(-31.9\boldsymbol{j}-105.7\boldsymbol{k})\text{mm/s}^2$，$\boldsymbol{a}_C=105.6\boldsymbol{k}\ \text{mm/s}^2$

11-2 $\boldsymbol{v}_D=\pm280\boldsymbol{i}\ \text{mm/s}$，$\boldsymbol{v}_D=\mp280\boldsymbol{i}\ \text{mm/s}$

11-3 $\omega=2\text{rad/s}$

11-4 $\boldsymbol{n}=\frac{\sqrt{2}}{2}(\boldsymbol{i}+\boldsymbol{k})$，180°

11-5 $\omega_r=1.047\text{rad/s}$，$\omega=0.907\text{rad/s}$

11-6 $M_g=5760\text{N}\cdot\text{m}$；$F=9.6\text{kN}$

附录 B 索引

光滑圆柱铰链（smooth cylindrical pin）
广义虚位移（generalized virtual displacement）
广义坐标（generalized coordinates）
广义坐标的变分（variation of generalized coodinate）
轨迹（trajectory）
滚动阻碍（rolling resistance）
滚动阻碍系数（coefficient of rolling resistance）
辊轴支承（roller support）

H

合力之矩定理（theorem of the moment of a resultant）
荷载（load）
桁架（truss）
弧坐标（arc coordinate of a directed curve）
滑动摩擦力（sliding friction force）
汇交力系（concurrent force system）
回转半径（radius of gyration）
恢复因数（coefficient of restitution）

J

基点（base point）
基点法（method of base point）
机构（mechanism）
机械能（mechanical energy）
机械能守恒定律（theorem of conservation of mechanical energy）
集中力（concentrated force）
加速度（acceleration）
加速度合成定理（theorem for the composition of accelerations）
尖劈（wedge）
简单桁架（simple truss）
简化中心（reduction center）
角动量（angular momentum）
角速度（angular velocity）
角速度端图（hodograph of angular velocity）
角加速度（angular acceleration）
角速度合成定理（theorem of composition of angular velocity）
节点（node）
节点法（method of joints or pins）
结构（structure）
截面法（method of sections）
进动角（angle of precession）
静定结构（statically determinate structure）
静定问题（statically determinate problem）
静力学（statics）
静摩擦力（static friction force）
静摩擦因数（static friction factor）
静约束力（statical constraint force）
绝对加速度（absolute acceleration）
绝对速度（absolute velocity）
绝对运动（absolute motion）

K

科氏加速度（Coriolis acceleration）
可动铰链支座（roller support）
空间桁架（space truss）
空间任意力系（three dimensional force system）
库仑摩擦定律（Coulomb law of friction）

L

拉力（tensile force）
（第二类）拉格朗日方程［Lagrange equation（of the second kind）］
拉格朗日函数（Lagrange function）
赖柴定理（Resal theorem）
力（force）
力的可传性原理（principle of transmissibility of a force）
力的三要素（three elements of a force）
力对点之矩（moment of a force about a point）
力对轴之矩（moment of a force about an axis）
力偶（couple）
力偶臂（arm of couple）
力偶矩矢量（moment vector of couple）
力偶系（system of couples）
力偶作用面（acting plane of a couple）
力矩中心（center of a moment）
力螺旋（wrench of force system）
力系（forces system）
力系的简化（reduction of a force system）
力系等效（equivalent force systems）
力系平衡的充要条件（conditions both of necessary

and sufficient for equilibrium）
理想约束（ideal constraint）
力向一点平移定理（theorem of translation of a force）
零杆（zero-force member）

M

密切面（osculating plane）
摩擦（friction）
摩擦力（friction force）
摩擦角（angle of friction）
摩擦锥（cone of static friction）

N

内力（internal force）
内摩擦（internal friction）
内约束力（internal constraint force）
黏性阻尼（viscous damping）
黏性阻尼系数（coefficient of vicous damping）

P

碰撞（collision）
碰撞冲量（impulse of collision）
平衡的充要条件（conditions both of necessary and sufficient for equilibrium）
平衡方程（equilibrium equations）
平衡条件（equilibrium conditions）
平面桁架（planar truss）
平面简单桁架（simple truss）
平面任意力系（arbitrary force system in a plane）
平面图形（section）
平面一般力系（arbitrary force system in a plane）
平面运动（planar motion）
平行移动（translation）

Q

牵连加速度（convected acceleration）
牵连速度（convected velocity）
牵连运动（convected motion）
切线（tangential line）
切向惯性力（tangential inertia force）
切向加速度（tangential acceleration）
球面图形（spherical section）
球形铰链（ball-socket joint）
曲线平移（curvilinear translation）
曲线运动（curvilinear motion）

R

柔索（cable）
柔性约束（flexible constraint）

S

三角形结构（triangle structure）
三铰拱（three-pin arch，three hinged arch）
矢径（position vector，radius vector）
受力图（free-body diagram）
受约束体（constrained body）
双面约束（bilateral constraint）
瞬时角加速度矢量（instantaneous angular acceleration vector）
瞬时平移（instantaneous translation）
瞬时速度中心（instantaneous center of velocity）
四面体结构（tetrahedron structure）
速度（velocity）
速度合成定理（theorem of compositions of velocities）
速度投影定理（theorem of projections of the velocity）

W

外力（external force）
外约束力（external constraint force）
完整约束（holonomic constraint）
位矢端图（hodograph of position vector）
位移（displacement）
位置矢量（位矢）（position vector）
无滑动滚动（rolling without slipping）
微分（differential）
物理摆（physical pendulum）

X

线动量（1inear-momentum）
相对法向加速度（relative normal acceleration）
相对加速度（relative acceleration）
相对切向加速度（relative tangential acceleration）
相对速度（relative velocity）
相对运动（relative motion）

楔块（wedge）
虚功（virtual work）
虚位移（virtual displacement）
虚位移原理（principle of virtual displacement）

Y

压力（compressive force）
约束（constraint）
约束力（constraint force）
运动效应（effect of motion）
运动学（kinematics）

Z

载荷（load）
章动角（angle of nutation）
质点动力学（dynamics of a particle）
质心运动定理（theorem of the motion of the centre of mass）
质点系动量定理（theorem of the momentum of the system of particles）
质点系动量守恒（conservation of momentum of system of particles）
质点系对定点的动量矩定理（theorem of the moment of momentum of a system of particles）
主动力（active force）
主矩（principal moment）
主矢量（principal vector）
主法线（normal line）
转动惯量（moment of inertia）
转动惯量的平行轴定理（parallel- axis theorem of moment of inertia）
撞击中心（center of collision）
直线平移（rectilinear translation）
直线运动（rectilinear motion）
自然轴系（trihedral axes of space curve）
自锁（self- lock）
自由度（degree of freedom）
自由矢量（free vector）
自由体（free body）
自转角（angle of rotation）
最大静摩擦力（maximum static friction force）

参考文献

[1] 陈建平，范钦珊. 理论力学［M］. 3 版. 北京：高等教育出版社，2018.

[2] 范钦珊，刘燕，王琪. 理论力学［M］. 北京：清华大学版社，2004.

[3] 李明成，浦奎英，陈建平. 理论力学［M］. 北京：科学出版社，2016.

[4] 朱照宣，周起钊，殷金生. 理论力学［M］. 北京：北京大学出版社，1982.

[5] 刘延柱，杨海兴. 理论力学［M］. 北京：高等教育出版社，1991.

[6] 哈尔滨工业大学理论力学教研室. 理论力学［M］. 7 版. 北京：高等教育出版社，2009.

[7] 洪嘉振，杨长俊. 理论力学［M］. 3 版. 北京：高等教育出版社，2008.

[8] 王烈，官飞，薛克宗，等. 理论力学［M］. 北京：清华大学出版社，1990.

[9] MERIAM J L，KRAIGE L G. Engineering Mechanics［M］. 3th ed. New York：John Wiley & Sons Inc.，1992.

[10] BEDFORD A，FOWLER W. Engineering Mechanics［M］. New York：Addison-Wesley Publishing Company Inc.，1995.

[11] HIBBELER R C. Engineering Mechanics［M］. 6th ed. New York：Mcmillan Publishing Company，1992.

[12] RILEY W F，STURGES L D. Engineering Mechanics［M］. 2nd ed. New York：John Wiley & Sons Inc.，1996.

[13] 贾书惠. 刚体动力学［M］. 北京：高等教育出版社，1987.

[14] 王照林. 运动稳定性及其应用［M］. 北京：高等教育出版社，1992.

[15] 梅凤翔，刘桂林. 分析力学基础［M］. 西安：西安交通大学出版社，1987.

[16] 郑兆昌. 机械振动［M］. 北京：机械工业出版社，1980.

[17] 中国大百科全书总编辑委员会力学编辑委员会. 中国大百科全书：力学卷［M］. 北京：中国大百科全书出版社，1985.

[18] 中国大百科全书总编辑委员会航空航天编辑委员会. 中国大百科全书：航空航天卷［M］. 北京：中国大百科全书出版社，1985.

[19] KLEPPNER D，KOLENKOW R J. 力学引论［M］. 宁远源，刘爱晖，译. 北京：人民教育出版社，1980.

[20] ROSENBERG R M. 离散系统分析动力学［M］. 程逼巽，郭坤，译. 北京：人民教育出版社，1981.

[21] 甘特马赫. 分析力学讲义［M］. 钟奉俄，薛问西，译. 北京：人民教育出版社，1963.

[22] 卢德明，李良标，苏品. 运动生物力学［M］. 北京：人民体育出版社，1982.

[23] 倪振华. 振动力学［M］. 西安：西安交通大学出版社，1989.

[24] 《力学词典》编辑部. 力学词典［M］. 北京：中国大百科全书出版社，1990.

[25] 罗远祥，官飞，等. 理论力学［M］. 3 版. 北京：高等教育出版社，1981.

[26] 范钦珊. 理论力学［M］. 北京：高等教育出版社，2000.

[27] 范钦珊，王琪. 工程力学［M］. 北京：高等教育出版社，2002.

[28] 谢传锋，王琪. 理论力学［M］. 北京：高等教育出版社，2009.

[29] 朱炳麟，赵晴，王振波. 理论力学［M］. 北京：机械工业出版社，2001.

[30] 浙江大学理论力学教研室. 理论力学［M］. 3 版. 北京：高等教育出版社，1999.

[31] 贾书惠，张怀瑾. 理论力学辅导［M］. 北京：清华大学出版社，1997.

[32] 王铎. 理论力学解题指导及习题集：上册［M］. 2 版. 北京：高等教育出版社，1984.

[33] BEER F. P.，JOHNSTON E. R. Vector Mechanics for Engineers：Dynamics［M］. 6th ed. New York：McGraw Hill，1997.

[34]　胡海岩. 论动力学系统的自由度 [J]. 力学学报，2018，50 (5)：1135-1144.
[35]　刘荣梅，蔡新，范钦珊. 工程力学（工程静力学与材料力学）[M]. 3 版. 北京：机械工业出版社，2018.
[36]　陈立群. 理论力学课程中的历史人物及其相关工作 [J]. 力学与实践，2012，34 (3)：70-74.